内蒙古生态屏障建设理论与实践

韩国栋　赵全生　主编

科学出版社

北　京

内 容 简 介

本书全面系统地论述了生态屏障构建的理论和实践，内容包括生态屏障构建理论、内蒙古生态屏障现状、内蒙古生态屏障功能区布局与建设规划、生态屏障建设模式、生态屏障建设关键技术示范、生态屏障建设与可持续管理、生态屏障建设效果评估等，是一本生态屏障理论与实践相结合的科技读物。全书以生态屏障理论为指导，结合内蒙古成功的生态屏障建设实例分析，提出了我国北方生态屏障建设的可行途径并提供相关理论指导。

本书适合生态、环境和农林领域的大学、中专师生，科技人员以及相关人员参考阅读。

图书在版编目（CIP）数据

内蒙古生态屏障建设理论与实践/韩国栋，赵全生主编. —北京：科学出版社，2024.3

ISBN 978-7-03-077109-4

Ⅰ. ①内… Ⅱ. ①韩… ②赵… Ⅲ. ①生态环境建设–研究–内蒙古 Ⅳ. ①X321.226

中国国家版本馆 CIP 数据核字（2023）第 219584 号

责任编辑：韩学哲 孙 青/责任校对：严 娜
责任印制：肖 兴/封面设计：刘新新

科学出版社 出版
北京东黄城根北街 16 号
邮政编码：100717
http://www.sciencep.com

北京中科印刷有限公司印刷
科学出版社发行 各地新华书店经销
*

2024 年 3 月第 一 版 开本：720×1000 1/16
2024 年 3 月第一次印刷 印张：21 3/4 插页：1
字数：438 000

定价：228.00 元
（如有印装质量问题，我社负责调换）

《内蒙古生态屏障建设理论与实践》编委名单

主　编：韩国栋　赵全生

副主编：铁　英　周　梅　史小红　刘　洋

委　员（按姓氏笔画排序）：

马黎明　田　菊　史小红　刘　洋　祁　智

孙　标　李治国　张小全　林阔成　周　梅

屈志强　赵全生　赵胜男　赵鹏武　铁　英

康向阳　韩国栋　舒　洋

前　言

《内蒙古生态屏障建设理论与实践》是蒙树生态建设集团有限公司承担的内蒙古自治区科技重大专项"内蒙古生态屏障建设林业关键技术集成与示范"的研究成果之一。本书全面系统地论述了生态屏障构建的理论和实践，内容包括生态屏障构建理论、内蒙古生态屏障现状、内蒙古生态屏障功能区布局与建设规划、生态屏障建设模式、生态屏障建设关键技术示范、生态屏障建设与可持续管理、生态屏障建设效果评估等。

蒙树生态建设集团有限公司（原名内蒙古和盛生态育林有限公司，2019年改为现名）成立于2008年，创立了蒙树品牌。蒙树生态建设集团有限公司立足于树木研发种植、生态规划设计、生态建设运营等业务，致力于生态建设全产业链的价值创造，立志成为中国极具价值的林业生态企业，在内蒙古生态屏障建设中作出了突出贡献，本书的大部分实践案例来自蒙树生态建设集团有限公司多年的实践成果。

本书由韩国栋、赵全生、铁英、周梅、史小红完成全书设计，并制定写作大纲，具体编写分工如下：

第一章　周梅，赵鹏武

第二章　屈志强

第三章　韩国栋，赵鹏武，李治国，屈志强，史小红

第四章　史小红，韩国栋，舒洋，屈志强，赵胜男，孙标

第五章　赵鹏武，史小红，屈志强

第六章　赵全生，马黎明，康向阳，祁智，舒洋，刘洋，田菊

第七章　韩国栋，铁英，张小全，林阔成，刘洋

第八章　史小红，韩国栋

第九章　韩国栋，屈志强

全书由韩国栋、赵全生、周梅、铁英、史小红、刘洋负责通稿和定稿。

本书的出版由蒙树生态建设集团有限公司资助，同时得到了内蒙古自治区科技重大专项"内蒙古生态屏障建设林业关键技术集成与示范"项目和内蒙古科学技术协会科普作品专项资助。

由于编写水平和时间有限，不足之处敬请同行和读者批评指正。

作　者

2023 年 5 月

目　　录

第一章　生态屏障概述

内蒙古自治区是我国跨度最大的省区，它东西直线距离为 2400 多千米，南北跨度为 1700 多千米，位于中国北部，与蒙古国和俄罗斯接壤。内蒙古具有丰富多样的生态系统类型，从大兴安岭森林到锡林郭勒草原再到巴丹吉林沙漠，这些生态系统共同构成了中国特有的北方生态屏障。

巍峨挺拔的大兴安岭、绵延千里的阴山山脉、雄奇神秘的贺兰山在内蒙古的大地上重重地画了三笔，而静卧在两侧的是呼伦贝尔、锡林郭勒、科尔沁、乌兰察布、鄂尔多斯和乌拉特六大著名草原，以及呼伦贝尔沙地、科尔沁沙地、浑善达克沙地、毛乌素沙地、库布齐沙漠、腾格里沙漠、巴丹吉林沙漠等八大沙地和沙漠，还有星罗棋布的湖泊湿地（20 多个湖泊，形成湿地 20 万亩[①]），29 个国家级自然保护区镶嵌在其中。内蒙古生态屏障对我国乃至亚洲生态安全具有重要的作用。

第一节　生态屏障的概念

一、生态屏障的概念

1. 生态屏障概念解释

屏障指屏风或阻挡之物，也有保护遮蔽的含义。字典中有三种解释，第一种是某一样物体像屏风那样遮挡着，护卫一个需要保护的东西，如唐朝的杜甫在《韦讽录事宅观曹将军画马图》所写："贵戚权门得笔迹，始觉屏障生光辉"。第二种是泛指遮蔽、阻挡之物，如唐朝李山甫的《山中依韵答刘书记见赠》："野寺连屏障，左右相装回"。第三种是含有保护，遮蔽之意，如明朝的朱有炖在《风月牡丹仙》第三折写有："从今俺皆尊让牡丹仙，愿情在他四围屏障奉侍他也"。

生态屏障在屏障之前加了"生态"二字，生态（eco-）一词源于古希腊，意思是指家（house）或者我们的环境。生态就是指一切生物的生存状态，以及生物之间和生物与环境之间环环相扣的关系。

因此，生态屏障就是指在一个区域的关键地段，包括生物及生物生存的环境，具有一个结构良好的生态系统，可以依靠其自我维持与自我调控能力，对系统外或内的生态环境与生物具有生态学意义的保护作用与功能，是维护区域乃至国家生态安全与可持续发展的结构与功能体系（潘开文等，2004）。

[①] 1 亩≈667m^2，下同。

2001 年 12 月，四川省林学会举办了"建设长江上游生态屏障学术研讨会"（四川省林学会办公室，2002），会议围绕建设长江上游生态屏障这一主题，就其基本内涵、重大意义、基本架构等对生态屏障的概念进行了探讨。当时的学者一致的认识是，生态屏障的建设并不单指林业的发展，而是以林业为主体对长江上游生态环境进行综合治理。也是在这次会议上，"生态屏障"的内涵得以扩展，与会专家认为"生态屏障"应包含三个方面的内容：地表覆盖、生物多样性建设和生物多样性保护。一些专家对生态屏障的概念提出了规范性表述："生态屏障就是指维持和庇护生物生存繁衍，维护自然生态平衡，为人们提供良好的生产、生活条件的保障体系。"

杨冬生（2002）认为，生态屏障是一个物质能量良性循环的生态系统，它的输入、输出对相邻环境具有保护性作用。陈国阶（2002）提出，生态屏障是指生态系统的结构和功能，能起到维护生态安全的作用，包括生态系统本身处于较完善的稳定良性循环状态，处于顶极群落或向顶极群落演化的状态；同时，生态系统的结构和功能符合人类生存和发展的生态要求。

2002 年，内蒙古师范大学宝音等（2002）根据内蒙古自治区地理与自然环境状况提出内蒙古生态屏障的概念，他认为"这种内蒙古生态环境对周边地区乃至全国和邻近国家的生态环境起保护作用、免遭其危害、保障生态安全的生态效应称为内蒙古生态屏障。"

实际上，在对生态屏障概念的理解和表述上，有的专家认为对建设"生态屏障"的含义不应仅从字面上理解为一条阻滞自然灾害的防线，而更重要的是要建立一个全新的发展观。有专家认为，陆地生态环境建设主要包括天然林等自然资源保护、植树种草、水土保持、防治沙漠化、草原建设、生态农业等（王玉宽等，2005），这大大丰富了生态屏障概念的内涵。虽然学术界对生态屏障概念的科学内涵和价值进行了有益的探讨，但还尚未形成统一的认识（王玉宽等，2005）。

关于生态屏障一词的英文表述，潘开文等（2004）给予如下解释，他总结说：ecological protective screen 多作为我国所指的生态屏障的表达，ecological shelter 多作为生态庇护所的表达，ecological barrier 多指阻止物种迁徙的自然屏障，ecological defense 多指阻止物种进入的人为屏障。他同时认为，用上述英文词组来表达生态屏障，都有其合理性，但是都难以包含生态屏障的所有功能与特点。相对而言，ecological shelter zone 具有生态屏障的更多含义和因果关系，所以他倾向于用 ecological shelter zone 作为生态屏障一词的英文表述，生态屏障建设则类似于英语中的 ecosystem restoration 或 restoration of protective ecosystem functions。

2. 生态屏障多概念辨析

除了生态屏障一词，人们在生态建设过程中，还用"绿色屏障""绿色生态屏障""生态安全屏障"等词，其主要想说明，用良好的生态环境构建一个屏障来保护更大的人类生存空间。

自然界生活着大量的绿色植物，可以通过绿色植物的光合作用，形成各种各样的有机物，依靠光合作用吸收大量的二氧化碳并释放出氧气，维系大气中二氧化碳和氧气的平衡，净化了环境，使人类不断地获得新鲜空气，因此把绿色植物作为人类生存环境的绿色屏障。在林业上，绿色屏障主要指林带、片林、林网等或由植被形成的绿色区域。

三北防护林工程启动以来，我国陆续将十大林业生态工程整合到了六大林业生态重点工程，具体为：天然林保护工程、"三北"和长江中下游地区等重点防护林体系建设工程、退耕还林还草工程、环北京地区防沙治沙工程、野生动植物保护及自然保护区建设工程、重点地区以速生丰产用材林为主的林业产业建设工程。泛泛地理解，这些林业重点工程都是绿色屏障。与生态屏障概念相比，绿色屏障更多强调绿色，概念范围似乎小了点，但针对性更强。关于绿色屏障的概念，有时也可以看到"绿色生态屏障"一词，其表意差别不大。

生态安全屏障是近年使用较多且与生态屏障类似的词，从使用的范围看，基本用在大区域，特别是边疆区域、少数民族区域、大江大河源头区域。生态安全屏障一词从生态保护层面上升到了生态安全层面。

实际上生态安全屏障这一概念还是在生态安全这一范畴之内。生态安全是指生态系统的健康和完整情况，是人类在生产、生活和健康等方面不受生态破坏与环境污染等影响的保障程度，包括饮用水与食物安全、空气质量与绿色环境等基本要素。健康的生态系统是稳定的和可持续的，在时间上能够维持它的组织结构和自治，以及保持对胁迫的恢复力。反之，不健康的生态系统，是功能不完全或不正常的生态系统，其安全状况则处于受威胁之中。

从20世纪40年代开始，生态安全问题就成为国外学者研究的重点问题（孙小丽，2016），美国著名学者莱斯特·R.布朗最早将环境变化含义引入安全范围，1981年莱斯特·R.布朗指出："随着生态环境恶化等多重因素的综合影响，来自人与自然间的关系已经严重威胁到国家安全，如土壤侵蚀、荒漠化沙化、地质灾害，加之地球基本生态系统退化以及各种资源储量枯竭，更使生态环境的破坏具有不可逆转性。"以这种理解进行推演，生态安全屏障可以理解为保证国家安全的生态屏障。

在生态安全这个大背景下，需要提一个新词，即生态安全格局，这是近十余年来，中国地理、生态学者积极响应国土生态安全格局构建这一重大国家需求而提出来的。

彭建等（2017）认为，生态安全格局缘起于景观生态规划方法，生态安全格局理论依据格局与过程的互馈作用，通过构建区域生态安全格局，达到对生态过程的有效调控，从而保障生态功能的充分发挥，实现区域自然资源和绿色基础设施的有效合理配置，确保必要的自然资源的生态和物质福利，最终实现生态安全。

　　3. 生态屏障概念的使用

　　生态屏障概念随着中国大规模林业生态工程的建设而开始出现，又随着西部大开发和生态文明建设逐渐被高频率使用。生态屏障一词的使用历程也反映出我国对生态环境的认识和保护过程。

　　（1）林业生态工程建设早期阶段

　　我国的林业生态工程应该是从防护林营造开始的，20世纪初，农民自发在风沙危害的地区营造小型林网，50年代后，政府进行了大规模有计划的防护林营造工程，特别是1979年以后，防护林的营造更是全世界有目共睹，如三北防护林体系建设工程、长江中上游防护林体系建设工程、平原绿化工程、沿海防护林体系建设工程、太行山绿化工程、防沙治沙工程等。工程的实施呼唤着一个关键词，那就是生态屏障。

　　生态屏障概念原本是人们的一般性描述用语，生态屏障作为标题第一次出现在公众视野的时间是1992年，当时林业部综合计划司的张佩昌和林业部调查规划设计院的陈学军发表了题为"论中国三级绿色生态屏障的建设"的文章（张佩昌和陈学军，1992）。这时所指的绿色生态屏障就是指营造防护林及防护林综合体系。

　　从1997年开始，有人开始探讨长江中上游生态屏障问题（汪立和铁晓红，1997）。1998年，丰开桥的一篇文章："崛起的绿色屏障——十大林业生态工程建设综述"又一次把绿色生态屏障与林业生态工程联系到一起（丰开桥，1998）。在这一时期，生态屏障一词逐渐开始使用，但作为标题，每年的使用量也没有过10篇。

　　（2）西部大开发经济发展阶段

　　西部大开发是中国政府的一项政策，目的是把东部沿海地区的剩余经济发展能力，用以提高西部地区的经济和社会发展水平、巩固国防。2000年1月，国务院成立了西部地区开发领导小组（又称国务院西部开发办），经过全国人民代表大会审议通过之后，国务院西部开发办于2000年3月正式开始运作。生态屏障概念广泛传播从这一时期开始。

　　从2000年发表的文章来看，这一概念首先在报纸上传播，而且多用的是绿色屏障的概念。当年使用生态屏障这一词发表的比较有影响力的文章是《建设北方绿色生态屏障，为实施西部大开发战略作出贡献》一文，是内蒙古大学生态学专家刘钟龄（2000）撰写的，文章强调内蒙古是我国北部和西部干旱半干旱区的一部分，建设好北方绿色生态屏障，确保生态安全，是我国经济社会可持续发展的根本保障。

　　1999年新年伊始，国家发布了《全国生态环境建设规划》，这是我国生态环境建设的纲领性文件。不仅第一次明确了生态环境建设的指导思想和近中远期奋斗目标，还确定了总体布局的八个类型区域，提出了完整的政策措施。《全国生态环境建设规划》把草原区、风沙区和黄河上中游地区确定为优先实施生态环境建设任务的重点地区。内蒙古自治区占有大范围的草原区和风沙区，其中部位于黄河中游，属于上述重点建设的大区域。如何遵循全国规划的目标要求，积极进行生态环境建设工程，不仅是内蒙古经济发展和社会进步的根本保障，也是对全国生态安全的应有贡献。也就是从这时候起，内蒙古开始了北方生态屏障建设。

2004 年，马林和盖玉妍（2004）从分析内蒙古生态环境建设所取得的成就和存在的问题入手，提出了内蒙古生态屏障的概念，构建了以区域建设战略重点为核心轴、八类生态建设区为外延面、十大重点生态工程为依托点，轴面结合、工程支撑，以优先重点建设的核心轴为突破口，向外分期逐步扩大生态建设的区域范围，保证内蒙古生态屏障工程最终全方位覆盖全区，从而构建成中国北方绿色生态屏障的建设思路。马林的研究奠定了内蒙古生态屏障的基础概念和建设方向。

另外，这一期间生态屏障一词在长江特别是长江上游省份使用较多。建设长江上游经济带被纳入国家西部大开发的战略部署，将其作为西部大开发的三大典型区域之一，承担西电东送、天然气东输等重任。但长江上游地区既是大江大河水源涵养区，又是生态脆弱区和环境敏感区。上游地区森林锐减、草地退化，以致水土流失严重，江河含沙量增加，直接导致长江流域洪灾的不断发生。针对这一情况，四川、重庆等长江上游省市纷纷在其"十五"计划和"十一五"规划中提出"建设长江上游生态屏障"的目标。2007 年国家在《西部大开发"十一五"规划》中也明确提出，成渝经济区要加快建设长江上游生态屏障，使生态屏障这个词随经济发展而越来越多地被提出来。

从 2003 年开始，一些学者开始对长江上游生态屏障建设的投入机制、生态屏障建设与产业结构调整、四川省生态功能区区划及其生态屏障建设与布局等问题进行深入研究，人们开始更多研究生态屏障建设的基本途径及其生态对策，使得生态屏障这一概念越来越被大家所熟知。

（3）生态文明建设新阶段

从党的十七大到党的十八大的 5 年间，我国在建设中国特色社会主义、全面建成小康社会稳步推进过程中，出现了一些新的变化。党的十七大报告首次把生态文明作为建设小康社会的新要求之一，而党的十八大报告更是首次把生态文明建设提升至与经济、政治、文化、社会四大建设并列的高度，列为建设中国特色社会主义的"五位一体"总体布局之一，成为全面建成小康社会任务的重要组成部分，标志着中国现代化转型正式进入了一个新的阶段。

2007 年，生态屏障概念已不再是报纸的标题了，最为活跃的研究还是在长江中上游，浙江省、西藏自治区、长三角、京津等地，这时的内蒙古，在呼伦贝尔市、乌兰察布市等也开始了生态屏障方面的建设及研究。这时候的人们更多关注的是生态屏障的建设，并没有把精力放到生态屏障概念的内涵和外延等方面的研究上。一直到 2009 年，国家林业局调查规划院的周洁敏和寇文正（2009）发表了一篇有影响的文章，作者根据区域的生态区位重要性和中国生态屏障确立的基本原则，综合考虑中国国情，提出中国生态屏障格局包括四横、两环、一纵，总面积达 317 607 600hm^2，生态屏障涉及 434 个国家级、省级和县级的自然保护区，240 个国家森林公园，5 个国际重要湿地，6 个国家湿地公园。在此基础上，提出了中国生态屏障格局实施的建设方案和对策。随着国家对生态屏障所涉及的区域划分、工程建设实质性推进，生态屏障概念的使用率越来越高。

二、生态屏障研究背景

生态屏障概念的发展、生态屏障理论基础的研究，以及生态屏障建设的深化是在国际、国家及区域生态环境不断恶化，生态环境问题突出的背景下提出来的。了解生态屏障的研究背景，需要了解国内外环境问题的现状。

1. 问题的提出

（1）国际环境问题

从世界范围来看，环境问题是人类社会发展到近现代出现的资源日益短缺、环境污染和生态破坏日益严重、经济社会发展不可持续的问题，如何协调环境问题与经济建设已成为各国探索的议题，而生态屏障的建设是协调环境问题与经济建设的桥梁。

环境问题一般是指由于自然界或人类活动作用于人们周围的环境引起环境质量下降或生态失调，以及这种变化反过来对人类的生产和生活产生不利影响的现象。环境问题可分为两大类：一类是自然因素的破坏和污染等原因所引起的，如火山活动、地震、风暴、海啸等产生的自然灾害；另一类是人为因素造成的环境污染和自然资源与生态环境的破坏。在人类生产、生活活动中产生的各种污染物（或污染因素）进入环境，超过了环境容量的容许极限，使环境受到污染和破坏。人类在开发利用自然资源时，超越了环境自身的承载能力，使生态环境质量恶化，有时候会出现自然资源枯竭的现象，这些都可以归结为人为造成的环境问题。

环境问题从根本上讲是经济、社会发展的伴生产物。具体来说可概括为以下几个方面：①由于人口增加对环境造成的巨大压力；②伴随人类的生产、生活活动产生的环境污染；③人类在开发建设活动中造成的生态环境的不良变化；④由于人类的社会活动，如军事活动、旅游活动等，造成的人文遗迹、风景名胜区、自然保护区的破坏，珍稀物种的灭绝以及海洋等自然和社会环境的破坏与污染。

目前全球主要有十大环境问题，包括气候变暖、臭氧层破坏、生物多样性减少、酸雨蔓延、森林锐减、土地荒漠化、大气污染、水体污染、海洋污染、固体废物污染。生态屏障建设的出现，也是来破解环境问题的。

（2）中国的生态环境现状

环境问题是人类发展中面临的共同挑战，不是中国独有的。人类只要发展都面临这个问题，特别是在工业化、城镇化的现代化过程之中，这个问题变得更加突出，它是一个阶段性的问题。

中国作为发展中国家，对生态环境与经济建设进行了相关的探讨，先后提出科学发展观、和谐社会、建设生态文明等一系列崭新理念和重大战略方针，目的就是要引导经济社会与资源环境协调可持续发展，一个民族、一个国家要发展，首先要在发展中解决好环境问题，这样才能够实现可持续发展。解决环境问题，建设好生态屏障是中国改善生态环境的途径之一。

（3）内蒙古是中国北方的生态屏障

内蒙古横跨"三北"、毗邻八省，是我国北方面积最大、种类最全的生态功能区。习近平总书记在 2014 年春节前考察内蒙古时指出，内蒙古的生态状况如何，不仅关系内蒙古各族群众的生存与发展，也关系华北、东北、西北乃至全国的生态安全，要努力把内蒙古建成我国北方重要的生态安全屏障。在已经敲响的生态警钟面前，内蒙古有责任挑起生态建设的大梁。内蒙古的生态屏障建设就是在这种背景下提出和展开的。保护和建设好内蒙古的生态环境，既是内蒙古自身发展的需要，更是维护国家生态安全的需要。

西部大开发以来，在国家的大力支持和全区上下的共同努力下，内蒙古生态保护与建设取得了令人瞩目的成绩，全区生态环境呈现"整体恶化趋缓，治理区明显好转"的良好局面。但总体上看，内蒙古生态环境脆弱的情况还没有根本改变，走到了"进则全胜，不进则退"的历史关头。面对生态治理难度增加、生态建设与草原生产矛盾日益突出、沙害威胁严重的现状，下一步该怎么办？

内蒙古"十四五"期间生态环境保护主要目标为：到 2025 年，生态优先、绿色发展取得实质性进展；生态环境质量持续改善；生态系统质量和稳定性稳步提升；环境风险得到有效控制；生态环境治理体系和治理能力现代化基本实现。到 2035 年，综合经济实力和绿色发展水平大幅跃升，绿色生产生活方式广泛形成，碳排放达峰后稳中有降，经济社会发展全面绿色转型，生态环境根本好转，美丽内蒙古基本建成。这成为内蒙古生态屏障建设理论与实践的研究背景。

2. 生态屏障选题的思路

本书依托 2014 年内蒙古自治区科技重大专项"内蒙古生态屏障建设林业关键技术集成与示范"。在归纳生态屏障构建理论和方法的基础上，深刻认识内蒙古生态屏障的生态系统现状，按照《全国生态功能区划》和《内蒙古自治区构筑北方重要生态安全屏障规划纲要（2013—2020 年）》，分析了内蒙古生态屏障的建设模式，对生态屏障建设森林培育关键技术进行示范，并对内蒙古自治区的生态屏障建设效果进行评估。

在研究总结中，紧密结合项目目标，针对内蒙古自治区不同地貌环境特征，按照国家及内蒙古生态功能区划，以林业建设为主体，针对山地、草原、沙地、荒漠的林业恢复与建设，围绕树种、结构、格局和景观等方面进行技术集成，构建内蒙古生态屏障区域框架结构；结合内蒙古自治区林业六大工程，重点以区域绿化、林业重点科技推广项目和碳汇林业为切入点，提出相应的生态屏障一体化技术支撑体系和集成示范，为内蒙古自治区林业生态屏障建设提供技术支撑。

3. 生态屏障选题特色及亮点

（1）内蒙古生态屏障研究特色

内蒙古重点建设工程种类多。内蒙古作为我国唯一林业六大工程全部涵盖的省份，人工林面积和森林面积均居全国首位，党的十八大以来，全国累计造林 10.2 亿亩，森林覆盖率达到 24.02%，连续 30 多年保持森林面积、蓄积双增长。目前，我国森林面积达 34.65 亿亩，其中，人工林保存面积达 13.14 亿亩，居世界首位。坚持山水林田湖草沙系统治理，科学开展大规模国土绿化行动，长时间、大规模治理沙化、荒漠化。明确 2023—2025 年，确保每年国土绿化 1 亿亩，人工造林不低于 2000 万亩。在造林绿化空间适宜性评估的基础上，重点向一般灌木林地、疏林地、宜林草地和盐碱地、沙地等其他土地要空间，力争新增造林空间不低于 2 亿亩。中国计划到 2035 年将国家森林保护面积扩大约相当于意大利的面积。随着中央对退耕还林和风沙源治理工程的进一步加强，内蒙古生态建设与成果的保存将面临艰巨的挑战，亟待解决人工森林资源健康、风险方面的监测和评估，确保生态屏障的功能正常发挥。

内蒙古总体生态环境脆弱，分布有乌兰布和、库布齐、腾格里、巴丹吉林四大沙漠以及毛乌素沙地、浑善达克沙地、科尔沁沙地和呼伦贝尔沙地四大沙地，荒漠化土地为 6177 万 hm^2，占自治区总土地面积的 52.2%，为我国荒漠化和沙化土地分布最广泛的省（自治区）之一，其环境综合治理日趋紧迫。已启动的黄河上中游天然林资源保护二期工程、京津风沙源治理二期工程、三北防护林建设五期工程、退耕还林工程、沙化土地封禁保护区建设工程、草原生态保护补助奖励机制、天然草原退牧还草二期工程、草原重点生态功能区建设工程、草原防灾减灾建设工程和重点小流域综合治理工程等重点工程都涉及内蒙古荒漠化土地和沙化土地。

随着草原退牧还草工程的启动，全面禁牧正在改变着草原自然生态系统的食物链，加之草原矿区和工业园区开发和建设严重，火电厂、采矿、冶炼、加工对草原的影响加剧，其排放物严重污染着草原。要改变这些不利的状况，开展综合治理不仅是当地人居的问题，更关乎国家的生态安全问题。这些涉及草原保护的工程正在逐渐发挥作用，根据《内蒙古自治区构筑北方重要生态安全屏障规划纲要（2013—2020 年）》规划，结合黄河上中游天然林资源保护二期工程、三北防护林建设五期工程、京津风沙源治理二期工程，建设牧场防护林体系，保护草原。结合天然草原退牧还草二期工程、草原保护与建设工程、草原重点生态功能区建设工程和草原自然保护区建设工程等重点工程，推进草原生态保护补助奖励机制，积极转变畜牧业生产方式，实施禁牧休牧、划区轮牧，实行以草定畜，推行舍饲圈养，严格控制载畜量，加大退牧还草力度，逐步恢复草原植被。

内蒙古自治区湿地总面积 4 245 048hm²，占自治区总土地面积的 3.7%。内蒙古自治区湿地分布有河流湿地、湖泊湿地、沼泽和沼泽化草甸湿地及库塘湿地，共分布有湿地 2634 块，确定 100hm² 以上的一般湿地 2616 块，面积 3 544 922hm²；符合重点湿地条件的重点湿地 18 块，面积 700 126hm²。内蒙古自治区湿地类型比较齐全，湿地面积在全国居第三位，是我国湿地资源分布较多的省（自治区）。内蒙古湿地孕育并保存了十分丰富的生物多样性和湿地资源。据统计，全区湿地资源有水资源、生物资源、农地储备资源、泥炭及矿产资源、旅游资源等。内蒙古自治区湿地的保护就是北方生态屏障的保护。

除了内蒙古生态屏障类型复杂、内蒙古重点建设工程种类多外，内蒙古山地生态屏障多为大江大河水源地，对内蒙古乃至中国和东北亚的生态安全都具有重要作用。例如，内蒙古呼伦贝尔市和兴安盟是嫩江流域上游，嫩江干流是内蒙古自治区与黑龙江、吉林两省的界河，嫩江在内蒙古自治区（以下简称我区）流域面积为 1532 万 hm²。额尔古纳河流域全长 900km，其发源地为我区的大兴安岭山脉，同时，额尔古纳河自东而西，横贯呼伦贝尔草原的北部。西辽河全长 814km，由西拉木伦河和老哈河汇成，其发源地在我区的锡林郭勒盟和赤峰市，它自西向东横贯科尔沁草原，西辽河汇入辽河后成为辽河上游。

（2）内蒙古生态屏障研究亮点

内蒙古横跨"三北"，是黄河、辽河、嫩江等河流的上中游或源头，在我国经济社会发展、生态建设保护和边疆繁荣稳定大局中具有重要作用。区位的重要性，是内蒙古生态屏障研究的亮点。内蒙古自治区"北方生态屏障""北疆安全屏障"两大战略定位，赋予内蒙古自治区生态文明建设的使命也使内蒙古生态屏障的研究具有其特殊性和现实意义。

作为内蒙古自治区科技重大专项选题的主要亮点，一是针对内蒙古脆弱生态系统开展以林业为主的绿色生态屏障综合技术研究，为我区生态植被建设和区域系统的可持续发展提供技术支撑和保障，将在理论和实践上系统填补恢复生态学的空白；二是突出以企业为主体的技术创新体系建设，发挥企业研究院的主导作用，真正走产学研结合的道路，使企业真正成为研究开发投入的主体、技术创新活动的主体和创新成果应用的主体，最终实现企业自主创新能力的跨越发展是本项目鲜明的创新点；三是以内蒙古丰富独特的超旱生植物种质资源为基础，筛选功能基因，选育出以"蒙树"命名的抗逆性优良的乔灌木新品种，形成一批自主品牌的创新成果。

三、生态屏障的国内外研究现状

1. 生态屏障建设问题探讨

关于建设原则和对策的研究，在长江上游生态屏障建设中探讨得较多（兰立达，2001；陈美球等，2011）。对于生态屏障建设问题，有学者认为应主要通过生物措施、经济措施、工程措施、技术措施、社会措施等手段组合的综合体系来实现（邓玲，2002）。杨冬生（2002）根据生态屏障建设的对象，将生态屏障建设的内容指定为森林生态系统、草地生态系统、农田生态系统、城市生态系统和河流生态系统的建设。甘肃省赵关维（2016）提出以加快转变经济发展方式为主线，大力发展循环经济、推广低碳技术、塑造绿色产业。可以看出，生态屏障建什么，也不都是规定动作。例如，张广裕（2016）从社会学研究角度，论述了西部重点生态区环境保护与生态屏障建设的重要性，分别研究了西北草原荒漠化防治区、黄土高原水土保持区、青藏高原江河水源涵养区、西南石漠化防治区和重要森林生态功能区等几个重点生态区环境保护与生态屏障建设的重点与措施。在此基础上，提出西部地区重点生态区生态环境保护与生态屏障建设的实现途径为，树立尊重自然、顺应自然、保护自然的生态文明理念；通过优化制度体系实现生态环境保护与生态屏障建设；通过转变经济发展方式促进生态屏障建设，加强东西部经济发展与环境建设的合作；因地制宜，有重点、差别化地逐步推进生态屏障建设。

潘开文等（2004）认为，在狭义上，生态屏障建设就是根据人们的需求，按照生态学的有关原理，结合自然社会经济条件。在关键地段，人为促进生态系统结构和生产力的改善以及物质循环和能量流动的良性化发展，恢复系统的自我维持与自我调控能力，最后使系统内外的环境与生物个体组合具有生态学意义的保护性功能与作用。在区域尺度上，成为维护区域或国家生态安全与可持续发展的结构与功能体系。因此，潘开文认为，生态屏障建设的内容至少包括生态屏障科技支撑体系、辅助支撑体系和工程体系 3 个方面，因而，生态屏障建设是一项系统工程。

郑轩等（2013）认为，三峡库区生态屏障区应包括生态利用区、生态保护带和起连接作用的生态廊道。规划采取综合措施，完善生态系统结构，以土地生态功能建设为主导，适度实施生态屏障区内居民向城、集、镇转移；对集中居民点开展环境整治，转变留居人口生产、生活方式，减轻污染负荷；全面发展生态农业，转变耕作方式，减少面源污染，增加农民收入；治理城、集、镇生活污水和垃圾，发展生态工业园，集中治污，强化污染源源头控制；实施植被恢复建设和水土保持工程措施，发挥生态系统过滤、吸收和转化面源污染的功能，提升区域生态环境承载力。

国内关于生态屏障建设路径，多以本地区特点展开研究，如刘兴良等（2005）

提出建设长江上游绿色生态屏障的生态对策和基本途径包括保护现有林，建立健全森林资源管理、监测和保护体系；加强造林困难地带植被的保护，促进森林植被的恢复；构建以生态效益为主，经济效益为辅的生态公益防护骨架体系，以提高植被覆盖率为最终目标；增加现有人工林的生物多样性，提高森林生态系统的功能；加强对干热干旱河谷、高海拔生态脆弱区等困难地带植被恢复、重建树种选择与培育以及乡土树种和资源植物的选择与栽培等技术的研究。

2. 生态屏障生态功能区划研究

最早提出四川长江上游生态屏障建设布局构想的是四川省林业勘察设计研究院的骆建国和潘发明（2001），他们本着布局必须注重其覆盖的全面性和系统功能的完整性，突出以生态效益为中心，因害设防、因地制宜的原则，将四川长江上游生态屏障划分为4个功能大区和13个功能区。汪明等（2005）也将四川省生态环境划分为同样的功能区。可以看出，骆建国等对生态屏障的划分主要强调森林的水土保持与水源涵养功能方面。周立江（2001）依据长江上游主要生态安全问题和建立生态屏障的地位与作用，将长江上游的四川省分为西部水源涵养生态屏障、东部水土保持生态屏障、城乡环境绿化生态屏障、生物多样性保护4个方面（表1-1）。显然，周立江的功能区划增加了生物多样性保护，有其特色。

表1-1　四川省生态功能分区系统表

生态功能区	生态亚区			
Ⅰ.川西高山峡谷水源涵养功能区	Ⅰ1.川西北高原丘陵水土保持与水源涵养功能亚区	Ⅰ2.川西高山山原深谷水源涵养功能亚区	Ⅰ3.川西高山峡谷水源涵养水土保持功能亚区	
Ⅱ.盆周山地水土保持与水源涵养功能区	Ⅱ4.盆周北部米苍山、大巴山水土保持功能亚区	Ⅱ5.盆周西缘龙门山水源涵养功能亚区	Ⅱ6.盆周南部中山水源涵养水土保持功能亚区	
Ⅲ.盆地低山丘陵水土保持与生态农业功能区	Ⅲ7.盆西平原生态农业功能亚区	Ⅲ8.盆中丘陵水土保持生态农业功能亚区	Ⅲ9.盆北低山水土保持功能亚区	Ⅲ10.盆南低山丘陵水土保持功能亚区
Ⅳ.川西南山地水源涵养与水土保持功能区	Ⅳ11.峨眉山中山水源涵养水土保持功能亚区	Ⅳ12.凉山山原水源涵养功能亚区	Ⅳ13.西昌、盐源盆地宽谷中山水土保持功能亚区	

刘兴良等（2005）在综合分析了长江上游地区的生物多样性、水土流失、自然灾害、水资源、土地沙化以及农业生态环境等方面的现状及其变化后，对长江上游地区进行科学合理的生态功能划分，初步划分为6个生态功能区（表1-2）。这也是长江上游绿色生态屏障功能区划分较为细致的文章。

表1-2　长江上游绿色生态屏障功能区系统及其特征

生态功能区	自然地理	气候	植被	林种及其优先排序
Ⅰ长江上游源头草原草甸及寒漠水源涵养林功能区	地貌总趋势为流水侵蚀的夹面，全境北高南低，北部平均海拔超过4400m，南部下降到3500m，山体的山脉状分布不明显，相对高差100～600m	具有高寒气候少雨风大、日照强烈、空气干燥的气候特点，年平均气温0℃左右，≥10℃年积温为80～780℃，年降水量400～700mm，相对湿度约60%	属于森林与草原过渡地带，森林以块状森林为主	1.水源涵养林 2.生态旅游林 3.薪炭林
Ⅱ西南高山峡谷自然保护及水源涵养林功能区	境内南北纵列走向的高山大河构成地貌的基本格局，地势北高南低，大部分地区海拔都在3000m以上。岭谷高差在1000～2000m或以上，北部切割稍浅，高原面完整	气候温凉湿润，气候日较差大，年较差小，光照充足。年平均气温2～8℃，1月平均气温-9～0℃，7月平均气温10～15℃，≥10℃年积温为200～1900℃，年降水量为500～800mm。由于焚风效应，在河谷地区出现干热、干旱河谷	森林植被垂直带谱十分完整，亚高山暗针叶林为本区主要类型，河谷地带阴雨区，出现干热、干旱河谷植被	1.水源涵养林 2.自然保护林 3.生态旅游林 4.商品林
Ⅲ四川盆周山地水源涵养林及经济林特种用途林功能区	北缘、西缘山地地貌以中山为主，南缘山地以低山为主，一般山地海拔在1500～2500m	四川盆周山地属中亚热带湿润气候，年均气温北缘为14～18℃，≥10℃年积温4500～6000℃，降水量为1000～1800mm，相对湿度均在80%以上	地带性植被以亚热带山地常绿阔叶林为主，在山地垂直带上，有杉木林、马尾松林、华山松林	1.水源涵养林 2.商品林 3.生态旅游林 4.薪炭林
Ⅳ四川盆地水土保持林及经济林功能区	地貌以丘陵为主。四川盆地丘陵的外围，为一系列褶皱断裂带构成的山地。盆地海拔多在200～700m，山岭海拔一般为600～1000m。黄壤主要以紫色土为主	盆地内属亚热带东南季风湿润气候，冬暖春旱、夏热，年平均气温16～18℃，长江谷地达18℃以上，向四周递减，≥10℃年积温为5000～6000℃，降水量约1000mm，相对湿度70%～80%，日照率20%～30%	地带性植被为亚热带常绿阔叶林，植被破坏严重，在盆地内部、丘陵及边缘山地的低山地区广泛分布人工马尾松林、杉木、柏木疏林等	1.水土保持林 2.商品林 3.森林旅游林 4薪炭林
Ⅴ川滇渝黔鄂山地丘陵水源涵养林及水土保持林功能区	地貌以山地、丘陵为主，盆地相间。一般海拔为1600m左右，大巴山主峰（海拔3105m）、大神农架（海拔6063m）属于多山地区。土壤以山地黄壤为主，海拔1400m以上则为山地黄棕壤	南北温差较大，降水量丰富而无明显旱季。年平均气温为15～21.5℃，夏季炎热，平均气温一般在25℃以上。冬季比较寒凉，大部分地区1月平均气温在5℃以下，1月极端最低气温-10～-5℃，甚至更低	北部为含常绿树的落叶阔叶林和松柏林，南部为热带树种的常绿阔叶林，境内高海拔地区为亚高山针叶林，低海拔地区广泛分布常绿阔叶林、马尾松、杉木等	1.水源涵养林 2.商品林 3.森林旅游林 4.薪炭林
Ⅵ云贵高原水土保持林及特种用途林功能区	由西南向东北倾斜，地面切割较深，地貌以低山丘陵为主，岩溶地貌发育普遍存在，海拔一般在500～800m。土壤主要为黄壤、石灰土、黄红壤等，红壤为地带性森林土壤，海拔1700m以上为山地黄壤和山地草甸土，四川境内海拔2100m以上有山地棕壤分布	气候具有四季气温比较均匀，干湿季分明的特点。全年平均气温15～16℃，最冷月气温3～9℃，最热月气温小于22℃，≥10℃年积温4500～5000℃，年降水量800～1100mm，85%集中于5～9月，干季特别干燥。在河谷地带，出现干热河谷气候	云南松及其所组成的针叶林是云贵高原森林的一个重要特征。植被有由西部偏干性常绿林向东部偏湿性常绿林过渡的特征。优势种为云南松、云南铁杉、滇青冈等	1.水土保持林 2.水源涵养林 3.森林旅游林 4.商品林 5.薪炭林

这类研究，有的是针对一个局部区域的，如王峰等（2011）以四川省云阳县盘龙镇示范区为例，依据三峡库岸带生态与经济协调的功能需求及土地利用现状，对研究区进行功能区划，分为库岸防护区、生态防护区、生态经济区、生态农田区和城镇景观区。在此基础上，确立了建设目标及建设模式，针对性较强。类似的研究还有赵兵（2015）的"岷江上游干旱河谷区生态屏障体系建设研究"。

生态功能分区能够为构建区域生态屏障体系提供宏观框架，类似的研究还有：根据洞庭湖生态经济区区域生态系统的空间特征、生态敏感性和生态系统服务功能，将洞庭湖生态经济区划分为4个生态功能区（张灿明等，2013）。依据生态屏障功能，李鹏等（2009）将北京山区的生态屏障划分为生物多样性保护功能区、水土保持功能区和水源涵养功能区。钟祥浩等（2006）通过对西藏地质、地貌、气候、水文、植被、土壤以及人口、经济和社会等条件的综合分析，并充分考虑生态系统地带性分异规律和主要生态系统类型及其服务功能区域差异，将西藏高原生态安全屏障保护与建设分为3个区和7个亚区。

以2010年鄱阳湖生态经济区环境卫星遥感影像为数据源，叠合鄱阳湖生态经济区DEM高程数据，提取森林、灌丛、农田、湿地、草地、城镇、裸地7种生态类型为一级生态系统，依据不同生态系统构成及占有率，划分了森林、农业、湖泊湿地3种生态资源类型的6块鄱阳湖生态经济区重点生态屏障区，并针对不同生态资源类型提出相应的建设对策。陈书卿等（2011）也是借助GIS分析工具，对重庆市永川区选取自然、生态和社会经济等因子建立评价指标体系，将其划分为5个限制级，并对该区建设生态屏障的基础条件进行评价。这种利用具体区域开展生态屏障功能区划的例子很多，总体离不开当地的实际条件。

另外，陈芳清也谈功能分区，他把三峡库区生态屏障区划分为城市功能型、集镇功能型、农村功能型、特殊功能型4种分区。以城市功能型生态屏障区为例，他认为，这种类型的生态屏障区主要包含交通运输保障功能区、饮水安全保障功能区、水生生物保护功能区和污染净化功能区等。除城市功能型生态屏障区外，陈芳清还介绍了集镇功能型、农村功能型、特殊功能型功能分区。集镇功能型生态屏障区包含饮水安全保障功能区、航运枢纽功能区和污染净化功能区，农村功能型生态屏障区包含污染净化功能区、生态农业利用功能区和沿江生态景观功能区，而特殊功能型生态屏障区则指峡谷功能型屏障区、岛屿功能型屏障区及湖盆库湾功能型屏障区。

3. 生态屏障建设布局研究

郑安平（2016）将河南省平原农区生态屏障建设研究的课题进行总结，课题将河南省平原农区生态屏障建设类型分为5种，即黄河和海河平原防风固沙工业原料林区、黄河下游湿地区、黄泛区沙化土地农田防护一般用材林区、淮河平原低洼易涝一般用材农田防护林区、南阳盆地一般用材农田防护林区。布局的依据包括气候和地貌因素、土壤和植被差异、人为活动强烈程度、经济发展水平以及生态环境敏感程度差异性等。在此基础上提出各生态屏障类型区的发展方向及建设布局。林业生态屏障建设布局包括骨干林带、农田林网、农林间作、防护片林及城镇和乡村居民点绿化等。这一类研究有助于其他地区根据本区域实际情况进行参考。

在生态屏障建设中，土地资源的不合理利用会引起更多环境恶化问题，生态屏障区土地利用模式研究也是生态屏障建设布局的研究方向，刘世斌（2013）采用地域分异规律，运用规划的理论和方法，构建了湖北省梁子湖生态屏障区4种土地利用模式，并对其土地利用布局调整进行了模拟分析。结果表明：调整后屏障区的土地利用斑块数减少了67.3%，土地利用破碎度显著降低，具有重要生态功能的耕地、林地、坑塘水面等用地类型的布局更趋合理。洪斌城等（2011）认为，建设生态屏障，必须优先布设国土生态屏障，制定国土生态屏障用地规划技术规范，推广"3S"技术在国土生态屏障用地规划中的运用，提高规划人员的业务素质和信息技能，构建和完善生态屏障用地规划法律制度，强化生态屏障用地规划的实施保障。编制三峡库区国土生态屏障用地专项规划，是建设好生态屏障的基础。

一些研究是在功能区划之后进行生态屏障建设与布局研究，汪明等（2005）在分析川西北高原丘陵水土保持与水源涵养功能亚区（Ⅱ）地貌特征、气候类型、植被条件、农林牧发展比例的基础上，给出本生态屏障区建设与布局思路，作者认为，该生态屏障区首先应积极恢复沙化地块的草被，其次通过培育和引进优质草种建立高畜载强度的人工草场，另外，天然草场则应该合理规划放牧和严格圈养，同时严格保护现有森林植被，大力植树造林，营建护牧林网。王雪军等（2014）在赣州市资源环境承载能力状况综合分析的基础上，对赣州市生态屏障建设布局进行分区，共划分为3个建设分区，并针对各个建设分区提出了建设生态屏障的区域布局、建设目标、任务及重点，为赣州市未来生态屏障建设布局和区域生态环境保护提供参考。钟祥浩等（2006）认为西藏生态安全是多层次生态系统体系的安全，这个体系在空间上的有机组合与布局决定了西藏生态安全屏障是由多层次生态屏障组成的安全屏障体系。文章将西藏高原国家生态安全屏障划分为以生态系统地带性规律为依据的生态安全屏障的宏观格局，以生态系统服务功能为基础的生态安全屏障布局等。

4. 生态屏障区植被恢复技术研究

吴宁等（2007）在《山地退化生态系统的恢复与重建——理论与岷江上游的实践》一书中以"提高植被覆盖率、减少水土流失"为中心问题，针对不同地带的植被生态系统特点和生态退化的关键问题，在岷江上游构建两大系统：一个是恢复系统，即直接作用于森林生态系统恢复的技术系统；另一个是保障系统，即指有利于森林恢复的配套系统和能减少对生态系统恢复有影响的社会经济压力的技术系统。吴宁等建议，在岷江上游干旱河谷建立特色生态农业技术体系，在岷江高山林草交错带建立植被恢复与稳定技术试验示范，包括退化疏林改造模式、退化灌丛生态经济型改造模式、退化草甸草原改良模式等。还有亚高山采伐迹地"复式镶嵌群落配置模式"试验示范、中山低效林封育与改造模式等，这是一篇受到中国科学院知识创新重大项目支持的可行性研究。

广西北部湾也是一个重要的生态屏障。覃家科等（2011）提出，在其生境退化区、水源涵养区、水土保持区和防风固沙区等进行人工生态系统建设，对北部湾生态系统健康进行保障建设，以期构建一个人工和自然生态系统相结合的多层次的北部湾生态系统。陈斌等（2014）总结了西藏高原典型退化生态系统植被恢复的技术措施（围栏封育、人工种草、工程扰动分类恢复、适生植物种选择、沙障设置等）。

5. 生态屏障功能及效益评价

学者们认为生态屏障理论来源于现代生态学的分支恢复生态学，因此，生态屏障建设最直接的目标是恢复重建生态系统的功能（潘开文等，2004）。

针对生态屏障功能的研究成果不多，较为概括并具有集成性的成果是潘开文等（2004）通过对生态系统服务功能的分析研究，将生态屏障功能概括为 6 种：过滤器功能（filter function）、缓冲器功能（buffer function）、隔板功能（screen function）、庇护所功能（shelter function）、水源涵养功能（green-tree reservoirs function/sponge function of forests）、精神美学功能（aesthetics function）。而王玉宽等（2005）在总结上述研究的基础上，提出生态屏障包括净化、调节与阻滞、土壤保持、水源涵养、生物多样性保育五大功能。随着研究的不断深入，生态屏障建设评价范围有增加趋势，开始侧重于生态环境系统，如将生态屏障建设成效划分为生态基础建设、生态恢复与保护、工业污染处理情况、城市生活污染处理能力、环境污染与破坏事故及自然灾害情况五个方面（钟芸香，2010）。冯应斌等（2014）的研究，以 Costanza 等的生态系统服务价值测算方法及谢高地等制定的生态服务价值系数为基础，构建了不同土地利用类型生态服务价值修正系数，从生态系统服务价值以及景观格局视角定量估算三峡库区生态屏障区土地利用规划生态效应。在重庆市云阳县的研究结果表明，以土地生态功能建设为导向的土地利用规划能够快速提升生态屏障区生态系统服务价值，增强屏障区调节气候、保持土壤、维护生物多样性等方面的能力。

张燕和高峰（2015）基于生态屏障建设的内涵以及甘肃省的区域特征，从经济发展、人口结构优化、人民生活质量提升、生态环境改善等生态屏障建设的目标任务出发，构建了甘肃省生态屏障建设评价指标体系，采用因子分析法对甘肃省 14 个市（州）进行了综合评价，得出不同区域的生态屏障建设综合水平。

6. 生态屏障的生态补偿研究

（1）生态补偿问题

生态屏障区是一类具有独特生态功能的地区。由于生态屏障区的特殊区位和生态条件，其往往也是生态脆弱区和经济后发展地区。申开丽等（2014）认为，结合生态功能区划明确发展定位、建立健全针对生态屏障区的生态补偿政策、切实加大生态屏障区的生态补偿力度、拓宽生态补偿融资渠道、建立生态屏障区生态补偿绩效评价体系才能开展好生态屏障区生态补偿工作。实际上，这一问题带有普遍性，值得研究。生态屏障区的生态补偿工作实践中存在缺乏针对性生态补偿政策、生态补偿力度难以弥补限制发展遭受的损失、补偿资金来源单一、缺乏相应的生态补偿绩效评估体系等问题，需要更深层次的研究。

生态屏障区生态补偿存在的主要问题，一是生态补偿标准太低，就是 2014年新一轮退耕还林工程实施以后，公众依旧认为生态补偿较低。二是缺乏长效机制，对农民、牧民短期少量的粮食和现金补助，解决不了农牧民生存问题，缺乏激励作用，很容易复垦。特别是在退耕还草工程实施过程中，减畜、草场保护效果不理想。三是补偿标准不统一，如国家对退耕还林还草工程的补偿机制采取了南方、北方不一致的补偿和补助标准，都影响退耕还林积极性。

（2）生态补偿政策

针对三峡生态屏障区生态补偿与可持续发展机制研究，刘永贵（2010）提到，我国生态补偿机制实践，主要是在 2002 年全国范围内展开的退耕还林还草工程和2004 年全国正式实施中央森林生态效益补偿基金后在全国范围内展开的天然林保护工程。当时的补偿标准是：退耕还林还草工程的补偿，规定每亩退耕地每年补助现金 20 元，长江流域及南方地区每亩退耕地每年补助粮食 150kg，黄河流域及北方地区每亩退耕地每年补助粮食 100kg。同时，国家向退耕户提供每亩 50 元的种苗和造林补助费。对粮食和现金补助年限，规定还草补助按 2 年计算，还经济林补助按 5 年计算，还生态林补助暂按 8 年计算。后来国家虽延长了补偿年限，但补偿标准依然偏低。

根据 2014 年国务院批准的《新一轮退耕还林还草总体方案》（以下简称《总体方案》），国家发展和改革委员会、财政部联合国家林业局、农业部等有关部门，下达山西、湖北等 10 省（自治区、直辖市）及新疆生产建设兵团 2014 年度退耕还林还草任务 500 万亩。其中，退耕还林 483 万亩，退耕还草 17 万亩。《总体方案》明确了新一轮退耕还林还草补助政策：退耕还林每亩补助 1500 元，其中，财政部通过专项资金安排现金补助 1200 元，国家发展和改革委员会通过中央预算内投资安排种苗造林费 300 元；退耕还草每亩补助 800 元，其中，财政部通过专项资金安排现金补助 680 元，国家发展和改革委员会通过中央预算内投资安排种苗种草费 120 元。中央安排的退耕还林补助资金分三次下达给省级人民政府，每亩第一年 800 元（其中，种苗造林费 300 元）、第三年 300 元、第五年 400 元；退耕还草补助资金分两次下达，每亩第一年 500 元（其中，种苗种草费 120 元）、第三年 300 元。同时，《总体方案》还明确，地方各级人民政府有关政策宣传、检查验收等工作所需经费，主要由省级财政承担，中央财政给予适当补助。根据上述补助政策，2014 年，中央财政共安排新一轮退耕还林还草专项资金 24.976 亿元，其中，现金补助 24.796 亿元、工作经费一次性补助 0.18 亿元。

（3）生态补偿机制

马洪波（2009）在"建立和完善三江源生态补偿机制"一文中，针对三江源国家生态保护综合试验区建设取得的成效，探索建立和完善符合市场经济规律的生态补偿机制，按照补偿主体和补偿对象明确化、补偿方式多样化、补偿运作市场化和补偿效果"造血"化的基本原则，从设立三江源生态补偿转移支付科目、完善工程项目管理体制和改革资源环境税制等方面逐步推进。刘海清和麻智辉（2009）认为鄱阳湖生态经济区生态补偿方式主要有政策补偿、实物补偿、资金补偿、技术补偿、智力补偿等。李平（2008）在介绍建立南水北调中线工程输水区生态与水资源补偿机制必要性的基础上，提出了建立水源地生态与水资源动态补偿机制的指导思想和指导原则、补偿形式以及补偿的主体、对象、范围和方式，指出建立南水北调中线工程生态与水资源补偿机制的条件已趋于成熟，并提出了"广泛宣传、达成共识，加强领导、建立组织机构，制定优惠政策、加大帮扶力度、完善制度、加强监督"等建议。

余波和彭燕梅（2017）在云南省主体功能区建设背景下，从生态补偿主体、补偿客体、补偿方式以及补偿标准及其依据 5 个方面，对构建云南主体功能区生态补偿机制进行初步探索。有针对性地构建一套合理而有力的生态保障长效机制，形成"生态建设者提供生态产品—生态受益者购买生态产品—为生态建设者提供补偿—生态建设者得到回报—加强生态建设—提供生态产品"的良性循环系统。作者特别提出生态补偿的方式可以分为资金补偿、实物补偿、政策补偿和智力补偿等。依据补偿条块可分为纵向补偿与横向补偿 2 种，按照空间尺度大小可以分为生态环境要素补偿、流域补偿、区域补偿和国际补偿 4 种。按照实施主体和运作机制的差异，大致可分为政府补偿和市场补偿两大类型。

官冬杰等（2017）通过引入"奖惩约束"机制，运用博弈论的方法，构建特定的演化博弈模型，进一步完善生态补偿的动态演化机制。具体是运用博弈论的方法，对流域上下游政府之间的博弈进行基本假定，构建演化博弈理论模型，分析得到该博弈模型的最优解。基于流域博弈分析的结果，以重庆三峡库区为例，对三峡库区后续发展生态补偿进行分析，得到保护—补偿策略为重庆三峡库区生态补偿的最优策略。他提出具体补偿机制：一是对保护库区的自身生态系统的投入机会成本进行补偿；二是为了发展社会经济而对破坏了的生态环境进行补偿；三是对库区的移民进行补偿；四是对库区占用的耕地等进行补偿。另外，国家还应该将库区的生态补偿项目统一管理，综合运用行政手段、市场手段来进行库区生态保护和污染防治工作。缓解保护主体和补偿主体之间的矛盾，使得库区生态补偿机制进一步完善。

第二节　生态屏障的范围及类型

一、生态屏障范围界定

国内很少有人专门研究生态屏障的范围及类型，主要是由于其无法进行归类。1998 年，长江、嫩江和松花江相继发生百年不遇洪水，人们开始从沉痛的教训中认识森林在现代防洪减灾中的价值。时任国家林业局党组成员、中国林科院院长江泽慧说，我国的水患灾害启示我们，失去森林，就是失去绿色生态屏障，失去人类赖以生存的"摇篮"。因此，早年研究生态屏障的范围集中在长江中上游、三峡库区。从流域的角度，除了长江中上游，还有云南金沙江、雅鲁藏布江、黄河等；随后，从行政区域提到生态屏障建设的有四川省、贵州省、云南省、京津生态屏障、首都生态屏障、内蒙古绿色生态屏障等。从大的区域来看，有学者最新提出的中国北方生态屏障、中国西部生态屏障等，还有以湿地、沙漠、自然保护区划定生态屏障范围的。

但是，王玉宽等（2005）认为，生态屏障是指"处于某一特定区域的复合生态系统，其结构和功能符合人类生存和发展的生态要求"，这一描述首先将生态屏障视为一种"复合生态系统"，而非一般意义上所指的某一时间、某一地域，由生产者、消费者和分解者共同组成的单元生态系统，更不是非生态的工程系统。这里所谓的复合生态系统，是指构成生态屏障的生态系统或生态系统组合，除具有一般自然生态系统的属性和功能外，同时还应具有特定的社会与经济属性和功能。

张佩昌和陈学军（1992）认为，中国三级绿色生态屏障的第一级是以改善国土质量、保护大区域或大流域生态环境为目标，以治理三大自然灾害主要发生区为重点，以建设大型生态林业工程（包括骨干防护林带）为中心内容的森林防护体系；第二级是以改善和保护国土中等区域或中等流域生态环境为目标，以流域治理为重点，以绿化山系和水系两侧为中心内容的森林综合防护体系；第三级是以改善局部地域小环境，保护农田牧场、城镇村庄、道路河流、各种矿场为主要目的，以平原绿化、城市绿化和小流域治理为重点，以建设农田防护林、草场防护林、自然保护区、"四旁"绿化等为中心内容的森林综合防护体系，这时所指的绿色生态屏障就是指营造防护林及防护林综合体系。胡友兵等（2012）针对生态屏障的内涵及其具有的功能，提出了具体的生态屏障界定标准并建立了数学模型，提出了生态屏障建设相对适宜度。

二、生态屏障尺度

由于生态屏障的范围大小不一，其尺度也没有规范。王玉宽等（2005）认为生态屏障的概念中明确了构成生态屏障的生态系统所处的空间位置，即"某一特定区域"。因为屏障内涵了一种相对位置关系，只有处于对被保护者来说是关键位置，并具有被保护对象所要求的生态功能的生态系统，才能具有屏障功能，才能成为生态屏障。那这"特定区域"实际上就是一种尺度。

单楠等（2012）总结认为，在自然状态下，河流、湖泊等水体都存在天然的生态屏障，以维护水生态系统的平衡，它是水生态系统自我调节的重要组成部分。针对不同类型的水体可将水生态屏障分为：河流生态屏障、湖泊生态屏障、水库生态屏障、海岸生态屏障。河流生态屏障位于河流沿岸，在纵向上从上游至下游呈条带状结构分布，在横向上按近岸水域、滨水域以及近岸陆域结构分布。Young等（1980）最初发现，河流岸边植被带能有效地截留坡面漫流产生的泥沙及沉积物，27m 的沿岸植被带对悬浮沉积物的截留率达 79%；Zhang 等（2010）采用理论模型结合统计分析的方法研究了植被带宽与非点源污染（包括沉积物、氮、磷、杀虫剂）去除率之间的关系，结果表明在 10% 的坡度下，30m 的植被带宽度即可去除 85% 的污染物质。

三、生态屏障类型

由于人类的需求不同，生态屏障可以具有不同的外延特征。就我国提出建设的生态屏障而言，有以防风为主要功能的生态屏障，如内蒙古自治区提出的"北方生态屏障"，青海省铁路部门提出建设西部"铁路生态屏障"；有以保持土壤、涵养水源、保护生物多样性等为主要目标的生态屏障，如四川、贵州等地提出的"长江上游生态屏障"以及部分地区提出的建设小范围生态屏障，还有些地区提出以减少某些有毒地球化学元素为目的而建设的"防污染生态屏障"。这些生态屏障的范围有大有小，可以是不同尺度的，也可以是自然的或人工的，或受人工干预的自然生态系统组成的。但总体上来说，只要其结构和功能符合人类生存和发展的生态要求，并处于一个区域的关键地段，便能构成生态屏障（王玉宽等，2005）。

钟祥浩（2008）论述了构建中国山地生态安全屏障的重要性，山地生态安全屏障本身就是一种生态屏障类型，作者提出了以大陆地势变化三级阶梯为基础的山地生态安全屏障宏观构架，遵循地形为主导因素，并结合水热因素的分异，对中国山地生态安全屏障进行生态屏障类型区划分，共分出 3 个大区、40 个区和 66 个亚区。中国大陆地势三级阶梯分布在地域上具有重大差异，大陆三级阶梯在国土开发上也存在巨大差异，生态屏障建设力度、生态补偿都会有所差异。

内蒙古自治区地处内陆地区，以大兴安岭山脉、阴山山脉、贺兰山山地为骨架，构成了全区的"生态脊梁"。全区生态系统类型复杂多样，包括森林生态系统、草原生态系统、荒漠生态系统、湿地生态系统、农业生态系统、城市生态系统 6 个主要类型，构成了我区生态屏障的复合生态系统。其中：森林、草原、荒漠、湿地 4 个生态系统的功能稳定发挥是影响我区生态环境的关键所在。从这种意义上讲，内蒙古生态屏障类型应该包括上述 6 种生态系统。

第三节　构筑生态屏障的战略意义

一、理论意义

1. 生态屏障对生态文明理论建设的贡献

党的二十大报告统揽中华民族伟大复兴战略全局和世界百年未有之大变局，对推动绿色发展、促进人与自然和谐共生作出重大决策部署，提出了一系列新理念新论断、新目标新任务、新举措新要求。

从新理念新论断看，报告深刻阐明中国式现代化是人与自然和谐共生的现代化，并将"促进人与自然和谐共生"作为中国式现代化的本质要求之一，强调尊重自然、顺应自然、保护自然，是全面建设社会主义现代化国家的内在要求。人与自然是生命共同体，无止境地向自然索取甚至破坏自然必然会遭到大自然的报复。必须站在人与自然和谐共生的高度谋划发展，坚定不移走生产发展、生活富裕、生态良好的文明发展道路。促进人与自然和谐共生，是对马克思主义自然观、生态观和中华优秀传统生态文化的创造性转化、创新性发展，是中国式现代化和人类文明新形态的重要内涵，是对西方以资本为中心、物质主义膨胀、先污染后治理的现代化老路的超越。

生态文明理论是在资源约束趋紧、环境污染严重、生态系统退化的严峻形势下建立的。生态屏障建设正是要改善环境，建设生态文明。生态屏障建设对生态文明理论建设的贡献就在于它是生态文明制度体系中的一个节点，也就是说它是生态文明建设理论的一个实践环节。可以说生态屏障是生态文明建设中构建国家生态安全战略格局的重要组成部分，生态安全是生态屏障建设的目标，生态屏障则是生态安全的保障。

西部地区大部分土地是国家主体功能区规划中的限制开发区和禁止开发区。全国生态安全屏障战略格局中"两屏三带"大部分都在西部地区，也就是说，西部是我国生态安全屏障建设的重点。西部地区很多重要生态功能区直接影响着全国乃至亚洲地区的气候变化、生态环境和经济社会的可持续发展。把生态文明建设融入西部地区经济社会发展，促进经济社会发展的同时，保护、建设好生态环境，形成资源节约与环境保护的产业结构、生产方式、生活方式，才能使生态环境保护上一个大台阶，使生态环境恶化趋势得到遏制（张广裕，2016）。

2. 生态屏障建设是生态学发展的一个节点

生态屏障建设的理论意义在于丰富了自身理论体系,也使之成为生态学发展的一个节点,如与生态屏障林业工程建设实施同步,四川林学家进行了相关的理论研究和总结。杨冬生用生态学原理对生态屏障做出了定义,并指出长江上游生态屏障建设的内容应包括森林、草地、农田、城市、河流5个子系统。周立江阐述,生态屏障建设的主体是建立和完善区域稳定的、以森林为主体的自然生态系统,建设具有多效益、多功能的生态环境工程体系,基本构架包括西部水源涵养生态屏障、东部水土保持生态屏障、城乡环境绿化生态屏障、生物多样性保护4个方面,并论述了各自的建设重点(马秋艳等,2013)。马秋艳等同时认为,长江上游生态屏障建设是首次将生态和经济建设目标相统一,把生态建设列入社会经济发展的总体目标,正确处理了环境和发展、生态建设和经济建设之间的关系,创新了生态建设体制,这一思想是生态屏障建设理论的重大突破。

王玉宽等(2005)认为,生态屏障是基于人类对生态系统的服务功能的认识以及区域生态危机和生态安全要求而提出的,其中心内容是生态保护、生态恢复与重建。从这个意义上讲,它的理论基础主要来源于恢复生态学,其内容同时又涉及了保护生物学和生态系统生态学的范畴。因此对生态屏障概念的认识,应该从恢复生态学、保护生物学和生态系统生态学的理论出发。

3. 生态屏障将会构建完整的建设体系

生态屏障建设具有自己的理论体系,也开始形成独特的建设体系。在生态系统理论、恢复生态学理论、可持续发展理论的指导下,生态屏障将会构建完整的建设体系。

王晓峰等(2016)解释生态屏障具有如下特点:①防护性,即对反生态系统服务的防御或者对正生态系统服务的保护;②梯度性,即根据保护的区域重要性或者反生态系统服务的严重程度而建立的不同等级的生态屏障;③指向性,即生态屏障具有明显的方向性;④动态性。同时,他根据生态屏障对象的性质将生态屏障划分为正向服务保护型、反向服务防护型和退化服务恢复型,他认为"两屏三带"防护体系中的东北森林带为正向服务保护型,北方防沙带、川滇-黄土高原生态屏障和南方丘陵山地带为反向服务防护型,青藏高原生态屏障则为退化服务恢复型。

长江上游生态屏障建设是一个复杂的系统工程,邓玲(2002)认为整个体系建设须遵循顾全大局、注重效益,统筹规划、统一领导,联动开发、联合保护,科技先行、以人为本,依法建设、强化监督,科学设计、因地制宜,突出重点、分步实施的原则,通过生物措施、工程措施、经济措施、技术措施、社会措施等手段来实现。类似这样的建设体系很多,多从所在区域的生态问题入手,提出解决生态问题的办法，建立完整的生态屏障建设体系。

二、现实意义

1. 保证了疆土生态安全

构建生态命运共同体是应对气候变化、维护全球生态安全、推进全球生态治理的必然选择。党的十八大报告提出"推进生态文明建设"的目标，实质上就是为了保障生态安全，实现中国长远稳定、可持续发展，而生态屏障的建设与保障生态安全密切相关。

国家明确将生态安全纳入国家安全体系之中。这是在准确把握国家安全形势变化新特点新趋势的基础上作出的重大战略部署，对于提升生态安全重要性认识，破解生态安全威胁，意义重大。生态安全与政治安全、军事安全和经济安全一样，都是事关大局、对国家安全具有重大影响的安全领域。生态安全是其他安全的载体和基础，同时又受其他安全的影响和制约。

生态屏障建设是为确保国家生态安全而实施的举措。国务院批复甘肃建设国家生态安全屏障综合试验区，甘肃继往开来，正在努力承担起自己作为生态安全屏障的使命和责任。甘肃水资源分属长江、黄河、内陆河三大流域，这里是黄河、长江上游的重要水源补给区，是腾格里沙漠、巴丹吉林沙漠南移和库姆塔格沙漠东进的阻挡区。甘肃就像一面挡风墙，为身后的祖国大好河山"遮风挡雨"。

2014 年，西藏自治区组织编制《西藏构建国家生态安全屏障纲要》，启动生态安全屏障建设成效评估工作，对生态安全屏障建设的生态、经济和社会效益进行了阶段性评估。中央第五次西藏工作座谈会将西藏生态环境保护与建设提到更高的战略地位，明确提出西藏是国家重要的生态安全屏障，要加快实施《西藏生态安全屏障保护与建设规划》，这是继青海三江源自然保护区生态保护与建设工程之后，国家在青藏高原地区实施的又一项重点生态保护工程。青藏高原的生态价值远远高于经济价值，爱惜西藏的山山水水、一草一木，永葆高原碧水蓝天，筑牢西藏生态安全屏障意义深远。

内蒙古位于我国北部边疆，是我国民族区域自治制度的发源地，煤炭、有色金属、稀土、风能等资源富集，发展潜力巨大，生态区位独特，在全国经济社会发展和边疆繁荣稳定大局中具有重要的战略地位。推进内蒙古加快转变经济发展方式、深化改革开放，有利于构筑我国北方重要的生态安全屏障，有利于形成我国对内对外开放新格局，有利于优化提升经济结构，有利于促进区域协调发展，有利于加强民族团结和边疆稳定。

2. 强化了重点地区生态工程建设

生态工程作为生态文明建设的重要组成部分，不仅有非常重要的生态效益，还能够有效地促进我国国民经济的进一步发展，这也就使得生态工程发展成为我国生态文明发展过程中的一项重要内容。而随着生态文明建设的深入，生态屏障作为生态工程的综合体被日益强化。可以说，生态屏障建设的重大意义在于使生态工程建设的内容更加丰富，推动生态工程建设的发展。

长期以来，人类为了自身的生存而不断毁林开荒，造成了严重的水土流失，并使得旱涝、沙尘暴等自然灾害频发，从而严重地威胁人们的生存环境，长期以来的乱砍滥伐和盲目开采，导致森林资源急速减少。1978 年三北防护林工程开始实施，我国进入林业生态工程的大规模建设时期。1999 年起，我国开始落实退耕还林政策，人们意识到国家提升林业生态的重要性。几十年以来，林业生态工程不断地完善和成熟，我国的生态环境得到了进一步的改善，对生态环境和经济社会发展都起到了积极的促进和推动作用。

重点生态工程与生态屏障同为生态环境保护的重要举措。时任国务院总理李克强 2013 年 12 月 18 日主持召开国务院常务会议，在部署建设甘肃省国家生态安全屏障综合试验区的同时，也对青海三江源生态保护、京津风沙源治理、全国五大湖区湖泊水环境治理等一批重大生态工程的建设提出要求。

会议通过《甘肃省加快转型发展建设国家生态安全屏障综合试验区总体方案》。方案指出，甘肃地处青藏高原、黄土高原、内蒙古高原交汇处，在国家生态建设中具有重要战略地位。要突出水资源节约集约和合理利用，促进产业结构优化、人口有序转移，加强生态保护建设与环境综合治理，在主体功能区规划实施、集中连片特困地区区域发展与扶贫攻坚等方面不断取得突破，构筑西北乃至全国的生态安全屏障。

会议通过了《青海三江源生态保护和建设二期工程规划》，要求在总结经验的基础上，将治理范围从 1520 万 hm^2 扩大至 3950 万 hm^2，以保护和恢复植被为核心，将自然修复与工程建设相结合，加强草原、森林、荒漠、湿地与河湖生态系统保护和建设，完善生态监测预警预报体系，夯实生态保护和建设的基础，从根本上遏制生态整体退化趋势，使支撑民族长远发展的"中华水塔"坚固又丰沛。会议同时听取了京津风沙源治理工程汇报。强调实施京津风沙源治理工程，对于巩固我国北方防沙带，遏制沙尘危害至关重要。会议指出，守护绿水青山，留住蓝天白云，是全体人民福祉所系，也是对子孙后代义不容辞的责任。

三北防护林工程的建设主要是减缓东北、华北、西北的土地荒漠化，以改善"三北"地区的自然环境。三北防护林工程建设走出了一条符合"三北"地区实际和国情的生态建设道路，成为我国生态建设的一面旗帜，为我们开展大型生态建设积累了丰富经验，也增强了我们实现秀美山川建设目标的信心。不仅如此，三北防护林工程已成为我国政府重视生态建设的标志性工程，具有重要的世界意义，产生了重要的国际影响。三北防护林体系建设工程是一项利在当代、功在千秋的伟大工程，不仅是中国生态环境建设的重大工程，也是全球生态环境建设的重要组成部分。三北防护林工程形成的带、片、网，完全符合生态屏障的内涵，使之成为生态屏障的重要组成部分。

长江流域、珠江流域、沿海防护林体系以及太行山、平原绿化建设工程是针对我国重点区域设立的国家级防护林建设工程，更是林业生态建设与修复的重要组成部分，对构筑我国"江、河、山、海、原"重点地域生态安全屏障，改善生态环境，促进城乡经济社会协调发展具有重大意义。"长、珠、海、太、平"五项工程分别启动实施于 20 世纪 80 年代末至 90 年代初，先后经历了试点示范、一期、二期、三期工程建设。"十二五"是"长、珠、太、平"防护林三期工程继续实施、海防二期工程行将收尾的关键阶段。这五大重点区域的生态工程建设，围绕国家经济社会发展大局，肩负着构筑"一带一路""京津冀协同""长江经济带"生态屏障的历史使命，为提升重点地区生态容量，提高生态承载力，改善城乡人居环境作出了积极贡献（刘道平等，2016）。

目前，我国森林面积 2.31 亿公顷，森林覆盖率达 24.02%。

根据第二次全国湿地资源调查（2009～2013 年），全国湿地面积 5360.26 万 hm^2，与第一次全国湿地资源调查相比，受保护的湿地面积增加 525.94 万 hm^2，达到 2324.32 万 hm^2。全国完成沙化土地治理面积 1000 万 hm^2，土地沙化趋势整体得到初步遏制。全国林业系统累计建立各级各类自然保护区 2189 处，面积 1.25 亿 hm^2，其中，国家级自然保护区 359 处，面积 7874 万 hm^2，大熊猫、东北虎、朱鹮、藏羚羊、扬子鳄等野外种群数量稳中有升。

3. 推动全面建成小康社会

良好的生态环境是提高人民生活水平、改善人民生活质量、提升人民幸福感的基础和保障，是最公平的公共产品和最普惠的民生福祉，是全面建成小康社会的必然要求，而全面建成小康社会的难点、重点在山区、林区和沙区，这些地区属于集中连片特殊困难地区，也是重点生态功能区及生态屏障区。生态屏障的建设发展了，困难地区人民的生活水平提高了，就推动了小康社会的发展水平。

林业具有进入门槛低、产业链条长、就业容量大、收益可持续的优势，脱贫增收潜力巨大。那些困难地区的人口从事林业、农业可以不出山，不出村，因此，建设小康社会，就是让这些地处生态屏障地区的人民先脱贫、早脱贫。这就要求，加强生态建设，发展生态产业，实行生态补偿，对生态特别重要和脆弱的地区实行生态保护扶贫，实现林业精准扶贫、精准脱贫。

2016 年年初，习近平总书记在推动长江经济带发展座谈会上指出，推动长江经济带发展必须从中华民族长远利益考虑，走生态优先、绿色发展之路，使绿水青山产生巨大生态效益、经济效益、社会效益，使母亲河永葆生机活力。习近平总书记的重要讲话，为四川林业全面建设长江上游生态屏障，服务绿色发展指明了前进方向。

三、战略意义

1. 坚持社会及经济协调发展

坚持协调发展，就是实现辩证发展、系统发展、整体发展，解决发展不平衡问题。一段时间以来，我国城市化发展迅速，但农村现代化进程相对缓慢，农村仍有大量贫困人口，在唯 GDP 时代，经济实现了高速增长，但引发了各种社会问题和矛盾，世界第二大经济体的"硬实力"背后，是软实力的相对不足，国民素质和文明程度有待进一步提高。协调发展，就是要改变单一发展偏好，打破路径依赖，实现整体发展。协调发展，注重的是更加均衡、更加全面。坚持协调发展，将显著推进绿色发展和共享发展进程。更加注重生态保护、社会保护，是协调发展的题中之义。

2016 年 9 月 7 日，国家发展改革委正式印发《关于贯彻落实区域发展战略促进区域协调发展的指导意见》，明确指出要构建生态安全屏障，把生态文明理念贯穿于区域发展总体战略实施的全过程，实际上就是用生态文明协调发展的理念加快生态安全屏障建设，形成以青藏高原、黄土高原—川滇、东北森林带、北方防沙带、南方丘陵山地带、近岸近海生态区以及大江大河重要水系为骨架，以其他重点生态功能区为重要支撑，以点状分布的国家禁止开发区域为重要组成的生态安全战略格局。通知指出，加强重点生态功能区、生态环境敏感区和脆弱区等保护和管理，合理划定生态保护红线，落实最严格水资源管理制度，强化水资源节约保护，加大重要饮用水水源地保护力度，推进河湖生态保护和修复，加强水土流失综合防治，增强涵养水土、防风固沙能力，保护生物多样性，加强海洋和海岛生态系统保护和修复。

2. 坚持绿色发展

坚持绿色发展，是我国发展理论的重大创举，是对我国国情和世界发展潮流准确深刻把握作出的战略抉择。绿色发展就是迫切要求林区、草原区、湿地区域和风沙区主动承担起筑牢生态安全屏障、夯实生态根基的重大使命，加大力度保护和修复自然生态系统，从根本上扭转生态环境恶化的趋势，保障国家生态安全，增强减缓和适应气候变化的能力。

绿色发展迫切要求林业承担起创造绿色财富、积累生态资本的重大使命，提供更多优质的生态产品，不断提高森林、湿地、荒漠、生物多样性等生态服务价值和公共服务能力。绿色发展迫切要求林业承担起引领绿色理念、繁荣生态文化的重大使命，大力提升保护森林、爱护动物、亲近自然的生态意识，培育公民生态价值观，推动全社会形成绿色循环低碳的发展方式和生活方式，努力创造人与自然和谐共生的人文财富，为建设美丽中国作出新贡献。

坚持绿色发展，就是在中国发起一次生态革命，解决人与自然和谐问题。绿色发展，注重的是更加环保、更加和谐。坚持绿色发展，将深刻影响一地区的发展模式和幸福指数。要想实现绿色发展，需要不断地进行技术创新和理念创新。

3. 坚持创新发展

坚持创新发展，就是把创新摆在国家发展全局的核心位置，解决发展动力问题。历史发展经验表明，一旦"后发优势""比较优势"等红利渐趋用尽，一国进入到更加成熟的发展阶段，创新能力不强就会成为制约经济增长的"阿喀琉斯之踵"。经济学家约瑟夫·熊彼特在《经济发展理论》一书中提出了"创新理论"：技术不断创新，产业不断变迁，出现所谓的"创造性破坏"，是现代经济增长的最重要本质。经济发展进入新常态的中国，急需一次思想和模式的深刻变革。同样，理论、制度、文化创新，也将是一场建立"中国叙事"的变革——终结西方"元叙事"，打破西方价值体系垄断，使不同的制度、文化、文明互鉴共存。

创新发展，注重的是更高质量、更高效益。坚持创新发展，将使一国、一地区的发展更加均衡、更加环保、更加优化、更加包容。也就是说，创新发展对协调发展、绿色发展、开放发展、共享发展具有很强的推动作用。

参 考 文 献

宝音, 包玉海, 阿拉腾图雅, 等. 2002. 内蒙古生态屏障建设与保护[J]. 水土保持研究, 9(3): 62-65, 72.

陈斌, 李海东, 曹学章. 2014. 西藏高原典型生态系统退化及植被恢复技术综述[J]. 世界林业研究, 27(5): 18-23.

陈东景, 徐中民. 2002. 西北内陆河流域生态安全评价研究——以黑河流域中游张掖地区为例[J]. 干旱区地理, 25(9): 219 - 223.

陈国阶. 2002. 对建设长江上游生态屏障的探讨[J]. 山地学报, 20(5): 536-541.

陈佳贵, 黄群慧, 钟宏武. 2006. 中国地区工业化进程的综合评价和特征分析[J]. 经济研究, (6): 4-15.

陈美球, 刘桃菊, 吕添贵, 等. 2011. 鄱阳湖生态经济区生态屏障构建探讨[J]. 人民长江, 42(11): 64-67.

陈书卿, 刁承泰, 周春蓉. 2011. 土地利用规划中生态屏障体系的构建及功能区划研究: 以重庆市永川区为例[J]. 水土保持研究, 18(1): 105-110, 2.

邓玲. 2002. 论长江上游生态屏障及其建设体系[J]. 经济学家, (6): 80-84.

方创琳, 杨玉梅. 2006. 城市化与生态环境交互耦合系统的基本定律[J]. 干旱区地理, 29(1): 1-8.

丰开桥. 1998. 崛起的绿色屏障: 十大林业生态工程建设综述[J]. 国土绿化, (4): 3-6.

冯应斌, 何建, 杨庆媛. 2014. 三峡库区生态屏障区土地利用规划生态效应评估[J]. 地理科学, 34(12): 1504-1510.

官冬杰, 刘慧敏, 龚巧灵, 等. 2017. 重庆三峡库区后续发展生态补偿机制、模式研究[J]. 重庆师范大学学报(自然科学版), 34(1): 39-48.

洪斌城, 邱道持, 贾雷. 2011. 三峡库区国土生态屏障用地规划探讨[J]. 安徽农业科学, 39(1): 421-422, 446.

侯成成, 赵雪雁, 张丽, 等. 2012. 基于熵组合权重属性识别模型的草原生态安全评价: 以甘南黄河水源补给区为例[J]. 干旱区资源与环境, 26(8): 44-51.

胡友兵, 李致家, 冯杰等. 2012. 三峡库区生态屏障范围界定[J]. 水利学报. 42(10): 1248-1253.

兰立达. 2001. 长江上游生态屏障建设原则及对策措施的探讨[J]. 四川林勘设计, (3): 28-32.

李鹏, 韩洁, 袁顺全, 等. 2009. 北京山区生态屏障功能分区研究[J]. 现代农业科学, 16(11): 66-70.

李平. 2008. 浅谈南水北调中线工程水源地生态与水资源补偿机制的建立[J]. 中国水土保持, (9): 19-22.

刘操, 陈芳清. 2014. 把握机遇构建三峡库区生态屏障[J]. 中国三峡, (3): 87-89.

刘道平, 曾宪芷, 覃庆锋. 2016. 筑牢重点区域生态安全屏障: "长、珠、海、太、平"防护林工程建设综述[J]. 国土绿化, (1): 36-39.

刘海清, 麻智辉. 2009. 鄱阳湖生态经济区生态补偿机制研究探讨[J]. 求实, (2): 55-57.

刘世斌. 2013. 流域土地利用功能分区体系研究: 以梁子湖流域为例[D]. 北京: 中国地质大学博士学位论文.

刘伟平. 2014. 构建一道国家生态安全屏障[J]. 求是, (5): 19-21.

刘兴良, 杨冬生, 刘世荣, 等. 2005. 长江上游绿色生态屏障建设的基本途径及其生态对策[J]. 四川林业科技, 26(1): 1-8.

刘永贵. 2010. 三峡生态屏障区生态补偿与可持续发展机制研究. 人民长江, 42(19): 52-59.

刘钟龄. 2000. 建设北方绿色生态屏障, 为实施西部大开发战略作出贡献[J]. 广播电视大学学报(哲学社会科学版), (1): 58-61.

骆建国, 潘发明. 2001. 四川长江上游生态屏障建设布局的构想[J]. 四川林勘设计, (4): 9-15.

马洪波. 2009. 建立和完善三江源生态补偿机制[J]. 国家财政学院学报, (1): 42-44.

马利邦, 牛叔文. 2009. 甘肃省生态安全评价及驱动因素分析[J]. 干旱区资源与环境, 23(5): 30-36.

马林, 盖玉妍. 2004. 内蒙古生态屏障工程建设构想[J]. 中国人口·资源与环境, 14(5): 79-82.

马秋艳, 刘智勇, 张炎周. 2013. 四川省长江上游生态屏障建设若干问题探讨[J]. 四川林勘设计, (4): 8-14.

潘开文, 吴宁, 潘开忠, 等. 2004. 关于建设长江上游生态屏障的若干问题的讨论[J]. 生态学报, 24(3): 617-629.

彭建, 赵会娟, 刘焱序, 等. 2017. 区域生态安全格局构建研究进展与展望[J]. 地理研究, 36(3): 407-419.

覃家科, 符如灿, 农胜奇, 等. 2011. 广西北部湾生态安全屏障保护与建设[J]. 林业资源管理, (5): 30-35.

单楠, 阮晓红, 冯杰. 2012. 水生态屏障适宜宽度界定研究进展[J]. 水科学进展, 23(4): 581-589.

申开丽, 俞洁, 傅智慧, 等. 2014. 基于 PSR 模型的长潭水库生态安全评价研究[J]. 环境科学与管理, 39(11): 166-169.

四川省林学会办公室. 2002. 四川省林学会建设长江上游生态屏障学术研讨会纪要[J]. 四川林
业科技, (1): 41-43.

孙小丽. 2016. 甘肃省建设国家生态安全屏障的制度化保障机制研究[D]. 兰州: 甘肃农业大学
硕士学位论文.

汪立, 铁晓红. 1997. 三峡工程的生态屏障: 长江中上游防护林[J]. 中国三峡建设, (4): 27-28.

汪明, 刘建, 刘兴良, 等. 2005. 四川省生态功能区区划及其生态屏障建设与布局[J]. 四川林业
科技, 26(3): 11-19.

王峰, 陈勇, 周立江, 等. 2011. 三峡库岸带生态屏障建设技术体系初步研究: 以云阳县盘龙镇
示范区为例[J]. 水土保持通报, 31(1): 122-127.

王晓峰, 尹礼唱, 张园. 2016. 关于生态屏障若干问题的探讨[J]. 生态环境学报, 25(12):
2035-2040.

王雪军, 黄国胜, 张煜星, 等. 2014. 基于资源环境承载力的赣州市生态屏障布局[J]. 福建林业
科技, 41(2): 161-165.

王永瑜, 王丽君. 2011. 甘肃省生态环境质量评价及动态特征分析[J]. 干旱区资源与环境, 25(5):
41-46.

王玉宽, 孙雪峰, 邓玉林, 等. 2005. 对生态屏障概念内涵与价值的认识[J]. 山地学报, 23(5):
4431-4436.

吴宁, 等. 2007. 山地退化生态系统的恢复与重建: 理论与岷江上游的实践[M]. 成都: 四川科
学技术出版社.

杨冬生. 2002. 论建设长江上游生态屏障[J]. 四川林业科技, 23(1): 1-6.

余波, 彭燕梅. 2017. 云南省主体功能区生态补偿机制构建研究[J]. 南方农业, 11(4): 31-36.

张灿明, 李姣, 金彪. 2013. 洞庭湖生态经济区生态屏障体系建设[J]. 武陵学刊, 38(5): 13-17.

张广裕. 2016. 西部重点生态区环境保护与生态屏障建设实现路径[J]. 甘肃社会科学, (1):
89-93.

张佩昌, 陈学军. 1992. 论中国三级绿色生态屏障的建设[J]. 林业资源管理, (6): 17-22.

张燕, 高峰. 2015. 甘肃省生态屏障建设的综合评价和影响因素研究[J]. 干旱区资源与环境,
(11): 93-98.

赵兵. 2015. 岷江上游干旱河谷区生态屏障体系建设研究[J]. 民族学刊, 6(3): 68-71, 123-124.

赵关维. 2016. 构建丝绸之路经济带西部生态安全屏障探析: 以甘肃省为例[J]. 中共银川市委
党校学报, 18(5): 47-49.

郑安平. 2016. 河南省平原农区生态屏障建设布局及树种配置主要模式初探[J]. 河南林业科技,
36(3): 25-28.

郑轩, 杨荣华, 王强. 2013. 三峡库区生态屏障区建设探讨[J]. 人民长江, 44(15): 73-76.

钟祥浩, 刘淑珍, 王小丹, 等. 2006. 西藏高原国家生态安全屏障保护与建设[J]. 山地学报,
24(2): 129-136.

钟祥浩. 2008. 中国山地生态安全屏障保护与建设[J]. 山地学报, 26(1): 2-11.

钟芸香. 2010. 长江上游经济带生态屏障建设的评价模式[J]. 统计与决策, 304(4): 44-46.

周洁敏, 寇文正. 2009. 中国生态屏障格局分析与评价[J]. 南京林业大学学报(自然科学版),
33(5): 1-6.

周立江. 2001. 长江上游生态屏障建设的基本构架和指标体系[J]. 四川林勘设计, (4): 1-8.

Young R A, Huntrods T, Anderson W. 1980. Effectiveness of vegetated buffer strips in controlling pollution from feedlot runoff[J]. Journal of Environmental Quality, 9(3): 483-487.

Zhang X Y, Liu X M, Zhang M H. 2010. A review of vegetated buffers and a meta-analysis of their mitigation efficacy in reducing nonpoint source pollution[J]. Journal of Environmental Quality, 39(1): 76-84.

第二章 生态屏障构建理论

第一节 生态系统理论

生态系统（ecosystem）是由英国生态学家 A. G. Tansley 于 1935 年首先提出来的，指在一定的空间内生物成分和非生物成分通过物质循环和能量流动相互作用、相互依存而构成的一个生态学功能单位。1963 年，Fosberg 在 Tansley 的基础上提出，生态系统是由一个或多个生物有机体与对其有影响的环境组成的有功能和相互作用的系统。从其定义上我们可以看出，生态系统是以自然界一定空间内存在的生物与环境为主要研究对象，揭示处于统一整体中相互影响、相互制约的生物与环境处于相对稳定的动态平衡状态的机制。生态系统概念的提出为生态学的研究和发展奠定了基础，极大地推动了生态学的发展。

一、生态系统生态因子重要性理论

1935 年，A. G. Tansley 提出了生态系统的概念，经 Lindeman 和 E. P. Odum 等的发展，生态系统从生态系统的组成与结构、能量流动与物质循环、生态因子及其作用、生态系统平衡等方面开展相关研究。其中提到的生态因子是指广义的环境要素，后来，人们在进行生态学研究中，将生态因子和环境因子加以区别，生态因子是指环境中对生物生长、发育、生殖、行为和分布有直接或间接影响的环境要素，如温度、湿度、食物、氧气、二氧化碳和其他相关生物等。生态因子不同于环境因子，环境因子包含生物体外部所有的环境要素，而生态因子只是众多环境因子中对生物起作用的因子，因此其范围要小于环境因子。因此，生态因子的概念来源于生境，但又不同于生境。

传统的分类方法将生态因子分为两类，即生物因子和非生物因子，生物因子包括生物种内和种间的相互关系，而非生物因子则包括气候、土壤、地形等环境因素。在生态学的研究过程中，为了强调人类作用的特殊性和重要性，又在原有的生物因子和非生物因子之外，增加了一类因子，即人为因子，人为因子包括人类的垦殖、放牧和采伐、环境污染等，是一类非常特殊的因子。由于人类活动对生态系统的影响日益增强，因此，人为因子对生态系统的调节作用越来越大。

在生物因子、非生物因子和人为因子等众多生态因子中，有些直接限制生物生长、发育、生殖、活动以及分布，这就是人们熟知的限制因子，限制因子在生物生长发育过程中的作用尤为重要，在限制因子与生物的相互作用和影响方面，著名生态学家 V. E. Shelford 和著名农业化学家 J. Liebig 分别就生物的生长发育与外界环境因子的关系进行科学研究得出了 Shelford 耐性定律和 Liebig 最小因子定律，Shelford 耐性定律强调了生物对外界环境因子的适应范围，即任何一个生态因子在数量或质量上的不足或过多，即当其接近或达到某种生物的耐受性限制时，该种生物要么衰退要么不能生存；而 Liebig 最小因子定律表明，生物生长取决于最小量生态因子的量。

每一个生态因子都是在与其他因子的相互影响、相互制约中起作用的，任何因子的变化都会在不同程度上引起其他因子的变化，但某一个生态因子的作用又不可为其他生态因子所替代，且这种影响随着时间和空间的变化，也是在不断变化着的，在生物生长发育的不同阶段，总会有不同的生态因子对生物起关键主导作用，这种主导作用和阶段性作用贯穿于生物生长的整个过程。因此，生态因子与生物的相互作用关系，是生态学领域最基本的研究内容。

二、生态系统服务功能理论

生态系统服务又可称为生态系统服务功能。关于它的概念，虽然不同的学者有不同的定义，但已基本达成共识。生态系统服务的研究最早可追溯至 20 世纪 70 年代，1970 年《人类对全球环境的影响报告》一文中首次提出生态系统服务的概念，随后逐渐吸引了各国专家学者对其开展各方面的研究。Westman（1977）提出了"自然的服务"概念，详细介绍了生态系统功能的含义、生态系统为社会执行的任务，以及如何量化和评估这些任务。随着时间的推移，90 年代以后，关于生态系统服务的研究开始步入一个繁荣期，对于生态系统服务的定义也更为详尽具体。Daily（1997）提出生态系统服务是指自然生态系统及其组成物种得以维持和满足人类生命需要的环境条件和过程。它们能够维持生物多样性和各种生态系统产品（如海产品、草料、木材、生物燃料、天然纤维，以及许多医药和工业产品及其生产原料）的生产。这些商品的收获和贸易是人类经济中一个重要而熟悉的部分。生态系统服务除了生产商品外，还具有清洁、循环、更新等实际的生活保障功能，并赋予人们许多无形的审美和文化利益。Costanza 等（1997）认为生态系统服务是人类从生态系统中获取的直接或间接的收益，这些收益有的是客观产品（如食物），有的是服务（如干净的空气），他把产品和服务统称为服务，同时利用此概念计算了全球的生态服务价值。联合国千年生态系统评估（The Millennium Ecosystem Assessment）（2005）将生态系统服务定义为人们从生态系统中直接或间接获得的利益，这些利益包括食物、水、木材、休闲、精神利益等。国内学者也提出了一些关于生态系统服务概念的定义。董全（1999）将生态系统服务定义为由自然生物过程产生和维持的环境资源方面的条件和服务。欧阳志云等（1999）认为生态系统服务功能是指生态系统与生态过程所形成及所维持的人类赖以生存的自然环境条件与效用。谢高地等（2001）提出生态系统服务是指人类通过生态系统的各种功能直接或间接得到的产品和服务。

1. 生态系统服务功能的分类

生态系统服务越来越多地作为一种记录人类在生态系统中的价值观和评估自然资源带来的效益的手段得到推广（Wallace，2007），尤其是在强调生物多样性保护的今天。在这种情况下，价值往往难以用经济术语描述，而且很少在自然资源决策中得到很好的解释。如果生态系统服务要为自然资源决策提供一个有效的框架，则必须以允许在相关潜在利益集合之间进行比较和权衡的方式对其进行分类。Daily（1997）将生态系统服务功能分为 13 类，包括缓解干旱和洪水、废物的分解和解毒、产生和更新土壤与土壤肥力、植物授粉、农业害虫的控制、稳定局部气候、支持不同的人类文化传统、提供美学和文化、娱乐等（不包括产品）。Costanza 等（1997）将生态系统服务分为 17 类，包括气体调节、气候调节、干扰调节、水调节、水供给、基因资源、休闲娱乐、文化等。

联合国千年生态系统评估（2005）依据人类所需相关服务和生态系统提供的各种惠益提出的四分法，将生态服务划分成 4 类：供给服务、调节服务、文化服务以及支持服务。供给服务是指由生态系统生产的或提供的服务，如食物、水、木材和纤维等。调节服务是指从生态系统功能的调节过程所得到的益惠，如调节大气质量、净化水质等。文化服务是指从生态系统获取的非物质惠益，如提供娱乐、审美和精神方面的享受等。支持服务是提供其他服务而必需的一种服务，如土壤形成、光合作用和养分循环等。谢高地等（2008）参考 Costanza 的分类体系，根据中国民众和决策者对生态服务的理解状况，将生态服务重新划分为食物生产、原材料生产、景观愉悦、气体调节、气候调节、水源涵养、土壤形成与保持、废物处理、生物多样性维持共 9 项。温建丽（2018）结合昆嵛山自然保护区当地社会的经济特点，将生态系统服务归为有机物生产和原材料、涵养水源、土壤保持、保肥、固碳释氧、净化空气、娱乐文化、生物多样性维持，以及旅游、美学、精神和文化价值 9 个方面。

2. 生态系统服务的影响因素

生态系统服务的变化受到诸多因素的影响，许多生态系统变化是由于人类活动产生的意料之中及意料之外的结果。根据研究目的的不同及划分依据的差异，不同研究将影响生态系统服务的驱动因素分为内部因素和外部因素，其中内部因素包括生物多样性、生境入侵等，而外部因素则包含气候变化、政策、城市化、土壤属性、人类活动等多个方面（周兴民，2010；胡和兵等，2013；李屹峰等，2013；马凤娇和刘金铜，2013；吴迎霞，2013；Geneletti，2013；Shoyaman and Yamagata，2014；Wang et al.，2016）。研究方法主要是定性描述和定量分析以及两者相结合。驱动因素会因为生态系统服务的差异和研究尺度的差异略有不同。气候的变化差异始终是影响生态系统服务变化的重要驱动因子，无论在全球范围内，还是国家的尺度上（Fu et al.，2013；Ding et al.，2016）。在区域和景观尺度上，主要有地形、植被、土壤等自然因素和土地利用变化、政策、人类活动等方面的人文因素，人文因素是较小尺度上推动生态系统服务变化的主导作用力（Su et al.，2012；Geneletti，2013；Fu et al.，2013；傅伯杰和张立伟，2014；Wang et al.，2016）。因此，影响生态系统服务的因子基本都具备双向性，无论是大自然中的自然因素还是人类社会中的人文因素。生态系统在为人类服务的同时，人类也在改变生态系统的功能和结构，体现出影响的双向性质。诸如土地利用变化、化学污染等对生态环境的破坏是人类活动影响生态系统服务的直接驱动因素，而人口、经济、政策、管理等方面的变化是人类活动影响生态系统服务的间接驱动因素。国际上主要是从气候变化、政策和土地利用等方面研究生态系统服务变化的驱动力，在这些研究当中，从气候变化和土地利用两个方面分析对生态系统服务影响的研究较多。政策方面多集中于政策实施后的生态系统服务的反馈机制、现状评估与未来决策和管理方面。对于自然资源配置、生态系统结构等方面，主要是通过影响土地利用变化进而对整个区域的生态系统服务产生影响（MEA，2005；傅伯杰和张立伟，2014）。

3. 生态系统服务功能价值评估方法

生态系统服务具有复杂性，对其进行定量评估具有相当大的难度，被广泛认可的评估方法主要有三类：能值分析法、价值量评价法和物质量评价法。这三种评价方法是相互联系的，其中物质量评价法和价值量评价法应用最为广泛。能值分析法是指为人类提供的产品和服务在形成过程中直接或间接消耗的太阳能热量，单位为太阳能焦耳。能值最早由 Odum 提出，其定义为产品在生产完成或者相关服务在形成的全过程中，以直接或者间接形式使用的有效能量（Odum and Odum，2000）。这种方法具有能值单位标准统一的特点，因此可以将自然生态系统和社会经济系统相结合，进而实现生态环境和社会经济的协调发展，最终可以反映生态系统服务产品的真实价值。但是，这种方法数据资料难以获取，计算复杂，分析不易是首要困难，其次，在评估过程中存在一些难以用太阳能度量的与太阳能关系微弱的物质，另外，评价结果往往不能真实反映人类对生态系统的需求性和生态系统服务自身的稀缺性（张书凤和陈理飞，2007；张明阳等，2009）。

价值量评价法是以货币的形式反映生态价值，指从货币价值量的角度对生态系统提供的服务进行定量评价（王娟等，2007）。Costanza 等（1997）在 *Nature* 上发表了对全球范围内，各类型生态系统服务价值评估研究，带动了此研究方法的热潮。一方面，价值评价法货币化的评价结果方便公众直观地理解生态系统的服务价值，认识生态系统服务的重要性，同时，有利于相关政府部门和各级决策者对区域进行治理时提供一定的理论支持。另一方面，货币化的评价结果方便比较不同生态系统服务的同一项服务价值以及综合分析同一生态系统的不同服务价值。但是，该评价方法也具有一定的争议，很多学者认为该方法具有一定的主观性和不确定性，具体主要表现在相对独立的不同生态系统服务价值的研究结果的叠加，可能会带来重复计算（Serafy，1998），在经济学上，如果不考虑替代效益和经济效益可能会使评估结果偏高（Turn et al.，2000）。

物质量评价法是从物质量的角度对生态系统提供的各项服务进行定量评价，从根本上来说，该方法主要是基于生态系统服务机制的评估方法，即用生态系统服务的实际值作为评价依据，并以生态系统服务的可持续性为研究目的（赵景柱等，2003）。在建立生态服务评估指标体系为前提的基础上，结合各项指标的计算公式，计算各类生态系统服务，生态系统服务物质量的动态水平对生态过程具有决定作用，进而决定了其服务功能的可持续性（赵景柱等，2000）。在对生态系统服务的可持续分析上，物质量评价法具有不可替代的作用。该方法的优势在于可以相对客观地反映生态系统服务量的大小，且不会因为某些因素的变动而发生明显的变化，另外，该评估方法不会受市场价格的影响（白杨，2011）。但是，由于结果专业性太强，结果在面向大众和政府部门时难以被快速认知，同时由于评估结果的量纲不同，不能实现各项服务的比较和汇总。

针对早期静态的评估结果，研究人员将 GIS 和遥感技术引入了评估工作体系，大大提升了评估结果的时空动态特征，给决策者提供更加全面的信息。Egoh 等（2008）借助 GIS 对南非 5 种生态系统服务功能进行评估，并通过相关性分析评估生态系统服务和物种多样性之间的空间一致性；Richards 和 Friess（2016）通过地理信息系统和遥感手段量化东南亚红树林和不同土地利用类型的转换比例，评估红树林的砍伐率和驱动因子；Kindu 等（2016）通过土地利用数据和 GIS 评估了 1973～2012 年埃塞俄比亚高原景观生态系统服务价值，并且探索土地利用的变化和生态系统服务功能价值的相关性。为了将生态系统服务纳入区域经济发展和环境管理的决策中（黄从红等，2013），生态系统服务功能评估模型应运而生，包括由佛蒙特大学开发的 MIMES、GUMBO 和 ARIES，由美国林业署开发的 CITYgreen，由威斯康星大学开发的 IBIS，由斯坦福大学开发的 In VEST 等（赵金龙等，2013）。

三、生态系统多样性理论

地球的最独特之处是存在生命，而生命最奇妙的特点是其多样性（Cardinale et al.，2012）。然而，在全球范围内，随着人类社会活动的加剧和气候变化，生物多样性正以惊人的速度丧失。生物多样性是生物及其与环境形成的生态复合体以及与此相关的各种生态过程的总和，主要包括基因多样性、物种多样性和生态系统多样性 3 个层次。基因多样性和物种多样性是生物多样性研究的基础，而生态系统多样性则是生物多样性研究的重点。生态系统多样性是指生物圈内生境、生物群落和生态过程的多样化以及生态系统内生境、生物群落和生态过程变化的多样性。此处的生境主要是指无机环境，生境的多样性是生物群落多样性乃至整个生物多样性形成的基本条件。生物群落的多样性主要指群落的组成、结构和动态（包括演替和波动）方面的多样化。生态过程主要指生态系统的生物组分之间及其与环境之间的相互作用，主要表现在系统的能量流动、物质循环和信息传递等。

生物多样性和生态系统功能（biodiversity and ecosystem functioning，BEF）之间的关系是全球关注的热点问题之一，最早可追溯到达尔文时代。20 世纪 90 年代出现了大量 BEF 实验研究，代表性的有生态气候室（ecotron）实验（Naeem et al.，1994）、Cedar Creek 野外实验（Tilman and Downing，1994；Tilman et al.，1996，2001）、微宇宙（microcosm）实验（McGrady-Steed et al.，1997；Naeem and Li，1997）、美国加州草地实验（Hooper and Vitousek，1997）和欧洲草地 BEF 实验（Hector et al.，1999）等。BEF 研究的深入使研究者逐步意识到生态系统能同时提供多项功能和服务的事实，即生态系统多功能性（ecosystem multifunctionality，EMF）（Sanderson et al.，2004），亦即生态系统同时维持多种生态系统功能和服务的能力（Hector and Bagchi，2007；Maestre et al.，2012），或者说生态系统多个功能的同时表现（Byrnes et al.，2014）。

1）在不同的时空尺度、环境条件下，维持生态系统多个功能比单个功能需要更多的物种（Hector and Bagchi，2007；Gamfeldt et al.，2008；Zavaleta et al.，2010；Isbell et al.，2011；Peter et al.，2011；Maestre et al.，2012；Perkins et al.，2015）。

2）多功能冗余（multifunctional redundancy）比单功能冗余（single functional redundancy）程度低（Gamfeldt et al.，2008；Peter et al.，2011；Miki et al.，2014）。所谓功能冗余是指有些物种在群落或生态系统中具有相似的功能，这些物种的替代对生态系统功能的影响很小（Lawton and Brown，1994）。单功能冗余即单个功能的冗余，也就是常说的功能冗余；多功能冗余即多个功能的冗余，也就是不同物种具有一种以上相似功能的情况。

3）对单个生态系统过程、功能或尺度分析的结果，往往会低估生物多样性对生态系统功能的作用（Eisenhauer et al.，2012；Maestre et al.，2012；Bowkeret al.，2013；Pasari et al.，2013；Wagg et al.，2014；Lefcheck et al.，2015）。随着所考虑的功能数的增加，多样性对多功能性的作用会变得越来越重要（Lefcheck et al.，2015）。

4）多功能性比单个功能更易受到物种丧失的影响（Hector and Bagchi，2007；Gamfeldt et al.，2008）。

5）不同营养级的物种丰富度对多功能性的影响不同，食草动物的物种丰富度比植物物种丰富度对多功能性的影响更大（Lefcheck et al.，2015）。

四、生态补偿理论

1. 生态补偿理论的内涵

工业革命以来，随着科技的发展与进步，经济的发展同时对生态环境造成影响。关于对生态补偿相关理论基础的研究可以追溯到皮古（A.C. Pigou）等的研究结论。生态补偿早期的概念源于生态学理论，它是指自然的生态补偿范畴。国际上对生态补偿（ecological compensation, eco-compensation）比较通用的名称是生态效益付费（payment of ecological benefit，PEB）或生态服务付费（payment of ecosystem services，PES）。以上两个观念在本质上是统一的，但就内涵而言，生态补偿相比生态服务付费更为宽泛（俞海和任勇，2008）。《环境科学与技术词典》（1992 年）对自然生态补偿（natural ecological compensation）进行了定义，其是指当生物种群、有机体或生态系统受到外界干扰时，所展现出来的缓解干扰、调节自身状态使其以适应这种干扰，生存得以维持的一种能力。而 Cuperus 等（1996）认为生态补偿是指当生态功能或质量受损时所采取的一种替代措施。Allen 和Feddema（1996）等则认为生态补偿是对破坏的生态地区的恢复，又或者是通过新建生态场地替代原有生态地区的功能及质量。较早的生态补偿内涵主要以自然环境的补偿为主，但随着人类各种不合理的社会经济行为，造成生态环境被严重地污染和破坏，生态补偿逐步由自然生态补偿过渡到经济生态补偿。其中生态补偿被引入社会经济领域是在 20 世纪 90 年代，此时的生态补偿的内涵多被认为是一种对资源环境保护实施的经济刺激措施。生态补偿的概念逐渐演变为对生态服务的付费。对 PES 的定义最早且最有影响力的是国际林业研究中心（CIFOR）的学者 Wunder，他认为所谓的生态补偿是由环境服务购买者与服务供给者之间就买卖生态环境服务所达成的一种自愿交易。该定义对生态补偿提出了四个界定标准：一是基于谈判的自愿交易；二是被交易的生态环境服务是可以明确规定且可度量的；三是交易中至少包含一个买者和卖者；四是补偿是有条件的，只有生态环境服务供给者按要求提供服务时，购买者才会对其进行补偿（Wunder，2005）。尽管该定义对 PES 进行了详细的界定，但这一定义常常被认为是"基于科斯定理的""私人的""使用者支付类型的"（Engel et al.，2008；Muradian et al.，2010），由于国际上现行的 PES 项目多数属于政府付款类型，实践中的 PES 项目一般难以满足该定义。区别于 Wunder 对 PES 的定义，Sommerville 等（2009）认为 PES是一种有条件地对环境服务的供给者进行的正向激励方式，它的有效实施需要综合考虑多样性及额外性的制度环境。相较于前两位学者的研究，Muradian 等（2010）对 PES 的定义较为宽泛，其认为 PES 实质是社会成员之间的一种资源转移，目的是通过在自然资源管理中提供激励，促使个体或者组织改变土地使用决策以增进社会福利。Tacconi（2012）认为 PES 是一项通过向自愿参与的生态系统服务的提供者进行有条件的付费来获得额外的生态系统服务供给的透明的制度，应该满足透明性、自愿性、条件性和额外性4个特性。综合已有学者的研究，Wunder于2015年重新对PES定义进行了修订，他认为良好的PES定义应该是精确的而非模糊的，修订后的PES定义："PES是一种环境服务使用者和环境服务提供者之间的自愿交易，基于双方协定的自然资源管理的规定而产生被补偿的环境服务，进行有条件的付费。"尽管不同学者对PES的定义存在不同的见解，但整体来看他们对PES的定义都有一个共同点，即PES是一种激励机制而并非是惩罚机制，其基本原则是遵循"受益者付费"原则，而不是"污染者付费"。

我国的生态补偿概念最早在1987年由张诚谦提出，他认为所谓的生态补偿是从利用资源所得到的经济收益中提取一部分资金以物质或能量的方式归还生态系统，维持生态系统的物质、能量在输入、输出时的动态平衡（张诚谦，1987），此定义基于能量与物质的转换来保持生态系统的平衡和稳定。区别于国外PES的概念，我国的生态补偿在20世纪80年代至90年代前期，一般被认为是生态环境赔偿的代名词。例如，庄国泰等（1995）认为生态环境补偿是由于损害生态环境而需承担费用的一种责任，这种收费的作用在于它提供一种减少对生态环境损害的经济刺激手段。章铮（1996）认为生态环境补偿费是为有效控制破坏生态环境行为而征收的费用，目的是将外部成本内部化。随着社会经济的发展，生态补偿的内涵也逐步发生了拓展，由最初的对生态环境破坏者收费，发展到对生态服务供给者（或保护者）的补贴（胡振通，2016）。又如，王钦敏（2004）将生态补偿定义为是对使用环境资源而放弃的未来价值的补偿；孙新章等（2006）认为生态补偿是集恢复、惩罚和机会补偿于一体的综合概念。综合国内外学者的研究并结合我国的实际情况，我国生态补偿是以保护和可持续利用生态系统服务为目的，以经济手段为主，调节相关者利益关系的制度安排（中国生态补偿机制与政策研究课题组，2007）。同时，2013年4月国家发展改革委主任徐绍史代表国务院向全国人大常委会作的《国务院关于生态补偿机制建设工作情况的报告》中，将生态补偿机制阐释为"在综合考虑生态保护成本、发展机会成本和生态服务价值的基础上，采取财政转移支付或市场交易等方式，对生态保护者给予合理补偿，是使生态保护经济外部性内部化的公共制度安排"（徐绍史，2013）。此概念更加突出对生态保护者给予补偿原则，激励更多的公民参与生态保护。

由于已有研究的侧重点不同以及生态补偿本身的复杂性，生态补偿概念还没形成统一的定义（汪劲，2014）。但是从生态补偿概念的演变可以看出，它经历了从最初的通过损害者付费将外部成本内部化，到既有损害者付费又包含受益者付费使得外部经济内部化，最后逐步发展到更为注重由受益者付费实现外部经济内部化的演变过程。

2. 生态补偿机制中的关键要素

（1）生态补偿的主体和客体

生态补偿涉及不同利益主体之间的利益损失和权益获得的让渡与分配问题。建立生态补偿机制首先应明确"谁补偿谁"和"对什么进行补偿"两个关键问题。因此，主体和客体的确定是生态补偿机制建立的首要出发点和归宿点（龚高健，2011）。生态补偿环境和保护资源之间存在一种法律关系，它是指环境与资源保护法的主体之间，在利用、保护和改善环境与资源的活动中形成的由该法律规范、确认以及调整的具有权利、义务的社会关系，一般认为政府、企事业单位、社会团体以及公民都能够被称为环境与资源保护法律关系的主体；而该法律关系的客体则是指法律关系主体的权利和义务所指向的对象（金瑞林，2013）。生态补偿主体包括生态环境服务的受益者（即补偿主体）和生态环境服务的提供者（即受偿主体）。生态补偿的客体主要分为两类：一类指物，主要包括自然资源和生态环境；另一类是指行为，是不同主体对自然资源、生态环境做出的各种保护行为（曹明德，2010）。生态系统服务的受益方可能是环境服务的使用者，一般称为使用者补偿；同时也可能是第三方[如政府、非政府组织（NGO）等]，其代表环境服务的使用者，此类型一般称为政府补偿。不同的补偿主体其补偿效率具有一定的差异。目前，我们国家生态补偿主体是以政府补偿为主导实施的。但是在产权明晰的补偿领域中生态补偿主体应该由受益者进行补偿（如在自然资源开发产生的土地复垦和植被修复的生态补偿方面，其受益者、开发者和破坏者是明确且具体的，生态补偿的主体容易确定）。国外大多数的 PES 项目由政府通过公共财政转移支付途径实施，在实施过程中政府也会结合竞争手段和市场手段来保障生态效益的稳步提高。

生态补偿的实质是对某一区域的环境服务或者该区域特定的活动类型的供给或实施进行的补偿。因此，相对应的环境服务和活动类型就是生态补偿的客体。在我国，生态补偿客体涵盖流域、森林、草原、湿地等生态系统。2016 年国务院印发的《国务院办公厅关于健全生态保护补偿机制的意见》中明确森林、草原、湿地、荒漠、海洋、水流、耕地 7 项作为重点补偿项目进行建设。目前，我国已基本形成了以政府为主导、以中央财政转移支付和财政补贴为主要筹资渠道、以重大生态保护和建设工程及其配套措施为主要形式、以各级政府为实施主体的生态补偿总体框架，在森林、草原、湿地、流域和水资源、矿产资源开发、海洋以及重点生态功能区等领域取得积极进展和初步成效。

（2）生态补偿的补偿方式

在确定生态补偿的主体和客体后，就应该解决以什么方式进行补偿的问题。选择合理的补偿方式不仅是生态补偿政策顺利开展的客观要求，其实质上也是由补偿主体和补偿客体多样性的需求共同决定的。因此选择操作容易、针对性强且交易成本低的补偿方式，是实施生态补偿制度的关键之一（杨欣和蔡银莺，2012）。根据性质不同生态补偿可以划分为多种途径和方法，如依据补偿方式的不同可以分为资金补偿、实物补偿、政策补偿和智力补偿等（毛显强等，2002）；依据补偿条块可分为纵向补偿和横向补偿；依据空间尺度的大小可分为对生态环境要素补偿、区域补偿、流域补偿以及国际补偿等（王金南等，2006）。我国现行的生态补偿项目绝大多数以政府补偿为主，为了实现补偿的公平性和实施的便利性，多数项目采用单一的补偿方式，这样容易忽视生态服务供给者需求的差异性以及对生态补偿绩效的评估管理，大大降低了生态补偿的效率。相较于政府补偿，市场补偿方式下交易双方随时可以获得有效的市场信息，在面对该信息时反应比较灵敏的一方迅速作出理性决策，这样就可以规避政府模式下的机会主义、有限理性等缺陷（彭喜阳，2008）。根据补偿主体和对象的不同，合理地选择具有强制性的行政补偿方式或较为自由的市场补偿方式来实现补偿，此外，还要从被补偿者的利益需求出发，选择最佳的补偿方式对其进行补偿。

（3）生态补偿的标准

当生态补偿主体、客体以及生态补偿方式确定后，实施生态补偿的关键是解决补多少的问题，因此，补偿标准的确定是生态补偿有效实施的关键环节（曹叶军等，2010）。换言之，生态补偿标准是否科学、是否合理，一定程度上决定着生态补偿政策目标能否达成。一直以来学者们对生态补偿进行了大量研究，标准的设定是生态补偿研究中的难点问题，又因为生态补偿对象的范围比较广，不确定的影响因素比较多，导致学者们仍没有找到统一的确定生态补偿标准的方法。进行生态补偿就是为了将生态服务的收益给予自然资源管理者，从而提高自然资源管理者保护自然资源的积极性。效益最大化是国外设定生态补偿标准的基本原则，其目的是想通过利用最小的投入去争取最大的生态收益。相比国外，对生态补偿标准的核算，我国的学者针对不同的自然资源进行了不同的研究，内容比较广泛。不同区域都有属于其独特的生态环境与生态系统，各生态系统服务功能的重要性也不尽相同，这也是不同区域生态环境所处的地位也不相同的主要原因。因此，在建立生态补偿标准时要考虑生态补偿空间的差异性，构建差别化的补偿标准。

（4）生态补偿效果研究

我国生态补偿的研究紧跟国际研究前沿，已在各领域，如自然保护区、湿地、流域、水源地等开展生态补偿的实践与应用研究，但还缺少对生态补偿的时空尺度和生态补偿项目实施后效果与效率的评价研究。生态补偿是一个以市场为基础的环境政策工具，可以有效地实现环境保护的目标（Engel et al.，2008），但是如何在资金约束条件下获取最大的环境效益是学术界研究的重点。Farley 等（2010）认为在不考虑社会公平等其他目标的前提下，生态补偿产生的总社会价值是环境公平、自然资本保护和可持续生态提供等方面减去其总的社会成本所产生的净价值达到最大化时，就意味着效率的实现。Kroeger（2013）认为通过优化机制设计等方式使生态补偿计划在服务产出上达到"最优"或"最有效率"，实际上这些"最优"或"最有效率"仅仅只是符合"成本-收益"原则。因此效率的实现主要体现在以下两个方面。

一方面是成本的有效性，Johst 等（2002）对土地的成本有效性作了以下定义：成本有效性是指变更土地利用方式所产生的机会成本，也就是实施某种生态保护方法所能获得的最大化的生态保护产出（maximum conservation output）。继这一研究以后，Birner 和 Wittmer（2004）对成本有效性基础框架进行了分析，主要从三个方面对成本有效性展开深层次的分析，分别是产出成本、决策成本和执行成本三个成本的效率。这三个成本的效率共同决定了生态补偿成本的有效性。另一方面是缓解贫困，生态补偿其实质是一种环境经济政策中为了提高自然资源管理效率的工具。生态补偿的主要目标是增加生态服务的供给，但在实践中，也会存在一些其他目标，这些目标中最为重要的目标是减少贫困（Wunder et al.，2008）。之所以将减少贫困作为生态补偿附加的重要目标，是因为提供生态环境服务的地区大多比较边远、偏僻且经济不怎么发达，生态补偿项目的实施会对贫困农牧民产生直接或者间接的影响，因此贫困问题是生态补偿项目实施过程中必须考虑的问题之一。

第二节　　恢复生态学理论

一、生态系统结构

生态系统结构是生态系统各要素相互联系和作用的基本方式，是生态系统的基础属性。众所周知，生态系统是由生物和非生物环境相互作用而形成的具有一定结构的系统，构成生态系统的不同要素之间相互作用、相互影响，这势必会形成各组分之间在生态系统中存在一定的时空关系，而这种时间变化（发育、演替和季节性变化）和空间配置（水平和垂直分布）形成了一定的结构特征，而且，以一定时间和空间关系存在于系统中的各组分之间形成能量、物质、信息流的途径与传递关系，这就是生态系统结构。

生态系统结构主要包括组分结构、时空结构和营养结构三个方面。组分结构是指生态系统中由不同生物以及它们之间不同的数量组合关系所构成的系统结构。不同组分之间的量比关系构成了生态系统的基本特征，因此，不同的组分结构下，生态系统的基本特征是不一致的，由于不同组分在数量和质量上的不同，其形成的统一整体所产生的功能也不完全一致，最终决定了生态系统功能的多样化。

生态系统的时空结构也称形态结构，是指各种生物成分或群落在空间上和时间上的不同配置及其变化特征，主要是指生物成分或群落在水平分布上的镶嵌性、垂直分布上的成层性和时间上发展中的演替特征，即水平结构、垂直结构和时空分布格局。水平结构是生态系统中，在外界环境因子的综合作用下，生物成分在水平方向上表现出的景观异质性，如陆地生态系统中植被分布沿经度和纬度而变化的经向地带性和纬向地带性特征。垂直结构又包含两个方面的内容：一是指随着海拔的升高，生物成分按照不同的类型成层分布的特点；二是指在某一特定的生态系统中，不同类型的物种或相同物种不同个体在垂直方向上的分层现象，群落生态学研究中的层片是对垂直结构最直接的解释。

营养结构是以营养为纽带，把生态系统中不同生物组分之间，即生产者、消费者和分解者联系起来，形成的稳定的食物链或食物网，并与外界环境之间发生密切的物质循环和能量流动。营养结构常常直观地表现为生态系统中生产者、各级消费者和分解者之间的取食和被取食的关系网络。营养结构是生态系统最本质的结构特征。

总之，生态系统中各组分形成或具有一定的结构是生态系统发挥其功能和具有一定稳定性的基础。

二、生态系统功能

生态系统功能包括生物功能，地理单元与要素的组成结构对生态系统的影响与作用，能流、物流与信息流的循环过程与平衡机制等。

生态系统功能最早由 Odum 在其著作 *Fundamentals of Ecology* 中提出，他认为，生态系统功能是指生态系统的不同生境、生物学及其系统性质或过程。从这一概念我们可以推定生态系统功能即生态系统的过程或性质，是生态系统本身所具备的一种基本属性，与人类的存在没有直接的关系（冯剑丰等，2009）。

基于这种生态系统自然属性上的生态系统功能主要包括物质循环、能量流动和信息传递三大基本功能。其中，能量流动是生物与环境、生物与生物之间密切联系的基础，能量流动是物质循环的依托，表现为能量在生态系统中的输入、传递、转化和散失过程。生产者将太阳能以光能的形式固定下来后，在生态系统中以食物链或食物网为传递渠道，在不同营养级中流动。这种能量流动是沿着营养级传递的单向流动，是不可逆的，而且是逐级递减的。在传递的过程中，绝大多数的能量都以热量的形式散失掉了，只有很少一部分能量在营养级中逐级传递。1941 年，美国著名生态学家 R. L. Linderman 在对一个湖泊的食物链研究时提出，从一个营养级传递到下一个营养级的能量仅有 10%左右，即著名的 Linderman 定律或称 1/10 定律。因此，生态系统中的能量流动数值表现为金字塔型，传递时一般不会超过 5 个营养级。

生态系统中，在能量流动的推动下各生物群落和无机环境间进行着各种物质的循环，主要有碳、氢、氧、氮、磷、硫等基础生命元素的循环。物质循环具有全球性、反复利用和循环流动的特点，物质循环也是通过食物链和食物网的渠道实现的，与能量流动相互依存、相辅相成，形成一个密不可分的统一整体。

生态系统信息传递功能是指生态系统各组分进行物理信息、化学信息、行为信息和营养信息的双向传递过程。生态系统中，生命的正常活动、生物种群的繁衍、种内种间关系的维持和系统的稳定发展都离不开信息传递，信息传递在能量流动和物质循环中起着重要的调节作用，信息和能量依附于一定的物质形态，进而推动物质的循环。

2002 年，Groot 将人类的影响引入了生态系统功能的概念中，他认为生态系统功能是生态系统的过程或组分直接或间接提供给人类，以满足其生存发展需求的能力，并将生态系统功能划分为调节功能、产出功能、生境功能和信息功能 4 类。这是从人类发展的角度，将生态系统的经济学属性融入原有的自然属性中提出的不同视角的生态系统功能，是经典生态学观点和经济学观点的完美融合，是对 Odum 基于自然属性提出的生态系统功能的补充，为生态系统功能的发展开辟了不同的发展思路，为生态系统服务功能理论的提出奠定了基础。

三、生态系统演替

生态系统演替是指随着时间的推移，一种生态系统类型依一定顺序被另一种生态系统类型替代的过程，或者一种植物群落被另一种植物群落所替代的过程，表现为优势种和群落组成发生改变。一般情况下，生态系统演替是系统在较短时间尺度上的变化，是在生态系统内部因素的驱动下发生的，引起自然生态系统演替的因素既有自然因素，也有人为因素，而其变化和演替的根本原因是生态系统内部各组成成分之间的相互作用。

生态系统的演替一般要经历 3 个不同的阶段，即侵入定居阶段、竞争平衡阶段和相对稳定阶段。侵入定居阶段是演替发生后，某些先锋植物最先进入生态系统，并建植定居。先锋植物建植定居后，在其逐渐发展的过程中，生长条件得到改善，物种之间发生激烈的竞争，在竞争中群落逐渐向着稳定的方向发展，这一阶段称为竞争平衡阶段。演替的第 3 阶段为相对稳定阶段，即生态系统中各物种的竞争转化为协调进化，资源的利用较为充分和高效，基本达到了与当地气候相一致的顶极群落，群落的组成和结构相对稳定。

生态系统演替的顶极学说存在 3 种理论，即单元顶极演替学说、多元顶极演替学说和顶极-格局假说。单元顶极演替学说是由美国的 F.E. Clements 于 1916 年提出的，该学说认为，群落演替的终点只有一个，即在当地气候作用下最稳定的群落——气候顶极群落。而多元顶极演替学说是由英国的 A.G. Tansley 于 1954 年提出的，该学说认为如果群落在某种生境中基本稳定，并结束了其演替过程，则可看作是顶极群落，最终的结果不一定都汇集于共同的气候顶极。而顶极-格局假说是由 R.H. Whittaker 于 1953 年提出来的，其实该假说是多元顶极演替学说的一个变型。该学说认为，顶极概念的中心点是群落的稳定性，只要有多种因子的组合，就会有多种顶极群落的存在，可以用环境梯度格式及与此相应的顶极群落的格式来解释。

生态系统的演替过程中，群落生物量、初级生产力、呼吸和养分保持能力都会增加，同时伴随有能量流动和物质循环的改变。在演替的初期，生态系统能量的输入大于输出，生态系统生产力逐渐增加，而在演替的中期，能量的输入小于输出，系统生产力衰减。当生态系统演替到稳定阶段，即能量的输入和输出基本相等，生产力保持在一个相对稳定的状态，即系统维持一定的动态平衡。

生态系统发生演替的驱动机制包含三种可选择的模式，即促进型、忍耐型和抑制型。这是 1977 年 Joseph Connell 和 Ralph Slatyer 在 Frederic E. Clements 1916 年提出的促进在演替中的重要性理论基础上提出来的。促进型演替机制认为，任何一个生态系统中，只有先锋种进入才能推动演替的发生，前一阶段的物种活动促进了下一阶段物种的建立，物种的替代有顺序性和方向性，可以预测。抑制型演替机制认为，先来物种抑制后来物种的入侵和繁荣，演替的最终竞争优胜者并不确定，很大程度上取决于机会物种的优先进入。所以，演替的结果难以预测。而忍耐型演替机制认为，物种的替代完全取决于物种的竞争能力，竞争力强的物种无论在什么时候出现，都有可能成为演替的顶极群落优势种，物种的替代伴随着环境资源的递减，对于越来越有限的资源条件，忍耐性高的种逐渐取代不能再忍耐的种。

四、生态系统干扰

Forman 和 Godron 在 1986 年将干扰定义为显著地改变系统正常格局的事件。1985 年，Pickett 和 White 将干扰定义为相对来说非连续的事件，它破坏生态系统的秩序，改变资源的有效性或者物理环境。准确地来说，干扰是生态系统外部因子的突然作用或某些内部因子的超"正常"范围波动，使生物个体、种群或群落发生全部或部分明显变化，使生态系统的结构和功能发生位移。干扰是有人类活动的自然界最为普遍和非常重要的生态过程，干扰的程度决定了生态系统发展的方向和结果。

干扰不仅与正常的环境有关，还与环境的波动和破坏性事件有密切联系（李政海等，1997）。干扰包含自然干扰和人为干扰。与自然干扰相比，生态系统的人为干扰具有广泛性、潜在性、协同性、累积性和放大性等特点，干扰后对生态系统的破坏程度、影响范围、持续时间和潜在的危害都要高于自然干扰。因此，在人类活动对生态系统影响愈演愈烈的当今时代，人为干扰更为人类所关注。1983 年，美国、法国两国专家召开了题为"干扰与生态系统"（disturbance and ecosystem）的学术讨论会，系统地探讨了人类的干扰对生物圈、自然景观、生态系统、种群和生物个体的生理学特性的影响。

无论是自然干扰还是人为干扰，都会使生态系统偏离原有的平衡状态，促使其结构和功能发生变化，有些干扰很可能会引起整个生态系统的崩溃。但是，从其积极作用的角度来看，干扰不仅有利于促进生态系统的演替，还可以维持生态系统的平衡和稳定，并调节生态系统内部的关系，使生态系统尽快达到新的动态的平衡。

一般情况下，受到自然或人为干扰后，生态系统首先会形成缺口，原有的平衡被打乱，食物链或食物网破裂，物种多样性降低，生态系统正常的结构被破坏，生态功能失调、退化，系统结构趋于简单化，能量流动和物质循环受阻，继而引起生态系统稳定性的下降和生产力的降低，以及生态系统的其他服务功能也随之减弱或消失。

然而已有的研究发现，在生态系统受到扰动后，先锋种有机会进入生态系统，如果不受到过于频繁的干扰，让先锋植物发展到演替的中期，在系统内部各生物和非生物组分互相作用、协调发展的基础上，生态系统会达到一个稳定的、高多样性的动态平衡，但是，如果任由这种演替发展下去，最终会达到演替的顶极阶段，系统将会被当地气候顶极物种所统治，生物多样性会由于优势种对资源占有绝对的竞争优势而下降。因此，在干扰与生态系统关系的研究中，最普遍为人们接受的干扰理论就是中度干扰假说。该假说是由美国生态学家 Joseph Connell 等于 1978 年提出的，认为中等程度的干扰能维持较高的物种多样性，但是，两次干扰发生的时间间隔要控制好，既要保证一次干扰后，大量的物种能够进入生态系统并建植，但还不能使间隔时间过长而使竞争排除现象出现，这样才能使干扰后的生态系统维持一个较高水平的物种多样性。

五、生态系统的稳定性

生态系统的稳定性是恢复生态学理论中极为重要的研究领域之一。随着人类对自然资源需求的增加以及全球气候变化，现有的生态系统所面临的干扰也愈加频繁和强烈。而受干扰生态系统要维持或恢复其正常结构组成、生产力和生态功能均依赖于该生态系统的稳定性程度。因此，生态系统稳定性不仅是恢复生态学的核心理论，也是当前人类在自然资源管理、生态环境保护以及持续发展等诸多问题决策过程中的重要依据。

1. 生态系统稳定性的概念

稳定性的概念最早起源于牛顿的力学体系，其研究对象即是一个物质系统受到干扰后趋于恢复初始状态的性质。20 世纪 50 年代初植物生态学家 MacArthur 和动物生态学家 Elton 通过长期的野外观测对比最先将这一理论引入到关于种群、群落和生态系统变化的研究中来，并将稳定性定义为种群与群落抵抗干扰的能力。然而，这一概念比较笼统和粗糙，缺乏必要的具体性描述及实用性。此后各国生态学家从不同的角度对其进行了具体化，May（1973）将生态系统稳定性分为两个部分，即生态系统受干扰后，系统抵抗离开现有状态的能力；以及在干扰消除后，系统的恢复初始状态的能力。前一种能力被定义为生态系统的抵抗力稳定性，后一种能力被称为生态系统的恢复力稳定性。同时，其他学者也陆续提出了恒定性、惯性等多种稳定性定义；我国生态学家马世骏等将热力学稳定性理论引入生态系统稳定性研究；这些理论大都是基于 May 对生态系统稳定性定义的完善和补充，仅在其内涵和外延上有所差异。另外，由于生态系统的复杂性，其对干扰的响应不只受到生态系统本身性质的影响，还会因环境因素发生变化。生态系统能够承受某一环境因子变化的程度是有限的，超过生态系统阈值的变化会直接破坏已有生态系统的结构和功能，从而导致生态系统稳定性发生变化。因此，生态系统稳定性的研究通常是在环境因子未达阈值的某一确定条件下进行的。总之，现代生态学中生态系统稳定性一般是指不超过生态阈值条件下的生态系统所具有的保持或恢复自身结构和功能相对稳定的能力。

由于生态系统稳定性在生态系统保护和恢复中的不可替代的作用，使得其在指导人类利用和改造自然的过程中具有重要的理论价值。例如，森林生态系统具有较高的抵抗力稳定性，但其恢复力稳定性较小；草地生态系统抵抗力一般较低，恢复力则较大。因此，人类对其的利用方式也有所差异：对于森林而言，持续而低强度的利用（间伐）是较为合理的选择；而草地生产力虽然可以被短时间高强度地利用（刈割、放牧），但仍需要为其留有足够的恢复时间（休牧期）。另外，不同类型的生态稳定性概念还可归因于生态系统的不同组分。例如，一年生植物会使森林具有一定的恢复力，而多年生植物则赋予森林一定的抵抗力，因而在恢复森林生态系统时应根据不同时期系统对恢复力-抵抗力耦合需求添加不同的物种，以达到事半功倍的效果。然而，目前多数研究对生态系统或群落稳定性的定义无论在含义上还是外延上都是不够全面的，而且它们相互之间也无法比较，并很难量化，加之人为活动对生态系统稳定性的影响，使得学者关于生态系统稳定性的进一步研究和利用愈加困难。

2. 生态系统稳定性-多样性理论

稳定性-多样性理论在生态系统稳定性概念提出之初即成为学者研究和讨论的热点问题之一。MacArthur 的理论认为演替过程中生物多样性增加会使生态系统的稳定性增加。此后的许多研究也证明了这一观点：一般而言，一个生态系统各组成成分以及其相互间联系越多，在组成该系统的某一成分发生不正常的变化时，其他组成成分由于反馈缓冲机制的存在受到的影响可能越小。换句话说，生态系统复杂性越强，系统也就越稳定。而随着生态位和食物网等理论的出现，其相关理论也被用来进一步解释多样性-稳定性的关系。大量实验表明多样性增加可能主要是通过物种对系统生态位的分化和覆盖提高系统的稳定性而非物种数量本身。而 McNaughton 等也发现在生态系统中添加生态位相似的物种甚至会削弱物种间的联系，降低系统的稳定性。这些结果说明生态系统稳定性与多样性之间并不是简单的线性相关，需要由生态系统本身和增加或减少物种的特性来决定。而在生态系统的人工恢复过程中，被添加物种在该生态系统功能群组成、生态位和冗余结构中的作用是应首先被考虑的因素。

六、生态系统退化

随着人口增长和社会经济的发展，人类对环境资源的过度利用和破坏日益严重，生态系统的退化已成为普遍现象，成为社会经济持续发展的严重障碍并被广泛关注。据统计，我国生态系统退化面积已超过国土面积的45%，且并无缓解迹象。因此，如何保护并恢复退化生态系统已成为当前我国面临的重大问题，也是当前生态学研究的热点之一。

生态系统退化是指生态系统在人类不合理利用等因素的干扰下，其结构与功能发生不可逆性的位移，改变了原有生态系统的平衡状态，使系统的结构和功能发生变化和障碍，进而背离顶极逆向演替的生态过程。主要表现为植物多样性和净生产力下降、生态功能退化和生态效益及生态稳定性降低等现象，其本质是系统对劣化环境的退行性适应。导致生态系统退化的因素有很多，大体可以分为人为因素和自然因素两种。自然因素主要是地震、洪水和火山喷发等大规模自然灾害。而人为因素则包括了几乎所有的人类活动。因此，人为退化生态系统一直是最常见、分布最广、面积最大的退化生态系统。

生态系统退化程度的诊断是恢复退化生态系统的关键之一。以前的研究者也对这一问题做了大量的研究。Platt 和 Denman（1975）等将退化程度按生态系统受损情况分为不可逆的超负荷损害和可逆的非超负荷损害；康乐等（1990）也作了类似的分类。Hobbs 和 Norton（1996）依照阈值理论认为生态系统存在 4 个稳定状态，除了未退化状态外，其他三个都被认为是不同的退化阶段。2001 年 Hobbs 又进一步提出了生态系统退化的两个阈值：生物因子作用控制（可逆）和非生物因子限制作用控制（不可逆）。然而这些研究大多停留在理论定性阶段，在实际操作中依然缺乏依据，国内研究多是在参考了生态退化阈值模型的基础上，针对各自所研究生态系统退化过程制定相应各阶段的决定因子及临界阈值。对于草原而言，李博（1997）在考虑了植物种类组成、地上生物量与盖度、地被物与地表状况、土壤状况、系统结构等因素将草地退化分为轻度退化、中度退化、重度退化以及极度退化。另外，基于生态景观水平的退化诊断研究也不容忽视，Hobbs 和 Harris（2001）发现景观水平的退化也可分为生物联结作用丧失和物理景观功能丧失两个阈值。而具体指标体系也往往以景观结构指标和成分功能指标为主。分级、评价的主观性较强，适用范围有限，仍需进一步地深入研究。

除了生态系统退化的评价，对于生态系统退化过程及相关表现的研究也十分重要。由于生态系统受到干扰的类型、强度和时间各不相同，不同生态系统对同一干扰的响应也有差异。因此生态系统退化过程的规律往往并不一致，其类型主要可以分为 5 种，即突变、渐变、跃变、间断不连续过程以及复合退化过程。其中突变是系统受到独立强烈干扰后的退化过程，主要由一些自然灾害和大型工程导致；渐变和跃变是系统受到持续干扰的结果，人类砍伐、放牧和开垦等活动一般是这一退化的原因；间断不连续过程是系统受到周期性事件干扰的结果；而复合退化过程则是多种干扰共同作用的结果。实际上，虽然自然生态系统不同退化过程在特定时间点上的退化表现往往并不一致，但仍有一定的规律性，可以被用来指示和预警生态系统退化的发生。一般而言，生态系统退化的外在表现多为物种多样性丧失和系统结构简单化，进而引发系统内部生态功能障碍和衰退，并最终影响生态系统生产力和稳定性。毫无疑问，生态系统结构的衰退决定了其功能的失常。而作为生态系统的生产者和主要元素库，植物及其群落极大制约着系统结构和组成，并直接影响食物网中其他生物的生存和发展。因此，植被在退化过程中的指示作用是十分明显的，而它们的不良变化也是生态系统退化的重要标志和生态预测的关键所在。

七、生态系统健康理论

生态系统健康（ecosystem health）是一个综合性的研究领域，它探讨人类活动、社会组织、自然系统与人类健康之间的相互作用，重点研究所有组织层次，即从群落到区域以至于全球人类的生存条件。健康的生态系统具有稳定性和可持续性，即在时间上具有维持其组织结构、自我调节和对胁迫的恢复能力。生态系统健康是生态学研究的热点与前沿之一，是新兴的生态系统管理学概念，成为新的环境管理和生态系统管理目标。

生态系统健康可以通过活力、组织结构和恢复力三个特征进行定义。活力（vigor）表示生态系统的功能，可根据新陈代谢或初级生产力等来测定；组织结构（organization）是指生态系统的复杂性，根据系统组分间相互作用的多样性及数量来评价，如 r-选择物种和 K-选择物种的比例、短命物种和长寿物种的比例、外来物种与本地物种的比例、互利共生程度等；恢复力（resilience）也称抵抗力，是指系统在胁迫下维持其结构和功能的能力（McMichael and Kovats，2000），也就是当胁迫消失后，系统回到原来状态的能力。

生态系统健康一般包含如下几个方面的含义：①一个健康的系统必须是稳定、有弹性、可持续的；②生态系统健康具有尺度限制；③应用生态系统健康概念的目标是管理资源；④一个生态系统健康的标准状态必须把人类作为生态系统的一部分，并认识到人口统计学的影响；⑤生态系统功能的保持、生态系统的可持续性等必须考虑区域或空间分配等。

国际生态系统健康学会将生态系统健康定义为"研究生态系统管理的预防性的、诊断的和预兆的特征，以及生态系统健康与人类健康之间关系的一门系统的科学"。生态系统健康的研究始于 Leopold 在 1941 年提出的"土地健康"（land health）的概念。随后，关于生态系统健康的发展引起了科学家们的争议。如何给它下定义，不同国家不同学者有不同的提法，到目前为止还没有一个较完善的被大多数人接受的概念。Costanza 和 Rapport 等生态学家认为世界上的生态系统在自然环境和人类的胁迫下产生的问题，已经不只是像过去那样为人类提供服务，还对人类产生了潜在威胁，他们认为生态系统健康概念的提出可引起公众对环境问题的关注（Costanza，1992；Rapport，1995）。然而，Policansky 和 Suter 等科学家认为，生态系统健康只是一种价值判断，没有明确的可操作的定义，他们极力反对生态系统健康的提法。20 世纪 90 年代，*Journal of Aquatic Ecosystem Health*、*Ecosystem Health* 和 *Journal for Ecosystem Health and Medicine* 三份杂志先后创刊，并已成为国际生态系统健康学会会员发表论点的重要刊物。1994 年，国际生态系统健康学会（ISEH）成立。同时，全球生态系统健康的国际研讨会在加拿大渥太华召开，来自 31 个国家的 900 名科学家参会，会议的中心议题为"评价生态系统健康""检验人与生态系统相互作用""提出基于生态系统健康的政策"3 个内容，并希望组织区域、国家和全球水平的生态系统管理、评价和恢复健康的研究。国际生态系统健康学会还分别在哥本哈根、萨克拉门托和哈利法克斯主持召开了有关生态系统健康的国际研讨会，有力地推动了生态系统健康学的发展。

生态系统健康的发展历史如果以生态系统健康（ecosystem health）一词的出现界定，那么迄今它已经历了两个阶段：一是思想萌芽阶段，主要是提出生态系统健康的概念；二是理论构建阶段，主要是讨论生态系统健康的概念与内涵。目前正在进入第三个发展阶段，即生态系统健康学逐步形成的阶段，这一阶段的主要任务和目标是建立完整的健康评价方法。

生态系统健康评价的关键之一就是如何选择评价指标。不同类型的生态系统具有空间异质性，故影响生态系统健康的因子会有所不同，所以选择适宜的评价指标成为生态系统健康评价的重要内容。生态系统是生物因素和非生物因素（环境因子）组成的复合系统，即由个体进行生态系统健康评价时，需要建立其评价指标体系。首先，需要选择生态系统特征参数，这些参数要能够反映该系统的主要特征；其次，分析每个特征参数所代表的生态意义，并对它们进行归类；再次，利用生态学方法对这些特征参数进行度量和统计分析，计算每个参数在生态系统健康中的权重系数，确定每类特征参数在生态系统健康中的比重；最后，根据生态系统健康的评价方法，建立生态系统健康的评价体系。

生态系统本身具有空间异质性，针对不同区域范围的生态系统、不同类型的生态系统，其特征因子、特征因子的权重、各类特征因子的比重及评价指标体系是不一样的，并因生态系统的组织结构、演变规律、服务目标、经营目的的不同而不同。评价生态系统健康需要基于生态系统结构的维持能力、生态系统功能过程及生态系统胁迫下的恢复能力等确定指标。

八、生态系统管理理论

生态系统管理（ecosystem management）是由国外传入我国的一种新型自然资源管理方式。由于引入翻译不尽相同，主要包括基于生态系统的管理（ecosystem-based management）、综合生态系统管理（integrated ecosystem management）、总生态系统管理（total ecosystem management）等多种表述方式，虽然表述不同但其含义基本一致，是指在对生态系统充分理解的基础上，为恢复或维持生态系统的整体性和可持续性，而制定适应性的管理策略。由此可知，生态系统管理不同于传统的资源管理，它将整个生态系统作为管理的对象，研究具体区域内人类和自然生态系统的相互作用规律，充分考虑资源利用过程中的环境、生态和人类活动各个因素，考察利益相关者的参与，用以解决复杂的社会经济和生态环境问题，重视所研究的整个区域地理范畴而非单个物种或单一事件。

生态系统管理实际上是一种综合性管理，以平衡社会、经济、环境价值的方式来管理自然资源，其管理对象不是单指生态系统，而是指影响生态系统的人类活动，管理目的是确保人类活动对生态服务和生物资源产生的消耗应当是可持续、可恢复的，维持自然资源和社会经济之间的平衡，实现生态系统的长期可持续发展。由此可知，该管理模式并不是单纯的生态环境管理和资源利用管理，而是着重解决自然系统和社会经济系统矛盾重叠方面的问题，其本质就是社会经济发展和环境承载力的价值选择问题。

人类活动不可避免地会对自然生态系统产生消耗和影响，生态系统管理方法将人类包含在整个生态系统之内，实质上是承认和接受人类在利用生态系统过程中对其产生的部分消耗和损害。因此，生态系统管理主要是在环境承载力范围内对生态环境资源加以利用，以维持生态系统的可持续性。生态系统内的物质能量是不断转化的，这就要求要综合生物资源和非生物资源的所有联系，将生命体同与之相适应的非生命环境整体考虑，不能单一、分割地考虑问题。

生态系统管理理论发源于 19 世纪六七十年代的美国林业资源利用和管理过程，到 20 世纪七八十年代，生态系统管理理论得到了长足发展与进步，初步形成了完整的思想、模式和方法。20 世纪 90 年代，生态系统管理的理念得到普遍认同和广泛接受。作为一种新的资源管理理论，它被西方一些发达国家率先应用于森林、湿地等生态系统的管理中，具有现实的社会需求和广泛的应用前景，逐渐成为对生态系统实施有效管理并实现可持续发展的重要理论指导。

生态系统管理的要素包括（Pastor，1995；Moberg and Folke，1999；鲜骏仁，2007）：①根据管理对象确定生态系统管理的定义，其定义必须把人类及其价值取向作为生态系统的一个成分；②确定明确的、可操作的目标；③确定生态系统管理的边界，尤其是确定等级系统结构，以核心层为主，适当考虑相邻层次内容；④收集适量的数据，理解生态系统的复杂性和相互作用，提出合理的生态模式及生态学解释；⑤监测并识别生态系统内部的动态特征，确定生态学限制因子；⑥注重幅度和尺度，熟悉可忽略性和不确定性，并进行适应性管理；⑦确定影响管理活动的政策、法律和法规；⑧仔细选择和利用生态系统管理的工具和技术；⑨选择、分析和整合生态、经济与社会信息，并强调部门与个人间的合作；⑩实现生态系统的可持续性。此外，在生态系统管理时必须考虑时间、尺度、基础设施和经费等问题。

实施生态系统管理要遵循一定的原则和方法。生态系统管理的原则可以归结为以下几点：一是保持生态系统功能的完整性及生物多样性；二是生态系统管理所涉及的机构和部门间相互合作与协调；三是明确所管理的生态系统的时空范围；四是随着系统环境的变化进行动态管理，适时调整管理对策和措施；五是规划生态系统管理的短期与长远目标，制定生态系统管理的步骤和方法；六是将人类纳入生态系统管理的范畴。为取得生态系统可持续管理的成功，生态系统管理的实施可以从以下几方面进行：一是定义生态系统管理的对象和目标，确认管理尺度和边界；二是收集数据，调查分析生态系统存在的主要问题；三是在充分理解生态系统的复杂性和多变性的基础上，构建合理适当的管理框架；四是分析生态系统的环境、经济和社会等各方面的信息，制定合理的生态系统管理政策、法律和法规；五是制定管理计划，并贯彻实施；六是监测生态系统管理造成的环境影响；七是评价生态系统管理的效果，进行适应性管理，并提出修改意见加以完善。

第三节　可持续发展理论

可持续发展是人类面临的经济、社会、环境问题日益凸显的情况下，对自身已有行为的反省和对现实与未来的忧患中产生的。最早由美国女科学家蕾切尔·卡逊（Rachel Carson）的著作《寂静的春天》引发了人们对于可持续发展的思考。在国际社会的关注下，世界环境与发展委员会（WCED）于1987年向联合国提出的题为《我们共同的未来》的报告首次给出了可持续发展的定义："是能够满足当前的需要又不危及下一代满足其需要的能力的发展。"1992年的里约热内卢会议树立了环境和发展相协调的观念，为可持续发展找到了新思路。后续该议题在国际社会的共同努力下不断发展，从概念、指标、理论、举措等方面不断完善，形成了现有的科学理论体系。该理论体系对于涉及人类生存、生产和生活的各个领域的协调发展具有重要意义。

美国国家研究理事会的一篇报告中首次提出了可持续性科学（NRC，1999），后经 Kates 等（2001）整理提出了可持续性科学定义：在局地、区域和全球尺度上研究自然和社会之间动态关系的科学，是为可持续发展提供理论基础和技术手段的横向科学（Kates et al.，2003，2011；邬建国等，2006，2013）。可持续性科学整合自然科学和人文与社会科学，以环境、经济和社会的相互关系为核心，将基础性研究和应用研究融为一体（邬建国等，2014）。并将非线性动力学（nonlinear dynamics）、自组织复杂性（self-organizing complexity）、脆弱性（vulnerability）、弹性（resilience）、惯性（inertia）、阈值（threshold）、适应性管理（adaptive management）和社会学习（social learning）作为可持续性科学中的重要概念（Kates et al.，2001；邬建国等，2006，2013，2014）。

可持续性科学研究中定量评估可持续性需要构建可持续发展评估方法和指标。数学计算和动态模型的方法常用来构建可持续发展评估方法（Ness et al.，2007）。目前，联合国千年发展目标指标体系和联合国可持续发展委员会指标体系（UN，2007）影响广泛，常用的综合性指标包括：生态足迹（EF）、绿色 GDP、人类发展指数（HDI）、幸福星球指数（HPI）、真实发展指数（GPI）、可持续经济福利指数（ISEW）、环境绩效指数（EPI）（邬建国等，2014）。

一、可持续发展理论的基本特征

可持续发展是将自然、经济、社会融合在一起，并涉及众多学科领域的发展观，其基本特征表现为经济可持续增长，社会可持续进步，资源可持续利用和生态可持续平衡。其中，经济可持续增长是可持续发展的基础，生态可持续平衡是可持续发展的基本条件，资源可持续利用是可持续发展的手段，社会可持续进步是可持发展的目的。

1. 经济可持续增长

经济发展决定着国家实力和社会财富，经济的可持续发展强调了经济增长的必要性，但并不是以环境保护为名而取消经济增长。经济的增长在数量和质量两个方面体现，可持续发展不仅重视经济增长的数量，更追求经济发展的质量。传统的经济增长模式以"高投入、高消耗和高污染"为特征，其增长是有限和短期的，而通过技术革新获取的集约化经济增长模式从而取得高质量、高效率和高回报才是实现经济可持续增长的根本途径，也是增强国力和积累社会财富的基础所在。

2. 资源可持续利用和生态可持续平衡

经济增长和社会发展必须要与资源的可持续利用和环境的自然承载力相适应。由于可持续发展通常是以自然资源开发利用为基础，所以必须以可持续的方式使用自然资源和环境成本，将人类的发展控制在地球承载能力之内，从而实现全球尺度的环境保护和改善。若要实现可持续发展，需要保证再生资源的再生速率高于消耗速率，环境的破坏强度低于其自我修复强度，并不断寻求不可再生资源的替代物。换句话说，可持续发展是有限制的发展，而没有节制的发展是不可持续的。

3. 社会可持续进步

习近平总书记指出,"可持续发展是社会生产力发展和科技进步的必然产物","大家一起发展才是真发展,可持续发展才是好发展"。可持续发展在世界各国不同发展阶段具备的发展目标各不相同,但其本质应当包括改善人类生活质量,提高人类健康水平,创造一个保障人们平等、自由、受教育和免受暴力的社会环境。在自然生态环境保护的前提下进行经济发展,实现人类社会的可持续进步,这仅仅是人类社会发展的短期目标,从长远来看,全球范围内共同实现的可持续发展才是真正的可持续发展,这也是人类共同追求的目标,即以人为本的自然-经济-社会复合系统在全球范围内的持续、稳定、健康发展。

二、可持续发展的基本理论

1. 生态经济学理论

生态经济学被定义为"可持续的科学和管理"。生态经济学在系统论的理论基础上,采用信息论、控制论、协同论、系统动力学、价值分析法等方法,将生态和经济系统加以关联、耦合,理解整个"资源—环境—经济"复杂系统各因素间相互联系、相互制约、相互转化的运动规律。其对生态系统结构和功能特点、生态平衡与经济平衡的关系、生态效益与经济效益的关系、生态供给与经济需求的矛盾等进行具体研究,以此来谋求社会经济系统和自然生态系统协调、持续稳定的发展方式。

2. 可持续发展的生态学理论

可持续发展需要生态、经济和社会的相互协调,利用系统学的理念和方法来协调经济发展同生态保护之间的矛盾,在满足人类生态系统产品和服务需求的同时维护生态系统的可持续性。从生态学角度出发,人类社会的可持续发展需要遵循如下定律。①高效原理:即非再生资源的高效利用、再生资源的合理利用、废弃物的循环再生产、非再生资源替代物的开发。②和谐原理:充分认识和利用整个系统中的各个组分,并了解各个组分之间的共生性和协同进化规律。③自我调节原理:即协同的演化着眼于其内部各组织的自我调节功能的完善和持续性,而非外部的控制或结构的单纯增长。

3. 人口承载力理论

生态学领域最早引用承载力的概念,其是指在某一特定环境条件下,某种生物个体可存活的最大数量,现已成为描述发展限度最常用的概念。为了保持生态系统的完整性,控制人类的活动在生态系统承载能力范围之内,是实现系统和区域可持续发展的最基本和最首要的条件。工业革命以后，人口暴涨，人口承载力理论应运而生，其指地球系统的资源与环境对人口的承载能力，并具有一个自组织和自我修复的阈值。人口数量以及特定数量人口的社会经济活动必须限定在该阈值范围内，否则将会影响或危及人类的可持续发展。

4. 人地系统理论

人地系统理论是地球系统科学理论的核心，是可持续发展的理论基础。其认为人类社会是地球系统的一个组成部分，是生物圈的重要组成，是地球系统的主要子系统。其产生于地球系统，同时也与地球系统的各个子系统相互联系、相互制约、相互影响。该理论强调人地关系的整体观念和整体与部分之间的辩证关系。地球系统是人类赖以生存和社会经济可持续发展的物质基础和必要条件，人类社会的一切活动都受到地球系统的影响；而人类的社会活动和经济活动，又直接或间接影响了地球系统的状态，如大气圈（大气污染、温室效应、臭氧空洞）、岩石圈（矿产资源枯竭、沙漠化、土壤退化）及生物圈（森林减少、物种灭绝）。

三、可持续发展核心理论

1. 资源永续利用理论

高资源消耗换取的经济增长和先污染后治理的发展模式已经不再适应当前和未来发展的要求。因此，循环经济、资源的永续利用被提出。该理论认为人类社会能否可持续发展取决于人类社会赖以生存发展的自然资源是否可以被永远地使用下去。对从资源开发到利用的各个环节进行统一管理，建立合理利用资源的经济结构，合理引导消费，在开发利用的同时强调节约，依靠科技进步推动资源的永续利用。

2. 外部性理论

外部性理论从经济学的角度探讨把自然资源纳入经济核算体系的理论与方法，其认为环境恶化和人类社会出现不可持续发展现象和趋势的根源，是人类长期把自然视为公共物品，在经济生活中把自然的投入排除在经济核算体系之外。外部性，复杂而抽象，其在经济学上是指某个微观经济单位的经济活动对其他微观经济单位所产生的非市场性的影响。该影响对受影响者有利的外部经济称为正外部性，否则为负外部性（如废弃物的随意排放、噪声影响等）。对环境和资源的开发利用具有外部性，其在生产生活中发生较为频繁，这也是环境经济学关注的重点；同时环境外部不经济在消费中也有体现，如消费品在消费过程中对环境产生消极作用，而产品价格中只包括了市场体系内部的各种成本，无论企业还是消费者，都没有为使用过程中的这种副作用付出应有的代价，便会形成消费的外部不经济性，其损失将由社会和其他人来承担。因此，需要在可持续发展的指导下，通过建立绿色消费机制，完善行政机制、强化个体化责任等措施，将外部性内部化，进而促进解决环境问题和增进社会福利。

3. 公共物品理论

20 世纪五六十年代，"公共物品"（public goods）的概念由学术界对政府职能和国家财政等有关"公共"问题的研究而在经济学领域中引入。林达尔均衡是"公共物品"理论最早的成果之一，现有文献中对公共物品的理解大致可分为：①从物品本身的属性（消费的非竞争性和非排他性）入手研究公共物品，其重点在于公共物品供给的效率；②"公共"和"私人"只是指物品的供给方式，与具体物品本身无关，这种观点侧重于公共物品在社会公平、收入分配等规范性方面的意义。通过政府制度安排，调整公共物品的私人供应，从战略高度来维护和增进长远的社会公共利益，这是可持续发展的重要体现之一。

4. 财富代际公平分配理论

财富代际公平分配理论是可持续经济学的重要理论之一，其强调的是资源在时间尺度上的配置问题。该理论将代内公平拓展到代际公平，其认为人类社会出现不可持续发展现象和趋势的根源是当代人过多地占有和使用了属于后代人的财富，特别是自然财富。传统经济学仅仅注重较小尺度内的资源配置问题，其发展依靠耗用现有自然资源加以维持，而导致的后果则是资源的耗竭和环境的恶化；现在经济学将其加以拓展，要求人类在发展经济的过程中避免短期行为，而是要从后代的生存和发展角度出发，注重资源和环境的保护，把对单纯物质财富的追求和满足转变为对人类全面发展的追求，在经济发展中既满足当代人的需求，又不对后代人的经济发展构成危害。

5. 三种生产理论

世界系统由人与自然组成，其生产过程包括人的生产、物资生产与环境生产三个方面的内容。三种生产理论认为人类社会可持续发展的物质基础在于人类社会和自然环境组成的世界系统中物质的流动是否通畅并构成良性循环。在三种生产中，人的生产是指人类生存和繁衍的总过程；物资生产是人类通过劳动将自然资源转化为物质产品，进而满足其自身生存与发展需要的过程；环境生产是生态系统中生物与环境，以及生物系统内部进行的物质循环和能量转化过程。三种生产理论将追求三种生产之间的和谐作为人类社会的可持续发展目的。其对其他两个方面生产的运行模式与发展方向进行调整，并重新审视环境生产的地位与作用。

参 考 文 献

白杨. 2011. 海河流域生态系统服务空间格局与调控方法研究[D]. 北京: 中国科学院生态环境研究中心博士学位论文.

包维楷, 陈庆恒. 1999. 生态系统退化的过程及其特点. 生态学杂志, 18: 36-42.

曹明德. 2010. 对建立生态补偿法律机制的再思考[J]. 中国地质大学学报(社会科学版), (5): 28-35.

曹叶军, 李笑春, 刘天明. 2010. 草原生态补偿存在的问题及其原因分析——以锡林郭勒盟为例[J]. 中国草地学报, (4): 10-16.

董全. 1999. 生态功益: 自然生态过程对人类的贡献[J]. 应用生态学报, (2): 106-113.

杜晓军, 高贤明, 马克平. 2003. 生态系统退化程度诊断: 生态恢复的基础与前提. 植物生态学报, 27: 700-708.

冯剑丰, 李宇, 朱琳. 2009. 生态系统功能与生态系统服务的概念辨析[J]. 生态环境学报, (4): 1599-1603.

傅伯杰, 张立伟. 2014. 土地利用变化与生态系统服务: 概念、方法与进展[[J]. 地理科学进展, 33(4): 441-446.

龚高健. 2011. 中国生态补偿若干问题研究[M]. 北京: 中国社会科学出版社.

胡和兵, 刘红玉, 郝敬锋, 等. 2013. 城市化流域生态系统服务价值时空分异特征及其对土地利用程度的响应[J]. 生态学报, 33(8): 2565-2576.

胡振通. 2016. 中国草原生态补偿机制[D]. 北京: 中国农业大学博士学位论文.

黄从红, 杨军, 张文娟. 2013. 生态系统服务功能评估模型研究进展[J]. 生态学杂志, 32(12): 3360-3367.

黄建辉, 白永飞, 韩兴国. 2001. 物种多样性与生态系统功能: 影响机制及有关假说[J]. 生物多样性, (1): 1-7.

黄建辉, 韩兴国. 1995. 生物多样性和生态系统稳定性. 生物多样性, 3: 31-37.

江小雷. 2006. 人工草地植物种多样性对生态系统功能的影响[D]. 兰州: 兰州大学博士学位论文.

江小雷, 岳静, 张卫国, 等. 2010. 生物多样性, 生态系统功能与时空尺度[J]. 草业学报, (1): 219-225.

金瑞林. 2013. 环境与资源保护法学[M]. 北京: 高等教育出版社.

康乐, 李鸿昌, 马耀, 等. 1990. 内蒙古草地害虫的发生与防治[J]. 中国草地, (5): 49-57.

康萨如拉. 2012. 草原区露天煤矿开发对景观格局及生态系统功能的影响[D]. 呼和浩特: 内蒙古大学硕士学位论文,

雷羚洁, 孔德良, 李晓明, 等. 2016. 植物功能性状、功能多样性与生态系统功能: 进展与展望[J]. 生物多样性, (8): 922-931.

李博, 杨持, 林鹏, 等. 2000. 生态学. 北京: 高等教育出版社.

李博. 1997. 中国北方草地退化及其防治对策[J]. 中国农业科学, (6): 2-10.

李慧蓉. 2004. 生物多样性和生态系统功能研究综述[J]. 生态学杂志, (3): 109-114.

李屹峰, 罗跃初, 刘纲, 等. 2013. 土地利用变化对生态系统服务功能的影响——以密云水库流域为例明[J]. 生态学报, 33(3): 726-736.

李政海, 田桂泉, 鲍雅静. 1997. 生态学中的干扰理论及其相关概念[J]. 内蒙古大学学报(自然科学版), (1): 130-134.

刘飞. 2012. 基于生态系统功能多重属性的森林生态服务提供研究[D]. 杨陵: 西北农林科技大学博士学位论文.

吕亭亭. 2014. 草本植物群落功能多样性与生态系统功能关系研究[D]. 长春: 东北师范大学硕士学位论文.

马凤娇, 刘金铜, Eneji A E. 2013. 生态系统服务研究文献现状及不同研究方向评述[J]. 生态学报, 33(19): 5963-5972.

毛显强, 钟瑜, 张胜. 2002. 生态补偿的理论探讨[J]. 中国人口·资源与环境, (4): 40-43.

欧阳志云, 王如松, 赵景柱. 1999. 生态系统服务功能及其生态经济价值评价[J]. 应用生态学报, (5): 635-640.

彭喜阳. 2008. 流域区际森林生态补偿两种基本模式的比较与选择[J]. 企业家天地下半月刊(理论版), (10): 29-30.

苏宏新, 马克平. 2010. 生物多样性和生态系统功能对全球变化的响应与适应: 协同方法[J]. 自然杂志, (5): 272-280.

孙儒泳, 李庆分, 牛翠娟, 等. 2002. 基础生态学. 北京: 高等教育出版社.

孙新章, 谢高地, 张其仔, 等. 2006. 中国生态补偿的实践及其政策取向[J]. 资源科学, (4): 25-30.

覃光莲, 杜国祯. 2005. 物种多样性与生态系统功能时间变异性的关系研究进展[J]. 生态科学, (2): 158-161, 181.

汪劲. 2014. 论生态补偿的概念——以《生态补偿条例》草案的立法解释为背景[J]. 中国地质大学学报(社会科学版), (1): 1-8.

王成. 1998. 从自然干扰看人类干扰的合理性[J]. 吉林林学院学报, 10: 421-426.

王刚, 袁建立. 2002. 生物多样性与生态系统功能的内涵与外延探讨[A]. 见: 中国生态学学会. 生态安全与生态建设——中国科协 2002 年学术年会论文集[C]. 中国生态学学会: 6.

王国宏, 倪健. 2003. 植物功能型与生态系统功能——来自中国东北样带的研究证据[A]. 见: 中国植物学会. 中国植物学会七十周年年会论文摘要汇编(1933—2003)[C]. 中国植物学会: 1.

王金南, 万军, 张惠远. 2006. 关于我国生态补偿机制与政策的几点认识[J]. 环境保护, (19): 24-28.

王娟, 崔保山, 卢远. 2007. 基于生态系统服务价值核算的土地利用规划战略环境评价[J]. 地理科学, 27(4): 549-554.

王钦敏. 2004. 建立补偿机制保护生态环境[J]. 求是, (13): 55-56.

温建丽. 2018. 昆嵛山自然保护区生态系统服务价值评估及生态补偿研究[D]. 济南: 山东大学硕士学位论文.

邬建国, 郭晓川, 杨劼, 等. 2014. 什么是可持续性科学[J]. 应用生态学报, 25(1): 1-11.

吴迎霞. 2013. 海河流域生态服务功能空间格局及其驱动机制[D]. 武汉: 武汉理工大学硕士学位论文.

鲜骏仁. 2007. 川西亚高山森林生态系统管理及研究——以王朗国家级自然保护区为例[D]. 雅安: 四川农业大学博士学位论文.

谢高地, 鲁春霞, 成升魁. 2001. 全球生态系统服务价值评估研究进展[J]. 资源科学, (6): 5-9.

谢高地, 甄霖, 鲁春霞, 等. 2008. 一个基于专家知识的生态系统服务价值化方法[J]. 自然资源学报, (5): 911-919.

徐绍史. 2013. 国务院关于生态补偿机制建设工作情况的报告——2013 年 4 月 23 日在第十二届全国人民代表大会常务委员会第二次会议上[J]. 中华人民共和国全国人民代表大会常务委员会公报, (3): 466-473.

杨宁, 于淑琴, 孙占祥, 等. 2008. 生物多样性影响农业生态系统功能及其机制研究进展[J]. 辽宁农业科学, (1): 27-31.

杨欣, 蔡银莺. 2012. 农田生态补偿方式的选择及市场运作——基于武汉市 383 户农户问卷的实证研究[J]. 长江流域资源与环境, (5): 591-596.

俞海, 任勇. 2008. 中国生态补偿: 概念、问题类型与政策路径选择[[J]. 中国软科学, (6): 7-15.

岳天祥, 马世骏. 1991. 生态系统稳定性研究. 生态学报, 11: 361-366.

张诚谦. 1987. 论可更新资源的有偿利用[J]. 农业现代化研究, (5): 22-24.

张明阳, 王克林, 陈洪松, 等. 2009. 喀斯特生态系统服务功能遥感定量评估与分析[J]. 生态学报, 29(11): 5891-5901.

张全国, 张大勇. 2003. 生物多样性与生态系统功能: 最新的进展与动向[J]. 生物多样性, (5): 351-363.

张书凤, 陈理飞. 2007. 区域可持续发展评估的能值分析法研究[J]. 生态经济(学术版), (2): 45-47.

张小飞, 王如松, 李锋, 等. 2010. 海峡两岸 16 个沿海城市生态系统功能比较[J]. 生态学报, (21): 5904-5913.

章铮. 1996. 边际机会成本定价——自然资源定价的理论框架[J]. 自然资源学报, (2): 107-112.

赵金龙, 王烁鑫, 韩海荣, 等. 2013. 森林生态系统服务功能价值评估研究进展与趋势[J]. 生态学杂志, 32(8): 2229-2237.

赵景柱, 肖寒, 吴刚. 2000. 生态系统服务的物质量与价值量评价方法的比较分析[J]. 应用生态学报, 1(2): 290-292.

赵景柱, 徐亚骏, 肖寒, 等. 2003. 基于可持续发展综合国力的生态系统服务评价研究——13 个国家生态系统服务价值的测算[[J]. 系统工程理论与实践, 23(1): 121-127.

赵平, 彭少麟. 2001. 种、种的多样性及退化生态系统功能的恢复和维持研究[J]. 应用生态学报, (1): 132-136.

中国生态补偿机制与政策研究课题组. 2007. 中国生态补偿机制与政策研究[M]. 北京: 科学出版社.

周慧华. 2016. 国务院办公厅关于健全生态保护补偿机制的意见(摘编)[J]. 新农村, (8): 3-4.

周兴民. 2010. 生态系统的服务 III: 影响生态系统服务功能的主要原因[J]. 青海环境, 20(1): 37-41.

庄国泰, 高鹏, 王学军. 1995. 中国生态环境补偿费的理论与实践[J]. 中国环境科学, (6): 413-418.

Allen A O, Feddema J J. 1996. Wetland loss and substitution by the section 404 permit program in southern California, USA [J]. Environmental Management, 20(2): 263-274.

Birner R, Wittmer H. 2004. On the 'efficient boundaries of the state': The contribution of transaction-costs economics to the analysis of decentralization and devolution in natural resource management [J]. Environment and Planning C: Government and Policy, 22(5): 667-685.

Bowker M A, Maestre F T, Mau R L. 2013. Diversity and patch-size distributions of biological soil crusts regulate dryland ecosystem multifunctionality[J]. Ecosystems, 16: 923-933.

Byrnes J E K, Gamfeldt L, Isbell F, et al. 2014. Investigating the relationship between biodiversity and ecosystem multifunctionality: challenges and solutions[J]. Methods in Ecology and Evolution, 5: 111-124.

Cardinale B J, Duffy J E, Gonzalez A, et al. 2012. Biodiversity loss and its impact on humanity[J]. Nature, 486: 59-67.

Costanza R. 1992. Toward an operational definition of ecosystem health [A]. In: Costanza R, Norton Baskell B. Ecosystem Health: New Goals for Environmental Management [M]. Washington D C: Island Press.

Costanza R, d' Arge R, Groot R D, et al. 1997. The value of the World's ecosystem services and natural capital[J]. Nature，387(15): 253-260.

Cuperus R, Canters K J, Piepers A A G. 1996. Ecological compensation of the impacts of a road. Preliminary method for the A50 road link (Eindhoven-Oss, The Netherlands) [J]. Ecological Engineering, 7(4): 327-349.

Daily G. 1997. Nature's services: Societal dependence on natural ecosystems[J]. Pacific Conservation Biology, 6(2): 220-221.

Ding H, Chiabai A, Silvestri S, et al. 2016. Valuing climate change impacts on European forest ecosystems [J]. Ecosystem Services, 18: 141-153.

Egoh B, Reyers B, Rouget M, et al. 2008. Mapping ecosystem services for planning and management[J]. Agriculture, Ecosystems and Environment, 127(1): 135-140.

Eisenhauer N, Reich PB, Isbell F. 2012. Decomposer diversity and identity influence plant diversity effects on ecosystem functioning[J]. Ecology, 93: 2227-2240.

Elton C S. 1958. The ecology of invasions by animals and plants[M]. London: Chapman and Hall: 143-153.

Engel S, Pagiola S, Wunder S. 2008. Designing payments for environmental services in theory and practice: An overview of the issues [J]. Ecological Economics, 65(4): 663-674.

Farley J, Costanza R, Farley J, et al. 2010. Special section: Payments for ecosystem services: from local to global [J]. Ecological Economics, 69(11): 2060-2068.

Fu B, Forsius M, Liu J. 2013. Ecosystem services: climate change and policy impacts [J]. Current Opinion in Environmental Sustainability, 5(1): 1-3.

Gamfeldt L, Hillebrand H, Jonsson P R. 2008. Multiple functions increase the importance of biodiversity for overall ecosystem functioning[J]. Ecology, 89: 1223-1231.

Geneletti D. 2013. Assessing the impact of alternative land-use zoning policies on future ecosystem services[J]. Environmental Impact Assessment Review, (40): 25-35.

Hector A, Bagchi R. 2007. Biodiversity and ecosystem multifunctionality[J]. Nature, 448: 188-190.

Hector A, Schmid B, Beierkuhnlein C, et al. 1999. Plant diversity and productivity experiments in European grasslands[J]. Science, 286: 1123-1127.

Hobbs R J, Harrias J A. 2001. Restoration ecology: repairing the earth's ecosystems in the new millennium[J]. Restoration Ecology, 9: 239-246.

Hobbs R J, Norton D A. 1996. Towards a conceptual framework for restoration ecology[J]. Restoration Ecology, 4: 93-110.

Hooper D U, Vitousek P M. 1997. The effects of plant composition and diversity on ecosystem processes[J]. Science, 277: 1302.

Isbell F, Calcagno V, Hector A, et al. 2011. High plant diversity is needed to maintain ecosystem services[J]. Nature, 477: 199-202.

Johst K, Drechsler M, Watzold F. 2002. An ecological-economic modelling procedure to design compensation payments for the efficient spatio-temporal allocation of species protection measures[J]. Ecological Economics, 41(1): 37-49.

Kang L. 1990. Restoration and reconstruction of ecosystem[C]. *In*: Ma S J. Perspective of modern ecology[M]. Beijing: Science Press: 300-308.

Kindu M, Schneider T, Teketay D, et al. 2016. Changes of ecosystem service values in response to land use/land cover dynamics in Munessa-Shashemene landscape of the Ethiopian highlands[J]. Science of the Total Environment, 547(1): 137-147.

Kroeger T. 2013. The quest for the "optimal" payment for environmental services program: Ambition meets reality, with useful lessons [J]. Forest Policy & Economics, 37(C): 65-74.

Lawton J H, Brown V K. 1994. Redundancy in Ecosystems[M]. Berlin: Springer.

Lefcheck J S, Byrnes J E K, Isbell F, et al. 2015. Biodiversity enhances ecosystem multifunctionality across trophic levels and habitats[J]. Nature Communications, 6: 6936

Li B. 1997. The rangeland degradation in north China and its preventive strategy[J]. Scientia Agricutura Sinica, 30: 1-6.

MacArthur R H. 1955. Fluctuations of animal populations, and a measure of community stability[J]. Ecology, 36: 533-536.

Maestre F T, Quero J L, Gotelli N J, et al. 2012. Plant species richness and ecosystem multifunctionality in global drylands[J]. Science, 335: 214-218.

Manuel C, Molles Jr. 2007. Ecology: Concepts and Applications. 北京: 高等教育出版社.

May R M. 1972. Will a large complex system be stable[J]. Nature, 238: 413-414.

May R M. 1973. Stability and complexity in model ecosystems[M]. Princeton: Princeton University Press: 21-38.

McGrady-Steed J, Harris P M, Morin P J. 1997. Bidiversity regulates ecosystem predictability[J]. Nature, 390: 162-165.

McMichael A J, Kovats R S. 2000. Global environmental changes and health: approaches to assessing risks [J]. Ecosystem Health, 6(1): 59-66.

McNaughton S J. 1988. Diversity and stability[J]. Nature: 204-205.

Miki T, Yokokawa T, Matsui K. 2014. Biodiversity and multifunctionality in a microbial community: a novel theoretical approach to quantify functional redundancy[J]. Proceedings of the Royal Society B: Biological Sciences, 281: 20132498.

Millennium Ecosystem Assessment. 2005. Ecosystem and Human Well-being Synthesis [M]. Washing DC: Island Press.

Millennium Ecosystem Assessment (MEA). 2005. Ecosystems and Human Well-being: Current State and Trends[M]. Washington D C: Island Press.

Moberg F, Folke C. 1999. Ecological goods and services of coral reef ecosystems[J]. Ecol Econ, 29(2): 215-233.

Muradian R, Corbera E, Pascual U, et al. 2010. Reconciling theory and practice: An alternative conceptual framework for understanding payments for environmental services[J]. Ecological Economics, 69(6): 1202-1208.

Naeem S, Li S. 1997. Biodiversity enhances ecosystem reliability[J]. Nature, 390: 507-509.

Naeem S, Thompson L J, Lawler S P, et al. 1994. Declining biodiversity can alter the performance of ecosystems [J]. Nature, 368: 734-737.

National Oceanic and Atmospheric Administration. 1993. The health of the ecosystem [EB/OL]. Washington D C.

Ness B, Urbel-Piirsalu E, Anderberg S, et al. 2007. Categorising tools for sustainability assessment[J]. Ecological Economics, 60: 498-508.

NRC. 1999. Our Common Journey: A Transition toward Sustainability[M]. Washington, DC: National Academies Press.

Odum H T, Odum E P. 2000. The energetic basis for valuation of ecosystem services[J]. Ecosystems, 3(1): 21-23.

Pasari J R, Levi T, Zavaleta E S, et al. 2013. Several scales of biodiversity affect ecosystem multifunctionality[J]. Proceedings of the National Academy of Sciences, USA, 110: 10219-10222.

Pastor J. 1995. Ecosystem management, ecological risk, and public policy [J]. Bioscience, 45(4): 286-288.

Perkins D M, Bailey R, Dossena M, et al. 2015. Higher biodiversity is required to sustain multiple ecosystem processes across temperature regimes [J]. Global Change Biology, 21: 396-406.

Peter H, Ylla I, Gudasz C, et al. 2011. Multifunctionality and diversity in bacterial biofilms[J]. PLoS ONE, 6: e23225.

Platt R B. 1977. Conference summary[J]. *In*: Carins J J, Dickson K L, Herricks E E. Recovery and restoration of damaged ecosystems[M]. Charlottesville: University Press of Virginia: 526-531.

Platt T, Denman K L. 1975. Spectral analysis in ecology[J]. Annual Review of Ecology and Systematics, 6: 189-210.

Porteous A. 1992. Dictionary of Environmental Science and Technology [M]. New York: Wiley.

Rapport D J. 1995. Evaluating and Monitoring the Health of Large-scale Ecosystem [M]. Heidelberg: Springer-Verlag: 5-31.

Richards D R, Friess D A. 2016. Rates and drivers of mangrove deforestation in Southeast Asia 2000-2012[J]. Proceedings of the National Academy of Sciences, 113(2): 344-349.

Sanderson M A, Skinner R H, Barker D J, et al. 2004. Plant species diversity and management of temperate forage and grazing land ecosystems[J]. Crop Science, 44: 1132-1144.

Serafy S E. 1998. Pricing the invaluable: the value of the world's ecosystem services and natural capital[J]. Ecological Economics, 25(1): 25-27.

Shoyama K, Yamagata Y. 2014. Predicting land-use change for biodiversity conservation and climate-change mitigation and its effect on ecosystem services in a watershed in Japan[J]. Ecosystem Services, 8: 25-34.

Sommerville M M, Jones J P G, Milnergulland E J. 2009. A revised conceptual framework for payments for environmental services[J]. Ecology & Society, 14(2): 544.

Su C H, Fu B J, He C S, et al. 2012. Variation of ecosystem services and human activities: A case study in the Yanhe Watershed of China [J]. Acta Oecologica, 44(2): 46-57.

Tacconi L. 2012. Redefining payments for environmental services [J]. Ecological Economics, 73(1727): 29-36.

Tilman D, Downing J A. 1994. Biodiversity and stability in grasslands[J]. Nature, 367: 363-365.

Tilman D, Reich P B, Knops J. 2001. Diversity and productivity in a long-term grassland experiment[J]. Science, 294: 843.

Tilman D, Wedin D, Knops J. 1996. Productivity and sustainability influenced by biodiversity in grassland ecosystems[J]. Nature, 379: 718-720.

Turner R K, Jeroen C J M, van den Bergh, et al. 2000. Ecological-economic analysis of wetlands: scientific integration for management and policy[J]. Ecological Economics, 35(1): 7-23.

UN. 2007. Indicators of Sustainable Development: Guidelines and Methodologies. 3rd ed[R]. New York: United Nations.

Wagg C, Bender S F, Widmer F, et al. 2014. Soil biodiversity and soil community composition determine ecosystem multifunctionality[J]. Proceedings of the National Academy of Sciences, USA, 111: 5266-5270.

Wallace K J. 2007. Classification of ecosystem services: Problems and solutions[J]. Biological Conservation, 139(3-4): 235-246.

Wang H, Zhou S, Li X, et al. 2016. The influence of climate change and human activities on ecosystem service value[J]. Ecological Engineering, 87: 224-239.

Westman W. 1977. How much are nature's services worth [J]. Science, 197(4307): 960-964.

Wunder S, Engel S, Pagiola S. 2008. Taking stock: A comparative analysis of payments for environmental services programs in developed and developing countries[J]. Ecological Economics, 65(4): 834-852.

Wunder S. 2005. Payments for environmental services: Some nuts and bolts [J]. CIFOR Occasional Paper, 1(42): 3-8.

Wunder S. 2015. Revisiting the concept payments for environmental services [J]. Ecological Economics, 117: 234-243.

Zavaleta E S, Pasari J R, Hulvey K B, et al. 2010. Sustaining multiple ecosystem functions in grassland communities requires higher biodiversity [J]. Proceedings of the National Academy of Sciences, USA, 107: 1443-1446.

第三章　内蒙古生态屏障现状

第一节　内蒙古自治区自然概况

内蒙古生态屏障与内蒙古生态系统密切相关。当生态系统结构与功能处在良好状态的时候，其生态屏障的作用就大，对周边地区生态环境的保护作用就大。本章从森林、草原、荒漠、湿地生态系统角度入手，对内蒙古生态屏障的生态系统现状进行描述，为内蒙古生态屏障功能区布局与建设规划打下基础。

一、地理位置

内蒙古自治区位于中华人民共和国的北部边疆，由东北向西南斜伸，呈狭长形。西起东经 97°12′，东至东经 126°04′，横跨经度 28°52′，相隔达 2400km；南起北纬 37°24′，北至北纬 53°23′，跨纬度 15°59′，直线距离 1700km；全区总面积 118.3 万 km^2，占全国土地面积的 12.3%，居全国第 3 位。东、南、西依次与黑龙江、吉林、辽宁、河北、山西、陕西、宁夏和甘肃 8 省（自治区）毗邻，跨越"三北"（东北、华北、西北），靠近京津；北部同蒙古国和俄罗斯接壤，国境线长 4221km。

从生态屏障角度解读，东西长 2400km、南北宽 1700km 的内蒙古自治区像是整个中国的屏风或阻挡之物，它挡住了冬季来自西伯利亚和蒙古冷高压控制的又冷又干的偏西、偏北风。这个屏障保护着关内的河北、北京、天津、山西、陕西、宁夏、甘肃或关东的东北三省乃至我国东南部诸省。

二、地貌条件

内蒙古自治区的地貌以蒙古高原为主体，具有复杂多样的形态。除东南部外，基本是高原，占总土地面积的 50% 左右，由呼伦贝尔、锡林郭勒、巴彦淖尔—阿拉善及鄂尔多斯等高平原组成，平均海拔 1000m 左右，海拔最高点位于贺兰山主峰（海拔 3556m）。高原四周分布着大兴安岭、阴山（狼山、色尔腾山、大青山、灰腾梁）、贺兰山等山脉，构成内蒙古高原地貌的脊梁。内蒙古高原西端分布有巴丹吉林、腾格里、乌兰布和、库布齐、毛乌素等沙漠和沙地，总面积 15 万 km^2。在大兴安岭的东麓、阴山脚下和黄河岸边，有嫩江西岸平原、西辽河平原、土默川平原、河套平原及黄河南岸平原。这里地势平坦、土质肥沃、光照充足、水源丰富，是内蒙古的粮食和经济作物主要产区。在山地向高平原、平原的交接地带，分布着黄土丘陵和石质丘陵，其间杂有低山、谷地和盆地分布，水土流失较严重。全区高原面积占全区总面积的 53.4%，山地占 20.9%，丘陵占 16.4%，河流、湖泊、水库等水面面积占 0.8%。

在世界自然区划中，内蒙古自治区属于著名的亚洲中部蒙古高原的东南部及其周沿地带，统称内蒙古高原，是我国四大高原的第二大高原，也是内蒙古自治区乃至整个东北、华北的天然生态屏障。蒙古高原包括蒙古国全部，俄罗斯南部和中国内蒙古自治区部分地区，是亚洲大陆的冷源之一，也是亚洲大陆的重要沙源地，更是水、土、气、生等生态因子变化的敏感地区。在气候和人类活动的双重作用下，蒙古高原的生态环境日益恶化，表现为森林锐减、牧草生产力下降、土壤质量退化、湿地面积急剧退缩、风蚀沙化和水土流失等。蒙古高原的生态屏障作用在减弱，蒙古高原的保护问题，越来越受到国际社会的关注和重视。

三、气候条件

内蒙古自治区地域广袤，所处纬度较高，高原面积大，距离海洋较远，边沿有山脉阻隔，气候以温带大陆性季风气候为主。有降水量少而不匀、风大、寒暑变化剧烈的特点。大兴安岭北段地区属于寒温带大陆性季风气候，巴彦浩特—海勃湾—巴彦高勒以西地区属于温带大陆性季风气候。总的特点是春季气温骤升，多大风天气，夏季短促而炎热，降水集中，秋季气温剧降，霜冻往往早来，冬季漫长严寒，多寒潮天气。全年太阳辐射量从东北向西南递增，降水量由东北向西南递减。年平均气温为 0～8℃，气温年差平均为 34～36℃，日差平均为 12～16℃。年总降水量 50～450mm，东北降水多，向西部递减。东部的鄂伦春自治旗降水量达 486mm，西部的阿拉善高原年降水量少于 50mm，额济纳旗为 37mm。蒸发量大部分地区都高于 1200mm，大兴安岭山地年蒸发量少于 1200mm，巴彦淖尔高原地区达 3200mm 以上。内蒙古日照充足，光能资源非常丰富，大部分地区年日照时数都大于 2700h，阿拉善高原的西部地区达 3400h 以上。全年大风日数平均为 10～40 天，70% 发生在春季。其中锡林郭勒、乌兰察布高原达 50 天以上；大兴安岭北部山地，一般在 10 天以下。沙暴日数大部分地区为 5～20 天，阿拉善西部和鄂尔多斯高原地区达 20 天以上，阿拉善盟额济纳旗的呼鲁赤古特大风日年均108 天。

内蒙古自治区气候差异大，受气候变化影响，干旱化趋势明显。降水是内蒙古自治区生态建设的最大限制性因素，也是农牧业生产发展的主要限制性因素。这将显著影响生态屏障的建设。张存厚等（2011）依据内蒙古自治区 115 个气象站 1971～2000 年的气象资料，采用改进的 Selianinov 干燥度计算公式，研究了内蒙古地区气候干湿状况的时空变化。结果表明：内蒙古干燥度空间分布具有明显地带性分布规律，即从西向东随经度增加干燥度逐渐变小，气候变得湿润。从年际变化的空间分布可以看出，30 年来内蒙古地区气候变化大致分为两种类型：一是干湿交替型，位于西部的典型荒漠区和东北部的大兴安岭森林区。二是持续变干型，内蒙古中东部地区的半湿润区和半干旱区的分界线，30 年来持续向东南方向推进，使得半湿润区面积缩小，半干旱区面积增加。

四、土壤条件

内蒙古自治区地域辽阔,土壤种类较多,其性质和生产性能也各不相同,但其共同特点是土壤形成过程中钙累化强烈,有机质积累较多。根据土壤形成过程和土壤属性,分为9个土纲,22个土类。内蒙古土壤在分布上东西之间变化明显,土壤带基本呈东北—西南向排列,最东为黑土壤地带,向西依次为暗棕壤地带、黑钙土地带、栗钙土地带、棕壤土地带、黑垆土地带、灰钙土地带、风沙土地带和灰棕漠土地带。其中黑土壤的自然肥力最高,结构和水分条件良好,易于耕作,适宜发展农业;黑钙土自然肥力次之,适宜发展农林牧业。

钙层土是内蒙古高原中东部主要分布的土壤,由于具有灰白色石灰聚积层也称钙积层。在土壤科学分类上,把这种具有钙积层的不同土壤归并为一个大的土纲,统称钙层土。钙积层的存在使得高大的乔木的根无法穿过,钙积层以上土壤的水分状况,根本满足不了森林生长发育的需求。但对需水相对较少的草本植物来说,却是很适合的。所以这里有中国著名的草原和牧区。这告诉人们,生态屏障建设时一定注意当地土壤条件,要科学进行规划,提高生态屏障建设效果。

五、水文及水资源条件

内蒙古自治区境内共有大小河流 1000 余条,黄河由宁夏石嘴山附近进入内蒙古,由南向北,围绕鄂尔多斯高原,形成一个马蹄形。内蒙古自治区流域面积在 1000km^2 以上的河流有 70 多条;流域面积大于 300km^2 的河流有 258 条。有近千个大小湖泊。全区地表水资源量为 671 亿 m^3,除黄河过境水外,境内自产水源量为 371 亿 m^3,占全国总水量的 1.67%。地下水资源量为 300 亿 m^3,占全国地下水资源量的 2.9%。扣除重复水量,全区水资源总量为 518 亿 m^3。年人均占有水量 2370m^3,耕地每公顷平均占有水量 1 万 m^3,平均产水模数为 4.41 万 m^3/km^2。内蒙古水资源在地区、时程的分布上很不均匀,且与人口和耕地分布不相适应。东部地区黑龙江流域土地面积占全区的 27%,耕地面积占全区的 20%,人口占全区的 18%,而水资源总量占全区的 65%,人均占有水量 8420m^3,为全区均值的 3.6 倍。中西部地区的西辽河、海滦河、黄河 3 个流域总面积占全区的 26%,耕地占全区的 30%,人口占全区的 66%,但水资源仅占全区的 25%,其中除黄河沿岸可利用部分过境水外,大部分地区水资源紧缺。

内蒙古自治区特别是其东部是我国北方大江大河发源地。这些河流的发源地是保证下游水量和水质的生态屏障。从东北向西南看,①额尔古纳河为黑龙江正源,上游以海拉尔河为上源,额尔古纳河在内蒙古自治区额尔古纳右旗的恩和哈达附近与流经俄罗斯境内的石勒喀河汇合后始称黑龙江。②嫩江为松花江的支流(或北源),发源于内蒙古自治区境内大兴安岭伊勒呼里山的中段南侧,内蒙古自治区的呼伦贝尔市、兴安盟都有土地在其流域内,是内蒙古东部的最大河流。

③辽河有两源，东源称东辽河，西源称西辽河，两源在辽宁省昌图县福德店与西源汇合，始称辽河。一般以西辽河为正源，而西辽河又有两源，南源老哈河，北源西拉木伦河。两源于翁牛特旗与奈曼旗交界处会合，为西辽河干流，内蒙古自治区的赤峰、通辽有不少地区在辽河范围内。西拉木伦河流经克什克腾旗、翁牛特旗、林西县、巴林右旗、阿鲁科尔沁旗，于翁牛特旗与奈曼旗交界处与老哈河汇合成为西辽河。④滦河虽然发源于河北省张家口地区的巴彦古尔图山北麓，但在上游很快进入内蒙古，称闪电河，在多伦县附近有上都河注入，称大滦河，经两度曲折，转回河北省，在郭家屯附近汇小滦河后称滦河。⑤永定河，为海河水系中一条较大支流，由洋河和桑干河两大水系组成，洋河，上源有三，即东洋河、南洋河和西洋河。东洋河发源于内蒙古自治区察哈尔右翼前旗四顶房村附近。西洋河发源于内蒙古自治区兴和县西洲村附近。

六、植被条件

内蒙古境内植被由种子植物、蕨类植物、苔藓植物、菌类植物、地衣植物等不同植物种类组成。植物种类较丰富，已搜集到的种子植物和蕨类植物共计 2351 种，分属于 133 科 720 属。其中引进栽培的有 184 种，野生植物有 2167 种（种子植物 2106 种，蕨类植物 61 种）。植物种类分布不均衡，山区植物最丰富。内蒙古东北部大兴安岭拥有丰富的森林植物及草甸、沼泽与水生植物。中部阴山山脉及西部贺兰山兼有森林、草原植物和草甸、沼泽植物。高平原和平原地区以草原与荒漠旱生型植物为主，含有少数的草甸植物与盐生植物。内蒙古境内草原植被由东北的松辽平原，经大兴安岭南部山地和内蒙古高原到阴山山脉以南的鄂尔多斯高原与黄土高原，组成一个连续的整体，其中，草原植被包括世界著名的呼伦贝尔草原、锡林郭勒草原、乌兰察布草原、鄂尔多斯草原等。荒漠植被主要分布于鄂尔多斯市西部、巴彦淖尔市西部和阿拉善盟，主要由小半灌木盐柴类和矮灌木类组成，共有种子植物 1000 多种，植物种类虽不丰富，但地方特有种的优势作用十分明显。

内蒙古自治区著名生态学家李博曾经总结过内蒙古地带性植被的主要建群植物，他认为内蒙古森林区的建群植物是相当贫乏的，这反映了大陆性气候条件下森林组成较为单纯的特色。但是从这些植物的地理成分上看，它又是比较复杂的，内蒙古自治区有东西伯利亚泰加林成分、东北成分、华北成分以及远东森林区广泛分布的树种，均起一定作用，亚洲中部干旱区的山地成分也有一定位置，这说明内蒙古森林在起源上和生态条件上的复杂性。就地区而言，大兴安岭地区以东西伯利亚泰加林成分占优势，大兴安岭南端至阴山山脉以南以华北成分和分布较为广泛的远东阔叶林成分为主。从草原区建群植物来看，在内蒙古草原中亚洲中部植被成分占绝对优势地位，如果再把具有广泛分布区的欧亚草原成分和泛北极成分除掉，其他成分所起作用很小，这说明内蒙古草原植被在发生上的一致性。

从荒漠区的建群植物来看，在区系组成上内蒙古荒漠具有典型的亚洲中部荒漠的特征，荒漠建群植物并不比草原和森林区少，它们抗旱能力强，固沙作用大。

第二节　森林生态系统

一、森林资源概况

1. 内蒙古自治区的森林资源概况

内蒙古自治区第七次全区森林资源清查结果显示，内蒙古林地面积 4398.89 万 hm^2，其中森林面积 2487.90 万 hm^2，均居全国第 1 位；活立木总蓄积 14.84 亿 m^3，其中森林蓄积 13.45 亿 m^3，均居全国第 5 位；天然有林地面积 1401.20 万 hm^2，居全国第 2 位；人工有林地面积 331.65 万 hm^2，居全国第 8 位，"三北"地区居首位；灌木林地面积 798.56 万 km^2，居全国第 2 位；森林覆盖率 21.03%。

从历史情况来看，在内蒙古的有林地资源中，天然林面积远高于人工林。表 3-1 表明，第三次至第六次森林资源清查之间，其比例最高值达 90.98%（第三次森林资源清查），最低值为 85.14%（第六次森林资源清查），其间比例虽有逐年下降的趋势（共下降 5.84 个百分点，平均每年下降 0.39 个百分点），但仍充分体现出天然林在林业生产及生态环境改善中的作用与地位。特别是第五次至第六次森林资源清查期间天然林面积又大幅提高，其间净增 89.05 万 hm^2，年平均增长 1.34%，这不仅与我国从 2000 年起正式实施了天然林保护工程有关，说明内蒙古天然林保护与重点国有林区实施的减产限伐取得一定成效，也体现出我国林业生产实现了由以采伐天然林为主向加大人工林采伐力度的转变（甄江红等，2006）。

表 3-1　内蒙古自治区人工林和天然林所占比例表

森林资源清查	年份区间	人工林面积/万 hm^2	比例/%	天然林面积/万 hm^2	比例/%
	1950~1962 年				
第一次	1973~1976 年				
第二次	1977~1981 年				
第三次	1984~1988 年	124.82	9.02	1258.82	90.98
第四次	1989~1993 年	148.82	10.5	1257.75	89.50
第五次	1994~1998 年	185.23	12.59	1289.62	87.41
第六次	1999~2003 年	240.65	14.86	1378.67	85.14

资料来源：全国森林资源统计。

第七次森林资源清查结果与 2008 年相比，森林面积、蓄积持续"双增长"。森林面积由 2366.40 万 hm^2 增加到 2487.90 万 hm^2，净增 121.50 万 hm^2（图 3-1）；森林覆盖率由 20.0% 提高到 21.03%，提高 1.03 个百分点；森林蓄积由 11.77

亿 m³ 增加到 13.45 亿 m³，净增 1.68 亿 m³（图 3-2）。天然林资源得到有效恢复，人工林资源不断增加。京津风沙源治理工程区、三北防护林工程区、退耕还林工程区、天然林保护工程区森林覆盖率分别提高 1.56 个、1.09 个、0.88 个和 1.34 个百分点。

图 3-1　全国历次森林资源清查森林面积变化

第七次全国森林资源清查内蒙古森林资源其他结构：①生态公益林占81.38%、商品林占 18.62%；②森林各林种比例防护林占 70.23%、用材林占 17.83%、特用林占 11.15%、经济林占 0.79%、薪炭林为零；③林地面积按土地权属分国有占 51.70%、集体占 48.30%；④按林龄组面积分，幼龄林占 20.20%、中龄林占35.90%、近熟林占 16.99%、成熟林占 18.04%、过熟林占 8.87%。

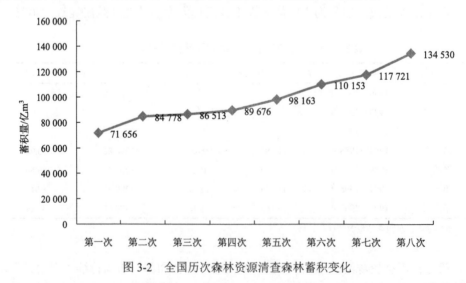

图 3-2　全国历次森林资源清查森林蓄积变化

2. 内蒙古大兴安岭森林资源概况

中国大兴安岭包括内蒙古大兴安岭林区、黑龙江大兴安岭林区、内蒙古"岭南八局"，以及大兴安岭南部次生林区（也称罕山次生林区）。中国大兴安岭北起黑龙江畔（漠河），南至西拉木伦河上游谷地（赤峰克什克腾旗），东北—西南走向，全长约1200km，宽200～300km，海拔1100～1400m，黑龙江大兴安岭位于大兴安岭山脉的东北坡，也是我国重点国有林区，有林地面积678.4万hm^2，森林覆盖率81.23%，活立木蓄积5.38亿m^3，大兴安岭林业管理局经营的内蒙古自治区境内部分是指加格达奇林业局和松岭林业局，总面积187.31万hm^2，森林面积118.5万hm^2，林木蓄积量0.95亿m^3，森林覆盖率62.24%。整个大兴安岭是内蒙古高原与松辽平原的分水岭。

赵宝顺和张军（2014）对内蒙古大兴安岭林区的森林资源现状进行了评价，他们首先对内蒙古大兴安岭林区的位置进行了描述。实际上，内蒙古大兴安岭林区是指内蒙古大兴安岭林业管理局管理范围的林区。内蒙古大兴安岭林区位于内蒙古自治区东北部，地跨呼伦贝尔市和兴安盟9个旗市（牙克石市、扎兰屯市、根河市、额尔古纳市、鄂伦春自治旗、鄂温克族自治旗、阿荣旗、莫力达瓦达斡尔族自治旗、阿尔山市）。地理坐标：东经119°36′30″～125°24′00″，北纬47°03′20″～53°20′00″，主要分布在内蒙古大兴安岭北段的西坡和东坡东南部，南北长约696km，东西宽约384km，西接呼伦贝尔草原，北以额尔古纳河与俄罗斯为界，东北以大兴安岭主脉及其支脉伊勒呼里山山脊为界与黑龙江省大兴安岭工程区接壤，东南与松嫩平原相连，总面积10 677 496hm^2。

内蒙古大兴安岭林区林地面积9 978 825.3hm^2，占总面积的93.46%；而非林地面积698 670.7 hm^2，只占总面积的6.54%。在林地中，有林地面积8 390 013.8hm^2，占林地面积的84.08%；活立木蓄积80 197.96万 m^3。有林地平均每公顷蓄积90.62m^3，林地平均每公顷蓄积80.37 m^3。可以看出，内蒙古大兴安岭林区森林资源的特点是面积、蓄积总量较大，森林覆盖率较高。同时也可以看出，内蒙古大兴安岭林区分布着大面积森林，形成我国阻挡西伯利亚寒流的天然屏障。

从优势树种的有林地面积、蓄积分布来看，内蒙古大兴安岭林区有林地分布最多的是兴安落叶松林，面积5 067 690.3hm^2，占有林地面积的60.40%；白桦林面积2 422 232.1hm^2，占有林地面积的28.87%。兴安落叶松蓄积46 970.93万 m^3，占有林地蓄积的61.78%；白桦蓄积22 006.17万 m^3，占有林地蓄积的28.95%（赵宝顺和张军，2014）。内蒙古大兴安岭林区有林地幼龄林面积689 675.4hm^2，中龄林面积4 200 780.7hm^2，幼、中、近、成、过熟林面积比为8∶50∶15∶19∶8，蓄积比为3∶46∶16∶25∶10。龄组结构不尽合理，与理想结构还有一定差距。中、幼龄林资源丰富，也意味着后备资源丰富。有一种情况格外引人注意，那就是内蒙古大兴安岭林区林地平均地位级为3.91。林木蓄积生长量仅为每年每公顷

2.29m³，林地生产力水平较低（赵宝顺和张军，2014）。除了和该地区寒冷有关外，森林多年没有抚育措施，林分缺少经营，这也是我国很多生态屏障地区面临的共同问题。

根据手头资料，我们从内蒙古大兴安岭北部林区及内蒙古大兴安岭东南部地区各选择一个林业局，陈述其森林资源概况和特点。

内蒙古根河林业局隶属内蒙古呼伦贝尔市根河市，位于大兴安岭西坡北段中部，地理坐标为东经 120°41′30″~122°42′30″，北纬 50°25′30″~51°17′00″，1954年建局，被誉为"中国冷极"。这是一个原设计年生产木材能力为 35 万 m³，年木材产量历史最高记录为 67 万 m³ 的林业局。2015 年 3 月 31 日，内蒙古大兴安岭林区全面停止商业性采伐，内蒙古大兴安岭林区持续了 63 年的木材生产作业画上了句号。

根据根河林业局最新的森林经营方案总结，林业局总面积为 632 424hm²，其中：有林地面积为 530 662hm²，森林覆盖率为 84.82%。1998~2003 年的 6 年中，根河林业局不断加强对森林资源的保护、管理和培育，狠抓森林采伐限额管理和林政管理，严格执行国家和林管局等有关天保工程的方针、政策，确保了木材减产后森林资源的有效恢复，有林地面积从 1998 年的 512 063hm²，增加到 2003 年的 530 662hm²，增加了 18 599hm²。森林覆盖率从 1998 年的 81.0%，提高到 2003 年的 84.8%，提高 3.83 个百分点。从总体情况看，有林地面积有所增加，但由于受几场火灾的影响，尤其是 2003 年 "5·5" 森林大火的影响，林分蓄积量有所下降。

内蒙古毕拉河林业局隶属呼伦贝尔市鄂伦春自治旗管辖。地理坐标为东经122°40′36″~123°55′00″，北纬 49°00′37″~49°54′49″，是内蒙古大兴安岭东坡南部一个典型林业局，从 1956 年 6 月建立林业局以来，始终以保护培育和发展森林资源为主业。林业局总面积为 471 646hm²，其中，林地面积 445 774hm²，占林业局总面积的 94.5%；非林地面积 25 872hm²，占林业局总面积的 5.5%。森林覆盖率为 70.1%。林地面积中，有林地面积 330 588 hm²，占林地面积的 74.2%；辅助生产林地面积 110 481hm²，占林地面积的 24.8%；宜林地面积 2371hm²，占林地面积的 0.5%。全局总蓄积量为 24 465 217m³，其中：活立木蓄积量为 24 423 612m³，占总蓄积量的 99.8%。活立木蓄积量中，有林地蓄积量为 22 919 951m³，占活立木总蓄积量的 93.8%。可以看出，内蒙古毕拉河林业局森林资源总量比例较大，但单位面积蓄积量低，有林地每公顷蓄积量 69.3m³，另外，该林业局林地生产水平不高，有林地平均年生长量为 752 431m³，平均每公顷生长量为 2.28m³，生长率为 3.28%，平均每公顷蓄积量仅为 69.3m³，林分生长发育较差，应采取适当措施，增加林分生长量，提高林地生产力（张凌峰，2013）。

3. 内蒙古"岭南八局"森林资源概况

内蒙古"岭南八局"包括：呼伦贝尔市的免渡河、乌奴耳、巴林、南木、红花尔基、柴河 6 个林业局及兴安盟的白狼、五岔沟 2 个林业局，沿大兴安岭中段南部分布于东经 119°00′~125°15′，北纬 46°22′~51°30′。该区域西部与呼伦贝尔草原及蒙古国相邻，东部与黑龙江省嫩江地区毗邻，南部与兴安盟科尔沁右翼前旗相连，北部与内蒙古森工集团所属的林区相接。土地总面积 276.74 万 hm^2。在"岭南八局"周边，还应该有扎兰屯、牙克石、阿荣旗、莫力达瓦达斡尔族自治旗、扎赉特旗、科尔沁右翼前旗、科尔沁右翼中旗等所属国营林场也在大兴安岭这一范围内。曾艳等（2008）统计，这一区域次生林面积在 335 万 hm^{2}左右。

"岭南八局"林地总面积 247.59 万 hm^2，其中有林地面积 170.73 万 hm^2，灌木林地面积 12.67 万 hm^2，疏林地面积 1.51 万 hm^2，未成林造林地面积 2.13 万 hm^2，宜林荒山荒地面积 48.93 万 hm^2，苗圃地及其他林地累计面积 11.62 万 hm^2。活立木总蓄积量 14 671.74 万 m^3，其中有林地蓄积量 14 503.34 万 m^3，疏林地蓄积量 17.78 万 m^3，散生木蓄积量 150.62 万 m^3（姜秀滨等，2013）。"岭南八局"属内蒙古重点国有林区的天然林资源保护工程区，是大兴安岭中段南缘重要生态保护带，也是我国沙地樟子松纯林的集中分布区。

红花尔基林业局位于大兴安岭西坡中段、呼伦贝尔沙地南端，大兴安岭山地向内蒙古高平原过渡地带。地理坐标为东经 118°58′~120°32′，北纬 47°36′~48°35′。总土地面积为 59.84 万 hm^2。红花尔基林业局森林资源丰富，总土地面积为 59.84 万 hm^2。其中：林地面积 49.88 万 hm^2，占总土地面积的 83.36%。森林覆盖率为 32.74%。在林地面积中，有林地面积 19.94 万 hm^2，疏林地面积 0.40 万 hm^2，灌木林地面积 0.28 万 hm^2，未成林造林地面积 1.77 万 hm^2，无立木林地面积 0.14 万 hm^2，宜林地面积 27.54 万 hm^2，辅助生产林地面积 0.26 万 hm^2，有林地面积按权属分布状况：土地所有权为国有的林地面积为 49.88 万 hm^2。有林地面积按龄组分布状况：幼龄林面积 9.74 万 hm^2，中龄林面积 8.6 万 hm^2，近熟林面积 0.73 万 hm^2，成、过熟林面积 0.40 万 hm^2。红花尔基林业局林木蓄积量资源，活立木总蓄积 2392.1 万 m^3。其中：有林地蓄积 2347.8 万 m^3，疏林地蓄积 7.7 万 m^3。红花尔基林业局 2000 年实施天然林资源保护工程以来，由于大幅度调减森林采伐限额，减少了森林资源消耗，加强了森林资源保护和建设，森林资源数量和质量都发生了明显变化。通过人工造林和天然更新，林地面积增加 2.84 万 hm^2，有林地面积增加 2.99 万 hm^2，森林覆盖率提高 5.09 个百分点。活立木总蓄积量增加了 1115.1 万 m^3，年净增率 8.73%。有林地蓄积量增加 1176.8 万 m^3，年净增率 10.05%。实施天然林资源保护工程后，森林蓄积年消耗量 2.0 万 m^3，每年少消耗森林蓄积 3.5 万 m^3（高云生，2013）。

　　免渡河林业局隶属内蒙古自治区呼伦贝尔市管理，地处大兴安岭中段西坡的免渡河上游。地理坐标为东经121°10′~122°05′，北纬48°46′~49°27′。北和东北与乌尔其汉林业局接壤，东与毕拉河林业局相连，西与牙克石市林业局、乌奴耳林业局交界，南与巴林林业局毗邻。全局林地面积278 717.0hm²。其中：有林地面积219 174.0hm²，占林地面积的78.64%；疏林地面积2259.3hm²，占0.81%；灌木林地面积3457.6hm²，占1.24%；无立木林地面积524.1hm²，占0.19%；宜林地面积11 395.5hm²，占4.09%，林业辅助生产用地面积41 595.4hm²，占14.92%。全局活立木总蓄积量19 654 447m³。活立木总蓄积量中，有林地蓄积量19 631 258m³，占活立木总蓄积量的99.87%；疏林地蓄积量为14 206m³，占0.07%；四旁树蓄积量为165m³；全局生态功能等级评定为好的有林地面积为31 668.9hm²，占有林地（公益林）面积的17.41%；生态功能等级评定为中的面积为149 317.4hm²，占82.06%；生态功能等级评定为差的面积为970.2hm²，占0.53%。由此可见，全面提升全局森林资源质量，加强森林资源健康、质量及可持续经营，是森林资源管理的当务之急（李贺新等，2014）。

　　柴河林业局位于大兴安岭中南段东坡绰尔河流域，地理坐标为东经120°36′~121°46′，北纬47°05′~47°45′。北与绰尔林业局相接，东邻扎兰屯市，西与阿尔山林业局接壤，南与五岔沟林业局毗邻。南北长78km，东西宽57km。土地总面积为3698.50km²，其中，林业局实际经营面积3547.70km²，地方经营面积150.80km²。在森林资源中，全局土地总面积369 850hm²，其中林业用地面积327 858.2hm²，非林业用地面积41 991.8hm²，分别占全局土地总面积的88.65%和11.35%。森林覆盖率为75.15%，林木绿化率为75.30%。在林地面积中，有林地面积270 841.4hm²，占林地面积的82.61%；其次是宜林地，面积48 108.8hm²，占14.67%。柴河林业局总蓄积为24 416 689m³，其中：活立木蓄积为24 357 716m³，占总蓄积的99.76%；在活立木蓄积中，有林地蓄积为24 176 887m³，占活立木蓄积的99.26%（赵田义等，2012）。

　　4. 内蒙古次生林区

　　郝世文等（2004）认为内蒙古次生林区由大兴安岭南部次生林区（包括呼伦贝尔市的红花尔基林业局、免渡河林业局、乌奴尔林业局、巴林林业局、南木林业局、柴河林业局，兴安盟的五岔沟林业局、白狼林业局）、宝格达山、罕山、克什克腾、迪彦庙、茅荆坝、大青山、蛮汉山、贺兰山、乌拉山和额济纳11片次生林区构成，包含8个森林经营局和118个地方国有林场。总面积约1085万hm²。

　　很多情况下所说的内蒙古次生林区包括大兴安岭南部次生林区、宝格达山、迪彦庙、克什克腾、茅荆坝、蛮汉山、乌拉山、大青山、贺兰山、罕山、额济纳11片次生林区。这11片次生林区总面积1084.95万hm²，森林面积486.44万hm²，林木蓄积量3.1亿m³，森林覆盖率44.84%。目前这些次生林区多为国家级自然保护区，形成了生态屏障的另一种类型。

内蒙古自治区贺兰山国家级自然保护区位于内蒙古西部阿拉善左旗境内，地处阿拉善高原和银川平原之间的贺兰山西坡，山体呈西南—东北走向，保护区南起头关，北至小松山，东以分水岭与宁夏回族自治区毗邻，西至贺兰山山麓，南北长 120km，东西宽 8~20km，地理坐标为东经 105°40′~106°05′，北纬 38°20′~39°12′，是内蒙古西部最大的天然次生林区。贺兰山保护区总面积为 88 500hm^2，活立木蓄积 2 938 185.0m^3，森林覆盖率 45.7%。其中，核心区面积 20 200.0hm^2，活立木蓄积 1 486 903.0m^3，占保护区土地总面积、活立木蓄积的 22.8% 和 50.6%；缓冲区面积 10 762.5hm^2，活立木蓄积 507 557.1m^3，占保护区土地总面积、活立木蓄积的 12.2% 和 17.3%；试验区面积 36 747.3hm^2，活立木蓄积 919 866.3m^3，占保护区土地总面积、活立木蓄积的 41.5% 和 31.3%；禁牧区面积 20 790.2hm^2，活立木蓄积 23 858.6m^3，占保护区土地总面积、活立木蓄积的 23.5% 和 0.8%。有林地面积 30 160.4hm^2，占保护区土地总面积的 34.1%；灌木林地面积 10 249.0hm^2，占 11.6%；宜林地分布最多，面积 40 982.9hm^2，占林地面积的 46.3%；疏林地、辅助生产林地面积分别占 5.1%、2.9%（李娟，2013）。由于天然林保护工程的实施以及退牧还林、封山育林措施的落实，管护措施日益完善，天然更新自然植被恢复迅速，林草生长茂密，使贺兰山保护区管理局的森林覆盖率由 2001 年的 40.5% 增加到 2014 年的 45.7%，增加了 5.2 个百分点。

内蒙古赛罕乌拉国家级自然保护区位于内蒙古赤峰市巴林右旗北部，地理坐标为东经 118°18′~118°55′，北纬 43°59′~ 44°27′。保护区总面积为 10.04 万 hm^2。地带性草原约占总面积的 28.6%，山地森林和灌丛面积占 62.1%，其余为湿地、沙地和耕地。赛罕乌拉国家级自然保护区有正沟、王坟沟和乌兰坝 3 个核心区，总面积为 16 340.3hm^2。

5. 内蒙古人工林资源概况

内蒙古人工林主要分布在巴彦淖尔市、乌兰察布市、赤峰市、通辽市、呼和浩特市等盟市 54 个旗县境内，总面积 2787.90 万 hm^2，森林面积 451.19 万 hm^2，林木蓄积量 0.52 亿 m^3，森林覆盖率 9.23%。内蒙古的主要人工林树种有兴安落叶松、云杉、樟子松、油松、杨树、侧柏、山杨、朝鲜柳等。

兴安落叶松为东西伯利亚种，广泛分布于东西伯利亚和远东北部，为东西伯利亚泰加林的建群种。在内蒙古主要分布于大兴安岭，是大兴安岭山地针叶林最重要的建群植物。落叶针叶，乔木，耐寒耐旱喜光。

云杉为亚洲中部干旱区山地树种。在内蒙古主要分布在贺兰山和大青山，是这里山地针叶林的建群种。常绿针叶，乔木，耐旱喜阴。

樟子松为欧洲松在内蒙古地区的亚种，仅见于大兴安岭北部向阳山坡和大兴安岭西部森林草原区的沙地上。常绿针叶，乔木，耐旱喜光。

　　油松主要分布在我国北部落叶阔叶林区。在内蒙古只见于阴山山脉及其以南的山地，常绿针叶，乔木。侧柏在内蒙古见于乌拉山等温暖地区的山地，常绿针叶，乔木，有时呈灌木状，多生于向阳山坡。山杨在内蒙古山地广泛分布，落叶阔叶乔木，多在原始森林遭受破坏的地方形成次生林。朝鲜柳分布区较广，多见于河谷沙砾质沉积物上。落叶阔叶，乔木，在内蒙古只见于大兴安岭（李博，1962）。

　　6. 干旱半干旱灌木林资源分布概况

　　根据 2003 年内蒙古灌木资源的统计年报表资料，内蒙古灌木资源的总面积为 6 543 295hm²，其中已成林面积为 5 023 342hm²，占总面积的 76.77%。

　　内蒙古灌木林资源由人工林和天然林组成，其中，鄂尔多斯市人工灌木林有 1 068 755hm²，天然灌木林有 351 482hm²；赤峰市有人工灌木林 625 268hm²，天然灌木林 637 692hm²；阿拉善盟有人工灌木林 48 535hm²，天然灌木林 1 012 893hm²；乌兰察布市有人工灌木林 451 599hm²，天然灌木林 164 237hm²；通辽市有人工灌木林 142 234hm²，天然灌木林 343 587hm²；锡林郭勒盟有人工灌木林 127 091 hm²，天然灌木林 311 958hm²；巴彦淖尔市有人工灌木林 103 061hm²，天然灌木林 273 772hm²；呼和浩特市有人工灌木林 179 440hm²，天然灌木林 100 154hm²；兴安盟有人工灌木林 82 721hm²，天然灌木林 194 915hm²；包头市有人工灌木林 140 657hm²，天然灌木林 71 885hm²；呼伦贝尔市有人工灌木林 7009hm²，天然灌木林 74 460hm²；乌海市有人工灌木林 9747hm²，天然灌木林 20 173hm²。

　　从分布特点看，灌木资源存在明显的地区差异。其中，鄂尔多斯市、赤峰市和阿拉善盟分布面积较大，灌木林总面积分别是 1 420 237hm²、1 262 960hm² 和 1 061 428hm²，呼伦贝尔市和乌海市分布面积较少，灌木林总面积只有 81 439hm² 和 29 920 hm²，其他盟市依次为乌兰察布市 615 836 hm²、通辽市 485 791hm²、锡林郭勒盟 439 049hm²、巴彦淖尔市 376 833hm²、呼和浩特市 279 594hm²、兴安盟 277 636hm² 和包头市 212 542hm²。

　　从各地区灌木资源的构成看，人工林面积较多的盟市为鄂尔多斯市、乌兰察布市、呼和浩特市和包头市，分别占各自灌木资源总量的 75.25%、73.33%、64.18% 和 66.18%。而在巴彦淖尔市和阿拉善盟天然灌木林面积分别占各自灌木资源总量的 72.65% 和 95.43%，通辽市占 71.76%、锡林郭勒盟占 71.05%、兴安盟占 70.21%、呼伦贝尔市占 91.40% 和乌海市占 67.42%。说明人工灌木林发展的地区差异明显，也说明保护天然灌木林在适宜地区的生态意义巨大（刘永军等，2005）。

二、森林资源分布

　　从东北到西南，内蒙古自治区森林资源分布不均，天然乔木林集中分布于大兴安岭原始林区及大兴安岭南部山地等各次生林区，灌木林主要分布于干旱半干旱地区，即内蒙古广大的西部地区。大兴安岭原始林区森林覆盖率为 76.55%，大兴安岭南部山地等 11 片次生林区森林覆盖率为 48.28%，广阔的人工林地区森林覆盖率为 9.70%（王才旺等，2010）。

按其起源内蒙古森林资源分布大体上可分为三部分：一是大兴安岭的原始林区，是全区森林面积最大、蓄积量最多、森林覆盖率最高的第一大林区；二是大兴安岭南部及贺兰山、茅荆坝等地零星分布的 11 片次生林区，是全区重要的森林资源后备基地；三是分布在各林业生态工程建设区的人工林（甄江红等，2006）。

1. 大兴安岭森林资源分布

森林资源地理分布不均衡，呈地域性分布。其中以兴安落叶松为主体的森林植被，主要分布于北部和大兴安岭主脉及两侧；在东南部低山丘陵地带，蒙古栎林和黑桦林分布集中，在西部边缘分布着较多的白桦林；樟子松林在北部呈块状分布，在河谷冲击地带分布少量杨、柳、榆等混交林分（赵宝顺和张军，2014）。

2. 内蒙古天然次生林区森林资源分布

内蒙古天然次生林区由东至西分布在呼伦贝尔市、兴安盟和阿拉善盟等 9 个盟（市）所辖的 31 个旗（县、市）境内全部或部分地区，且在地域上互不相连，自然条件差异较大，各林区地形地势均比较复杂，山峦起伏，山脉纵横交错，山地、丘陵、平原散布其间，森林植被生长的主导因子差异较大，呈现森林、森林草原、荒漠等自然景观（郝世文等，2004）。第七次森林资源清查结果显示，在次生林区总面积中，林业用地面积 689.5 万 hm²，非林业用地面积 395.5 万 hm²，各占次生林区总面积的 63.6% 和 36.4%。次生林区活立木总蓄积 30 974.8 万 m³。森林覆盖率为 41.8%。天然林及天然疏林总面积 432.4 万 hm²，总蓄积 26 876.1 万 m³。其中天然林有林地面积 427 万 hm²，疏林地面积 5.0 万 hm²。

3. 干旱半干旱灌木林资源分布

灌木林是干旱半干旱地区结构复杂、光能固定率高、对环境影响力大的自然生态系统。灌木林资源是人类生态发展和经济建设不可缺少的重要资源。内蒙古灌木资源的总面积为 6 543 295hm²，其中已成林面积为 5 023 342hm²，占总面积的 76.77%（刘永军等，2005）。

三、森林生态监测

1. 内蒙古森林生态监测体系

（1）国家森林生态监测体系

国家陆地生态系统定位观测研究站网即中国陆地生态系统定位观测研究站网（China Terrestrial Ecosystem Research Network, CTERN），是以森林、湿地、荒漠三大生态系统类型为研究对象，开展生态系统结构与功能的长期、连续、定位野外科学观测和生态过程关键技术研究的网络体系，是国家林业科学试验基地，是国家林业科技创新体系的重要组成部分，也是国家野外科学观测与研究平台的主要组成部分。

目前，按照我国地理分布特征和生态系统类型区划，CTERN 在全国典型生态区已初步建设生态站 188 个，基本形成了覆盖全国主要生态区、具有重要影响的大型观测研究网络，为开展生态效益考核与生态服务功能评估等搭建了重要的科技创新平台。其中，森林生态站 104 个，已完成全国 29 个省（自治区、直辖市）的建设布局，涵盖了我国 9 个植被气候区和 40 个地带性植被类型；竹林生态站 8 个，涵盖了我国五大竹区中的琼滇攀援竹区、南方丛生竹区、江南混合竹区、北方散生竹区 4 个区域，实现了对核心竹产区的全覆盖；湿地生态站 39 个，实现了沼泽、湖泊、河流、滨海四大自然湿地类型和人工湿地类型的全覆盖，遍布 25 个省（自治区、直辖市）；荒漠生态站 26 个，实现了除滨海沙地外，我国主要沙漠、沙地以及岩溶石漠化、干热干旱河谷等特殊区域的覆盖；城市生态站 11 个，主要布局在上海、深圳、重庆、杭州、长沙、广州等重点城市。

森林是陆地生态系统的重要组成部分，林业是生态建设的主体，承担着建设森林生态系统、保护湿地生态系统、改善荒漠生态系统、维护生物多样性的重大使命。为了揭示陆地生态系统结构与功能，评估林业在经济社会发展中的作用，从 20 世纪 50 年代末至 60 年代初，原国家林业部开始建设陆地生态系统定位研究站（以下简称生态站），经过几十年的发展，逐步形成了初具规模的森林生态系统定位研究网络（Chinese Forest Ecosystem Research Network，CFERN）。其成为国家野外科学观测与研究平台的重要组成部分，对国家生态建设发挥着重要的支撑作用。CFERN 是原国家林业局科技司直接领导和管辖的大型长期生态学研究网络，主要目的是通过野外台站长期定位定时地监测，从生态系统格局—过程—尺度有机结合的角度，研究水、土、气、生界面的物质转换和能量流动规律，定量分析不同时空尺度上生态过程演变、转换与耦合机制，建立森林生态环境及其效益的评价、预警、调控体系。截至 2017 年底，CFERN 站点共有 104 个，是现今国际上最大的森林生态监测网络。网络的覆盖面完整，具备了由北向南以热量驱动和由东向西以水分驱动的生态梯度十字网（王兵等，2004）。CTERN 组建后，CFERN 并入 CTERN 统一管理。

中国生态系统研究网络（Chinese Ecosystem Research Network，CERN）是监测中国生态环境变化，综合研究中国资源和生态环境方面的重大问题，发展资源科学、环境科学和生态学的研究网络，成立于 1988 年。目前，该研究网络由 13 个农田生态系统试验站、9 个森林生态系统试验站、2 个草地生态系统试验站、6 个沙漠生态系统试验站、1 个沼泽生态系统试验站、2 个湖泊生态系统试验站、3 个海洋生态系统试验站，以及水分、土壤、大气、生物、水域生态系统 5 个学科分中心和 1 个综合研究中心所组成（李伟民和甘先华，2006）。CERN 是中国科学院知识创新工程的重要组成部分，是我国生态系统监测和生态环境研究基地。

国家生态系统观测研究网络（Chinese National Ecosystem Research Network，CNERN）成立于 2005 年，为国家科技基础条件平台的子平台之一。它由 51 个国家生态站、1 个国家土壤肥力站网、1 个国家种质资源圃网和生态网络综合研究中心组成，覆盖了全国不同区域和不同类型的生态系统，为生态学、资源科学、环境科学和地球系统科学等学科的发展提供野外观测和实验研究共享基地平台。2011 年，CNERN 通过了科技部、财政部组织的绩效考核与认定，由以资源建设为主进入运行服务为主的阶段（苏文等，2016）。CFERN 目前有 8 个森林生态站进入这个网络。

（2）内蒙古森林生态监测体系

目前在内蒙古自治区范围内建有内蒙古大兴安岭森林生态系统国家野外科学观测研究站、内蒙古特金罕山森林生态系统国家定位观测研究站、内蒙古赛罕乌拉森林生态系统国家定位观测研究站、内蒙古赤峰森林生态系统国家定位观测研究站、内蒙古七老图山森林生态系统国家定位观测研究站、内蒙古大青山森林生态系统国家定位观测研究站、内蒙古鄂尔多斯森林生态系统国家定位观测研究站等。

内蒙古大兴安岭森林生态系统国家野外科学观测研究站位于内蒙古大兴安岭林业管理局根河林业局潮查林场境内，地理坐标东经 121°30′~121°31′、北纬 50°49′~50°51′，研究区面积 11 000hm^2，距内蒙古根河市约 15km。站区所属集水区保存有兴安落叶松原始林 3200hm^2，蓄积量 50 万 m^3。森林覆盖率为 75%，保留着原始森林景观。内蒙古大兴安岭森林生态系统国家野外科学观测研究站技术依托、建设单位及站长选派单位均为内蒙古农业大学。

内蒙古特金罕山森林生态系统国家定位观测研究站地处大兴安岭南麓，左连科尔沁沙地，右接锡林郭勒草原，位于内蒙古通辽市扎鲁特旗境内，地理坐标东经 119°33′15″~120°02′09″、北纬 45°00′19″~45°26′10″。特金罕山位于大兴安岭山脉南段西翼脊部，锡林郭勒草原和科尔沁草原之间的大兴安岭隆起带上，地处科尔沁沙地西北缘，蒙古高原与松辽平原水系分水岭上。内蒙古特金罕山森林生态系统国家定位观测研究站技术依托和站长选派单位为内蒙古通辽林业科学研究院，联合建设单位为内蒙古罕山国家级自然保护区。

内蒙古赤峰森林生态系统国家定位观测研究站位于内蒙古赤峰市及周边。赤峰市地理坐标为东经 118°52′58.14″，北纬 42°15′23.50″。赤峰森林生态站位于呼伦贝尔及内蒙古东南部森林草原区。主站设在赤峰市林业科学研究院实验基地，下设龙潭退耕还林工程区和太平地农田防护林区两个辅站，以半干旱地区退耕还林、城市森林、农田防护林等为主要观测研究对象，是华北、东北、蒙新植物区系交汇地带森林植被的典型代表。该站采用"一站多能、城乡结合"的建设模式。观测研究城市森林对空气质量的环境调控过程，探索退耕还林生态结构、过程、功能的变化规律，定量评价农田防护林的防风固沙、改善小气候功能及增产效益。内蒙古赤峰森林生态系统国家定位观测研究站技术依托、建设单位及站长选派单位均为内蒙古赤峰市林业科学研究院。

内蒙古七老图山森林生态系统国家定位观测研究站位于内蒙古赤峰市喀喇沁旗旺业甸实验林场。地理坐标为东经 118°09′～118°30′，北纬 41°21′～41°39′，内蒙古七老图山森林生态站人员由北京林业大学、赤峰市林业局、赤峰市林科院、喀喇沁旗旺业甸实验林场共同组成。覆盖森林生态、森林土壤、森林植物、森林经营、森林水文与水资源、森林气象、水土保持等领域。

内蒙古大青山森林生态系统国家定位观测研究站位于内蒙古境内阴山山脉中段的内蒙古呼和浩特市武川县五道沟林场。大青山国家级自然保护区的地理坐标为东经 109°47′～112°17′，北纬 40°34′～41°14′。属于内蒙古东部森林草原及草原植被气候区，是我国保存完整的森林-灌丛-草原生态系统之一，具有较高的典型性。主要林型有天然白桦林及人工落叶松林和油松林等。内蒙古大青山森林生态系统国家定位观测研究站技术依托、建设单位及站长选派单位均为内蒙古自治区林业科学研究院。

内蒙古鄂尔多斯森林生态系统国家定位观测研究站位于西鄂尔多斯国家级自然保护区境内，地理坐标为东经 106°40′～107°44′，北纬 39°13′～40°11′，是以灌木林生态系统服务功能和退耕还林等林业重点生态工程的功能效益监测和评估为主要研究对象的森林生态站。研究代表区域为内蒙古东部森林草原及草原地区的鄂尔多斯高原干草原和平原农田林网区，属荒漠化草原向草原化荒漠的过渡地带。主要灌木树种有四合木、半日花、绵刺、沙冬青、蒙古扁桃等。内蒙古西鄂尔多斯森林生态系统国家定位观测研究站建设单位和技术依托单位均为内蒙古自治区林业科学研究院，西鄂尔多斯国家级自然保护区管理局为共建单位。

（3）内蒙古赛罕乌拉森林生态系统国家定位观测研究站

内蒙古赛罕乌拉森林生态系统国家定位观测研究站（以下简称赛罕乌拉国家森林生态站）位于内蒙古赤峰市巴林右旗北部赛罕乌拉国家级自然保护区境内。地理坐标为东经 118°18′～118°55′，北纬 43°59′～44°27′。属中温带半湿润地区，是中国大兴安岭南段最典型区域，代表内蒙古最大次生林区——罕山次生林区。

该站处在内蒙古高原向辽河平原的过渡区内，又是东亚阔叶林向大兴安岭寒温带针叶林、草原向森林的双重过渡地带，是华北植物区系向兴安植物区系的过渡带，是东北区、华北区、蒙新区三大动植物区系的交汇点。其边缘效应非常明显，生物多样性极为丰富。区内有 6 个植被型、10 个亚型、36 个植物群系；野生维管植物有 85 科 332 属 667 种，裸子植物有 3 科 4 属 5 种，被子植物有 74 科 317 属 647 种。植物种类远远大于大兴安岭北部。

赛罕乌拉国家森林生态站目前已建成地面气象观测场、林内气象观测场、水量平衡场、坡面径流场、测流堰、长期固定观测大样地（6hm^2）及固定标准地等30余处野外定位观测设施；已购置标准气象站等野外观测设备100多台套，综合实验室配备了全套的土壤理化性质常规分析设备及气相色谱仪、原子吸收分光光度计等，同时可以进行土壤理化性质、植物抗性、微生物、水质、植物营养等内容的常规分析。

目前开展的与种质资源保护相关的研究有：①生物多样性大样地长期定位观测研究（已建立）；②林木濒危种质资源定位监测；③兴安及华北区系过渡区的野生植物种质资源标本库建设（已有1200份）；④道地药材种质资源调查（已完成）；⑤乡土观赏野生植物种质资源调查。出版了《赛罕乌拉综合科考集》《赛罕乌拉自然保护区志》《赛罕乌拉生物多样性编目》等专著。

赛罕乌拉国家森林生态站依托内蒙古农业大学，挂靠内蒙古农业大学林学院管理。兼职观测与研究人员20名，专业覆盖林学、草业科学、生态学、植物生理学、植物学、植物分类学、生物地理学、动物学、气象学、水文学、土壤学等学科。

内蒙古自治区相关生态监测还有针对各大生态工程以及针对公益林建设的生态效益监测，如呼和浩特林业局从2013年开始，对托克托县、清水河县、和林格尔县、武川县的公益林进行监测，建立了公益林生态监测指标体系，建设了径流场、气象站、标准地等监测设施设备，购置了监测仪器，取得大量基础数据。

2. 内蒙古森林生态系统服务功能的物质量

森林生态系统服务功能的物质量的评估主要是对生态系统服务的物质数量进行评估。中国森林生态系统服务功能评估指标体系包括涵养水源、保育土壤、固碳释氧、积累营养物质、净化大气环境和生物多样性保护等。

根据第五次全国森林资源清查（1994~1998年），内蒙古自治区涵养水源功能的总物质量为201.71亿 m^3/a；保育土壤功能中固土功能为48 100.15万 t/a，保肥功能中减少土壤中氮（N）损失为75.14万 t/a，减少土壤中磷（P）损失为36.57万 t/a，减少土壤中钾（K）损失为944.10万 t/a，减少土壤中有机质的损失为1597.78万 t/a；自治区的固碳功能为2386.89万 t/a，释放氧气6853.92万 t/a；自治区积累营养物质功能：林木积累 N 达到113.3万 t/a，林木积累 P 达到21.25万 t/a，林木积累 K 达到73.75万 t/a；净化大气环境功能中内蒙古自治区提供负离子1.362×10^{26}个，吸收 SO$_2$ 342 283.93万 kg/a，吸收 HF 18 249.31万 kg/a，滞尘5750.95亿 kg/a，吸收 NO$_x$ 10 186.65万 kg/a。

根据第六次全国森林资源清查（1999~2003年），内蒙古自治区涵养水源功能的总物质量为239.36亿 m^3/a，比第五次清查时增长了18.67%；保育土壤功能中固土功能为58 099.61万 t/a，比第五次清查时增长了20.79%；保肥功能中减少土壤中 N 损失为 85.37 万 t/a，比第五次清查时增长了 13.61%，减少土壤中 P 损失为 41.71 万 t/a，比第五次清查时增长了 14.06%，减少土壤中 K 损失为 1153.27 万 t/a，比第五次清查时增长了 22.16%，减少土壤中有机质的损失为 1798.71 万 t/a，比第五次清查时增长了 12.58%；自治区的固碳功能为 3120.23 万 t/a，比第五次清查时增长了 30.72%，释放氧气 8012.11 万 t/a，比第五次清查时增长了 16.90%；自治区积累营养物质功能：林木积累 N 达到 139.18 万 t/a，比第五次清查时增长了 22.84%，林木积累 P 达到 24.90 万 t/a，比第五次清查时增长了 17.18%，林木积累 K 达到 86.88 万 t/a，比第五次清查时增长了 17.8%；净化大气环境功能中内蒙古自治区提供负离子 1.547×10^{26} 个，比第五次清查时增长了 13.58%，吸收 SO_2 408 065.36 万 kg/a，比第五次清查时增长了 19.22%，吸收 HF 20 341.06 万 kg/a，比第五次清查时增长了 11.46%，滞尘 6311.94 亿 kg/a，比第五次清查时增长了 9.75%，吸收 NO_x 12 387.09 万 kg/a，比第五次清查时增长了 21.6%。

根据第七次全国森林资源清查（2004～2008 年），内蒙古自治区涵养水源功能的总物质量为 274.32 亿 m³/a，位居全国第七位；保育土壤功能中固土功能为 68 592.78 万 t/a，内蒙古自治区居全国第五，保肥功能中减少土壤中 N 损失为 95.28 万 t/a，内蒙古自治区居全国第三，减少土壤中 P 损失为 47.40 万 t/a，内蒙古自治区居全国第五，减少土壤中 K 损失为 1362.67 万 t/a，内蒙古自治区居全国第一，减少土壤中有机质的损失为 1981.96 万 t/a，内蒙古自治区居全国第三；自治区的固碳功能为 3600.87 万 t/a，吸收 CO_2 13 203.18 万 t/a，均居全国第三，释放氧气 9020.56 万 t/a，内蒙古自治区居全国第五；自治区积累营养物质功能：林木积累 N 达到 160.27 万 t/a，林木积累 P 达到 27.57 万 t/a，林木积累 K 达到 97.67 万 t/a，内蒙古自治区均居全国第一；净化大气环境功能中内蒙古自治区提供负离子 1.664×10^{26} 个，吸收 SO_2 450 858 万 kg/a，吸收 HF 20 945.90 万 kg/a，滞尘 6904 亿 kg/a，均位居全国第一，吸收 NO_x 14 364 万 kg/a，居全国第二。

3. 内蒙古森林生态系统服务功能的价值量

根据上述的评估体系及其计算方法，得出第七次全国森林资源清查期间内蒙古自治区涵养水源功能的价值量为 2249.58 亿元/a，保育土壤功能为 1005.00 亿元/a，固碳释氧功能为 1334.16 亿元/a，积累营养物质的价值量为 361.82 亿元/a，净化大气环境功能的价值量为 1097.15 亿元/a，生物多样性保护功能的价值量为 1108.91 亿元/a，综合上述功能的价值量，内蒙古自治区的总价值位居全国第五。

第三节　草原生态系统

一、草原资源概况

草原是以草本植物或半灌木为主体组成的植被及其生长地的总称，通常发育在内陆的干旱到半湿润区域，其是世界陆地生态系统的主要类型，是畜牧业生产的主要生产资料，也是具有多种功能的自然资源和人类生存的重要环境（许鹏，2000）。1972 年联合国环境规划署（UNDP）曾给出自然资源的概念，即指一定时间条件下，能够产生经济价值，以提高人类当前和未来福利的自然环境的总称。而草原资源是自然资源大家族中的重要组成部分。草原资源不仅仅是发展畜牧业的重要经济资源，也是生态保护和民族文化的重要载体，其生产能力的开发受人为经营的制约。

根据联合国粮食及农业组织（Food and Agriculture Organization of the United Nations，FAO）的统计，世界草地由永久草地、疏林地和其他类型土地（荒漠、冻原和灌丛地）三大部分构成，共 68.12 亿 hm²，约为耕地面积的 4.6 倍（表 3-2）。世界草地资源在各大洲的分布是不平衡的。排序按面积由大到小分别为亚洲、非洲、北美洲和中美洲、南美洲、大洋洲和欧洲。澳大利亚、俄罗斯、中国、美国是世界四大草地资源大国，其中澳大利亚、俄罗斯和中国略超过或接近 4 亿 hm²，美国超过 2 亿 hm²。哈萨克斯坦、巴西、阿根廷和蒙古国的草地面积为约 1.2 亿 hm²，也是世界草地资源大国。我国是世界上草地资源最丰富的国家之一，草地总面积近 4 亿 hm²，是覆盖我国陆地面积最大的绿色植被和生物资源，约占国土总面积的 41%，相当于耕地、林地各自面积的 3.3 倍，具有重要的经济、生态与社会价值。

表 3-2 世界草地面积估算

洲别	永久草地面积/万 hm²		永久草地占土地面积的比例/%	永久草地变化率/%	疏林地面积/万 hm²	其他类型土地面积/万 hm²	估算出的草地总面积/万 hm²	草地面积占土地总面积的比例/%
	1985～1987 年	1987～1989 年	1987～1989 年	1982～1989 年	1980 年	1987～1989 年		
亚洲	99 110.6	100 681.1	22.88	7.2	21 104.0	172 006.6	207 788.4	47.22
非洲	78 793.4	89 089.9	30.05	12.5	50 800.0	120 056.5	199 918.1	67.44
北美洲和中美洲	36 702.0	36 863.1	17.24	2.3	27 530.0	77 983.8	103 385.0	48.36
南美洲	47 277.7	47 786.3	27.26	4.5	24 800.0	23 779.2	84 475.9	48.19
大洋洲	45 153.9	43 662.2	51.81	−4.3	7 600.0	19 952.3	61 238.3	72.66
欧洲	14 291.9	14 211.7	13.98	−2.8	5 396.0	13 252.4	26 233.9	25.82
全世界	321 546.3	332 294.3	25.31	5.1	137 230.0	423 273.7	681 161.1	51.88

人工草地是牧业用地中集约化经营程度最高的类型之一，也是草地畜牧业发展程度的质量指标之一。畜牧业生产先进的国家，人工草地的面积通常占全部草地面积的 10%～15% 或以上，西欧、北欧和新西兰已达 40%～70% 或更多。在天

然草地面积比例较大的国家,人工草地的作用主要在于生产补充饲料,解决饲料的季节不平衡,以充分发挥天然草地的生产潜力。例如,美国的人工草地面积每增加 10%,草地畜牧业的生产便可提高 100%。因此,不管草地畜牧业生产的类型如何,人工草地都是达到先进的草地农业系统或草业系统必需的条件。

内蒙古地处我国北部,疆域辽阔,东西经度差 29°,南北纬度差 16°,有天然草地面积 7880.45 万 hm²,可利用草地面积 6359.11 万 hm²,是我国第二大草原省区。内蒙古地处温带,地势平坦,气候干旱,东西长 2400 多千米,从东到西依次分布温性草甸草原类、温性草原类、温性荒漠草原类、温性草原化荒漠类和温性荒漠类。内蒙古天然草地的产量较高,平均产草量为风干物质 1069kg/hm²,由东向西随降水量的减少而递减。全区超载过牧现象较为严重,引起约半数草地面积发生不同程度的退化,但草原类型保存完整、生物多样性和野生物种资源丰富,是保持相对较好的天然草原生态系统。草原资源是内蒙古经济和畜牧业发展的优势,充分发挥地域优势和资源优势,是内蒙古草业可持续发展的基本原则。内蒙古牧草资源丰富,共有饲用植物 793 种,分属 52 科 272 属,其中禾本科、菊科、豆科、藜科、蔷薇科和莎草科的种占前 6 位。内蒙古的家畜长期以来数量占全国总数的 11%~12%,以绵羊和山羊为主,占总数的 77%,牛马约占 18%。

由于草原发生所具有的生态条件和其利用的无序性,使得其很容易出现退化和沙化现象,这一情况在世界各国都存在。当前世界草原退化面积已达 62%,其主要原因之一是过度放牧。全球气候变化也是造成草原退化的一个重要因素,在全球变暖的过程中,较干旱草原类型的面积会增加,易受到侵蚀和火灾的影响。在气候变化的过程中,各种草地植物在种类和结构上都经历着一个变化过程,新的种类和群落更能忍受干旱,能更有效地利用土壤水分,因而生物量可能减少不多,但这些新的植物种和群落却不适于作当地家畜的饲料而使载畜量降低,因此,合理利用草地和保护环境是世界各国发展草原生产的同时都面临的重要且亟待解决的问题。

二、草原资源分布

1. 世界草原资源分布

世界草原从温带分布到热带,其在气候坐标轴上的相对位置比较固定,并与其他生态系统类型在发生学上存在特定的联系。通常情况下,草原处于湿润的森林区与干旱的荒漠区之间,水分与热量的组合状况是影响草原分布的决定因素,可分为温带草原与热带草原两类。其中①温带草原主要分布在南北两半球的中纬度地带,如欧亚大陆草原、北美大陆草原和南美草原等。其所处气候特征表现为夏季温和,冬季寒冷,春季或晚夏存在明显的干旱期,年均降雨量纬度间变率较大。草群植被低矮,以耐寒旱生禾草为主,土壤钙化过程与生草化过程明显。

②热带草原主要分布在热带、亚热带地区，终年温暖，年均降雨量达 1000mm 以上，土壤淋溶现象明显，以砖红壤化过程为主，比较贫瘠。由于该区域存在 1～2 个干旱期，加上频繁的野火，限制了森林的发育。植被特征表现为以高大禾草（常达 2～3m）为主的景观中散生乔木，常被称为稀树草原，如非洲的萨瓦纳（Savanna）。

世界草地资源在各大洲均有分布。亚洲有草地 20.78 亿 hm^2，主要分布在中国、俄罗斯、哈萨克斯坦、蒙古国、沙特阿拉伯、伊朗、土库曼斯坦和阿富汗等国。主要具有经济意义的是温带草原、亚热带和温带荒漠、高寒草甸等类型，其中温带草原总面积约 1.5 亿 hm^2，荒漠约有 3 亿 hm^2，高寒草甸约有 1.1 亿 hm^2；非洲有各种类型的草地 19.99 亿 hm^2，主要的类型为热带稀树草原、热带荒漠草原、维尔德草原、热带亚热带灌木草原和热带亚热带荒漠等。其中热带稀树草原总面积为 2.84 亿 hm^2，热带荒漠草原为 1.72 亿 hm^2，温带和亚热带草原约为 3500万 hm^2，热带、亚热带荒漠约为 7 亿 hm^2；北美洲和中美洲草地面积为 10.34亿 hm^2，主要分布在美国、墨西哥、加拿大三国，最重要的是普列里草原、山间荒漠—山地松桧林复合草地、硬叶常绿灌丛、热带亚热带荒漠、热带稀树草原、温带阔叶林草地、极地和高山冻原等类型；南美洲有各种类型的草地 8.45 亿 hm^2，主要草原类型为热带稀树草原、热带荒漠、热带干燥疏林和灌丛；大洋洲有草地面积6.12 亿 hm^2，占土地总面积的 72.66%，主要分布在澳大利亚和新西兰；欧洲有草地面积 2.62 亿 hm^2，草地培育的历史较长，草地资源中人工草地的比例较大，天然草地的面积较小，草地类型包括温带草甸、高山草地、常绿硬叶灌丛和冻原。

2. 中国草原资源分布

我国草原分布十分广泛，地处北半球中纬度内陆地区，跨越 23 个纬度带，5个气候热量带（热带、亚热带、暖温带、中温带和寒温带），主要集中分布于东北、西北和青藏高原区。其分布格局同其他生态系统一样受到气候因素和地形因子的影响。大体上从东北西部的大兴安岭起，向西南经阴山山脉、秦陇山地直至青藏高原的东麓，将我国分为西北和东南两大部分。其中，东南部以丘陵和平原为主，这里草地多分布在丘陵和山地上。西北部以山地、高原为主，处于中亚干旱地带，是我国草地集中分布区，主要以草原类草地和荒漠草地为主。青藏高原的隆起，形成西南高寒草原和高寒荒漠等为主的天然草地。并且随着海拔的升高，各类草原生态系统也呈现出规律性分布。由于山系的阻挡和季风气候的影响，致使水分条件从东北向西南出现有规律性的变化。同时结合纬度的变化，草原在区域内呈规律性水平地带性分布，并表现为从东北—西南的弧形带状排列，即依次为草甸草原亚带、典型草原亚带、荒漠草原亚带、高寒草原亚带。这也是我国草原生态系统在地理分布上的经向地带性分布规律。

根据中国草地分类系统，将我国草地划分为 18 个大类，53 个组，824 个草地类型。全国草原依分布面积大小排序如下（表 3-3）：高寒草甸类、温性荒漠类、

表 3-3 全国各类天然草原面积构成与草原载畜量

草原类型	草原总面积/Mhm²	/%*	排序	可利用面积/Mhm²	/%*	干草产量/(kg/hm²)	理论载畜量/百万羊单位	主要分布区
高寒草甸类	63.72	16.22	1	58.83	17.77	882	60.13	川、藏、甘、青、新
温性荒漠类	45.06	11.47	2	30.60	9.25	329	7.27	蒙、甘、青、新
高寒草原类	41.62	10.60	3	35.44	10.71	284	藏、青、新	10.29
温性草原类	41.10	10.46	4	36.37	10.99	889	24.45	蒙、甘、青、新
低地草甸类	25.22	6.42	5	21.04	6.36	1730	40.54	蒙、辽、鲁、甘、青、新
温性荒漠草原类	18.92	4.82	6	17.05	5.15	455	6.13	蒙、宁、新
热性灌草丛类	17.55	4.47	7	13.45	4.06	2527	37.04	长江以南各省区
山地草甸类	16.72	4.26	8	14.92	4.51	1648	29.81	蒙、川、藏、甘、新
温性草甸草原类	14.52	3.70	9	12.83	3.88	1465	16.15	蒙、吉、黑、新
热性草丛类	14.24	3.62	10	11.42	3.45	2643	37.98	长江以南各省区
暖性灌草丛类	11.62	2.96	11	9.77	2.95	1769	21.24	京、冀、晋、辽、鲁、豫、鄂、川、滇、陕、甘
温性草原化荒漠类	10.67	2.72	12	9.14	2.76	465	2.75	蒙、甘、宁、新
高寒荒漠草原类	9.57	2.44	13	7.75	2.34	195	1.27	藏、甘、新
高寒荒漠类	7.53	1.92	14	5.59	1.69	117	0.60	藏、青、新
高寒草甸草原类	6.87	1.75	15	6.01	1.82	307	1.70	藏、甘、青
暖性草丛类	6.66	1.69	16	5.85	1.77	1643	13.44	冀、晋、鲁、豫、鄂、川、滇、陕
沼泽类	2.87	0.73	17	2.25	0.68	2183	5.73	蒙、吉、黑、川、新
干热稀树灌草丛类	0.86	0.22	18	0.64	0.19	2719	2.37	琼、川、云
全国合计	392.83	100.00		331.00	100.00	911	448.92	全国

*分别为占全国的百分数。

高寒草原类、温性草原类、低地草甸类、温性荒漠草原类、热性灌草丛类、山地草甸类、温性草甸草原类、热性草丛类、暖性灌草丛类、温性草原化荒漠类、高寒荒漠草原类、高寒荒漠类、高寒草甸草原类、暖性草丛类、沼泽类、干热稀树灌草丛类，还有极少部分为未划分类型草地。其中，青藏高原的高寒类型草地面积占全国草地面积的近 1/3（32.24%），草丛、灌木草丛和稀树灌草丛类合计占12.98%。高寒草甸类、温性荒漠类、高寒草原类、温性草原类四类草地面积之和占全国草地面积的 48.75%。

3. 内蒙古草原资源分布

内蒙古自治区位于东经 97°12′～126°04′，北纬 37°24′～53°23′，是我国北部边疆地区，南北最宽处约 1700km，东西直线长达 2400km，横跨湿润、半湿润、半干旱、干旱和极干旱 5 类气候区，土地面积约 118.3 万 km^2。其中，拥有天然草原 7800 万 hm^2，东起大兴安岭，西至居延海畔，绵延 4000 多千米，可利用面积 6359.11 万 hm^2，是耕地的 12.4 倍，森林的 4.2 倍，占全国草原总面积的 22%，位居全国首位。其分布的针茅草原是欧亚大陆草原的重要组成部分。由于地域辽阔，其在地形地貌、水文气象、土壤植被等方面表现得差别极大，从东到西依次发育形成了森林、草原和荒漠三个一级植被带，植被的地带性分布十分明显。在草原带和荒漠带内，根据水分差异，再分异成草甸草原、典型草原、荒漠草原、草原化荒漠和典型荒漠 5 个地带性二级植被亚带。从北至南植被又分异为寒温带植被类型、中温带植被类型和暖温带植被类型。

按照中国草地分类系统可将内蒙古天然草原划分为 8 个类，19 个亚类，134 个组、476 个型。从东北向西南依次分布着温性草甸草原类、温性典型草原类、温性荒漠草原类、温性草原化荒漠类和温性荒漠类 5 个地带性草原类，其中镶嵌分布着低平地草甸、山地草甸和沼泽等隐域性草原类。在农区，有各种零星草地镶嵌分布；林区分布着林木郁闭度小于 0.3 的疏林草地和灌丛郁闭度小于 0.4 的灌丛草地；农牧交错带存在着持续撂荒 3 年以上的次生草等附带草地。20 世纪 80年代全国草地资源普查资料显示，温性典型草原类面积最大，可利用面积可达2767.35 万 hm^2，占草原总面积的 35.48%；温性荒漠类，面积 1692.13 万 hm^2，占草原总面积的 21.69%；低地草甸类，面积 926.41 万 hm^2，占草原总面积的 11.76%；温性草甸草原类面积 862.87 万 hm^2，占草原总面积的 10.95%；温性荒漠草原类，面积 842 万 hm^2，占草原总面积的 10.68%；山地草甸类面积 148.63 万 hm^2，占1.89%；沼泽类面积 82.09 万 hm^2，占 1.04%。现将主要草地类介绍如下。

温性草甸草原，划分为 3 个亚类，23 个组，69 个型，主要分布于大兴安岭山脉两侧森林带与草原带之间的过渡地区，呈狭长带状连续分布。该草原类属于半湿润气候，是草原带内最寒冷、最湿润的区域。年均温–1.5～3.1℃，≥10℃的年积温 1650～1950℃；年降水量 350～500mm，湿润度 0.6～1.0。主要建群种有贝加尔针茅（*Stipa baicalensis*）、羊草（*Leymus chinensis*）、线叶菊（*Filifolium sibiricum*）等；阴坡的无林地段上，发育着中生性杂类草草甸群落，主要植物有野豌豆（*Vicia sepium*）、野火球（*Trifolium lupinaster*）、山黧豆（*Lathyrus quinquenervius*）、地榆（*Sanguisorba officinalis*）等。草群植被覆盖率高，质量好，适于放牧和打草；集中分布于呼伦贝尔市、锡林郭勒盟和兴安盟。

温性典型草原，划分为 3 个亚类，30 个组，147 个型，是内蒙古天然草原的主体，主要分布在呼伦贝尔西部、锡林郭勒高原、大兴安岭南麓以及西辽河平原等地区。该类型草原是我国草原区中最典型的草原区域，是欧亚大陆草原区的重要组成部分。气候属内陆半干旱气候，年均温−2.0～6.0℃，≥10℃年积温为 2000～3000℃，年降水量 250～350mm，湿润度为 0.3～0.6。土壤主要是栗钙土、淡栗钙土和少量的暗栗钙土。主要建群种有羊草、大针茅（*Stipa grandis*）、克氏针茅（*Stipa krylovii*）、糙隐子草（*Cleistogenes squarrosa*）、冷蒿（*Artemisia frigida*）、小叶锦鸡儿（*Caragana microphylla*）、沙蒿（*Artemisia desertorum*）等。该类型东部以杂类草或有羊草的大针茅草原群落占优势；西部以大针茅-糙隐子草草原和克氏针茅草原为主，草群中含少量杂类草；最西端的边缘地区，大针茅已基本消失，克氏针茅成为主导植物，少量荒漠草原种群成分渗入，如短花针茅（*Stipa breviflora*）、小针茅（*Stipa klemenzii*）、北芸香（*Haplophyllum dauricum*）和木地肤（*Kochia prostrata*）等。

温性荒漠草原，划分为 3 个亚类，16 个组，49 个型，主要分布在阴山山脉以北，内蒙古高原中部偏西，处于草原向荒漠的过渡地带，是草原植被中最旱生的类型。年降水量150～250mm，≥10℃年积温为2000～3000℃，优势土壤为淡栗钙土、棕钙土、灰钙土，土壤干燥、肥力低。植物组成主要以旱生荒漠草原种小丛禾草为主，或者与旱生荒漠半灌木共同组成，少部分以荒漠草原种半灌木为建群种。主要建群种以短花针茅、小针茅、冷蒿类为主。草质好，蛋白质含量高，适宜放牧羊、马。

温性草原化荒漠，划分为 3 个亚类，15 个组，44 个型，主要分布于锡林郭勒盟西北部、乌兰察布市北部、包头市北部、巴彦淖尔市北部、鄂尔多斯市西北部、阿拉善盟东部。干旱荒漠气候，比荒漠稍许湿润些，年降水量 120～200mm，年较差、日较差大，≥10℃年积温为 2600～3400℃，沙砾质的土质，土壤为灰棕荒漠土、灰漠土、淡棕钙土、淡灰钙土，地表土壤风蚀强烈。建群种为强旱生的荒漠半灌木、灌木种。半灌木多为盐柴类半灌木，如红砂（*Reaumuria songarica*）等，蒿类半灌木，如褐沙蒿（*Artemisia halodendron*）；灌木中锦鸡儿属植物比较普遍，如柠条锦鸡儿（*Caragana korshinskii*）、中间锦鸡儿（*Caragana intermedia*），还有白刺（*Nitraria tangutorum*）、沙冬青（*Ammopiptanthus mongolicus*）；草本植物参与度很低，草质好，蛋白质含量高，适宜小畜冷季和骆驼全年放牧，是主要生产裘皮、绒、羔皮的地区。

温性荒漠，划分为 4 个亚类，15 个组，55 个型，主要分布于巴彦淖尔市北部和阿拉善盟境内。气候极其干旱，年降水量 100～150mm，≥10℃年积温为 3100～3700℃，土壤为灰棕荒漠土与棕色荒漠土，还有灰钙土，土壤瘠薄，有机质含量低，含盐量高。建群种以超旱生半灌木、灌木和小乔木为主，很少有多年生草本。常见的灌木有红砂、霸王（*Zygophyllum xanthoxylon*）、梭梭（*Haloxylon ammodendron*）、白刺、沙冬青等。草质差，适宜放牧骆驼。

三、草原生态监测

草原生态监测是为了科学合理地利用、管理和保护草原而对草原资源进行的动态观察和调查工作，通常对整个草原生态系统中的生物群落（包括植被、动物和微生物）、栖息地（包括气候、土壤、水文及地球化学过程）以及两者之间的相互关系进行分析，进一步揭示草原生态系统能量流动和物质循环的动态变化过程。

草原生态监测主要从时间和空间尺度上对草原资源的现状和动态变化进行监测，进行草原灾害预报、预测，并评价其生产实践和生态意义，多面向宏观的规划、决策和应用服务，掌握草原资源的地理条件、分布和宏观动态。通常意义上，草原监测主要针对草原资源（面积、生产力）、草原保护（自然灾害、鼠虫病害）、草原建设（退化、沙化、盐渍化、植被恢复等）等方面内容开展，这些内容可从宏观上体现草原资源的数量、质量和健康状况，是草原生态动态变化及预警监测的重要体现。

草原资源是人类重要的可再生资源之一，是生态环境可持续的重要保障。天然草原是比较脆弱的生态系统，其长期受到气候变化和人类生产经营活动的影响，在生产力、分布面积、草地类型等方面常处于波动变化之中，尤其是大范围的草原退化、沙化现象使得草地生态持续恶化，生产力不断降低。为了及时掌握草原资源的时空分布格局及动态变化规律，草原生态实时、实地的监测显得尤为重要。草原监测主要以空间遥感为主，地面监测为辅，采用计算机网络、地理信息系统等手段对监测取得的信息进行管理和分析。

内蒙古草原生态监测工作始于 20 世纪 50 年代，在达茂旗、陈巴尔虎旗等地建立了 5 个草地监测实验站，主要服务于草地植被和草地生态系统研究。80 年代以来，自治区在地面监测工作的基础上，开展了大量的遥感监测和应用领域的研究工作。90 年代初"3S"技术的应用使得草原生态监测在应用领域的研究取得了长足的进展，并在生态保护和建设中逐步发挥越来越重要的作用。这些工作积累了大量的基础信息和数据，为我国草原监测预警工作奠定了坚实的基础。

1. 草原生态监测的基本理论与方法

我国从 20 世纪 50 年代开始，先后开展了植被调查研究、生态系统调查和草原资源调查研究工作。尤其是在全国草地资源普查过程中，地面调查研究的基本方法实现了系统化和规范化，积累了大量的地面监测数据。90年代以来，由于计算机技术的迅猛发展，陆续开展了大面积的草原遥感应用研究，为我国草原资源动态监测奠定了坚实的基础。

草原生态监测属于资源监测的范畴，其基本理论主要针对监测对象和监测技术手段方面。关于草原监测对象——草原，其基本理论涉及生态系统理论、地带性理论、尺度与层次理论、自组织理论等，主要从草原的发生、发展的基本原理角度出发，解释草原演化规律及草原同生态因子之间的相互关系，摸清草原生态监测工作中涉及的主要环节和主导影响因素；"3S"技术、计算机与信息技术等方面的理论和技术相互关联、相互结合，广泛应用在草原生态监测中。

传统的草原生态监测常常采用地面监测，也就是将地面调查工作在时间和空间尺度上延伸，从而获取草原生态动态变化的信息。地面调查是以野外路线踏查，样地、样方测定为基本手段来获取典型样地的基本信息，根据一定数量样地数据，在地形图或其他工作底图上勾绘图版，形成一个区域草原资源分布状况的图件。但其工作量大、时间长、覆盖范围有限的缺点限制其进一步发展，现通常只配合遥感调查使用。如果仅对某一范围内的草原资源进行动态监测时，该方法的高准确性和强实证性得以表现，可用来准确监测植被生产力变化、生产速度、健康评价、生态状况等。

现阶段遥感监测的方法使用较为普遍，通常需要先收集监测区域的遥感影像，根据图像特点，利用地面监测数据获得图像特征对应的地面表达，形成该地区的工作底图。然后再次选取该监测区域的其他时段的遥感图像，分析图像中发生变化的图斑特征，结合地面监测得出草地资源的现实分布和动态变化状况。该方法的优势在于时间短、覆盖面广、边界准确、数据获取较为容易，且减少了工作量。但是其对于草原群落、层片、植被等具体数据的动态监测几乎无能为力，还需要地面监测来实现。

2. 草原生态监测的主要内容

草原生态监测是对草原资源在时间和空间上的动态观测工作。不同的草原类型、植被种类和结构在空间尺度上有着发生学的关联，在进行生态监测时需要结合地形、土壤、水分、气候等环境因素进行工作。另外草原分布区地域辽阔，经济发展较为落后，背景资料的缺乏以及监测工作的展开难度较大，需要将地面监测和遥感监测结合起来，才可实现一定区域的草原生态动态监测工作。从时间尺度上，由于受到气候因素和人为利用因素影响较大，草原植被在年际和年度内波动较大。所以需要对草原资源进行长周期的动态监测，才可实现对草原生产力的正确评估，避免由于灾害等原因造成的损失，为畜牧业可持续发展提供指导。

草原生态系统动态规律监测主要针对季节性动态监测、年度动态监测和大尺度监测。具体监测内容包括：①草原植被和气候波动之间的相关性；②草原群落中植物种群的持续观测；③植物化学组成及动态评估；④草原鼠虫害动态观测；⑤草原土壤动物及微生物观测；⑥草原植被凋落物观测；⑦草原土壤理化性状观测；⑧草原水文特征动态监测。

人类干扰下的草原生态系统演变趋势方面的监测内容包括如下两个。①退化演替：开垦和过度放牧引起的草原退化趋势；土壤荒漠化起因；草原污染的原因（如杀虫剂、化肥、工业等）；矿产资源开发对草原生态系统的影响；樵采对草原生态系统的影响。②正向演替：改良措施对草原生态系统的影响（如封育、施肥、灌溉等）；退耕还林还草对草原生态系统的影响。

第四节　荒漠生态系统

一、荒漠生态系统概况

内蒙古自治区地域辽阔，全区大部分处在干旱、半干旱和亚湿润干旱区，土地荒漠化和沙化严重，是我国荒漠化和沙化土地分布最为广泛的省（自治区）之一，也是国家荒漠化和沙化土地监测的重点省（自治区）。内蒙古第 5 次荒漠化和沙化土地监测结果（2016 年）显示，截至 2014 年，全区荒漠化土地面积为 60.92 万 km^2，占自治区总土地面积的 51.50%，分布于 12 个盟（市）的 80 个旗（县、市、区）。主要在阿拉善盟、锡林郭勒盟、鄂尔多斯市、巴彦淖尔市集中分布，四盟市荒漠化土地面积 44.55 万 km^2，占全区荒漠化土地面积的 73.14%。按荒漠化程度分：轻度荒漠化土地面积 30.90 万 km^2，占荒漠化土地总面积的 50.74%；中度荒漠化土地面积 16.73 万 km^2，占 27.48%；重度荒漠化土地面积 5.52 万 km^2，占 9.06%；极重度荒漠化土地面积 7.74 万 km^2，占 12.72%。全区沙化土地总面积为 40.78 万 km^2，占自治区总土地面积的 34.48%，分布于全区 12 个盟（市）的 91 个旗（县、区、市）。主要在阿拉善盟、锡林郭勒盟、鄂尔多斯市、巴彦淖尔市、通辽市和赤峰市 6 盟市，6 盟市沙化土地面积 37.15 万 km^2，占全区沙化土地总面积的 91.10%。阿拉善盟沙化土地面积最大，为 19.86 万 km^2，占全区沙化土地总面积的 48.71%。按沙化土地类型分：流动沙地（丘）面积 7.80 万 km^2，占全区沙化土地总面积的 19.14%；半固定沙地（丘）面积 4.93 万 km^2，占 12.10%；固定沙地面积 13.69 万 km^2，占 33.58%；露沙地面积 5.12 万 km^2，占 12.56%；沙化耕地面积 0.44 万 km^2，占 1.09%；风蚀残丘（劣地）面积 1.68 万 km^2，占 4.12%；戈壁面积 7.10 万 km^2，占 17.41%。沙漠化土地集中分布在 4 个地区和后山 12 个旗县。一是在呼伦贝尔高原和锡林郭勒高平原上，分布有呼伦贝尔沙地、乌珠穆沁沙地和浑善达克沙地。二是大兴安岭以南的松辽平原，分布有科尔沁沙地。三是位于阴山以南的鄂尔多斯高原，分布有毛乌素沙地和库布齐沙漠。四是贺兰山—卓子山一线以西的阿拉善高平原和乌兰察布高平原的西部，是自治区沙漠和戈壁分布最多的地区，有著名的乌兰布和沙漠、巴音温都尔沙漠、腾格里沙漠、巴丹吉林沙漠。五是阴山北部的乌拉特中旗、固阳县、达茂旗、四子王旗、武川县、察右中旗、察右后旗、商都县、化德县、兴和县、多伦县和太仆寺旗，俗称后山12个旗县，也是沙漠化土地大面积分布的地区。具有明显沙化趋势的土地主要是指由于土地过度利用或水资源匮乏等原因造成的植被退化，生产力下降，地表偶见流沙点或风蚀斑，但尚无明显流沙堆积形态的土地。目前虽然还不是沙化土地，但已具有明显的沙化趋势，是沙化土地的预警土地。具有明显沙化趋势的土地面积为17.40万km^2，占自治区总面积的14.71%。分布于12个盟市的91个旗县（市、区）。

与2009年相比，2014年全区荒漠化土地面积减少4169km^2，年均减少834km^2。沙化土地减少3432km^2，年均减少686km^2。荒漠化土地和沙化面积自2004年开始减少以来，已经连续10年保持了"双减少"。全区近8000万亩农田、1.5亿亩基本草牧场受到林网的保护，2.6亿亩风沙危害面积和1.5亿亩水土流失面积得到了初步治理，每年减少入黄（河）泥沙1.1亿t。五大沙漠周边重点治理区域沙漠扩展现象得到遏制，沙漠面积相对稳定。五大沙地林草盖度均有提高，沙地向内收缩。科尔沁沙地、毛乌素沙地、浑善达克沙地、呼伦贝尔沙地、京津风沙源治理工程区等区域生态环境得到明显改善。科尔沁沙地、毛乌素沙地生态状况呈现持续向好逆转态势，呼伦贝尔沙地实现了沙化面积缩减、沙化程度减轻的重大转变，浑善达克沙地南缘长400km、宽1～10km的锁边防护林体系和阴山北麓长300km、宽50km的绿色生态屏障基本形成，乌兰布和沙漠东缘长191km，乌兰布和沙漠西南缘建成了长110km、宽3～5km的生物治沙锁边带，腾格里沙漠东南缘建成了长350km、宽3～10km的绿色防风固沙林带。草原牧区大部分天然草原植被正在恢复之中，植被盖度、牧草高度持续提高，草原生态状况逐步改善。水土流失面积在逐步减少、流失程度在减轻，治理区生态环境明显好转。但是由于内蒙古自治区处于北方干旱半干旱带，沙地、沙漠和具有明显沙化趋势的土地广泛分布，沙区植被总体上仍处于恢复阶段，自我调节能力较弱，具有脆弱性、不稳定性和反复性。气候变化导致以持续干旱为主的气象灾害频繁发生，对植被建设和恢复影响甚大。同时，不合理的人为活动和不合理利用水资源等行为也对植被建设带来影响。

二、沙漠和沙地资源分布

内蒙古是世界上沙漠最多的地区之一，境内有巴丹吉林沙漠、腾格里沙漠、乌兰布和沙漠、库布齐沙漠和毛乌素沙地、浑善达克沙地、科尔沁沙地及呼伦贝尔沙地，沙漠和沙地总面积约为2300万hm^2，占全国总土地面积的19.8%，居全国第二位。

1. 巴丹吉林沙漠

巴丹吉林沙漠主要位于我国内蒙古高原西部、内蒙古自治区阿拉善右旗北部，古鲁乃湖以东宗乃山和雅布赖山以西、北大山以北、弱水以东、拐子湖以南，面积为 49 200km²，在阿右旗境内的面积达 3.5 万 km²，是我国第三大沙漠，第二大流动沙漠，经纬度为东经 99°23′18″～104°34′02″，北纬 39°04′15″～42°12′23″。行政区划主要隶属于内蒙古自治区阿拉善盟的阿拉善右旗和额济纳旗。地势总的变化规律是南高北低、东高西低，即从南部海拔 1800～2300m、东部海拔 1300～2200m，分别向北、向西逐渐降低至海拔 970～1200m。巴丹吉林沙漠处于气候极为干旱的阿拉善荒漠中心区，以流动沙丘为主，但沙丘移动速度较小，境内遍布高大沙山和沙漠湖泊，典型复合型沙山主要集中分布在沙漠东南部，是中国乃至世界最大高差沙丘所在地，通常沙山的落沙坡底部大多都有沙漠湖泊，高大沙山与沙漠湖泊交错发育的地貌景观堪称举世罕见。

巴丹吉林沙漠主要地貌类型达 10 种以上，风力和流水长期作用，塑造了复杂多样的地貌，境内有湖泊、河流、沉积盆地、剥蚀残山、戈壁、沙地，除此之外，还有山地、风蚀洼地、新月形沙丘和沙丘链、复合型高大沙山、金字塔形沙山等。流动沙丘占沙漠面积的 83%，移动速度较小。巴丹吉林沙漠中部有密集的高大沙山，一般高 200～300m，最高的达 500m。以复合型沙山为主，呈北向 30°～40°东方向排列，系西北风的强大影响所致。巴丹吉林沙漠高大沙山的周围为沙丘链，一般高 20～50m。

巴丹吉林沙漠在自然地带上处于阿拉善荒漠中心，主要受蒙古-西伯利亚高气压的控制，地处亚欧大陆腹地，呈典型温带大陆性季风气候。冬季干燥寒冷，夏季酷热少雨，春秋两季短暂，年降水量小，干旱少雨，降水月份极不平均，其中一半以上集中于 7 月、8 月，自西向东逐渐减少，常见为突发性暴雨，境内年平均降水量仅 40～80mm，同时蒸发量是降水量的 40～80 倍。年温差和昼夜温差较大，年均温 7～8℃，西部高东部低，昼夜温差最高可达 30℃，气温和降水依盛行风向和地形差异而显著不同，且日照强烈，水分蒸发量大，相对湿度小。终年盛行西北风和西风，冬春两季风沙天气较多，年均风速约为 4m/s，平均八级大风以上天数达 30 天。

巴丹吉林沙漠的植被类型主要是旱生植被和少数的盐生植被，以小乔木或灌木、半灌木和沙生植物为主。常见的植被类型：小乔木或灌木（红柳、梭梭），沙生灌木和半灌木（白刺、泡泡刺、沙拐枣、霸王、花棒、沙蒿、紫菀木、锦鸡儿、柠条、绵刺、红砂、蒙古扁桃、刺蓬花、驼绒藜等），草本植物（沙蓬、虫实、沙米、刺沙蓬、芦苇、沙葱、蒙古棘豆、针茅、麻黄、雾冰藜、骆驼蓬、骆驼蹄瓣、芨芨草、盐生草等）。其中，白沙蒿荒漠类植被类型主要生长在流动、半流动沙丘上，在以风沙土为主的干旱土质环境中生长，形成单一的优势植物种群，有时常伴有花棒、沙米、霸王等植物。巴丹吉林沙漠中还有许多具有珍贵药用价值的特有植物资源，如肉苁蓉、锁阳、甘草等。

2. 腾格里沙漠

腾格里沙漠位于东经 102°20′～106°，北纬 37°30′～40°，海拔 1200～1400m，面积约 4.27 万 km²，是中国第四大沙漠。行政区划主要属于内蒙古阿拉善左旗，西部和东南边缘分别属于甘肃武威市和宁夏中卫市。腾格里沙漠年平均降水量102.9mm，最大年降水量 150.3mm，最小年降水量 33.3mm，年均气温 7.8℃，绝对最高气温 39℃，绝对最低气温−29.6℃，年均蒸发量 2258.8mm，无霜期 168 天，光照 3181h，太阳辐射 150 千 cal[①]/cm²，大于 10℃的有效积温 3289.1℃，属中温带典型的大陆性气候（吴正，2009）。腾格里沙漠受沙漠外围的西北风、东北风和东南风影响，西部边缘以西北风为主，东部还受来自阿拉善高原的北风和东南风的影响；在冬半年盛行西北风，夏半年则短暂时期盛行东北风。主要的起沙风方向为 W-NNW，其次为 NE-N，再次为 WS-S，年均风速 4.1m/s（张克存等，2008）。

沙漠包括北部的南吉岭和南部的腾格里两部分。沙漠内部沙丘、湖盆、山地、平地交错分布。其中沙丘占 71%，湖盆占 7%，山地残丘及平地占 22%。在沙丘中，流动沙丘占 93%，其余为固定、半固定沙丘。高度一般为 10～20m，主要为格状沙丘及格状沙丘链，新月形沙丘分布在边缘地区。高大复合型沙丘链则见于沙漠东北部，高度为 50～100m。山地大部分为被流沙掩埋或被沙丘分割的零散孤山残丘。

腾格里沙漠地带性土壤为灰漠土和棕钙土。植被以沙生灌木、半灌木占优势。沙砾质和沙壤质土层中，常有大量石膏聚集；在湖盆中发育着大片盐碱土，其中以草甸盐土分布最广，生长着大量盐生植物。风沙土是境内面积最大的土壤类型，从湖盆边缘到山前平原均有分布，是绿洲植物赖以生存的基础。大片的流动沙丘几乎不生长植物，盖度在 1%以下；半固定沙丘植被盖度较高，可达 15%～20%，以沙竹、籽蒿为主；固定沙丘植物生长较密，主要是油蒿；在广泛分布的湖盆中，由于水分条件较好，以盐化草甸、沼泽植被为主。主要经济植被有芦苇、芨芨草、白刺、盐爪爪等，盖度 20%～60%，是沙漠中的主要放牧场和割草地，从流沙到湖盆腹部植物分布有一定的规律性；在沙漠边缘的山前洪积冲积平原和沙漠内的岛山残丘及山间谷地，主要饲用和药用植物有红砂、珍珠、麻黄、沙冬青、霸王、藏锦鸡儿、合头藜、优若藜、刺旋花、灌木、艾菊等。

3. 乌兰布和沙漠

乌兰布和沙漠是我国的主要沙漠之一，位于阿拉善高平原的东北部，地处我

---

① 1cal=4.1900J，下同。

国西北荒漠和半荒漠的前沿地带，属草原化荒漠地带，自然环境恶劣且较为脆弱多变。沙漠区的北部临近狼山山地的西端，东部濒临黄河，与河套平原区紧紧相连；西南部与吉兰泰盐池相毗连，向西进入到阿拉善典型荒漠区。沙漠区中间地势较低，而四周地势较高，沙漠自东南向西北逐渐倾斜。沙漠区面积为 10 750km²，在行政区划上属于巴彦淖尔市和阿拉善盟的阿右旗。地理区域为东经 106°09′～106°57′，北纬 39°16′～40°57′。该地区广泛分布着固定沙丘、流动沙丘、半固定沙丘等多种类型的风蚀地貌，其中以固定沙丘、半固定沙丘居多，常见的沙丘形态有新月形沙丘、沙丘链以及复合型沙垄。

乌兰布和沙漠地处我国西北干旱荒漠区的东缘，属中温带典型大陆性气候。气候干旱，降雨稀少，且季节性分配不均，降雨主要集中在 6～9 月，年均降水量 100～140mm。蒸发强烈，多年平均蒸发量约为 2400mm，相当于降水量的 16 倍。年平均气温 7.5～8.5℃，昼夜温差较大，绝对最高气温 39℃，最低气温可达–29.6℃；≥10℃的有效积温为 3200～3500℃，年均日照时数 3181h，年均无霜期为 140～160 天。春季 3～5 月是大风盛行的时间段，平均风速达到 4.8m/s，最大瞬时风速可达 24m/s。全年风向以西南风、西风以及西南西风为主，夏季以东北风为主，秋季则主要盛行东北风和西南风；大风以西南风最多，主害风向为西北风。年大风日数为 20～40 天，沙尘暴天数 10.9 天，扬沙天数 30.2 天，起沙风主要发生在 3～5 月，起沙风速为 6.0m/s。

乌兰布和沙漠地带性土壤类型为灰漠土和灰棕荒漠土，表层土壤成分主要为中细沙、亚黏土和黏土，表土层相对较厚，达到 0.5～2.0m。沙区土壤类型比较丰富，主要包括风沙土、灌淤土、灰漠土、盐土、淡棕钙土 5 种类型（姬宝霖，1999），其中风沙土为最主要类型。风沙土主要分布在各类沙丘上，土壤组成以粗沙为主；灰漠土主要分布于丘间洼地，这些区域一般土壤养分较差，不适宜植物的生长，植被状况较差；淡棕钙土主要分布于山前洪积扇地带，位于沙地东北部；灰漠土和棕钙土为常见的地带性土壤；灌淤土的土壤组成以黏粒为主，适合耕作，主要分布在该区的绿洲农田中；盐土主要分布在耕地间以及山前低湿洼地。

乌兰布和沙漠的植被包括天然植被和人工植被两种。沙漠区植被类型多样，共有 53 个科目的种子植物，这些植物共计 342 种。天然植被主要为荒漠植被和半荒漠草原植被，其中多年生的强旱生灌木与半灌木分布最广，在植被中占据绝对优势；其次是多年生草本植物，生活型多为旱生；另外，一年生植物种类也相对丰富（董智，2004；汪季，2004）。固定、半固定沙丘上广泛分布着大面积的旱生灌木和半灌木，这些物种的覆盖度较高，为 35%～40%。灌木类植物主要包括柠条、白刺、霸王、蒙古黄花木等；半灌木植物主要包括黑沙蒿、白沙蒿、珍珠柴、松叶猪毛菜、花棒等。旱生和中生多年生草本植物则主要分布在风蚀运动相对较弱的半固定沙丘以及丘间平沙地上，个别植物种出现在薄层沙地上，极少数物种生长在半流动、流动沙丘上。主要包括沙生针茅、蒙古冰草、蒙古葱、苦豆子、叉枝鸦葱、拂子茅、早熟禾、野大麦、沙竹等常见种类。对于一年生草类而言，其主要分布在风蚀运动强烈的流动沙丘上，或在灌木、半灌木的庇护下与其相伴生长。常见的种类有碱蓬、猪毛菜、虫实、沙米等。对水分要求较高的芨芨草、芦苇、盐爪爪等盐化草甸植被则主要分布在一些水分条件较好的低地。

人工植被主要分布在沙漠绿洲中，常以农田防护林网和片状固沙林、果园的形式出现，主要植物种为小叶杨（*Populus simonii*）、新疆杨（*Populus. alba* L. var. *pyramidalis*）、钻天杨（*Populus nigra* L. var. *italica*）、箭杆杨（*Populus nigra* L. var. *thevestina*）、旱柳（*Salix matsudana*）、梭梭、沙枣（*Elaeagnus angustifolia*）、花棒、柠条、沙棘（*Hippophae rhamnoides*）、沙拐枣、怪柳、乌柳（*Salix cheilophila*）等。

4. 库布齐沙漠

库布齐沙漠位于黄河中游的河套平原以南，鄂尔多斯高原的背部边缘地带，东西走向，呈带状分布于鄂尔多斯市境内的黄河南岸，长约 400km，西部区南北宽 50km，东部区南北宽 15～20km，经纬度为东经 107°00′～111°30′，北纬 39°15′～40°45′，总面积 16 756km^2。在行政区划上属于鄂尔多斯市的杭锦旗和达拉特旗。在自然带上，以包头—（锡尼镇）杭锦旗一线为界，东部处于半干旱干草原地带，西部属于干旱半荒漠（荒漠草原）地带。库布齐沙漠以流动沙丘的分布占优势，占整个沙漠面积的 61%，沙丘高度 15～30m；固定和半固定沙丘多分布于沙漠边缘，并以南部为主。库布齐沙漠东部属半干旱区，降水较多，年降水量为 250～400mm；西部跨入了干旱区，降水少，仅 150～250mm。雨量分布主要集中在 7～8 月，占全年降水量的 63%～68%，由于降水年际变率大，多数时间处于干旱状态。年蒸发量 2100～2700mm，为降水量的 6 倍（东部）～17 倍（西部）；干燥度 1.5～4.0。年平均气温 6～7.5℃，东低西高。年日照时数为 3000～3200h，≥10℃年积温为 3000～3200℃。年平均风速 3.5m/s，全年大风日数 25～35 天。风速地域分布自西北向东南递增，年大风日数自北向南、自西向东递增。

库布齐地区东部、西部的土壤差异十分明显，东部地带主要以栗钙土为主，西部则为棕钙土，西北部有部分灰漠土。河漫滩上主要分布着不同程度的盐化浅色草甸土。由于干旱缺水，境内以流动、半流动沙丘为主，使土壤的形成发育和植被的生长演替都受到限制。库布齐地区的土壤分布除受生物气候条件的制约外，还受地形、地貌及水文地质条件的影响，因此，既有土壤的地带性分布规律，也有土壤的地域分布规律，致使库布齐沙漠的土壤分布复杂，类型繁多。土壤从北向南依次为灌淤潮土、风沙土和草原土壤带等更替；地带性草原和荒漠土壤的地域分布又从东向西依次为栗钙土、棕钙土、灰漠土和棕漠土等更替。除此之外，在黄河沿岸地区还分布有沼泽土、盐土等。

区内植被地带性分布，东部为干草原植被类型，西部为荒漠草原植被类型，西北部为草原化荒漠植被类型。干草原植被类型为：多年生禾本科植物占优势，伴生有小半灌木百里香等，也有一定数量的达乌里胡枝子、阿尔泰紫菀等；西部与西北部半灌木成分增加，建群种为狭叶锦鸡儿、藏锦鸡儿、红砂以及沙生针茅、多根葱等。北部河漫滩地生长着大面积的盐生草甸和零星的白刺沙堆。沙生植被为：流动沙丘上很少有植物生长，仅在沙丘下部和丘间地生长有籽蒿、杨柴、木蓼、沙米、沙竹等；流沙上有沙拐枣。半固定沙丘表现为：东部以油蒿、柠条、沙米、沙竹为主；西部以油蒿、柠条、霸王、沙冬青为主，伴生有刺蓬、虫实、沙米、沙竹等。固定沙丘表现为：东部、西部都以油蒿为建群种；东部还有冷蒿、阿尔泰紫菀、白草等，牛心朴子也有一定数量。

5. 呼伦贝尔沙地

呼伦贝尔沙地位于内蒙古呼伦贝尔市中南部，大兴安岭中段南麓、呼伦湖以东，呼伦贝尔草原腹地，沙地东部为大兴安岭西麓丘陵漫岗，西部至呼伦湖和克鲁伦河，南与蒙古国相连，北达海拉尔河北岸，地势由东向西逐渐降低，且南部高于北部。呼伦贝尔沙地所属鄂温克族自治旗、陈巴尔虎旗、新巴尔虎左旗、新巴尔虎右旗、满洲里市、海拉尔区 6 旗（市区），地跨东经 117°10′～121°12′，北纬 47°20′～49°50′。该区东西长 270km，南北宽约 170km，沙地面积近 1 万 km²。呼伦贝尔沙地呈不规则分布，主要有 4 条沙带。第一条沙带位于海拉尔河两岸，即滨洲铁路两侧。第二条沙带位于呼伦贝尔草原中部，西北—东南走向，从鄂龙苏木到英吉尔苏木，沿辉河古河道两岸分布。第三条沙带在呼伦贝尔草原南部，东南始于伊敏河畔头道桥，西北至阿木古朗镇北部沼泽，以呼和诺尔为界，沙带又分为东西两部分。第四条沙带位于呼伦贝尔草原南部，沿伊敏河作南北走向，南起必鲁特，北到南屯。

呼伦贝尔沙地较为平坦开阔，微有波状起伏，以达赉湖地势最低，海拔 545m，沙丘大多分布在冲积、湖积平原上。沙地以条带状沿海拉尔河、辉河、伊敏河及达赉湖东岸分布，以固定、半固定沙地为主，约占沙化土地面积的 64.40%。流动沙地面积较少，约占沙化土地面积的 2.15%。固定和半固定沙丘多数为蜂窝状和梁窝状沙丘及灌丛沙地、缓起伏沙地，沙丘间普遍有广阔的低平地。

呼伦贝尔沙地属于温带半湿润、半干旱区，年平均气温–5～2℃，极端最高气温 35～38℃，极端最低气温–40.2～–35℃，≥10℃年积温为 1800～2200℃。无霜期 90～100 天，年平均降水量 239.2mm，年平均蒸发量 1400～1700mm。平均风速 3.2～4.3m/s，最大风速 34.0m/s，年平均大风天数 31.8～38 天，多集中在春季，干燥度 1.2～1.5。降水量从东向西递减，而且 70%的降水量集中在 7～8 月。年日照时数为 3104.7h，日照百分率 70%左右，平均相对湿度 61%。

呼伦贝尔沙地土壤结构、水分及肥力均良好，地带性土壤东部为黑钙土，中部为栗钙土，西部为普通栗钙土和淡栗钙土，土壤中含沙量较大，一般多为中沙、细沙，但在西南部出现砾石化现象。风沙土主要分布在沙带及其外围的沙质平原上，在固定风沙土中，发育着有机质含量较高的黑沙土。此外，在河泛地及湖泊周围也有草甸土、碱土及盐土等。

呼伦贝尔沙地植被类型可分为森林草原植被和典型草原植被两种。

1）森林草原植被主要分布在该沙地东部，为大兴安岭西麓，乔木以白桦（*Betula platyphylla*）为主，并混生有山杨（*Populus davidiana*）等；草原群落的建群植物种有线叶菊（*Filifolium sibiricum*）、贝加尔针茅、羊草等，沟谷及河漫滩分布有中生杂草类和薹草类组成的沼泽草甸及沼泽植被，南部红花尔基一带分布有大面积的樟子松林带，并伴生有白桦、山杨等，还有线叶菊、针茅、羊草、柄状薹草（白荫营）（*Carex pediformis*）、地榆（*Sanguisorba officinalis*）等杂草类。

2）典型草原植被主要分布于沙地中部和西部。中部草原植被建群种为大针茅、羊草等，还有隐子草和杂类草群落及小叶锦鸡儿灌丛及榆树疏林，在河漫滩及低湿地有中生禾草、薹草等草甸植被；而沙地西部由于气候干旱，偶有大针茅、羊草等分布，多以旱生性较强的克氏针茅、隐子草等占优势，丛生小禾草、旱生小灌木和葱类等为伴生种，小叶锦鸡儿的数量明显增加，克鲁伦河沿岸分布有芨芨草、马蔺等盐化草甸植被。

6. 科尔沁沙地

科尔沁沙地位于东经 117°50′～124°05′，北纬 41°40′～46°00′，我国东北地区西部、内蒙古自治区东南部，地处东北平原向内蒙古高原的过渡地带，也是大兴安岭西南丘陵区向西辽河平原的过渡区，同时也是我国东部的农牧交错区。科尔沁沙地面积大约 5.06 万 km²，是中国最大的沙地。科尔沁沙地地处季风气候与非季风气候的交错区，总体上属于大陆性气候。年均温为 5.8～6.4℃（南部年均温大于 7℃，北部年均温 3～4℃），1 月均温为–16.8～–12.6℃，7 月均温为 20.3～23.5℃。10℃以上活动积温 3160℃，多集中于 5～9 月。无霜期 140～160 天，其中，北部山区无霜期 110～120 天。全年日照时数为 2900～3100h。年降水量 340～450mm，最大降水量可超过 500mm，但干旱年份降水量也可能低于 250mm，主要集中于 5～9 月。科尔沁沙地处于中纬度西风带，春秋两季为季节交替时期，风向变化频繁，夏季受大陆低气压和副热带高压控制，以偏南和西南风为主，带来湿润空气，冬季受蒙古冷高压控制，以偏西或偏北风为主。年均风速 3.5～4.5m/s，最大风速 19～31m/s。

科尔沁沙地地处大兴安岭和冀北山地之间的三角地带。地势总体上西高东低、南北高中间低。海拔自西向东由 650m 左右降至 180m 左右，北部以大兴安岭及其丘陵地区为主，中部是西辽河及其支流活动形成的冲积平原，南部是黄土丘陵。北部分布有森林与森林草原，中南部为草甸草原。科尔沁沙地最显著的地貌特点是有广泛的沙层分布，且丘间平地开阔，形成了沱—甸相间的地形组合，在沙岗上广泛分布着沙地榆树疏林。西辽河上游及老哈河流域植被以油松人工林和虎榛子灌丛为主。科尔沁沙地西部松树山及附近沙地分布有油松林，东南部大青沟分布有水曲柳林。

科尔沁沙地土壤以砂质栗钙土为主，但分布面积最大、最广泛的是风沙土，以固定风沙土、半固定风沙土为主。其次是草甸土和沼泽土，且有不同程度的盐渍化。其中，风沙土约占总土壤面积的 84.3%，根据地表固定情况，可分为固定风沙土、半固定风沙土以及流动风沙土。草甸土母质为河流泛滥冲积物和湖积物，在科尔沁沙地可分为灰色草甸土、盐化灰色草甸土及草甸土三个亚类，灰色草甸土面积最大。

科尔沁沙地植被处于蒙古植物区系、长白山植物区系和华北植物区系的交汇地，植物种类丰富。植被按地形、优势种等因素可分为流动、半流动沙地先锋植被，半固定沙地灌木、半灌木植被，固定沙地草本植被，沙质草甸植被，沙地森林植被 5 种类型。沙地主要草本植物为沙蓬、白草、雾冰草、甘草、益母草、蒺藜等，灌木、半灌木沙生先锋植物主要有小黄柳、差巴嘎蒿、小叶锦鸡儿、欧李、东北木蓼、木岩黄芪、麻黄、冷蒿等。另外，其他常见的植物还有狗尾草、紫花苣苣、猪毛菜、针枝蓼、大果虫实、沙苦菜、雾冰藜等。草甸植被主要有羊草、芦苇、拂子茅、车前、水芹、小香蒲、碱茅、苦菜、碱地风毛菊、蒲公英、野大麦、问荆、草木樨、黄花菜、大蓟、黄金菊等。在碱化草甸上常分布有碱蓬、碱蓼、碱蒿、星星草等。森林植被分为天然森林植被和人工森林植被。天然森林植被主要为榆树和山杏，发育在沙质土壤上，属疏林植被；人工森林植被主要有杨树和榆树等。

7. 浑善达克沙地

浑善达克沙地位于东经 111°27′34.2″～117°10′46.9″，北纬 41°10′10.5″～42°58′30.7″。东起大兴安岭南段西麓，向西一直延伸到集二铁路沿线以西，东西延伸约 473km，南北宽 50～100km，最宽处达 200km，总面积 4 163 967.63hm²。2007 年遥感监测数据显示，浑善达克沙地荒漠化土地面积为 3 582 030.2hm²。包括内蒙古锡林郭勒盟的锡林浩特市、阿巴嘎旗、苏尼特左旗、苏尼特右旗、镶黄旗、正镶白旗、正蓝旗、多伦县和赤峰市的克什克腾旗 9 个旗县（市）。

浑善达克沙地属中温带半干旱大陆性季风气候区，冬季寒冷、大风、少雨、干旱，夏季降水集中。据气象资料统计分析，浑善达克沙地年日照时数 2800～3200h，日照百分率 65%～72%，年中日照时数以 5 月、6 月最多，平均在 280h 以上；12 月最少，平均在 190h 左右。降水分布不均匀，年降水量自东南向西北递减，东南部年降水量 350～400mm，西北部为 100～200mm。年蒸发量为 1680～2940mm，干燥度 1.2～2。

受东南季风的影响，年内降水分布不均衡，主要集中于夏季，夏季 6～8 月 3 个月的降水量占全年的 70% 左右，春季（3～5 月）占 14% 左右，秋季（9～11 月）

占 15%。降水年际变化大，最大降水量为 564.5mm（西乌珠穆沁旗，1998 年），最小降水量为 66mm（二连浩特市，1989 年）。沙地全年大气平均湿度为 46%～61%，季节变化明显，夏季最大，春季最小。浑善达克沙地远离海洋并受蒙古冷高压气流的控制，表现出较强的大陆性气候。春季干旱多风，夏季炎热而雨量集中，秋季温凉短促，冬季寒冷而漫长。年平均气温 1.2～5.0℃，1 月平均气温-17℃，春季平均气温 3.8℃，7 月平均气温 20.0℃；极端最高气温 41.1℃（二连浩特市，1999 年），极端最低气温-41.5℃（阿巴嘎旗，1964 年）；≥10℃年积温为 2000～2600℃，西部最高可达 2700℃。无霜期 100～110 天，全年寒冷期长达 7 个月之久。气温的年较差和日较差都很大，年较差为 2.9～10.3℃。1 年中 5～9 月是日均温≥10℃最为集中的时期，而且同期的光照和降水都集中。光、热、水同期，为天然牧草和部分农作物生长提供了有利的环境条件。

浑善达克沙地的主要土壤类型为栗钙土，其次为棕钙土。非地带性土壤主要为风沙土。一般东部为草甸栗钙土或暗栗钙土，向西逐渐演变为淡栗钙土，到西北部二连浩特市附近则过渡为棕钙土。境内风沙土主要是非地带性土壤，并呈坨（沙丘）、甸（丘间低地）相间分布，或沙丘链与甸子地交错排列。东部固定沙丘上大都呈明显的成土过程，并向栗钙土方向发育。根据发育程度可分出栗钙土型沙土和沙质原始栗钙土。东部甸子地宽阔，西部窄小，土壤多为草甸或盐化草甸土，局部地段有盐碱土和沼泽土。围绕湖盆或低湿洼地的土壤往往呈环状形式分布，基本模式是：湖盆-沼泽土、草甸沼泽土-盐化草甸土-草甸土-风沙土。沙地中坨、甸水土条件较好，是畜牧业和林业的重要基地。浑善达克沙地植被以草原植被为主，针阔叶乔木、榆树疏林等地带性植被明显。浑善达克东端深入到大兴安岭南段西麓的草甸草原地带，西端楔入荒漠草原区。中间广大沙区处于半干旱草原带，植物种类繁多，植被类型多样，同时因沙丘固定程度、发育阶段等不同，形成的植被结构系统也有明显的分异特征。①流动沙丘大部分为裸露沙地，常见沙生植物有沙竹、沙米、黄柳、芦苇、沙芥等先锋植物，为后续植物定居起着先锋固沙作用，使其他沙地植物能更有效地逐步生长。丘间低地植物相当茂密，优势种为小红柳，常伴生有芦苇等。②半固定沙丘迎风坡风蚀窝不生长植物，背风坡多生长沙蒿、沙竹群丛，其间杂以沙芥、沙米等，东部半固定沙丘上还丛生黄柳。③固定沙丘上种属和群丛类型较多，特别是东部沙生系列植被的组成，因受大兴安岭南段山地和燕山北部山地区系的影响，种类成分十分丰富，仅木本植物就有 30 余种。针叶树有白杆、油松、叉子圆柏，阔叶乔木有山杨、白桦、榆树疏林等及山地灌木欧李、山樱桃等。高大沙丘常形成明显的阴阳坡，阳坡植被稀疏，主要为蒿类群丛；阴坡上除乔灌木外还分布有蒿属半灌木群丛、沙生丛生禾草、杂类草群丛等。东部覆沙地段，主要生长有冷蒿、百里香、星毛委陵菜等，沙地中部地区的固定沙丘仍有榆树疏林，同时内蒙古沙蒿、冷蒿群丛分布广泛，伴生成分有百里香、麻黄、木岩黄芪、杨柴和耐旱的杂草及沙生冰草等组成的多种群丛。沙地西部的固定、半固定沙丘以小叶锦鸡儿、矮锦鸡儿、内蒙古沙蒿、沙竹群丛为主，混生有冷蒿、蒙古莸（*Caryopteris mongholica*）、砂蓝刺头、沙生针茅等，组成了荒漠草原植被类型。

8. 毛乌素沙地

毛乌素沙地位于东经 107°20′～111°30′，北纬 37°27′30″～39°22′30″，包括内蒙古自治区鄂尔多斯市的南部，陕西省榆林市的北部以及宁夏回族自治区盐池县的东北部，是中国四大沙地之一，总面积近 4 万 km²，约占中国沙漠沙地总面积的3.6%。毛乌素沙地位于鄂尔多斯高原向陕北黄土高原的过渡地带，海拔 1000～1600m，自西北向东南倾斜。

毛乌素是处于亚洲中部干旱区的沙带，这是由于大气环流系统对地质地貌的形成作用而决定的，在气候的控制下，沙成为毛乌素地区最主要的景观因素，它广泛分布在各类梁、丘、滩地以及河谷中，各类型的沙丘占沙区总面积的77%，其中流动沙丘占沙丘总面积的47%，面积较大的流动沙地斑块见于沙地的南部、东部、东南部。沙丘类型主要包括新月形沙丘、沙丘链及格状沙丘等，沙丘高度一般为1～20m，沙丘总的移动方向是自西北趋向东南。

毛乌素沙地年平均气温自东南向西北递减，多年平均气温为 6～9℃，1 月平均气温从南部的-8.7℃逐渐降低到北部的-12℃，7 月平均气温为 20～24.1℃，气温的日较差与年较差比较大；≥5℃年积温为 2953～3786℃，持续期 174～213 天，≥10℃年积温为 2760～3446℃，持续期为 150～174 天。日照辐射丰富，年日照时数为 2800～3100h。由于受到东南季风的影响，沙区水分状况明显形成了由东南向西北递变的梯度，东南部年平均降水量为 440mm，向西递减至 250mm。全区最大降水量集中于 7～9 月，占全年降水量的 60%～70%。降水年变率较大，降水极差为 200～600mm。毛乌素沙地夏季风较弱而维持时间较短，冬季风强盛且持续时间较长。沙区春秋过渡季节风向变化不定，但盛行风向接近于冬季；夏季主要为东南风，但风力较弱；冬季盛行偏西北风，风力强盛。年平均风速 2.2～3.4m/s，最大风速可达 11 级；8 级以上的大风日数为 9.5～50.7 天。

毛乌素沙地是农牧交错带，因此它的植被类型分布呈明显的地域差异，沙生植物和草甸植被是主要植被类型，沙生植物主要有沙米、小叶锦鸡儿、沙柳等，草甸植被则有草苔、海乳草及芨芨草等。值得一提的是，该区固定沙地植被以含杂类草的油蒿群落为主体，盖度达 40%～50%，构成了该区的一大特色。在毛乌素沙地既有地带性土壤，亦有非地带性土壤。该区属于淡栗钙土干草原地带，流沙和巴拉（半固定和固定沙丘）广泛分布。但后因沙化严重，地带性土壤大多已变为风沙土，包括草原风沙土和草甸风沙土。除此之外，该区还有小面积潮土、脱潮土和盐化潮土、钙土和积土等零星分布。

三、沙漠生态监测

自 1977 年联合国防止荒漠化大会召开以来,国内外相继开展了全球及区域不同尺度的荒漠化监测评价研究。荒漠化的研究从理论基础、监测评价方法到治理模式与技术等方面都取得了巨大的进展。荒漠化的监测评价具有重要的意义,荒漠化评估通过荒漠化监测指标体系来实现。荒漠化调查和监测是荒漠化防治的基础性工作,及时有效地监测和评价荒漠化过程是揭示荒漠化驱动机制、准确预测荒漠化趋势的重要基础,对于控制荒漠化蔓延、保障荒漠化地区社会经济与生态环境可持续发展具有重要意义。30 多年来国内外相关学者在荒漠化监测方面进行了大量的研究,并根据对荒漠化概念的不同理解从不同的角度和深度提出了多种多样的监测指标体系。

选择全面、适宜的监测与评价指标是科学研究的一个热点,也是高效开展荒漠化监测工作的关键。理论研究需要在不同层面上探讨荒漠化的机制和影响因素,并提出代表性和操作性强的指标体系,以期为业务化监测提供科学依据。地面调查和遥感监测是荒漠化监测与评价的两种主要方式,选取的指标也各有侧重,我国当前已经综合使用这两种方式完成了第五次荒漠化和沙化监测。一般地,地面调查通过土壤粒度、有机质、含水量、植被盖度、生物量、物种组成等因素的现状及变化来判断荒漠化的程度。遥感对地观测技术的出现和发展为荒漠化监测提供了丰富的多光谱、高空间分辨率的遥感影像资料,使其在中、大尺度荒漠化监测中起到了不可替代的作用。

从内蒙古第五次荒漠化和沙化监测结果看出,全区土地荒漠化和沙化状况持续向好,生态状况恶化的趋势得到有效遏制,各类重点生态建设与保护工程成效显著,生态、社会和经济效益持续提升,局部恶化的趋势仍然存在。

1)荒漠化、沙化土地(流动沙地、半固定沙地和固定沙地)面积与 1999 年相比呈持续减少态势。

2)土地荒漠化和沙化程度减轻。监测结果显示,全区荒漠化土地较 2009 年减少 1.4%,其特征为,轻度荒漠化土地增加,中度、重度、极重度荒漠化土地减少,轻度荒漠化土地增加了 26.4%,中度、重度、极重度荒漠化土地分别减少了17.5%、30.2%和 15.0%。全区沙化土地较上期减少 1.6%,程度减轻,固定沙地增加了 11.9%,半固定沙地减少了 15.6%,流动沙地减少了 7.9%。

3)有明显沙化趋势的土地减少。全区有明显沙化趋势的土地较 2009 年减少2.2%。

4)沙化土地植被盖度大幅提高。监测区低植被盖度级面积减少,高植被盖度级面积增加。

5)生态重点建设工程成效显著,防风固沙功能效益显著。国家六大林业生态重点工程、退牧还草工程、天然草原恢复与建设工程、重点水土保持和生态修复工程的实施，使工程区森林覆盖率明显提高，土地沙化、水土流失、草原退化和沙化趋势得到有效控制，生态环境明显好转。特别是京津风沙源治理工程区在监测期内，森林覆盖率增加 1.56 个百分点，增幅居首。

6）林沙产业快速发展，逆向拉动力不断提高。各地充分利用沙区独特的资源，发挥比较优势，大力发展林沙草产业，有力带动了沙区产业结构调整，成为地区经济发展和农牧民增收新的增长点。

第五节 湿地生态系统

湿地生态系统是陆地与水域之间相互作用形成的特殊自然综合体。湿地包括了所有的陆地淡水生态系统，如河流、湖泊、沼泽，以及陆地和海洋过渡地带的滨海湿地生态系统，同时还包括了海洋边缘部分咸水、半咸水水域。全球湿地面积约有 570 万 km^2，约占地球陆地面积的 6%。湿地同陆地、海洋相比面积相对较小，但湿地生态系统支持了全部淡水生物群落和部分盐生生物群落，它兼有水域和陆地生态系统的特点，具有极其特殊的生态功能，是地球上最重要的生命支持系统。因此，国际上通常把森林、海洋和湿地并称为全球三大生态系统。

湿地生态系统具有多样性、生态脆弱性、生产力高效性、效益的综合性及易变性等特点。湿地生态系统是陆地系统与水生系统的过渡地带，因此其具备了陆生与水生的多样动植物资源，特殊的水文、气候和土壤环境为动植物的生存繁育提供了特有的生境，超越了其他任何一种单一生态系统，具有保护和维持生物多样性的功能。据报道，湿地生态系统每年平均生产蛋白质 $9g/m^2$，是陆地生态系统的 3.5 倍，相比其他系统具有较高的初级生产力，同时，它具有调蓄水源、调节气候、净化水质、保存物种、提供野生动物栖息地等基本生态效益，也具有为工业、农业、能源、医疗业等提供大量生产原料的经济效益，同时还有作为物种研究和教育基地、提供旅游等社会效益。另外，湿地生态环境受水文、气候、土壤三者相互作用的影响，任一因素的改变均会造成生态系统的变化，其中水文要素受人类活动及自然环境的干扰对湿地生态系统的扰动最为明显，不仅会使生态系统稳定性受到一定程度的破坏，同时也会影响湿地生物群落的结构。易变性是生态系统脆弱性的特殊形态之一，当水量减少以至干涸时，湿地生态系统演化为陆地生态系统，当水量增加时，该系统又演化为湿地生态系统。

湿地生态系统具有多项功能，不仅是重要的水源地、环境的优化器，同时也是重要的物种资源库。湿地被人们称为"地球之肾"，物种储存库，气候调节器，在保护生态环境、保持生物多样性以及发展经济社会中，具有不可替代的重要作用。首先，湿地是蓄水调洪的巨大储库。深厚疏松的底层土壤（沉积物）具有强大的蓄存汛期洪水的功能，汛后又缓慢排出多余水量，从而起到分洪削峰、调节河川径流、缓解堤坝压力的重要作用，有利于保持流域水量平衡。其次，湖泊、水库及池塘等湿地的蓄水都是生产生活用水的重要来源，部分湿地通过渗透作用还可以补充地下蓄水层的水源，对维持周围地下水的水位，保证持续供水具有重要作用。据估算，我国仅湖泊淡水储量即达 225 亿 m^3，占淡水总储量的 8%。湿地还是生态环境的优化器，不仅可以通过蒸腾作用增加周围地区的空气湿度，减少土壤水分丧失，还可诱发降雨，增加地表和地下水资源，对调节区域小气候、优化自然环境、减少风沙干旱等自然灾害十分有利。而且，湿地还可以通过水生植物一系列的生物化学过程，对土壤和水中营养物质进行吸收、固定和转化，达到降解有毒和污染物质，净化水体，削减环境污染的目的。除此之外，湿地蕴藏有丰富的淡水、动植物、矿产及能源等自然资源，可以为社会生产提供水产、禽蛋、莲藕等多种食品，以及工业原材料、矿产品等，其水能资源可用于发展水电和水运等。据初步调查统计，全国内陆湿地已知的高等植物有 1548 种，高等动物有 1500 种；海岸湿地生物物种约有 8200 种，其中植物 5000 种、动物 3200 种，如图 3-3 所示。在湿地物种中，淡水鱼类有 770 多种，鸟类有 300 余种，其中湿地鸟的种类约占全国的三分之一，且存在不少珍稀种。

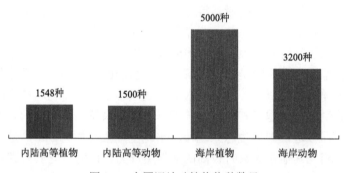

图 3-3　全国湿地动植物物种数目

一、湿地资源概况

根据 1971 年《关于特别是作为水禽栖息地的国际重要湿地公约》（以下简称《湿地公约》）规定：湿地是指不论其为天然或人工，长久或暂时性沼泽地、湿原、泥炭地或水域地带，带有静止或流动，或为淡水、半咸水或咸水水体者，包括低潮时水深不超过 6m 的水域。我国湿地总面积不少于 $7.969 \times 10^5 km^2$，其中人工湿地有 $3.447 \times 10^5 km^2$，自然湿地有 $4.522 \times 10^5 km^2$，居亚洲第一位，在全球排第四。我国湿地资源主要有四大特点：①类型多，《湿地公约》划分的 40 类湿地在我国均有分布，是全球湿地类型最丰富的国家之一；②面积大，占全球湿地面积的 10%；③分布广，从寒温带到热带，从沿海到内陆，从平原到高原都有分布；④区域差异显著，东部河流湿地多，东北部沼泽湿地多，长江中下游和青藏高原湖泊湿地多等。

1. 中国湿地资源概况

根据《湿地公约》中的分类系统标准及我国湿地所处的自然条件，湿地资源可分为三大类 36 种。我国有生物多样性丰富的特点，不仅有大量濒危、渐危和稀有物种，还有许多具有重大科学研究价值和重要经济意义的类群，如湿地植物中的砾薹草、西藏嵩草、藏北嵩草等均为我国特有种类。随着社会经济的发展，大量废水、废气和其他废物源源不断地排入湿地，使得湿地水质受到污染，湖泊富营养化加剧，环境质量普遍下降，使得湿地资源的种类和数目受到一定程度的影响。据统计，亚洲 57 种濒危鸟类中，中国湿地就有 31 种，占 54%；雁鸭类全世界共 166 种，中国湿地就有 46 种，占 28%；全世界有鹤类 15 种，中国有 9 种，占 60%。因此，我国的湿地保护已经成为全球湿地和生物多样性保护的热点地区。

根据 2003 年我国首次对全国湿地资源的调查结果，我国单块面积大于 100hm^2 的湿地面积约 $3.8×10^7$hm^2，其中自然湿地 $3.6×10^7$hm^2，库塘湿地 $2.3×10^6$hm^2。自然湿地中，沼泽湿地 $1.4×10^7$hm^2，滨海湿地 $5.9×10^6$hm^2，河流湿地 $8.2×10^6$hm^2，湖泊湿地 $8.4×10^6$hm^2，各湿地比例如图 3-4 所示。

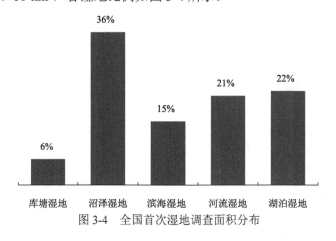

图 3-4　全国首次湿地调查面积分布

这次调查全面系统地查清了全国湿地高等植物、鱼类及野生动物种类等，如表 3-4 所示。

调查表明，我国湿地高等植物共有 225 科 815 属 2276 种，分别占全国高等植物科、属、种数的 63.7%、25.6% 和 7.7%。其中，中华水韭、宽叶水韭、水松、水杉、莼菜、长喙毛茛、泽泻属国家一级重点保护野生植物；另有 11 种湿地植物，属国家二级重点保护野生植物。全国湿地植被有 7 个植被型组、16 个植被型、180 个群系。全国湿地野生动物共有 25 目 68 科 724 种，种类繁多，资源十分丰富。水鸟是湿地野生动物中最具有代表性的类群，我国湿地水鸟有 10 目 18 科 56 种属国家重点保护，有 10 目 25 科 195 种属国家保护的有益或者有重要经济、科学研究价值的水鸟；两栖动物中属国家重点保护的有 2 目 3 科 7 种；爬行动物中属国

表 3-4　全国首次湿地调查资源种类

类型		目/属	科	种
高等植物		815	225	2276
鱼类		—	—	1000
野生动物	水鸟	12	32	271
	两栖动物	3	11	300
	爬行动物	3	13	122
	兽类	7	12	31
	合计	25	68	724

家重点保护的有 3 目 6 科 13 种；兽类中属国家重点保护的有 5 目 9 科 23 种。鱼类是湿地脊椎动物中种类最多、数量最大的生物类群，也是最重要的湿地野生动物资源之一，调查表明，我国有湿地鱼类约 1000 种，占全国鱼类种数的 1/3。

2014 年我国对全国湿地资源进行了第二次调查，得出全国湿地总面积约为 $5.4 \times 10^7 hm^2$，占国土面积的比例（即湿地率）为 5.58%，与第一次调查同口径比较，湿地面积减少了 $3.4 \times 10^6 hm^2$，减少率为 8.82%。其中，自然湿地总面积为 $4.7 \times 10^7 hm^2$，减少率为 9.33%。

根据《湿地公约》定义，第二次调查将湿地分为 5 类，各类型面积分布如表 3-5 所示。我国现有 577 个自然保护区、468 个湿地公园，受保护湿地面积 $2.3 \times 10^7 hm^2$。两次调查期间，受保护湿地面积增加了 $5.3 \times 10^6 hm^2$，湿地保护率由 30.49%提高到 43.51%。湿地维持着约 2.7×10^4 亿 t 的淡水资源，湿地植物 4220 种，湿地植被 483 个群系，脊椎动物 2312 种，隶属于 5 纲 51 目 266 科，其中湿地鸟类 231 种。湿地还被称为"物种基因库"，在大量生物资源的相互作用下，使得湿地具有降解污染物等巨大的生态功能。

表 3-5　第二次国家湿地资源统计面积

湿地类型	近海与海岸湿地	河流湿地	湖泊湿地	沼泽湿地	人工湿地
面积/×10⁶hm²	5.8	10.6	8.6	21.7	6.7

两次调查间隔 10 年间，湿地资源发生了较为明显的变化，湿地资源受威胁的压力也进一步增大，河流、湖泊湿地沼泽化，河流湿地转为人工库塘等情况也很突出，威胁因子的组成已由从前的污染、围垦和非法狩猎三大因子，转变为现在的污染、过度捕捞和采集、围垦、外来物种入侵和基建占用五大因子。因此，为保护湿地资源的完整性，需对主控因子采取必要的防护措施。

2. 内蒙古自治区湿地资源概况

内蒙古自治区湿地作为我国湿地的重要组成部分，同样具有丰富的湿地资源，如表 3-6 所示。2014 年内蒙古自治区湿地资源调查结果显示，$8hm^2$ 以上湖泊、沼泽、人工湿地以及宽度 10m 以上、长度 5km 以上河流湿地总面积为 $6.0×10^6hm^2$，占自治区总面积的 5.08%，面积居全国第三位。

表 3-6　内蒙古自治区湿地资源种类

类型		目/属	科	种
高等植物	苔藓植物	58	29	136
	蕨类植物	5	5	10
	裸子植物	3	1	3
	被子植物	227	68	614
	合计	293	103	763
藻类植物		306	111	802
鱼类		9	64	105
野生动物	水鸟	12	31	100
	两栖动物	—	—	9
	爬行动物	—	—	5
	兽类	—	—	14

全区水资源总量为 $5.5×10^{10}m^3$，其中地表水为 $4.1×10^{10}m^3$，地下水为 $1.4×10^{10}m^3$。在全区四大湿地类型中，河流湿地面积 $4.6×10^5hm^2$，湖泊湿地面积 $5.7×10^5hm^2$，沼泽湿地面积 $4.8×10^6hm^2$，人工湿地面积 $1.3×10^5hm^2$。呼伦贝尔市湿地面积 $3.0×10^6hm^2$，是全区湿地面积最大的盟市，占全区湿地面积的 49.8%；锡林郭勒盟湿地面积 $1.3×10^6hm^2$，占全区湿地面积的 21%。目前，内蒙古已初步建立了以湿地自然保护区和湿地公园为保护形式的湿地保护体系，由于起调面积降低，调查范围扩大，以及调查方法和技术手段等原因，内蒙古自治区湿地面积与 2000 年第一次调查相比增加了 $1.8×10^6hm^2$。

内蒙古湿地内苔藓植物中以柳叶藓科种数最多，其次是泥炭藓科；蕨类植物中木贼科种数最多，为 6 种；裸子植物有 3 种，分别是云杉属的红皮云杉、落叶松属的兴安落叶松和松属的偃松；被子植物以莎类最多，共计 108 种，其次是禾本科和菊科，分别为 68 种和 61 种。鱼类以鲤科鱼类为主，有 55 种，其次是鳅科鱼类，有 21 种。根据生活水域及洄游习性内蒙古鱼类大体可分为 3 个类型：一是在江河、湖泊之间洄游的鱼类，称为半洄游性鱼类，该鱼类主要分布于额尔古纳河、嫩江、达里诺尔湖等地，如瓦氏雅罗鱼、鲫鱼等；二是在湖泊中生长和繁殖的鱼类，不作有规律的洄游活动，称为走居性鱼类，呼伦湖、达里诺尔湖、岱海、童干湖、乌梁素海等鱼类都属于此类型，如鲶科等；三是河流、山溪走居性鱼类，如细鳞鱼、哲罗鱼、茴鱼、狗鱼、东北黑鳍鲸等。湿地鸟类中，属国家一级保护鸟类的有 11 种，分别是白鹤、黑鹳、东方白鹳、中华秋沙鸭等；属国家二级保护鸟类的有 28 种。两栖类主要有极北小鲵、东方铃蟾、中华蟾蜍、花背蟾蜍等；兽类主要有鹿鼠、黑线仓鼠、东方田鼠、狼等，其中麝鼠、赤狐、沙狐、黄鼬、狗獾、水獭等为主要经济兽类，水域生存的为水獭和鹿鼠。爬行类有 4 种，为红点锦蛇、赤峰锦蛇、团花锦蛇、虎斑颈槽蛇。

二、湿地资源分布

1. 中国湿地资源分布

我国湿地分布状况为东多西少，东部湿地面积约占全国的 3/4，其中河流、沼泽、滨海湿地分布较多，主要集中在东北山地和平原；而西部干旱区较东部明显偏少，主要湿地类型为湖泊、沼泽湿地，大多分布于高原与山地，平原地区湿地较少，西南部的青藏高原具有世界海拔最高的大面积高原沼泽和湖群，且多为咸水湖和盐湖，湿地面积仅次于东北地区，约占全国天然湿地面积的 20%。

根据湿地分布，可以将我国湿地划分为 6 个主要区域：沿海湿地、东北湿地、长江中下游湿地、西北湿地、云贵高原湿地和青藏高原湿地。31 个省（自治区、直辖市）湿地分布如表 3-7 所示。

表 3-7　全国各省（自治区、直辖市）湿地面积　　　（单位：万 hm²）

序号	省（自治区、直辖市）	湿地面积	序号	省（自治区、直辖市）	湿地面积
1	北京市	4.81	17	湖北省	144.50
2	天津市	29.56	18	湖南省	101.97
3	河北省	94.19	19	广东省	175.34
4	山西省	15.19	20	广西壮族自治区	75.43
5	内蒙古自治区	601.06	21	海南省	32.00
6	辽宁省	139.48	22	重庆市	20.72
7	吉林省	99.76	23	四川省	174.78
8	黑龙江省	514.33	24	贵州省	20.97
9	上海市	46.46	25	云南省	56.35
10	江苏省	282.28	26	西藏自治区	652.90
11	浙江省	111.01	27	陕西省	30.85
12	安徽省	104.18	28	甘肃省	169.39
13	福建省	87.10	29	青海省	814.36
14	山西省	91.01	30	宁夏回族自治区	20.72
15	山东省	173.75	31	新疆维吾尔自治区	394.82
16	河南省	62.79		合计	5432.06

从分布情况看，青海、西藏、内蒙古、黑龙江4省（自治区）湿地面积均超过 $5×10^6hm^2$，约占全国湿地总面积的50%。我国从北部的寒温带到南部的热带，从东部沿海到西部内陆，从平原丘陵到高原山区都有湿地分布，而且还表现为一个地区内有多种湿地类型和一种湿地类型分布于多个地区的特点。主要湿地类型分布包括以下几个方面。

（1）沼泽湿地

中国沼泽湿地主要分布于东北的三江平原、大小兴安岭、长白山，四川若尔盖和青藏高原，各地海滨、湖滨、河漫滩地带也有沼泽发育，山区以森林沼泽居多，平原则多为草本沼泽。位于黑龙江省东北部的三江平原，是我国面积最大的淡水沼泽分布区，沼泽普遍有明显的草根层；大小兴安岭沼泽分布广而集中，以森林沼泽化、草甸沼泽化为主；四川若尔盖高原位于青藏高原东北边缘，是我国面积最大、分布集中的泥炭沼泽区；海滨、湖滨、河漫滩地带主要分布的是芦苇沼泽。该类湿地中被列为国际重要湿地的有黑龙江洪河国家级自然保护区、黑龙江三江国家级自然保护区。

（2）湖泊湿地

我国湖泊湿地类型多样且呈现区域性特点。全国有面积大于 $1km^2$ 的天然湖泊2711个，主要分布于五大区域，区域名称、湖泊面积及典型湖泊见表3-8。

表3-8　我国湖泊湿地区域分布面积

区域名称	大于 $1km^2$ 的湖泊数量/个	占全国湖泊总面积百分比/%	典型湖泊	备注
长江及淮河中下游	696	23.3	鄱阳湖、洞庭湖、太湖、洪泽湖、巢湖	
蒙新高原地区湖泊	724	21.5	咸水湖、盐湖	
云贵高原地区湖泊	60	1.3	淡水湖	湖泊换水周期长，生态系统较脆弱
青藏高原地区湖泊	1091	49.5	咸水湖和盐湖	黄河、长江水系和雅鲁藏布江的河源区
东北平原地区与山区湖泊	140	4.4		冬季水位低枯，封冻期长

根据全国第一次湿地资源普查数据，被列为国际重要湿地的有：黑龙江扎龙国家级自然保护区、吉林向海国家级自然保护区、青海鸟岛国家级自然保护区、江西鄱阳湖国家级自然保护区、湖南东洞庭湖国家级自然保护区、黑龙江兴凯湖国家级自然保护区、内蒙古达赉湖国家级自然保护区、内蒙古鄂尔多斯遗鸥国家级自然保护区、湖南汉寿西洞庭湖省级自然保护区、湖南南洞庭湖省级自然保护区。

（3）河流湿地

我国流域面积大于 $100km^2$ 的河流有 5 万多条，流域面积大于 $1000km^2$ 的河流约 1500 条。受地形、气候的影响，河流在地域上的分布存在差异，总体表现为东部气候湿润季风区大于西北内陆干旱区。我国的河流分外流河与内陆河两大类。在外流河中，松花江、辽河、海河、黄河、淮河、长江、珠江七大江河均自西向东流入太平洋，西南部的雅鲁藏布江向南流入印度洋，新疆西北部的额尔齐斯河流入北冰洋。内陆河大都分布于西北地区。

（4）滨海湿地

我国滨海湿地主要分布于沿海的 11 个省（自治区、直辖市）和港澳台地区。海域沿岸有 1500 多条大中河流入海，形成浅海滩涂生态系统、河口生态系统、海岸湿地生态系统、红树林生态系统、珊瑚礁生态系统、海岛生态系统六大类。其中，被列为国际重要湿地的有：香港米埔湿地、海南东寨港国家级自然保护区、大连斑海豹国家级自然保护区、江苏盐城珍禽国家级自然保护区、江苏大丰麋鹿国家级自然保护区、上海崇明东滩鸟类自然保护区、广东惠东港口海龟国家级自然保护区、广西山口红树林湿地国家级自然保护区、广东湛江红树林湿地国家级自然保护区。

（5）人工湿地

我国的人工湿地资源比较丰富，稻田广布于亚热带与热带地区，淮河以南广大地区的稻田约占全国稻田总面积的 90%。近年来北方稻田面积有所扩大。全国现有大型水库和池塘面积 $2.3×10^6hm^2$，其中大中型水库 2903 座，蓄水总量 1805 亿 m^3。

2. 内蒙古自治区湿地资源分布

内蒙古自治区分布有河流湿地、湖泊湿地、沼泽和沼泽化草甸湿地及库塘湿地，共有 2634 块，其中 $100hm^2$ 以上的一般湿地 2616 块，面积为 $3.5×10^6hm^2$；重点湿地 18 块，面积为 $7×10^5hm^2$。表3-9为各湿地情况统计表。

综上所述，内蒙古自治区河流湿地面积为 $6.07×10^5hm^2$，占自治区湿地面积的 14.3%，分布有黄河、嫩江、辽河和额尔古纳河等河面较宽阔的几大水系；湖泊湿地面积为 $4.95×10^5hm^2$，占全区湿地面积的 11.7%，主要分布在年降水量200～400mm 的呼伦贝尔高原、西辽河平原、锡林郭勒高原、乌兰察布高原和丘陵区、河套平原和鄂尔多斯高原等广大地区；沼泽湿地包括六大类，分别是藓类沼泽、草本沼泽、灌丛沼泽、森林沼泽和内陆盐沼、库塘湿地，总面积为 $3.136×10^6hm^2$，占全区湿地面积的 74.0%。受独特的地理和气候条件的影响，内蒙古自治区沼泽湿地在地域分布上具有多样性，其中草本沼泽分布较广泛。

表 3-9 内蒙古自治区湿地情况统计表

湿地类型	湿地名称	分布面积/万 hm²	占全区湿地面积的百分比/%	分布范围	典型区
河流湿地	永久性河流	22.0	5.2	东部区呼伦贝尔市和兴安盟的额尔古纳水系、松—嫩水系	额尔古纳河、克鲁伦河、乌尔逊河、海拉尔河、查干木伦河、黄河等
	季节性或间歇性河流	0.2	0.4	分布在阿拉善盟、鄂尔多斯市、锡林郭勒盟和乌兰察布市	多为较短的小河沟
	泛洪平原	38.5	9.1	分布在较大型河流的中游、下游地区的河漫滩及平原地带	嫩江流域、辽河流域和黄河流域
湖泊湿地	永久性淡水湖	32.3	7.6	主要分布在东部的呼伦贝尔市、兴安盟、通辽市、赤峰市	
	季节性淡水湖	3.0	0.7	分布无规律	面积均较小
	永久性咸水湖	10.0	2.4	多为内陆湖	居延海、达里诺尔湖、查干淖尔、吉兰泰盐池等
	季节性咸水湖	4.2	1.0	主要分布在内陆河的汇集区	湖泊面积较小
沼泽湿地	藓类沼泽	0.2	—	呼伦贝尔市	—
	草本沼泽	230.9	54.4	大兴安岭北段及嫩江流域各支流两岸、呼伦贝尔高原以及锡林郭勒草原	—
	灌丛沼泽	5.3	1.3	多分布在森林沼泽的边缘地带	大兴安岭的山坡和北部的一些河流滩地
	森林沼泽	9.2	2.2	主要分布在呼伦贝尔市	冷湿的宽谷或平缓低湿有永久冻层的落叶松生长不良的地段
	内陆盐沼	64	15.1	主要分布在阿拉善盟、锡林郭勒盟、鄂尔多斯市、巴彦淖尔市等地	山前冲积平原和沙丘低洼地
	库塘湿地	4	1.0	—	红山水库、孟家段水库、莫力庙水库

三、湿地生态监测

湿地生态监测是指通过对湿地内现有物种的分布和种群数量进行连续和长期的调查对比，从而了解和掌握区域内物种资源的动态和变化过程，对物种的生存状况及威胁因素进行监测（姜秀滨等，2013），为湿地资源的管理、决策、环境评价等提供科学依据。湿地生态监测的主要内容是对湿地内重要保护对象的监测，通过对物种的利用及保护措施等的监测找到生态系统遭到破坏的主要因子，及时对生态质量状况及变化进行评价，从而采取必要的措施，保证生态系统的完整性。

湿地生态监测包括宏观监测和微观监测。宏观监测主要通过区域生态调查与生态统计法和遥感技术对湿地的分布、面积及空间分布等的动态变化进行监测，其中遥感技术是目前最有效的动态监测方法，不仅可以在短时间内获取研究区实况信息，还可对湿地类型、地块面积、植被指数等指标进行分类和计算。

"3S"技术即遥感（RS）、地理信息系统（GIS）、全球定位系统（GPS），RS获取信息量大且快，同时具备观测范围广的特点；GIS具有提取和分析空间信息的功能；GPS的实测精度高。这一技术的集成为湿地研究提供了新的技术支持，实现了湿地的动态监测及全方位、多角度、多时相的定量信息。迄今为止，国内外专家学者在遥感湿地监测中已做了大量工作，Kloiber等选取Landsat影像数据，利用非监督分类方法对水体和陆地进行区分，评估了美国10个主要城市的湖泊透明度。Davranche等用分类树算法和SPOT-5多季相影像对法国地中海区域的湿地进行了监测与制图。乔平林等结合TM遥感影像与地面观测技术，提出了水库容水量遥感监测方法，创立了测算水库库容的关系曲线技术，构建了基于遥感的水库库容反演模型。Rebelo等（2009）基于遥感和GIS技术，结合实际湿地调查，开展了全球典型湿地的空间制图与分析。刘红玉等（2003）在"3S"技术的支撑下对湿地景观变化进行了研究，通过对流域土地利用/土地覆盖类型的动态监测，探讨了流域在经济快速发展中土地利用与湿地之间的演化规律及其对湿地的影响机制。余敏杰等（2007）结合遥感与地理信息系统，以1991年、1999年和2004年3个时期的Landsat TM 543波段合成影像为信息源，选取斑块数、斑块面积及最大斑块指数、多样性等指标，对杭州西溪湿地景观格局变化进行了定量分析，结果表明，池塘和河流等景观类型受城市扩张及房地产开发等人为因素的影响，导致景观多样性指数降低，生物多样性下降，环境污染严重，湿地生态功能退化。

以内蒙古自治区典型淡水湖泊乌梁素海为例，利用Landsat影像数据，对乌梁素海近7年的湿地面积进行监测。根据水体的反射波谱特征，选取波段432为最佳组合波段，对影像进行条带处理、彩色合成、裁剪等一系列预处理，通过监督分类里的最大似然法将湖泊与陆地进行分类，得出乌梁素海2009年和2016年的湖泊湿地面积，利用GIS中的统计分析功能，得出乌梁素海近7年湿地面积萎缩约74km^2。

湿地宏观生态监测以微观生态监测为基础，湿地微观生态监测以宏观生态监测为指导，两者互相补充，构成湿地生态监测网络。微观生态监测主要运用物理、化学或生物学的方法对某一特定类型的湿地环境因子、湿地结构和功能、湿地环境污染情况及生态平衡恢复情况进行监测。湿地生态动态监测技术规程中监测方案的结构内容包括以下几点。

1. 采样点布设

采样点布设除受地形、水深等特殊限制外，应在监测范围内均匀布设，可采用网格式、断面式或梅花式等布设方式，以便确定监测要素的分布趋势。表3-10

为各采样指标的布设方法。其中，水样和土样分别根据《水质采样方案设计技术规定（HJ 495—2009）》和《土壤环境监测技术规范（HJ/T 166—2004）》采集；挺水和浮叶植物样方面积一般为 1m×1m 或 0.5m×0.5m，沉水植物样方面积为 0.5m×0.5m 或 0.2m×0.2m；采样一经确定，不应轻易更改，不同时期的采样点应保持不变。

表3-10　为各采样指标的布设方法

采样指标	水样	土样	水生浮游动植物	挺水和浮叶植物	鸟类
布设方法	断面式	断面式	与水化学采样点一致	断面式	见鸟类监测方法

2. 监测时间和频率

在对湿地生态进行监测之前，应根据监测范围对生态环境进行背景值的调查，主要包括湿地的地理位置、面积，水域面积，水量及年排入排出水量等。背景调查监测应在一个年度内完成，调查频率应不少于 4 次，分别在春、夏、秋、冬四季各开展一次调查监测。自然指标和生物指标的监测时间和频率如下所示。

1）自然指标。为保证采样的连续性和周期性，除水环境和土壤环境可在线连续监测水温、电导率及 pH 等指标外，其他自然指标的监测时间设置为丰水期、平水期、枯水期各采样一两次。

2）生物指标。受全国气候差异的影响，各湿地监测应根据当地植物生长发育特点选择植物开花或结实的时期，分不同季节进行调查，以获得全面而准确的资料和典型的标本。鸟类的监测应在繁殖季和越冬季两次进行，繁殖季一般为每年的 5～7 月，越冬季为 12 月至翌年 2 月，监测时间应选择监测区域内的水鸟种类和数量均保持相对稳定的时期；监测应在较短时间内完成，以减少重复记录；迁徙情况监测主要在春、秋鸟类迁徙季节进行。鱼类通常应在每个季度调查一次，也可以向水产部门等获取相应的资料。两栖动物、爬行动物等其他兽类监测主要在冬季，与冬季鸟类监测同时进行，在繁殖季节对鸟类进行数量监测时，也应兼顾对兽类的监测。

3. 监测指标及方法

湿地生态监测指标主要包括水环境监测指标、土壤监测指标、生物多样性指标三类。水环境监测指标及方法见表3-11。

土壤样品的保存应根据《土壤环境监测技术规范 HJ/T 166—2004》标准。对土壤进行风干、磨细、过筛、混匀等预处理，具体测定指标及方法见表3-12。

表 3-11　水环境监测指标及方法

监测指标	监测方法	引用标准
COD	快速消解分光光度法	HJ/T 399—2007
BOD	稀释和接种法	HJ 505—2009
NH_4^+-N	水杨酸分光光度法	HJ 536—2009
NO_3^--N	离子色谱法	
NO_2^--N	离子色谱法	
TN	碱性过硫酸钾消解紫外分光光度法	GB/T 11894—89
TP	钼酸铵分光光度法	GB/T 11893—89
浊度	浊度仪	GB/T 13200—91
悬浮物	重量法	GB/T 11901—89
CO_3^{2-} 和 HCO_3^-	滴定法	DZ/T 0064.49—93
Cl^-、SO_4^{2-}、NO_3^-、NO_2^-	离子色谱法	
Na^+、K^+、Ca^{2+}、Mg^{2+}、Cu^{2+}、Zn^{2+}、Pb^{4+}、Cd^{2+}	原子吸收分光光度法	GB 11907—89

表 3-12　土壤监测指标及方法

监测指标	监测方法	方法来源
TDS	称量法或八大离子总和相加法（盐碱性湖泊）	
TN	碱性过硫酸钾消解紫外分光光度法	GB/T 11894—89
TP	钼酸铵分光光度法	GB/T 11894—89
CO_3^{2-}、HCO_3^-	滴定法	GB/T 11893—89
Cl^-、SO_4^{2-}、NO_3^-、NO_2^-	离子色谱法	DZ/T 0064.49—93
Na^+、K^+、Ca^{2+}、Mg^{2+}、Cu^{2+}、Zn^{2+}、Pb^{4+}、Cd^{2+}	原子吸收分光光度法	GB 11907—89

　　生物多样性指标主要包括如下几个。①动物指标：鸟类、鱼类、浮游动物和底栖动物的种类组成和生物数量，濒危野生动物数量、动态及迁徙规律。②植物指标：浮游植物、沉水植物、挺水植物和浮游植物的数量、生物量及群落面积，珍稀植物及其分布特征。③微生物指标：细菌、真菌、藻类、原生动物和粪大肠菌群。

　　其中，浮游植物一般只调查水样；浮游动物使用拖网采样，计数时，须将标本置入计数框内，在显微镜下进行计数；挺水植物、浮叶植物以及沉水植物适用水草夹采样，挺水植物、浮叶植物及沉水植物中将每个样方内的全部植物鉴定到种，测量植物株高和株重，并记录；底栖动物使用采泥器采样；微生物需先进行培养再进行测定。表 3-13 和表 3-14 分别为网具名称及规格和水草夹规格。

表 3-13 网具名称及规格

网具名称	网长/cm	网口内径 /cm	网口面积 /m²	孔宽近似值 /mm	适用对象
浅水 I 型浮游生物网	145	50	0.2	0.505~0.507	大型浮游动物
浅水 II 型浮游生物网	145	31.6	0.08	0.160~0.169	中型、小型浮游动物
浅水III 型浮游生物网	140	37	0.1	0.077	浮游植物

表 3-14 水草夹规格

型号	网口面积/m²	外形尺寸/cm （合拢时）	外形尺寸/cm （展开时）	适用对象	植物适用范围/m
CCYQ-2	0.2	70×45×65	90×45 ×50	挺水植物、浮叶植物、沉水植物	0.5~20

参 考 文 献

边振.2011. 基于遥感技术的荒漠化监测方法研究[D]. 北京: 北京林业大学博士学位论文.

慈龙骏.2005. 中国的荒漠化及其防治[M]. 北京: 高等教育出版社.

崔保山.1999. 湿地生态系统生态特征变化及其可持续性问题[J]. 生态学杂志, (2): 43-49.

董智. 2004. 乌兰布和沙漠绿洲农田沙害及其控制机理研究[D]. 北京: 北京林业大学博士学位论文.

段代祥, 刘俊华, 吴涛, 等. 2006. 我国湿地资源的问题及保护对策[J]. 滨州学院学报, 22(3): 62-67.

封晓梅.2008. 《湿地公约》与我国的湿地保护[D]. 青岛: 中国海洋大学硕士学位论文.

冯仲科, 梁长秀, 周科亮. 2001. 建立我国资源环境空间宏观监测与地面微观测量技术体系[J]. 测绘科学, 26(3): 14-19.

高云生.2013. 红花尔基林业局林地资源状况分析[J]. 内蒙古林业调查设计, 36(3): 57-58.

耿国彪. 2014. 我国湿地保护形势不容乐观——第二次全国湿地资源调查结果公布[J]. 绿色中国, (3): 8-11.

宫宁. 2015. 近三十年中国湿地变化及其驱动力分析[D]. 泰安: 山东农业大学硕士学位论文.

郭强. 2018. 中国北方荒漠化遥感动态监测与定量评估研究[D]. 北京: 中国科学院大学(中国科学院遥感与数字地球研究所)博士学位论文.

国家林业局. 2000. 中国湿地保护行动计划[M]. 北京: 中国林业出版社.

郝世文, 翁丽华, 肖黎光, 等. 2004. 内蒙古次生林区森林资源状况及经营管理建议[J]. 内蒙古林业调查设计, 27(12): 110-112.

胡培兴.2007. 京津风沙源成因分析与防治对策研究[D]. 南京: 南京林业大学博士学位论文.

胡胜杰, 牛振国, 张海英, 等.2015. 中国潜在湿地分布的模拟[J]. 科学通报, (33): 3251-3262.

姬宝霖.1999. 治理开发乌兰布和沙地建立新型的沙产业经济开发区[J]. 干旱区资源与环境, (2): 75-79.

江波, Christina P. WONG, 陈媛媛, 等. 2015. 湖泊湿地生态服务监测指标与监测方法[J]. 生态学杂志, 34(10): 2956-2964.

姜秀滨, 丹梅, 孙宝峰, 等. 2013. "岭南八局"森林培育初探[J]. 内蒙古林业调查设计, 36(2): 23-24.

蒋明, 吕伟德. 2002. 几种珍稀濒危的观赏蕨类[J]. 园林, (8): 43.

雷昆, 张明祥. 2005. 中国的湿地资源及其保护建议[J]. 湿地科学, 3(2): 81-86.

李博. 1962. 内蒙古地带性植被的基本类型及其生态地理规律[J]. 内蒙古大学学报(自然科学版), (2): 41-74.

李恩菊. 2011. 巴丹吉林沙漠与腾格里沙漠沉积物特征的对比研究[D]. 西安: 陕西师范大学博士学位论文.

李贺新, 张精哲, 田贺, 等. 2014. 内蒙古免渡河林业局森林资源现状及质量评价[J]. 内蒙古林业调查设计, 37(1): 88-90.

李金亚. 2014. 科尔沁沙地草原沙化时空变化特征遥感监测及驱动力分析[D]. 北京: 中国农业科学院博士学位论文.

李娟. 2013. 内蒙古自治区贺兰山国家级自然保护区森林资源动态分析[J]. 内蒙古林业调查设计, 36(1): 42-43.

李丽, 石月珍. 2004. 我国湿地现状及恢复研究[J]. 水利科技与经济, 10(1): 34-36.

李伟民, 甘先华. 2006. 国内外森林生态系统定位研究网络的现状与发展. 广东林业科技, 22(3): 104-108.

李卓玲. 2018. 内蒙古自治区荒漠化现状与防治[C]. 见: 中国治沙暨沙业学会 2018 学术年会论文集: 32-45.

刘红玉, 吕宪国, 张世奎. 2003. 湿地景观变化过程与累积环境效应研究进展[J]. 地理科学进展, 22(1): 60-70.

刘红玉. 2005. 中国湿地资源特征、现状与生态安全. 资源科学, 27(3): 54-60.

刘永军, 武智双, 阎德仁. 2005. 内蒙古灌木资源与效益评价[J]. 内蒙古林业科技, (4): 28-29, 34.

刘玉梅, 刘芳, 孙贯益. 2016. 基于 3S 技术的湿地生态系统动态监测[J]. 沈阳建筑大学学报(自然科学版), (2): 361-369.

罗喜成, 杨志国, 刘彩云, 等. 2008. 湿地的功能和效益[J]. 内蒙古水利, (5): 91-92.

乔平林, 张继贤, 李海涛, 等. 2003. 水库容水量遥感监测方法研究[J]. 测绘科学, 28(3): 55-57.

青藤婉. 2015. 湿地珍稀生命的栖息地[J]. 旅游纵览, (2): 10-11.

苏文, 郭学兵, 何洪林. 2016. 国家生态系统观测研究网络实物资源服务研究[J]. 科技管理研究, (4): 102-112.

唐小平, 黄桂林. 2003. 中国湿地分类系统的研究. 林业科学研究, 16(5): 531-539.

汪季. 2004. 乌兰布和沙漠东北缘植被抑制沙尘机理的研究[D]. 北京: 北京林业大学博士学位论文.

王兵, 崔向慧, 杨锋伟. 2004. 中国森林生态系统定位研究网络的建设与发展. 生态学杂志, 23(4): 84-91.

王才旺, 白锦贤, 秦建明, 等. 2010. 内蒙古自治区森林资源状况[J]. 内蒙古林业调查设计,

33(5): 45-48.

王雅珍. 2006. 湿地生态系统的功能[J]. 中国人民教师, (4): 78.

王永芳. 2016. 基于多源数据融合与 DPSIR 模型的科尔沁沙地沙漠化生态风险评价[D]. 长春: 东北师范大学博士学位论文.

吴波. 1997. 毛乌素沙地的景观动态与荒漠化成因研究[D]. 北京: 中国科学院研究生院(国家计划委员会自然资源综合考察委员会).

吴月. 2014. 巴丹吉林沙漠地下水同位素特征与地下水年龄研究[D]. 兰州: 兰州大学博士学位论文.

吴正. 2009. 风沙地貌与治沙工程学[M]. 北京: 科学出版社.

许鹏. 2000. 草地资源调查规划学[M]. 北京: 中国农业出版社.

杨永梅. 2007. 毛乌素沙地沙漠化驱动因素的研究[D]. 杨陵: 西北农林科技大学博士学位论文.

银山. 2010. 内蒙古浑善达克沙地荒漠化动态研究[D]. 呼和浩特: 内蒙古农业大学博士学位论文.

余敏杰, 吴建军, 徐建明, 等. 2007. 近 15 年来杭州西溪湿地景观格局变化研究[J]. 科技通报, 23(3): 320-325.

曾艳, 岳利霞, 乔芳. 2008. 内蒙古大兴安岭次生林区造林成效初探[J]. 内蒙古林业, (9): 31.

曾珍英. 2012. 生态环境监测技术[J]. 科技与企业, (14): 359.

张存厚, 王明玖, 李兴华, 等. 2009. 近 30 年来内蒙古地区气候干湿状况时空分布特征[C]. 第 26 届中国气象学会年会气候变化分会场论文集. 中国气象学会气候变化委员会、国家气候中心: 906-914.

张存厚. 2009. 近 30 年来内蒙古地区气候干湿状况时空分布特征[A]. 中国气象学会气候变化委员会、国家气候中心. 第 26 届中国气象学会年会气候变化分会场论文集[C]. 中国气象学会气候变化委员会、国家气候中心: 9.

张克存, 屈建军, 俎瑞平, 等. 2008. 腾格里沙漠东南缘风沙活动动力条件分析——以沙坡头地区为例[J]. 干旱区地理, (5): 643-649.

张凌峰. 2013. 内蒙古毕拉河林业局森林资源现状及分布特点[J]. 内蒙古林业调查设计, 36(1): 52-54.

张玉. 2014. 巴丹吉林沙漠南北边缘植被群落特征与土壤理化性质研究[D]. 西安: 陕西师范大学硕士学位论文.

赵宝顺, 张军. 2014. 内蒙古大兴安岭林区森林资源现状评价[J]. 内蒙古林业调查设计, 37(4): 29-30, 37.

赵田义, 柴晓雷, 曾玉荣, 等. 2012. 内蒙古柴河林业局森林资源现状及分布特点[J]. 内蒙古林业调查设计, 35(6): 50-52.

赵学敏. 2005. 湿地: 人与自然和谐共存的家园[M]. 北京: 中国林业出版社.

赵媛媛, 高广磊, 秦树高, 等. 2019. 荒漠化监测与评价指标研究进展[J]. 干旱区资源与环境, 33(5): 81-87.

甄江红, 刘果厚, 李百岁. 2006. 内蒙古森林资源动态分析与评价[J]. 干旱区资源与环境, 20(5): 145-152.

Davranche A, Lefebvre G, Poulin B. 2010. Wetland monitoring using classification trees and SPOT-5 seasonal time series [J]. Remote Sensing of Environment, 114(3): 552-562.

Kloiber S M, Brezonik P L, Bauer M E. 2002. Application of Landsat imagery to regional- scale assessments of lake clarity[J]. Water Research, 36: 4330-4340.

Rebelo L M, Finlayson C M, Nagabhatla N. 2009. Remote sensing and GIS for wetland inventory, mapping and change analysis [J]. Journal of Environmental Management, 90: 2144-2153.

第四章 内蒙古生态屏障功能区布局与建设规划

第一节 内蒙古自治区生态功能区划分

一、生态功能区划分原则

生态功能区划是在研究区域生态因子及生态系统结构、过程和功能的空间分异规律的基础上，按照一定的原则、方法和指标体系进行生态环境功能区的划分，为生态系统资源信息的配置提供一个地理空间上的框架，合理划分生态环境功能，揭示区域生态环境问题的形成机制，提出综合整治方向与任务，为区域资源开发与生态环境保护提供决策依据，为区域生态环境整治服务，促进资源、环境和社会经济的可持续发展（罗怀良等，2006）。制定生态功能区划的原则，就是为了保证区划对象的区域分异规律在区划中能得到真实、客观的反映，从而实现生态功能区划的目的。根据生态功能区划的目的和任务，生态功能区划工作必须遵循以下基本原则。

1. 发生学原则

气候、生物和自然环境是一个不可分割的整体，它们通过物质循环和能量流动而相互作用、相互联系、相互制约，构成一个完整的生态系统。任何区域单位都具有自己发生、变化、发展的过程，而形成一个协调、相对统一的整体。区域单元发生统一性是相对的，其相对性是从发生学上进行区域划分的依据。生态功能区划是以一定的时期作为区划的阶段时限，并以相同的时限对不同区域进行分析归类，使之具有同期可比性（马元波，2008）。因此，在生态功能区划中应分析区域生态环境问题、生态环境敏感性、生态服务功能与生态系统结构、功能及其时空变化的关系，找出起主导作用的因素，选取主导因素指标作为分区的依据或在生态环境敏感性和生态服务功能重要性评价中赋予主导因素以较大的权重。

2. 相似性和差异性原则

自然环境是生态系统形成和演化的物质基础，区域生态环境特征、生态过程与生态服务功能以及生态环境敏感性的地域差异性和相似性是客观存在的，生态功能区划是根据区划指标的一致性与差异性进行分区的（马元波，2008）。但必须注意这种特征的一致性，有其一致性的标准。一致性也是相对的，不可将其绝对化，必须求大同而存小异，然后进行区域的划分与合并。

3. 区域共轭性原则

区域共轭性原则要求区划所划分出来的任何一个区划单位，必须是具有个体性的，不重复出现的和空间上完整的区域。根据这一原则，生态功能区划的任何一个生态功能区必须是完整的个体，不能存在彼此分离的部分。例如，尽管可能存在两个具有类似景观生态结构和主导生态过程与生态服务功能但彼此隔离的区域，也不能把它们划为一个生态功能区（汤小华，2005）。

4. 可持续发展的原则

可持续发展涉及人口、社会、经济、资源和生态的多个层面，是一个全面、协调、和谐的科学发展观。生态功能区划的目的就是促进资源的合理利用与开发，避免盲目的资源开发和生态环境破坏，增强区域社会经济发展的生态环境支撑能力，促进区域的可持续发展（王治江等，2005）。因此，在进行生态功能区划时，应考虑区域社会经济建设的需要和可持续发展的要求，主要有三个方面。

1）应考虑人类社会经济活动在区域生态环境特征、生态过程与生态服务功能的区域分异形成过程中的作用。在生态功能区划中应把区域自然生态过程与自然-社会经济相互作用的共轭关系作为区域划分的依据。

2）应重视与人类社会生存发展密切相关的生态过程与生态服务功能。在生态功能区划中应以能量的转换、水循环、物质循环等生态过程以及服务功能与生物多样性维持、水源涵养、洪水调蓄、土壤保持、环境净化、食物与原材料生产、文化休闲娱乐等生态服务功能的区域分异特征为主要的划分依据。

3）应考虑区域自然资源开发利用与生态环境保护的协调。在生态功能区划中，必须把划分重要资源开发利用的生态环境保护区作为区划的重点之一，并提出协调的意见，使功能区划成为促进资源合理开发利用的决策依据。

5. 行政区单元相对完整原则

生态功能区划的主要作用是为制定区域生态环境保护与建设规划、资源合理利用与工农业生产布局、区域生态环境保护提供科学依据，并为环境管理部门和决策部门提供管理信息与管理手段。由于生态系统的动态性和开放性，无论选取什么样的自然环境因子作为划分依据，都会存在不确定性。实际上的生态功能区边界若和行政辖区的边界线相近，在不影响上述分区原则的情况下，则以行政区的边界为区划边界，从而有利于管理、合理利用和有效保护生态环境，既可以满足高层次决策的需要，也便于日后行政地区综合管理措施的实施。生态功能区划目的在于发挥区域生态功能优势，合理开发利用各种资源，促进可持续发展，因此区划成果将直接服务于环境管理部门和决策部门的有效管理。

二、生态功能区划分依据

生态功能区划是在分析研究区域生态环境特征与生态环境问题、生态环境敏感性和生态服务功能空间分异规律的基础上，根据生态环境特征、生态环境敏感性和生态服务功能重要性在不同地域的差异性和相似性，将区域空间划分为不同生态功能区的过程。生态功能区划的依据应包括以下几个方面的内容。

1. 区域承载力

区域承载力是指不同尺度区域在一定时期内，在确保资源合理开发利用和生态环境良性循环的条件下，资源环境能够承载的人口数量及相应的经济社会总量的能力。区域承载力将资源环境作为统一体，研究其同人类及人类的经济社会活动相互匹配与适应的关系，因此它可作为衡量区域可持续发展的重要标志。对于承载力的量化，国内外提出了许多直观的、较易操作的定量评价方法及模式，而指标体系评价法是应用较广泛的一类，主要包括以下几种方法。

（1）联合国可持续发展委员会（UNCSD）制订的指标体系

该套指标体系包括 3 类指标，即"驱动力—状态—响应"指标体系。其中，驱动力类指标用来表示人类的一些有可能造成区域发展不可持续的社会经济活动；状态类指标则对一定时间内，组成区域人地系统的各子要素状态加以描述；响应类指标对应人类为提高区域人地系统的可持续发展能力，针对驱动力类指标所反映的系统问题而采取的对策、措施。这套指标体系共有 132 个不同类别的具体指标，其中驱动力类指标 42 个，状态类指标 53 个，响应类指标 37 个。该套指标体系由于指标数量较大，在一些统计工作开展并不充分的国家和地区，有些指标甚至无法获得确切的数据。在指标分类、指标所包含的信息量以及指标体系的可操作性方面仍存在一定的缺陷，但它的构建为其他国家和国际组织构建相应的指标体系提供了良好的参考依据和框架思路。

（2）高吉喜生态承载力综合评判法

该方法利用承载指数、压力指数和承压度来描述特定生态系统的承载状况（高吉喜，2001）。生态承载力的支持能力大小取决于 3 个方面，分别是生态弹性力、资源承载力和环境承载力，所以生态承载指数包括生态弹性指数、资源承载指数和环境承载指数，生态弹性指数主要是指生态系统的抗干扰能力和受干扰后的恢复能力。生态系统压力指数是通过可承载的人口数量和相应的生活质量来反映的，不同类群人口的生活质量权重值是不同的。生态系统承压度为承载指数与压力指数的比值，其结果与 1 进行比较，大于 1 则区域生态承载力盈余，反之超载。

该方法引入承载指数、压力指数和承压度描述特定生态系统的承载状况，方法思路直观，科学性强；对区域生态承载力采用分级评价的方法，使结果更加明了，具有针对性。但模型包含的指标仅仅是资源和环境指标，并没有经济指标，并没有把经济活动体现到指标当中去，无法真实反映各种经济活动下的生态承载力，也无法反映人类的活动以及生活质量的变化对生态承载力的影响。

（3）生态足迹模型

生态足迹模型是加拿大学者 Mathis Wackernagel 于 1992 年提出的一种依据人类社会对土地的连续依赖性，定量测度区域可持续发展状态的一种新理论和方法（王书华等，2002）。生态足迹计量分析的重点是生态足迹计算。按照数据的获取方式，通常采用 2 种方法。第 1 种方法是自下而上法，即通过发放调查问卷、查阅统计资料等方式获得人均的各种消费数据；第 2 种方法是自上而下法，根据地区性或全国性的统计资料查取各地区消费项目的有关总量数据，再结合人口数，得到人均的消费量值。按照生态足迹理论，可将地球表面的生态生产性土地分为五大类：化石能源地、可耕地、牧草地、林地、建设用地和水域。生态足迹模型由于具有较完善、科学的理论基础和简明的指标体系，以及普适性的方法，很快作为一种新的理论方法用于定量分析世界各地的可持续发展问题。

（4）状态空间法

状态空间法主要用于区域承载力的定量化研究。状态空间是欧氏几何空间用于定量描述系统状态的一种有效方法。通常由表示系统各要素状态微量的三维状态空间轴组成。利用状态空间法中的承载状态点，可表示一定时间尺度内区域的不同承载状况。不仅不同的人类活动强度对资源环境的影响程度差别悬殊，而且不同的资源环境组合所对应的人类活动强度也不相同。所有状态空间中由不同资源环境组合形成的区域承载力点构成了区域承载力曲面。任何低于该曲面的点代表某一特定资源环境组合下，人类的经济社会活动低于其承载能力，而任何高于该曲面的点则表明人类的经济社会活动已超出该选定资源环境组合的能力（毛汉英和余丹林，2001）。此方法也是需要建立一定的指标体系，同样不能得到具体的生态承载力大小，仅对是否超载做出评价。

（5）资源与需求的差量方法

王中根认为区域生态承载力体现了一定时期、一定区域的生态环境系统，对区域社会经济发展和人类各种需求（生存需求、发展需求和享乐需求）在量（各种资源量）与质（生态环境质量）方面的满足程度（王中根和夏军，1999）。衡量区域生态环境承载力需要从某地区现有的各种资源量与当前发展模式下社会经济对各种资源的需求量之间的差量关系，以及该地区现有的生态环境质量与当前人们所需求的生态环境质量之间的差量关系入手。此方法将生态承载力的指标体系分为两大类：社会经济系统类和生态环境系统类，GDP 利用工业、农业和第三产业产值代替，资源类指标的计算及预测根据社会经济发展计划确定，环境质量利用生态环境质量评价指标体系计量方法计算。此方法理论相对而言比较简单，但某些指标的确定需要运用其他稍复杂的方法，而且这个指标体系中并没有环境污染的具体指标，也没有将其体现到其他指标中去，经济类指标选取过于简单，仅仅是工业产值，其他的诸如人口状况及人类消费状况没有体现，无法反映人类的活动以及生活质量的变化对生态承载力的影响。

2. 气候情景分析

气候情景分析主要是为系统脆弱性评价提供背景数据，包括气候变化的观测事实分析与未来情景的分析预测。前者主要用于系统气候变化脆弱性历史动态和现状分析，后者主要用于未来气候变化脆弱性的评估。气候变化的事实分析主要基于大量气候观测资料，运用气候统计学的方法，研究气候演变的时空变化特征和规律。未来气候情景的分析，主要是基于全球或区域性的气候模式，在不同的排放情景下，对不同空间尺度的气候变化进行模拟预测（王原，2010）。

（1）气候统计分析

气候统计分析主要针对气温、降水、湿度、日照时数等气象要素。对于气象要素的分析主要包括基本气候状态统计、气候变化趋势分析、气候突变监测以及气候序列周期分析等方面，相关的方法和技术体系见表 4-1（魏凤英，1999）。

表 4-1　气候统计分析

统计方面	主要方法和技术
基本气候状态统计	均值分析、距平分析、偏度系数、峰度系数、Pearson 相关系数等
气候变化趋势分析	线性倾向分析、滑动平均分析、二次平滑分析、三次平滑分析、三次样条函数分析、趋势显著性检验等
气候突变监测	滑动 t 检验、Cramer's 检验、Yamamoto 检验、Mann-Kendall 法、Pettitt 法、Lepage 法等
气候序列周期分析	功率谱、最大熵谱、交叉谱、多维最大熵谱、奇异谱、小波分析等

（2）气候模式预估和排放情景

为预测未来气候变化的情景，国际上开发了一系列的全球和区域性的气候模型并利用不同排放情景进行气候变化的模拟预测。一般预测过程归纳如下：①根据研究区域具体的自然、社会经济状况及其未来发展趋势选择适于本区的气候模式和排放情景；②模型模拟能力分析评价，即对比分析所选用的模型在研究区域过去某一时段（气候基准时段）的气候模拟结果与其实际观测值，检验该模型对本区气候的模拟能力；③对未来一定时段区域气候进行情景模拟，分析描述气候相对于基准时段的变化值与特征。

气候模式预测方法主要是基于控制气候系统变化的物理定律的数理方程，用数值方法对之进行求解，以期得到未来气候变化的方法。其类型包括大气环流模式（GCM）、海气耦合模式（CGCM）以及区域气候模式（RCM）（王绍武，1994）。其中，大气环流模式和海气耦合模式在对气候平均态、气候变化机制和年际预测方面取得了很好的效果。

3. 生态环境敏感性分析

生态环境敏感性是指生态系统对区域内各种自然和人类活动干扰的敏感程度，它反映的是区域生态系统在遇到干扰时，发生生态环境问题的难易程度和可能性的大小，也就是在同样的干扰强度或外力作用下，各类生态系统产生生态环境问题的可能性的大小（欧阳志云等，1999）。生态环境敏感性评价是根据区域主要生态环境问题及其形成机制，通过分析影响各主要生态环境问题敏感性的主导因素，评价特定生态环境问题敏感性及其空间分布特征，然后对区域主要生态环境问题的敏感性进行综合评价，明确特定生态环境问题可能发生的地区范围与可能程度以及区域生态环境敏感性的总体区域分异规律，为生态功能区的划分提供依据。《全国生态功能区划》修编中，将生态敏感性的评价划分为 4 类，内容包括：水土流失敏感性、沙漠化敏感性、石漠化敏感性、冻融侵蚀敏感性。根据各类生态问题的形成机制和主要影响因素，分析各地域单元的生态敏感性特征，按敏感程度划分为极敏感、高度敏感、中度敏感以及一般敏感 4 个级别。

4. 生态服务功能重要性

区域生态系统服务功能重要性评价，是针对区域典型生态系统类型及其空间分布的特点，评价区域内不同地区生态系统提供各项生态服务功能的能力及其对区域社会经济发展的作用与重要性，明确每一项生态服务功能重要性的空间分布特征以及各项生态服务功能重要性的总体区域分异规律，为划分生态功能区提供依据。陆域生态系统服务功能重要性评价内容包括生物多样性维持与保护、水源涵养、洪水调蓄、水土保持、沙漠化控制、营养物质保持、自然与人文景观保护、生态系统产品提供等。海岸带生态系统服务功能重要性评价内容包括生物多样性维持与保护、海岸带防护、自然与人文景观保护、提供海港和运输通道、生态系统产品提供等。不同区域应根据本区生态系统的特点，选择相应的生态服务功能进行重要性评价。生态系统服务功能重要性评价是根据生态系统结构、过程与生态服务功能的关系，分析生态服务功能特征，按其对全国和区域生态安全的重要性程度分为极重要、重要、中等重要、一般重要 4 个等级（国家环境保护总局，2002）。

三、生态功能分区方法

根据生态功能区划的对象、尺度、目的和原则，省域生态功能区划一般采用自上而下逐级划分、定性与定量相结合的方法进行分区。归纳起来，区划的方法可分为基本方法和一般方法两类。

1. 基本方法

分区的基本方法就是指各类分区都要使用的通用方法，也就是通常所说的顺序划分法和合并法。

顺序划分法又称"自上而下"的区划方法。它是以空间异质性为基础，按区域内差异最小、区域间差异最大的原则，找出空间分异的主导因素和主要标志，划分最高级区划单元，再自上而下逐级划分。一般大范围的区划和区划高级、中级单元多采用这一方法。

合并法又称"自下而上"的区划方法。它是以相似性为基础，从划分最小区域单元开始，按相对一致性原则和区域共轭性原则依次向上合并为高级单位。多用于小范围区划和低级单位单元的划分。本研究采用的是合并法。

2. 一般方法

（1）叠置法

叠置法即部门区划叠置法。该方法采用重叠各个部门区划（气候区划、地貌区划、植被区划、土壤区划等）图来划分区域单位，也就是把各部门区划图重叠之后，以相重合的网格界线或它们之间的平均位置作为区域单位的界线。运用叠置法进行区划，并非机械地搬用这些叠置网格，而是要在充分分析比较各部门区划轮廓的基础上来确定区域单位的界线。随着电子计算机和 GIS 技术的发展，基于 GIS 的空间叠置分析方法在区划工作中得到广泛的应用。

（2）地理相关分析法

这是一种运用各种专业地图、文献资料和统计资料对区域各种自然要素之间的关系进行相关分析后进行区划的方法。该方法的具体步骤是：首先将所选定的各种资料、数据和图件的有关内容等标注或转绘在带有坐标网格的工作底图上，然后对这些资料进行地理相关分析，按其相关关系的紧密程度编制综合性的自然要素组合图，在此基础上逐级进行自然区域划分。地理相关分析法在区划工作中运用比较广泛，如果与叠置法配合使用，会得到较好的效果。

（3）主导标志法

这是贯彻主导因素原则经常运用的方法。运用主导标志法进行区划，是通过综合分析选取反映地域分异主导因素的标志或指标，作为划定区界的主要依据，并且在进行某一级分区时按照统一的指标划分。应该指出，每一级区域单位都存在自己的分异主导因素，但反映这一主导因素的不仅仅是某一主要标志，而往往是一组相互联系的标志和指标。因此，当运用主要标志或指标（如某一气候指标等值线）划分区界时，还需要参考其他自然地理要素和指标（如其他气候指标、地貌、水文、土壤、植被等）对区界进行订正。

上述由自然区划发展而来的区划方法，已为生态区划等其他类型区划所借鉴和采用。但这些常用的区划方法都是以定性分析为主的专家集成方法，存在主观性强、不够精确的缺陷。针对这种情况，一些数学分析的方法，如聚类分析、主成分分析、相关分析、对应分析、逐步判别分析等被引入到区划工作中，区划工作也出现另一种倾向，即单纯模式定量化。单纯模式定量化的区划方法虽然在避免主观随意性、提高分区精确性方面有所进步，但分区界线与实际出入较大、选取指标的地理意义难以诠释等缺陷限制了其广泛应用（杨勤业和李双成，1999）。因此，地理信息系统支持下的定性与定量分析相结合的专家集成方法正在成为各类区划工作的主要方法。

3. 分区等级系统与划分依据

省域生态功能区划分区系统一般分三个等级：1 级区——生态区，2 级区——生态亚区和 3 级区——生态功能区。进行分级区划是为了满足宏观指导与分级管理的需要。不同等级的生态功能区划单位，其划分依据是不同的，必须在深入分析研究区域生态环境、社会经济活动的分异规律以及对区域生态环境敏感性和生态服务功能重要性评价的基础上，确定各级生态功能区划分的依据。

省域生态功能区划三级区划分的依据如下所述。

1）一级区——生态区：生态区划分主要依据大尺度的气候和地貌特征。在生态区内，具有相似的气候和地貌特征及其所决定的生态系统类型及其组合特征。通常以气候带的界线来划分生态区。

2）二级区——生态亚区：生态亚区划分以主要生态系统类型和人类社会经济活动的特点为依据。在各生态区中，地貌类型的差异引起环境因子的不同，导致生态系统类型及其组合的进一步分异，使得生态系统结构、生态过程、生态服务功能及生态环境敏感性等存在一定的差异，这是划分二级区单元的基础。另外，自然环境因素与人类社会经济活动相互作用过程的区域分异也主要体现在生态亚区，各生态亚区中人类社会经济活动不同程度地影响和改变自然生态过程。因此，生态亚区划分以主要生态系统类型或生态系统组合景观结构特征相似性及人类社会经济活动特点的相似性为依据。

3）三级区——生态功能区：生态功能区划分主要以生态服务功能的重要性和生态环境的敏感性等指标为依据。在各生态亚区中，由于中尺度环境因子的差异及人类活动特点、影响程度的不同，使生态系统结构、主导生态过程、主导生态服务功能、生态环境敏感性等存在一定的差异，这是进一步划分三级区单元的基础。因此，在三级区中，每一个生态功能区单元应具有相似的生态系统结构、相似的主导生态过程、相似的主导生态服务功能或相似的生态环境敏感性。所以，生态功能区的划分应考虑主导生态服务功能或生态环境敏感性的相对一致性，主要以生态服务功能的重要性和生态环境的敏感性等指标为依据。

4. 分区命名方法

生态功能分区命名是生态功能区划分的重要环节，它是不同生态功能区单元等级性的具体体现与标识。省域生态功能区一般划分为 3 个等级，各等级区中生态功能区的命名主要遵循以下原则：①要准确体现各等级区分区的依据，表明其主要特征、主要生态系统类型和生态服务功能特点；②要标明其所处的地理空间位置；③同一级别生态功能区的名称应相互对应；④文字上要简明扼要，易于被大家接受。

一级区命名体现分区的生物气候与地貌特征，由地名+地貌特征+生态区构成。

二级区命名体现出分区的生态系统结构、过程与生态服务功能的典型类型，由地名+生态系统类型+生态亚区构成。

三级区命名体现分区的生态服务功能的重要性、生态环境敏感性特点，由地名+生态服务功能特点（或生态环境敏感性特征）+生态功能区构成。

5. 内蒙古生态功能区划体系

省级生态功能区划分两步进行，首先进行第 1、第 2 级区划分，然后再进行第 3 级区划分。

（1）第 1、第 2 级区划分的依据和指标

第 1 级区，即生态区的划分以生物气候因素和相应的人类社会经济活动特点的相似性和差异性为依据。

生物气候条件是生态环境区域分异的主导因素。内蒙古地区属半干湿的中温带大陆性季风气候，东部为半湿润地带，西部为半干旱地带。只有大兴安岭北段地区属于寒温带大陆性季风气候（牛建明，2000）。从东至西可分作两大气候区：草原气候区，从东端呼伦贝尔草原至阴山河套平原一带；沙漠气候区，从阴山以西阿拉善沙漠高原至巴丹吉林沙漠。相应地，草原类型也自东向西划分为内蒙古东部大兴安岭山麓的草甸草原、内蒙古中部的典型草原及中西部的荒漠草原（穆少杰，2013）。根据保持乡镇域完整性的原则，内蒙古划分为 3 个生态区：

Ⅰ-1 以半湿润中温带气候为基带的内蒙古东部大兴安岭森林草原生态区；

Ⅰ-2 以半干旱中温带气候为基带的内蒙古中部阴山山麓典型草原生态区；

Ⅰ-3 以中温带沙漠气候为基带的内蒙古西部阿拉善荒漠草原生态区。

第 2 级区，即生态亚区的划分，是在 3 个生态区的框架下，按地貌特征、主要生态系统类型、生态环境结构和社会经济活动特点，划分 6 个生态亚区：

Ⅱ-1 大兴安岭森林生态亚区；

Ⅱ-2 科尔沁草原沙地生态亚区；

Ⅱ-3 浑善达克草原沙地生态亚区；

Ⅱ-4　阴山北麓风蚀沙化农牧交错生态亚区；

Ⅱ-5　黄河中上游（内蒙古区段）风水侵蚀生态亚区；

Ⅱ-6　阿拉善沙漠和戈壁生态亚区。

（2）第 3 级区划分的依据和指标

第 3 级区，即生态功能区划分，主要以景观生态结构和生态功能结构的相对一致性，以及主导生态服务功能和生态环境的敏感性等指标为依据。划界时尽可能考虑乡镇行政边界的完整性。考虑流域内生态系统之间、水系上下游之间自然生态过程和自然–人类社会共轭生态作用的关联。

以内蒙古东北部呼伦湖流域为例，划分其 3 级生态功能区：

Ⅲ-1　克鲁伦河水源涵养与生物多样性保护生态功能区；

Ⅲ-2　呼伦湖流域中西部水源涵养草原生态功能区；

Ⅲ-3　乌尔逊河水源涵养与生物多样性保护生态功能区；

Ⅲ-4　海拉尔河水源涵养与生物多样性保护生态功能区；

Ⅲ-5　呼伦贝尔大兴安岭森林保护区生态功能区。

第二节　生态屏障分区

一、内蒙古生态屏障分区

1. 按国家十大生态屏障分区

2011 年 1 月 5 日，在北京召开的全国林业厅局长会议提出，未来 5 年，我国将按照全国主体功能区规划要求，加快构建十大国土生态安全屏障，为有效维护国家生态安全和促进经济社会可持续发展奠定坚实的生态基础。力争到 2015 年，森林覆盖率达到 21.66%，森林蓄积量达到 143 亿 m^3，林地保有量达到 3.09 亿 hm^2，森林植被总碳储量达到 84 亿 t（冯小杰，2011）。

十大国土生态安全屏障包括：东北森林屏障、北方防风固沙屏障、东部沿海防护林屏障、西部高原生态屏障、长江流域生态屏障、黄河流域生态屏障、珠江流域生态屏障、中小河流及库区生态屏障、平原农区生态屏障和城市森林生态屏障。其建设范围覆盖全国主要的生态重点地区和生态脆弱地区，建设内容包括森林、湿地、荒漠、城市等主要生态系统，构成了国家生态安全体系的基本框架。

在这十大国土生态安全屏障中，涉及内蒙古自治区的有六大生态屏障。

（1）东北森林屏障

中国东北地区包括黑龙江、吉林、辽宁三省及内蒙古东部（呼伦贝尔市、兴安盟、通辽市、赤峰市和锡林郭勒盟）地区，地处欧亚大陆东部，东临日本海，南接黄海、渤海，西、北两侧与蒙古高原、西西伯利亚高原接壤，是一个完整的自然地理区域。由于其所处区域地理位置的特殊性，其生态重要性也逐渐显现。

中国东北地区是寒温带针叶林和针阔混交林的主要分布区，也是中国森林资源最丰富的地区之一。作为我国重要的木材生产基地，从 20 世纪 50 年代开始，大兴安岭、小兴安岭及长白山林区累计生产木材超过 10 亿 m³。

中国东北地区（包括内蒙古的东部地区）森林主要由大兴安岭森林、小兴安岭森林和长白山森林组成，横跨温带和寒温带两个气候带，从而形成温带落叶阔叶林、温带针阔混交林和寒温带针叶林 3 个基本林区，该区域有林地面积占全国森林面积的 31.4%（赵俊芳等，2009）。全球变暖背景下，东北森林对降低大气温室气体浓度以及缓解气候变化起着积极作用（刘东生和黄东，2009）。

但东北地区长期以采伐木材为主，为森林资源枯竭和生态环境的恶化埋下隐患，土地沙化面积每年以 2 万 hm² 的速度增长，沙化总面积超过 153 万 hm²，2004 年 3 月 24 日的《瞭望》周刊报道，东北地区从 1998 年实施天保工程以来，木材产量由 1997 年的 1824 万 m³ 调减到 2003 年的 1094.1 万 m³，约占全国木材产量的四分之一。但历经半个世纪的过度砍伐，调减后的这个产量仍然超过了东北林区可以承受的采伐极限。

根据"振兴东北内蒙古东部生态专题研究"课题组数据（2006 年），内蒙古东部生态环境保持比较好的区域约为 1589.62 万 hm²，占区域总面积的 24.32%，主要分布在大兴安岭山地和两侧部分草原区；生态环境一般的区域约为 2213.73 万 hm²，占区域总面积的 33.87%，主要分布在呼伦贝尔草原部分地区和锡林郭勒草原东北部、呼伦贝尔市境内大兴安岭中部山地和两侧低山丘陵区；生态环境比较差的区域约为 2146.82 万 hm²，占区域总面积的 32.86%，生态环境较恶劣的区域约为 585 万 hm²，占区域总面积的 8.95%，主要分布在三大沙地和低山丘陵水土流失严重区。

2014 年 4 月 1 日起，我国在黑龙江重点国有林区 50 个林业局正式启动全面停止商业性采伐试点。2015 年 4 月 1 日，东北、内蒙古等地的重点国有林区全面停止商业性采伐。全面停止商业性采伐将意味着在我国目前最大的国有林区，内蒙古大兴安岭结束了长达 63 年的采伐历史，从过去的开发利用转向了生态保护。此次天然林商业性停伐主要包括内蒙古、吉林等地的重点国有林区，以及内蒙古、吉林和大兴安岭范围内，未纳入天然林资源保护工程的上百个国有林场。2015 年，我国的大兴安岭、小兴安岭及长白山天然林区，已经全面进入商业停伐范围。

由此可见，东北森林屏障建设的目的是以天然林保护和经营为重点，着力提高森林资源的总量和质量。

（2）北方防风固沙屏障

国家第六次全国荒漠化和沙化调查结果显示，截至 2019 年，全国荒漠化土地面积 257.37 万 km²，占国土面积的 26.81%；沙化土地面积 168.78 万 km²，占国土面积的 17.58%；具有明显沙化趋势的土地面积 27.92 万 km²，占国土面积的 2.91%。

中国的荒漠化及沙化土地主要分布在我国西北、华北北部及东北西部，主要位于北纬 35°～50°、东经 75°～125°，自西向东分布。中国主要有八大沙漠，分别是：塔克拉玛干沙漠、古尔班通古特沙漠、巴丹吉林沙漠、腾格里沙漠、乌兰布和沙漠、库布齐沙漠、柴达木盆地沙漠、库姆塔格沙漠。

八大沙漠有四大沙漠全部或部分在内蒙古自治区境内。包括①巴丹吉林沙漠，位于内蒙古高原的西南边缘，行政区包括额济纳旗和阿拉善右旗的部分地区，面积约 5.50 万 km²。沙漠里有众多湖泊，湖泊水位多年变化较小，在湖泊旁有众多高大的沙山。②腾格里沙漠，位于内蒙古阿拉善盟的东南部，总面积为 4.19 万 km²。涉及甘肃、内蒙古、宁夏三个省（自治区）。沙漠区光热资源丰富，其中的月亮湖也是独一无二。③库布齐沙漠，位于内蒙古鄂尔多斯高原北部，面积约 1.39 万 km²。库布齐沙漠东部、中部、西部各具特色，沙漠资源利用率较高，中部、东部雨量较多，西部热量丰富。④乌兰布和沙漠，位于内蒙古巴彦淖尔市和阿拉善盟东北部，河套平原的西南部，面积近 0.91 万 km²。乌兰布和沙漠干旱少雨，昼夜温差大，季风强劲，南部多流沙，中部多垄岗形沙丘，北部多固定和半固定沙丘。

中国有四大沙地，分别是科尔沁沙地、毛乌素沙地、浑善达克沙地、呼伦贝尔沙地，这些沙地全部或部分在内蒙古自治区范围内。①科尔沁沙地，于西辽河中下游，行政区域涉及内蒙古赤峰和通辽两市、吉林西部、辽宁西北部，面积 6.36 万 km²，是我国面积最大的沙地。沙层有广泛的覆盖，丘间平地开阔，沙化土地扩张显著。②毛乌素沙地，位于鄂尔多斯高原东南部，面积 5.55 万 km²。行政区域涉及内蒙古鄂尔多斯市，陕西榆林市，宁夏银川市（兴庆区）、石嘴山市和吴忠市。沙地降水资源丰富，沙化土地发展迅速。③浑善达克沙地，位于内蒙古锡林郭勒高原中部，主要涉及内蒙古锡林郭勒盟、赤峰市克什克腾旗和河北承德市围场县的一部分，面积 3.96 万 km²。沙漠中水资源相对丰富，沙漠中生物资源也比较丰富。④呼伦贝尔沙地，位于呼伦贝尔高原上，主要分布在呼伦贝尔市的鄂温克族自治旗、新巴尔虎左旗、新巴尔虎右旗、陈巴尔虎旗、海拉尔区境内，面积约 0.74 万 km²。河流、湖泊、沼泽较多，水分条件也很优越，年平均气温较低。

2016 年 2 月 18 日，内蒙古阿拉善盟吉兰泰地区出现首场沙尘天气；3 月 3 日，阿拉善盟额济纳旗出现当年以来的最强沙尘天气，锡林郭勒盟等 3 个盟市出现沙尘暴。沙尘暴的起因是多方面的，但大面积地表荒漠化和沙化是重要因素，土地荒漠化和沙化是当前我国最为严重的生态问题。内蒙古自治区沙漠及沙地的成因及危害主要有①不合理的农垦，无论在沙漠地区或原生草原地区，一经开垦，土地即行沙化。例如，1958～1962 年，片面地理解大办农业，在牧区、半农牧区及农区不加选择，胡乱开荒，1966～1973 年，又片面地强调以粮为纲，"牧民不吃亏心粮"，于是在牧区出现了滥垦草场的现象，致使草场沙化急剧发展。由于风蚀严重，沙荒地区开垦后，导致"开荒一亩，沙化三亩"。据统计，仅内蒙古鄂尔多斯地区开垦面积就达 120 万 hm²，造成 120 万 hm² 草场不同程度地沙化。

沙漠化的危害是破坏土地资源,使可供农牧的土地面积减少,土地滋生能力退化,植物量减少,土地载畜力下降,作物的单位面积产量降低。②过度放牧,由于牲畜过多,草原产草量供应不足,使很多优质草种长不到结种或种子成熟就被吃掉了。③不合理的樵采,从历史上来讲,樵采是造成我国灌溉绿洲和旱地农业区流沙形成的重要因素之一。以早年的鄂尔多斯为例,据估计五口之家年需烧柴700多千克,若采油蒿则每户需5000kg,相当于3hm²多固定、半固定沙丘所产大部或全部油蒿。据统计,鄂尔多斯仅樵采一项就使巴拉草场沙化的面积达20万hm²。

沙漠化及沙化土地治理的关键是防风固沙,保护已有植被,并且在沙漠地区有计划地栽培沙生植物,营造固沙林带,因此,以防护林体系建设和现有植被保护为重点,着力解决风沙危害和水土流失问题是北方防风固沙屏障建设的根本要务。

沙产业,是西部"不毛之地"上发展的新兴产业,即利用现代化技术,包括物理、化学、生物等科学技术的全部成就,通过植物的光合作用,固定转化太阳能,使用节水技术,以发展知识密集型的农业型新兴产业。钱学森认为,沙产业要充分利用沙漠戈壁上的日照和温差等有利条件,推广使用节水生产技术,发展知识密集型的现代化农业。由此可见,沙产业正是干旱沙区农林业发展的必然选择。中国沙漠化防治专家刘恕认为,沙产业有四条标准,一要看太阳能的转化效益,二要看知识密集程度,三要看是否与市场接轨,四要看是否保护环境、坚持可持续发展。沙产业能否解决风沙危害和水土流失问题,能否为北方防风固沙屏障建设贡献力量,需要进一步实践和总结。

（3）黄河流域生态屏障

黄河发源于青藏高原巴颜喀拉山北麓的约古宗列盆地,流经青海、四川、甘肃、宁夏、内蒙古、山西、陕西、河南、山东9省(自治区),在山东省垦利县注入渤海,干流全长5464km,落差4480m。黄河流域位于东经96°～119°、北纬32°～42°,东西长约1900km,南北宽约1100km。流域面积79.5万km²(包括内流区面积4.2万km²)。内蒙古托克托县河口镇以上为黄河上游,河道长3472km,流域面积42.8万km²;河口镇至桃花峪为中游,河道长1206km,流域面积34.4万km²;桃花峪以下为下游,河道长786km,流域面积只有2.3万km²。

黄河内蒙古段全线长度720km,流经内蒙古的河套一带,河套平原位于内蒙古自治区和宁夏回族自治区境内,是黄河沿岸的冲积平原。由贺兰山以东的银川平原(又称西套平原),内蒙古狼山、大青山以南的后套平原和土默川平原(又称前套平原)组成,面积约25 000km²,是鄂尔多斯高原与贺兰山、狼山、大青山间的陷落地区。地势平坦,土质较好,有黄河灌溉之利,为宁夏回族自治区与内蒙古自治区重要农业区和商品粮基地,民间传有"黄河百害,唯富一套"的说法。黄河流经内蒙古的城市有乌海市、巴彦淖尔市、包头市、鄂尔多斯市,流经磴口县、五原县(离主干河有些远)、乌拉特前旗、达拉特旗、土默特右旗、托克托县、清水河县、准格尔旗。地理教材（中图版）介绍黄土高原的矿产资源时，将内蒙古的东胜煤矿划入黄土高原，准确说是属于黄土高原黄土沉降区。

河套灌区农业生产中的春潮、低温冷害、盐碱和霜冻是当地主要灾害，河套灌区土壤次生盐渍化面积逐年增加。农田防护林体系成为当地抗御自然灾害，改善生态环境，保障作物稳产高产而建立的重要林业生态工程。

黄河的中游流经了土质疏松的黄土高原，这里植被遭到破坏，地表得不到保护，在夏季多暴雨的情况下，出现严重的水土流失现象，使黄河成为世界上含沙量最大的河流。在黄河中游的宁夏回族自治区与内蒙古自治区河段也时常发生严重的季节性淤积。宁夏回族自治区与内蒙古自治区河段间的鄂尔多斯高原是黄河中游的暴雨多发区。每到雨季，这里经常发生暴雨，洪水夹带大量泥沙直接冲入黄河，淤塞河床，迫使黄河主流北移，直接威胁包兰铁路、公路，造成极大危害。大量的泥沙被携带到下游，由于下游河道变宽，流速减慢、泥沙沉积形成高高在上的"地上悬河"。经考证，黄河泥沙主要来源于黄河的上中游地区，特别是黄土高原、黄河中游水土流失严重。内蒙古自治区地处黄河中上游，就成为泥沙主要来源地，除内蒙古自治区外，甘肃省、山西省、陕西省、河南省也是黄河泥沙重要来源省份。从生态屏障建设角度来看，黄河流域生态屏障以增强水源涵养能力和防治水土流失为重点，才能进一步减少黄河泥沙流量。

（4）中小河流及库区生态屏障

内蒙古境内分布着数千条河流和近千个湖泊，根据其河川径流排泄条件的不同，可分为外流和内流两大水系。大兴安岭、阴山和贺兰山是内流、外流水系的主要分水岭。

内蒙古自治区的外流水系自东而西有额尔古纳河、嫩江、辽河、滦河、永定河、黄河 6 个水系，总流域面积 61.34 万 km^2，占全区总面积的 52.5%，主要汇入鄂霍次克海和渤海。内流水系分布比较零星，自东而西有达里诺尔湖、乌拉盖尔河、查干诺尔、黄旗海、岱海和蒙古高原西部的塔布河、艾不盖河、额济纳河等水系，皆系无尾河，河川径流均消失于各自封闭的湖盆或洼地内，总流域面积 11.41 万 km^2，占全区总面积的 9.8%。内蒙古主要河流水系也在本书有所介绍，这些河流及流域是内蒙古自治区重要生态屏障。

内蒙古自治区共有大型水库 61 座，按库容量依次为红山水库、绰勒水利枢纽、乌拉盖水库、莫力庙水库、他拉干水库、舍力虎水库、吐尔吉山水库、打虎石水库、孟家段水库等。这些水库及库区是内蒙古自治区需保护的生态屏障。

①红山水库。红山水库是内蒙古自治区乃至整个东北地区最大的一座水库，位于著名的西辽河支流的老哈河中游。水库距赤峰市区 90km。水库控制流域面积 24 486km²，灌溉面积 15 万 hm²。红山水库是一座以防洪为主，兼顾灌溉、发电、养鱼、旅游等综合利用的大型水利枢纽。红山水库作为辽河流域最大的水库，是国家"二五"期间在辽河流域修建的重点防洪工程。②察尔森水库。察尔森水

库位于嫩江支流洮儿河中游内蒙古科尔沁右翼前旗境内，距乌兰浩特市 32km，是一座以灌溉、防洪为主，结合发电、养鱼、旅游等综合利用的大型水利枢纽。坝址以上流域面积为 7780km²，多年平均径流量 8.3 亿 m³。水库建成后使洮儿河干流防洪能力提高到 20 年一遇洪水标准，防洪保护面积 46.67 万 hm²；设计灌溉供水能力 5.09 亿 m³，灌溉面积为 6.65 万 hm²。③尼尔基水库。尼尔基水库位于黑龙江省与内蒙古自治区交界的嫩江干流上，坝址右岸为内蒙古自治区莫力达瓦达斡尔族自治旗尼尔基镇，左岸为黑龙江省讷河市二克浅镇，距下游工业重镇齐齐哈尔市约189km。尼尔基水利枢纽坝址地处嫩江干流的最后一个峡谷，扼嫩江由山区、丘陵地带流入广阔的松嫩平原的咽喉，枢纽坝址以上控制流域面积 6.64 万 km²，占嫩江流域总面积的 22.4%，多年平均径流量 104.7 亿 m³，占嫩江流域的 45.7%。④黄河万家寨水库。黄河万家寨水库位于黄河北干流上段托克托至龙口河段峡谷内，其左岸为山西省偏关县，右岸为内蒙古自治区准格尔旗，是黄河中游 8 个梯级规划开发的第一个。万家寨水库控制流域面积 39.48 万 km²，多年平均径流量 248 亿 m³，多年平均流量 790m³/s，多年平均输沙量 1.49 亿 t；年供水量 14 亿 m³，枢纽发电后，电力分别接入山西及蒙西电网。库区周围生态屏障建设是保证水库水质、水量和库坝生态安全的重要途径。

中小河流及库区生态屏障建设的目标就是以防治水土流失和山洪、泥石流灾害及涵养水源、净化水质为重点，全面提升中小河流及库区周边森林生态系统的功能。

（5）平原农区生态屏障

中国四大平原包括东北平原、华北平原、长江中下游平原、关中平原。其中，面积最大的平原为东北平原（35 万 km²）。东北平原，又称松辽平原、关东平原，位于东北地区中部，地跨黑、吉、辽和内蒙古 4 个省（自治区）。平原东西两侧为长白山地和大兴安岭山地，北部为小兴安岭山地，南端濒辽东湾，南北长 1000多千米，东西宽约 400km，面积达 35 万 km²。东北平原介于东经 118°40′~128°，北纬 40°25′~48°40′。东北平原可分为 3 个部分，东北部主要是由黑龙江、松花江和乌苏里江冲积而成的三江平原；南部主要是由辽河冲积而成的辽河平原；中部则为松花江和嫩江冲积而成的松嫩平原。

内蒙古东部部分土地在东北平原范围内。主要面临的灾害有土壤流失、土地荒漠化、沙化、洪涝灾害和森林破坏。平原农区生态屏障建设的措施是以平原绿化和农田林网建设为重点，为平原农区粮食稳产高产和农村生产生活提供坚实的生态保障。

（6）城市森林生态屏障

当今世界进入了城市化高度发展的时期。由于城市化和工业化联合发展，城市生态环境危机问题凸显。为了缓解城市生态系统的巨大压力，国家正在积极开展城市生态建设，逐步将城市森林视为衡量现代化文明程度的一个重要标准。

2017年3月12日及3月21日，是第39个中国植树节和第5个世界森林日，有记者采访了当时的全国绿化委员会副主任、国家林业局局长张建龙，当谈到城市森林生态屏障建设时张建龙说，当前与今后一个时期，要以维护国家森林生态安全为主攻方向，深入开展义务植树活动和部门绿化，推动森林进城，使城市适宜绿化的地方都绿化起来；推进森林环城，构建环城市的森林生态屏障；推进森林乡村建设、打造乡风浓郁的森林小镇；推进森林城市群建设，扩大城市间的生态涵养空间。可以看出，城市森林生态屏障建设是以发展城市森林和加强郊区绿化为重点，全面增强城市生态功能。

2. 按生态功能分区

（1）大兴安岭森林保护区

大兴安岭山地西与内蒙古高平原相连，耸立于松辽平原的北侧，成为我国东北地区一道重要的天然生态屏障。大兴安岭山地是我国森林资源丰富的地区之一，森林覆盖率47.8%，保留有兴安落叶松原始林。长期以来，由于在森林开发中重采轻造，采育严重失调，再加上森林火灾和滥砍滥伐、毁林开荒等原因，森林面积逐年减少，林分质量逐年下降，森林资源遭到破坏，水土流失和风蚀沙化加重，森林生态系统的生态屏障功能严重受损。

主要生态问题：原始森林已受到较严重的破坏，出现不同程度的生态退化现象。大兴安岭山地北段的土壤冻融侵蚀面积1065.91万hm^2，占该区总土地面积的81.75%；水土流失面积203.26万hm^2，占该区土地面积的18.76%；大兴安岭山地南段水土流失面积427.97万hm^2，占该区土地面积的71.49%。其中，中度以上水土流失面积68.02万hm^2，占该区土地面积的11.36%；土地风蚀沙化面积167.15万hm^2，占该区土地面积的27.92%。其中，中度以上风蚀沙化面积54.04万hm^2，占该区土地面积的9.03%（宝音等，2002）。

生态保护主要措施：加大原始森林生态系统保护力度，严禁开发利用原始森林；加强林缘草甸草原的管护和退化生态系统的恢复重建；发展生态旅游业和非木材林业产品及特色林产品加工业，走生态经济型发展道路。

（2）科尔沁草原沙地主体区

科尔沁沙地位于内蒙古自治区赤峰市东部，坐落在老哈河、西拉木伦河、乌力吉木伦河下游冲积平原，属温带半干旱大陆性季风气候。科尔沁沙地北部受河流作用的影响，其沙丘沿河谷由西北向东南呈条带状分布。南部地区受冬春盛行风向的影响，沙丘呈东西向与甸子相间分布（赵学勇等，2009）。

主要生态问题：科尔沁沙地沙漠化土地面积374.49万hm^2，占土地面积的40%。其中，重度沙漠化（流动沙丘）面积53.54万hm^2，占沙漠化土地面积的14.3%；中度沙漠化土地面积89.85万hm^2，占沙漠化土地面积的23.99%；轻度沙漠化土地面积231.1万hm^2，占沙漠化土地面积的61.7%。由于滥垦，科尔沁沙地的流动沙丘面积迅速扩大，已成为冬春季风形成沙尘天气的沙尘源地，从而直接影响东北和京津唐地区（任鸿昌等，2004）。

生态保护主要措施：实行围封、禁牧和退耕还草；以草定畜，划区轮牧或季节性休牧；禁止滥挖滥采野生植物；禁止任何导致生态功能继续退化的人为破坏活动；改变耕种方式，提倡和推广免耕技术，发展高效农业。

（3）浑善达克草原沙地极脆弱区

浑善达克沙地位于内蒙古高平原的中东部，东西长 360km，南北宽 30～100km，呈条带状分布。浑善达克沙地地面起伏不大，固定沙丘多为沙垄或梁窝状，多呈西北—东南向与丘间滩地和湖盆洼地相间排列。半固定沙丘形态普遍形成风蚀窝，呈斑状出现在固定沙丘间。流动沙丘的主要形态是新月形沙丘及沙丘链，以大面积出现于半固定沙丘中（李鸿威和杨小平，2010）。

主要生态问题：流动沙丘面积由 1995 年的 32.81 万 hm^2 增加到 2000 年的 59.70 万 hm^2，5 年间增加了 26.89 万 hm^2，平均每年以 5.38 万 hm^2 的速度扩大。长期以来的草地资源不合理开发利用带来的草原生态系统严重退化，表现为退化草地面积大、土地沙化严重、耕地土壤贫瘠化。经研究证明，京津地区沙尘天气的大部分沙尘来自于浑善达克沙地。

生态保护主要措施：停止导致生态功能继续退化的人为破坏活动，控制农垦范围北移，坚持退耕还草方针；以草定畜，推行舍饲圈养，划区轮牧、退牧、禁牧和季节性休牧；改变农村传统的能源结构，减少薪柴砍伐；对人口已超出生态承载力的地方实施生态移民，改变粗放的牧业生产经营方式，走生态经济型发展道路（申陆等，2016）。

（4）阴山北麓风蚀沙化农牧交错区

阴山北麓农牧交错带位于内蒙古自治区中部，南靠阴山山脉，北接蒙古高原。总土地面积 417.32 万 hm^2，其中耕地 150.06 万 hm^2，占总土地面积的 36%，耕地中水浇地仅占 7.5%，其余均为旱坡地；林地 20.13 万 hm^2，占总土地面积的 4.8%，其中灌木占 34%；草场 211.12 万 hm^2，占总土地面积的 50.6%，其中退化草场占 46.4%；其他用地占 8.6%。该区属中温带半干旱大陆性季风气候，年均降水量 200～400mm，干旱频率为 50%～75%，年均风速 3～5m/s，大于 8 级年大风日数 45～84 天，一些地区年沙尘暴日数多达 20～25 天。

主要生态问题：由于该区域生态环境脆弱、人口增加及不合理的经营活动（滥垦、过牧、乱伐等），导致大面积土地荒漠化，农牧业用地正面临着风蚀沙化、水土流失严重等一系列的生态问题。风蚀沙化、水土流失面积已占总土地面积的 75%，70% 以上的耕地、草场不同程度沙化，且每年以 2.5% 的速度扩展；土壤有机质损失严重，地力日益贫瘠，草地载畜量普遍降低；干旱缺雨，植被盖度降低，林草成活率低下。

生态保护主要措施：建设生态农业，建立良性循环的生态系统，开展以改土治水为中心的农田基本建设；推行退耕还林还草还牧，种树种草，防风固沙，治理水土流失；改造天然草场，提高产草量；实行粮、经、饲种植，调整畜牧业结构（赵彩霞，2004）。

（5）黄河中上游（内蒙古区段）风水侵蚀区

黄河中上游山地丘陵风水侵蚀区主要是指察哈尔熔岩台地与低山丘陵和林格尔—准格尔丘陵区，属黄河中上游流域以及永定河的上游地区。第四纪黄土填充于盆地和谷地以及覆盖于丘陵山坡，流水侵蚀强度大，形成了以黄土沟谷、丘陵沟壑为主，以地面破碎为特点的侵蚀地貌类型区。植被以典型草原为主，森林植被仅在蛮汉山和兴和县的山地残存以白桦、山杨为主的天然次生林，在山坡上残留灌丛植被。

主要生态问题：由于长期滥垦、滥牧、乱伐，植被遭到破坏，使水土流失十分严重，涵养水源的功能减弱，河流含沙量增加，水旱灾害频繁，生态环境出现日趋恶化的趋势。该区水土流失面积227.11万 hm^2，占总土地面积的80.13%。其中，中度以上水土流失面积121.82万 hm^2，占土地面积的42.98%，是自治区水土流失最严重的地区。

生态保护主要措施：建立以"带、片、网"相结合为主的防风沙体系；建立能有效保护耕地的农田防护体系；加强对流动沙丘的固定；改变粗放的生产经营方式，停止一切导致生态功能继续恶化的人为破坏活动（邹亚荣等，2003）。

（6）阿拉善荒漠区

阿拉善沙漠和戈壁位于阿拉善高平原，是荒漠区的一个组成部分。世界著名的巴丹吉林、腾格里、乌兰布和三大沙漠横贯全境。在阿拉善荒漠中，沙漠面积840万 hm^2，戈壁面积910万 hm^2，沙漠戈壁面积占总面积的2/3；可利用草地面积占 1/3，主要分布在额济纳河绿洲，巴丹吉林沙漠以南，腾格里沙漠以东，乌兰布和沙漠以西，北部戈壁以南以及丘间湖盆地区。阿拉善荒漠草地在全国草地等级分类中均属劣等草地。其中温性荒漠类最大，可利用总面积790万 hm^2，占全盟可利用草地总面积的 88%。植被盖度平均在 15%以下，鲜草产量不足225kg/hm^2（陈善科等，2000）。

主要生态问题：草地严重沙化、退化，生产力急剧下降。据统计，目前全盟草地严重退化面积达 333.3万 hm^2，占全盟可利用草地总面积的 37%，沙漠化面积已达到可利用草地的 90%以上，植被生态功能削弱，土地肥力贫瘠，风蚀加剧，盐渍化发展强烈。草地植被中毒草蔓延，年均发生面积 266万 hm^2，严重影响人畜的生命安全。

生态保护主要措施：严格执行国务院黑河分水方案，保障生态用水；保护现有天然胡杨林、柽柳林和草甸植被；控制绿洲规模，严格保护绿洲-荒漠过渡带；对人口已超出生态承载力的区域实施生态移民，改变牧业生产经营方式，实行禁牧、休牧和划区轮牧；调整产业结构，严格限制高耗水农业品种种植面积；充分发挥光能资源的生产潜力，在发展农村经济的同时，解决能源、肥料问题（刘钟龄等，2001）。

3. 按自然保护区屏障分区

1956 年，第一届全国人民代表大会第三次会议上，华南植物研究所第一任所长陈焕镛等科学家，共同提交了"划定天然森林禁伐区，保存自然植被以供科学研究的需要"的提案。提案获得通过后，同年 10 月国家林业部草拟了《天然森林伐区（自然保护区）划定草案》，中国科学院会同广东省把原属广东省肇庆国营高要林场的鼎湖山林场单独划出，建立了中国第一个自然保护区——鼎湖山自然保护区。之后的几十年，中国自然保护事业发展迅速。

截至 2016 年 5 月，全国共建立自然保护区 2740 个，总面积 147 万 km²，约占陆地国土面积的 14.83%，高于世界平均水平。其中国家级自然保护区 446 个。时任国家环保部部长的陈吉宁表示，我国自然保护区已初步形成布局基本合理、类型比较齐全、功能相对完善的体系，为保护生物多样性、筑牢生态安全屏障、确保生态系统安全稳定和改善生态环境质量作出了重要贡献。

在全国保护区建设中，林业系统建设管理的自然保护区是我国自然保护区的主体。而且发展迅速。林业系统已建立的各级各类自然保护区占全国自然保护区数量的 81.31%，占全国面积的 84.54%。短短 5 年，增加了 193 处自然保护区，特别是增加了 98 处国家级自然保护区，5 年间国家级自然保护区增加的数量占总数量的 28.4%（表 4-2）。

表 4-2　林业系统保护区建设成就对比表

年份	总数/处	总面积/亿 hm²	占国土面积/%	国家级/处	面积/万 hm²
2010	2035	1.24	12.89	247	7 597.42
2015	2228	1.243 065	12.95	345	8 108.37

除此之外，截至 2015 年底，林业系统统计全国省级自然保护区共有 709 处，面积 3133.61 万 hm²，分别占林业系统自然保护区数量的 31.82% 和面积的 25.21%；地市级自然保护区 316 处，面积 530.28 万 hm²，分别占林业系统自然保护区数量的 14.18% 和面积的 4.26%；县级自然保护区 858 处，面积 658.39 万 hm²，分别占林业系统自然保护区数量的 38.51% 和面积的 5.30%。

内蒙古自治区的自然保护区事业起步较晚，第一个自然保护区建于 1979 年，但 30 年来发展迅速。截至 2015 年底，内蒙古自治区已建立 150 个自然保护区，数量居全国第四，面积（1048.54hm²）位居全国第三；其中国家级自然保护区 29 个，在全国排名第二。内蒙古有 4 个自然保护区加入联合国教科文组织世界人与生物圈保护区网络，以及 3 个全国林业系统示范保护区，足以证明内蒙古的自然保护在国际上的重要性。在内蒙古生态屏障建设中，这些保护区特别是国家级保护区起到重要作用。

从自然保护区分类角度来认识内蒙古自然保护区生态屏障，我们查找全国林业系统自然保护区统计年报（2015 年度）资料发现，内蒙古自治区 150 个自然保护区中森林生态类型保护区 83 个；湿地生态类型保护区 32 个；荒漠生态类型保护区 18 个；野生植物保护区 6 个；野生动物保护区 7 个；草原与草甸类型保护区 2 个；自然遗迹保护区 2 个，合计森林生态类型保护区保护面积 325.08 万 hm^2；湿地生态类型保护区保护面积 251.10 万 hm^2；荒漠生态类型保护区保护面积 396.44 万 hm^2；野生植物保护区保护面积 30.96 万 hm^2；野生动物保护区保护面积 11.57 万 hm^2；草原与草甸类型保护区面积 7.69 万 hm^2；自然遗迹保护区保护面积 20.70 万 hm^2（表 4-3）。

表 4-3 内蒙古国家级自然保护区保护类型及分布

序号	保护区名称	保护类型	分区区域（行政区域）
1	大兴安岭汗马国家级自然保护区	森林生态	呼伦贝尔市根河市
2	额尔古纳国家级自然保护区	森林生态 （原始寒温带针叶林森林生态系统）	呼伦贝尔市额尔古纳市
3	呼伦湖国家级自然保护区	湿地生态 （湿地生态系统和以鸟类为主的珍稀濒危野生动物）	呼伦贝尔市境内，跨新巴尔虎右旗、新巴尔虎左旗、满洲里市行政区域
4	辉河国家级自然保护区	湿地生态 （湿地、珍禽、草原为主的综合性自然保护区）	呼伦贝尔市西南部鄂温克族自治旗
5	毕拉河国家级自然保护区	湿地生态 （森林沼泽、草本沼泽以及珍稀濒危野生动植物）	呼伦贝尔市鄂伦春自治旗
6	红花尔基樟子松林国家级自然保护区	森林生态 （梭梭林、蒙古野驴等野生动植物栖息地及荒漠生态系统）	呼伦贝尔市鄂温克族自治旗
7	图牧吉国家级自然保护区	野生动物 （大鸨、丹顶鹤、白鹳等珍稀鸟类及其赖以生存的草原和湿地生态系统）	兴安盟扎赉特旗
8	青山国家级自然保护区	森林生态 （山地森林和濒危珍稀物种）	兴安盟科尔沁右前旗
9	科尔沁国家级自然保护区	湿地生态 （湿地珍禽）	兴安盟科尔沁右翼中旗

续表

序号	保护区名称	保护类型	分区区域（行政区域）
10	罕山国家级自然保护区	森林生态 （天然次生林及草原、草甸生态系统、珍稀濒危野生动植物资源、人文遗迹）	通辽市扎鲁特旗
11	大青沟国家级自然保护区	森林生态 （森林生态系统和阔叶林）	通辽市科尔沁左翼后旗
12	高格斯台罕乌拉国家级自然保护区	森林生态 （森林、草原、湿地生态系统及珍稀动物）	赤峰市阿鲁科尔沁旗
13	阿鲁科尔沁草原国家级自然保护区	湿地生态	赤峰市阿鲁科尔沁旗
14	古日格斯台国家级自然保护区	森林生态 （大兴安岭南部山地北麓森林系统）	锡林郭勒盟西乌珠穆沁旗
15	乌兰坝国家级自然保护区	森林生态 （大兴安岭南部山地森林、草原、湿地生态系统及珍稀濒危野生动植物资源）	赤峰市巴林左旗
16	赛罕乌拉国家级自然保护区	森林生态 （主要保护对象有霍林河发源和汇水区、珍稀物种及自然生态系统）	赤峰市巴林右旗
17	白音敖包国家级自然保护区	森林生态 （沙地云杉及其生态系统）	赤峰市克什克腾旗
18	达里诺尔国家级自然保护区	湿地生态 （湖泊、河流、沼泽型湿地）	赤峰市克什克腾旗
19	大黑山国家级自然保护区	森林生态 （保护我国蒙古高原与松辽平原毗邻的典型、保存较完好的森林生态系统；保护科尔沁沙地南侵的天然生态屏障；保护西辽河上游重要的水源涵养地；保护区内生物多样性）	赤峰市敖汉旗
20	黑里河国家级自然保护区	森林生态 （天然油松林生态系统；生物多样性资源及珍稀濒危物种；西辽河源头水源涵养地）	赤峰市宁城县
21	锡林郭勒草原国家级自然保护区	野生动植物 （野生动物、植物、菌类的多样性）	锡林浩特市境内
22	大青山国家级自然保护区	森林生态 （夏绿阔叶林、草原草甸和河流湿地生态系统）	乌兰察布市卓资县、呼和浩特市至包头市一线以北的阴山山地

序号	保护区名称	保护类型	分区区域（行政区域）
23	西鄂尔多斯国家级自然保护区	荒漠生态 （云杉等野生动植物，及马麝、马鹿、岩羊野生动植物物种；胡杨林为主的温带干旱绿洲生态系统）	鄂尔多斯市鄂托克旗
24	鄂托克恐龙遗迹化石国家级自然保护区	野生动物 （多种类型的恐龙足迹化石，以及恐龙骨骼化石等）	鄂尔多斯市鄂托克旗（乌兰镇）阿尔巴斯苏木陶利嘎查和阿如布拉格嘎查境内
25	鄂尔多斯遗鸥国家级自然保护区	野生动物 （遗鸥及其主要栖息、繁殖地湿地生态系统）	鄂尔多斯市东胜区伊金霍洛旗
26	乌拉特梭梭林——蒙古野驴国家级自然保护区	荒漠生态 （濒危珍稀动植物及其荒漠生态系统）	巴彦淖尔市乌拉特中旗
27	哈腾套海国家级自然保护区	荒漠生态 （荒漠植被生态系统和珍稀濒危野生植物及其生存环境）	巴彦淖尔市磴口县
28	额济纳胡杨林国家级自然保护区	野生动物 （胡杨林植物群落、珍稀濒危动植物物种，古人类文化遗址、荒漠绿洲森林生态系统及其生物多样性）	阿拉善盟额济纳旗
29	贺兰山国家级自然保护区	森林生态 （青海云杉林和野生动植物）	阿拉善盟阿拉善左旗

从地域分布来看，内蒙古的国家级自然保护区分布在整个内蒙古自治区，其中 6 个国家级自然保护区分布在呼伦贝尔市；3 个国家级自然保护区分布在兴安盟；2 个国家级自然保护区分布在通辽市；8 个国家级自然保护区分布在赤峰市；2 个国家级自然保护区分布在锡林郭勒盟；大青山国家级自然保护区在乌兰察布市、呼和浩特市、包头市范围内；3 个国家级自然保护区分布在鄂尔多斯市；2 个国家级自然保护区分布在巴彦淖尔市；2 个国家级自然保护区分布在阿拉善盟。从市级国家级保护区建设来看，赤峰市目前拥有的国家级自然保护区在全国是最多的。这反映当地对保护区建设的力度，在一定程度上也反映该区域生态屏障的建设程度。

二、重点生态屏障分区

1. 按森林资源屏障分区

根据内蒙古自治区生态屏障一级区划，I-1 以半湿润中温带气候为基带的内蒙古东部大兴安岭森林草原生态区的重点森林生态屏障分区主要分布着我国最大的内蒙古大兴安岭林区,大兴安岭岭南次生林区;大兴安岭南段的罕山、宝格达山、克什克腾和迪彦庙次生林区;燕山山脉的茅荆坝次生林区。I-2 以半干旱中温带气候为基带的内蒙古中部阴山山麓典型草原生态区的重要森林生态屏障区主要包括阴山山脉的大青山、蛮汉山、乌拉山次生林区。I-3 以中温带沙漠气候为基带的内蒙古西部阿拉善荒漠草原生态区的重点森林生态屏障分区包括贺兰山次生林区和额济纳次生林区。

内蒙古大兴安岭林区和大兴安岭岭南次生林区分区范围已在第三章相关章节中介绍。

（1）宝格达山次生林区

大兴安岭南段的宝格达山是距离内蒙古"岭南八局"五岔沟林业局最近的地方,从五岔沟林业局向西几十千米就进入了宝格达山次生林区,虽然面积不大,但代表区域很独特。宝格达山次生林区位于兴安盟科尔沁右翼前旗西北和锡林郭勒盟东乌珠穆沁旗东北交界处,与蒙古国接壤。海拔 1504m,第 536 界标立于山顶,中蒙边境线将这座大山一分为二。这一片林区位于欧亚大陆东部,大兴安岭中部西麓,是兴安岭的余脉,再向西就进入锡林郭勒大草原。宝格达山林场管理着这片森林,林场总经营面积为 7.95 万 hm²,其中有林地 1.54 万 hm²,宜林地 5.29 万 hm²。

这一地区气候由寒温带向中温带过渡,由湿润、半干旱向干旱过渡;河流有十多条,是色也勒吉河、海拉斯台河等河流的发源地。植被由森林向草原过渡,岭北寒温带型针叶林向中温阔叶林过渡、草甸草原向典型草原过渡。为欧洲—西伯利亚针叶林区、东亚阔叶林区、欧亚草原区,即欧亚大陆三大植被的结合部。森林主要以天然的次生白桦林为主,混有少量人工落叶松林。

（2）迪彦庙次生林区

迪彦庙次生林区位于大兴安岭山脉南段西坡与内蒙古高原东缘接壤地带,隶属锡林郭勒盟西乌珠穆沁旗管辖,东距西乌珠穆沁旗所在地巴彦乌拉镇约 35km,北距新建成的霍林河—西乌旗公路约 5km,新建的赤（峰）—白（彦花）铁路纵贯其东部。为保护迪彦庙次生林区、建立了内蒙古古日格斯台国家级自然保护区,其地理坐标为东经 118°03'45″～118°48'36″,北纬 44°18'21″～44°34'52″。内蒙古古日格斯台国家级自然保护区成立于 1998 年,1999 年晋升为盟级自然保护区,2001 年 12 月,晋升为自治区级保护区,2012 年经国务院办公厅审定为国家级自然保护区,保护区总面积 98 931hm²。

（3）罕山次生林区

扎鲁特旗罕山林场、阿鲁科尔沁旗罕山林场、巴林右旗罕山林场,分属于通辽市和赤峰市,这三个林场连接的区域即是罕山次生林区。以这三个林场为主已申报成为三个国家级自然保护区。实际上,通辽市罕山林区主要位于扎鲁特旗,扎鲁特旗全旗天然次生林有 48.29 万 hm^2。而赤峰市罕山林区位于赤峰市北部,横跨阿鲁科尔沁旗、巴林左旗、巴林右旗,集中分布在乌兰达坝、白音乌拉、索博日嘎、幸福之路、巴彦温都尔等 7 个苏木。这个林区处于大兴安岭南部山地,东侧陡峻,西侧较缓,比较明显地从中山下降到低山丘陵,海拔为 1000～1500m。总面积 333.14 万 hm^2。

以通辽罕山林场为依托申报的罕山国家级自然保护区,位于通辽市扎鲁特旗西北部,距扎鲁特旗人民政府所在地鲁北镇 135km,距霍林郭勒市 40km。地理坐标为东经 119°37′～120°06′,北纬 45°00′～45°26′。左连科尔沁沙地,右接锡林郭勒草原,南北长约 48km,东西宽约 37km,总面积 91 333hm^2。由于罕山国家级自然保护区地处锡林郭勒草原和科尔沁草原之间的大兴安岭隆起带上,保护区内自然资源丰富多样,是集典型夏绿阔叶林、草原草甸生态系统和丰富的河流湿地生态系统为一体的综合型生态系统类型自然保护区。同时,罕山国家级自然保护区是霍林河、阿日昆都楞河和达勒林河 3 条河流的发源地,也是嫩江水系和西辽河水系的分水岭。

以阿鲁科尔沁旗罕山林场为依托申报的高格斯台罕乌拉国家级自然保护区位于大兴安岭南部的阿鲁科尔沁旗境内,除罕山林场外,同时包括巴彦温都尔苏木的少部分草牧场,总面积 106 284hm^2。这是一个以过渡带森林、草原、湿地、沙地等多样的生态系统和珍稀濒危野生动植物为主要保护对象的综合性自然保护区。

以巴林右旗罕山林场为依托,申报的赛罕乌拉国家级自然保护区位于内蒙古巴林右旗境内,地理坐标为东经 118°18′～118°55′,北纬 43°59′～44°27′,总面积 100 400hm^2。保护区于 1997 年经巴林右旗人民政府批准建立,1998 年晋升为自治区级保护区,是一个以森林,草原、湿地生态系统及珍稀动植物为主要保护对象的自然保护区。关于赛罕乌拉国家级自然保护区,本书还有专门的介绍。通过走访赤峰市林业局,有数据表明,赤峰罕山次生林区林地总面积 21.17 万 hm^2,其中天然林 20.62 万 hm^2,人工林 5533 hm^2,是次生林分布较多的地区。

（4）克什克腾次生林区

通过地理位置可以判断,克什克腾次生林区位于现今内蒙古赤峰市克什克腾旗。这个林区属于华北植物区系和兴安植物区系的交错地带,区内动植物资源丰富。林区植被主要分布在海拔 1200m 以上的中部山地,区域内林地面积 29.53 万 hm^2,天然次生林面积 25.8 万 hm^2,人工林面积 3.73 万 hm^2,主要分布在红山子、三义、广兴源等乡。

克什克腾全旗有林地面积 34.67 万 hm^2,其中天然林 27 万 hm^2,人工造林 7.67 万 hm^2。林地分属大兴安岭山系和燕山山系。

黄岗梁是克什克腾次生林区森林主要分布区,黄岗梁原行政属于黄岗梁林场,后林场申报成为国家森林公园。境内的黄岗峰海拔 2034m,为大兴安岭山脉的最高峰,由 27 座山峰组成。公园内地表水系发达,山谷中溪水遍布,河川流量丰沛,是锡林河、大吉林河、小吉林河、贡格尔河的发源地（顾殿春和柴永艳，2015）。

（5）茅荆坝次生林区

内蒙古赤峰市有三大天然次生林区，除罕山次生林区、克什克腾次生林区外，还有茅荆坝次生林区，这三大次生林区是西辽河的二级支流西拉木伦河和老哈河的发源地，是赤峰市重要的水源涵养区。

茅荆坝次生林区分属内蒙古自治区和河北省，位于两省（自治区）（内蒙古、河北省）四旗县（喀喇沁旗、宁城县、隆化县、围场县）交界处，地处内蒙古阴山山脉七老图岭余脉，属燕北山地。林地面积 7.84 万 hm^2，其中天然林 4.53 万 hm^2，人工林 3.31 万 hm^2，集中分布在宁城县的黑里河、四道沟，喀喇沁旗的美林、旺业甸四个乡镇内。

这一带自然景观具有鲜明的东北、华北向内蒙古高原过渡的特点。在自然地理上处于半湿润半干旱森林草原带过渡地区。同时又是辽河、滦河两大水系的分水岭。森林植被属暖温带落叶阔叶林，地带性森林群落为松栎混交林。目前在这一林区的内蒙古段建有旺业甸国家森林公园，在河北部分建有茅荆坝国家森林公园和国家级自然保护区。

旺业甸国家森林公园位于内蒙古自治区赤峰市喀喇沁旗西南部的旺业甸镇，与河北省隆化县、围场县相邻，属大兴安岭和燕山山脉的交接地带，植物集东北、华北群落之汇，距承德 100km，距赤峰 55km。区域内春天干燥，大风天气占据主要时间；夏季高温并且降雨量大，秋季降温幅度大，雨量少，霜冻情况发生早；冬季气温降幅大，因为寒流过往频繁导致气温较低（冯仲科等，2014）。

根据旺业甸林场统计资料，林业用地所占面积约为 2.47 万 hm^2，其中有林地占地面积约为 2.24 万 hm^2。旺业甸国家森林公园主要有山地森林植被、人工植被、草原植被、低湿地植被。主要树种为落叶松、油松、白桦、山杨等 20 多个树种。

（6）大青山次生林区

在内蒙古中部地区，自东向西绵延着一条数百千米长的著名山脉——阴山山脉，横亘在内蒙古自治区中部及河北省最北部。介于东经 106°～116°。它东与冀北山地衔接，东端止于多伦以西的滦河上游谷地，西与贺兰山、北大山、马鬃山相通，西端以低山没入阿拉善高原，长约 1000km；南界在大同、阳高、张家口一带盆地、谷地北侧的坝缘山地；北界大致在北纬 42°，与内蒙古高原相连，南北宽 50～100km。构成了一条环内亚干旱半干旱区南缘的生态屏障。这条生态屏障，在维护和保持内蒙古荒漠草原生态稳定性、涵养水源、保持水土，屏护山前河套平原乃至华北平原方面具有重要的意义。

内蒙古大青山就坐落在阴山山地中段，为阴山山脉的主要段落，它位于内蒙古中部包头市、呼和浩特市、乌兰察布市一线以北，是阴山山地中山地森林、灌丛—草原镶嵌景观最为完好的一部分，是阴山山地生物多样性最集中的区域。

根据杨潇和张秋良（2013）的介绍，内蒙古大青山位于包头市、呼和浩特市至乌兰察布市卓资县一线以北的阴山山地，这和内蒙古大青山国家级自然保护区的范围基本一致。地理位置为东经 109°47′～112°17′，北纬 40°34′～41°14′。西起包头市九原区的昆都仑沟，北与包头市固阳县、呼和浩特市武川县相连，东达乌兰察布市卓资县上高台林场，南为土默川平原。东西长 240 多千米，南北宽 20～60km，海拔 1800～2000m，主峰大青山海拔 2338m。总土地面 388 577hm²。2008 年 1 月经国务院批准晋升为国家级自然保护区。属于"自然生态系统类"，森林类型（森林、灌丛—草原）超大型自然保护区。保护区植物在内蒙古植物区划中属于欧亚草原植物区——亚洲中部亚区，由于同时受欧亚草原植物区和东亚阔叶林植物区的影响和渗透，许多植物分区在本区内相互交迭，从而大大丰富了这个地区的区系地理成分。

（7）蛮汉山次生林区

蛮汗山、大青山均系阴山山脉（白淑兰等，2001）。从行政区属看，蛮汗山全部在集宁范围内，而大青山部分在集宁范围内。

据史料记载，乌兰察布市境内的大青山、蛮汗山、灰腾梁山区曾生长着茂密的森林，国有林场的陆续建立使天然次生林得到了有效的保护和长足的发展，目前天然次生林有 4 万 hm²。蛮汉山距内蒙古凉城县城 25km，东西长约 50km，南北宽约 20km，西北端主峰海拔高达 2305m。蛮汗山为内蒙古高原的南缘，地势险峻，地形起伏较大，海拔为 1400～2300m，同属干旱、半湿润气候类型，土壤为酸性岩砂壤质中厚淋溶灰褐土，植被为典型森林灌丛草原。

（8）乌拉山次生林区

乌拉山次生林区由乌拉山林场管辖，隶属于巴彦淖尔市林业局。乌拉山次生林区也属于阴山山脉，是内蒙古自治区西部最大的天然次生林区。位于内蒙古巴彦淖尔市明安川之南，黄河之北，东起包头市昆都仑河，与大青山一脉相承，西抵巴彦淖尔市乌拉特前旗卧羊台，南邻京藏高速公路、110 国道和包兰铁路，北与巴彦淖尔市明安川、查石太山相望。东西长 90km，南北平均宽 20km，土地总面积 11.69 万 hm²（王秉忠和常江，1996）。

乌拉山平均海拔 1900～2000m，其主峰大桦背位于包头市九原区阿嘎如泰苏木西北，海拔 2324m。乌拉山南麓陡峭，植被稀疏，北坡平缓，草木茂盛。乌拉山次生林区是内蒙古自治区巴彦淖尔市唯一的一座天然绿色宝库，这里物种繁多，资源丰富，不仅是人类赖以生存的物质基础，也是维护包兰铁路、110 国道正常运行，确保黄河安全的重要生态屏障。

（9）贺兰山次生林区

贺兰山次生林区位于内蒙古自治区西部阿拉善盟的东南部，是我区西部较大的次生林区，贺兰山拥有天然次生林 4.05 万 hm²。森林覆盖率 45.7%，树种以青海云杉、油松和山杨为主（袁丽丽等，2013）。林区内植被复杂，种类丰富，并具有独特的种群。植被覆盖度 80%，是内蒙古、东北、青藏高原以及其他植物相互渗透的汇集地，是天然的种质资源宝库。贺兰山次生林区地理位置特殊，具有水源涵养、防风固沙、水土保持之功能，为阿拉善盟社会经济发展和生态建设提供了可靠的生态保障。

内蒙古贺兰山国家级自然保护区位于内蒙古自治区阿拉善左旗境内，东以山脊为界与宁夏贺兰山国家级自然保护区毗邻。1992 年经国务院批准成立国家级自然保护区。保护区总面积 88 500hm²，主要保护对象为干旱半干旱区的山地森林生态系统。另有贺兰山国家森林公园，位于贺兰山国家级自然保护区的中段下部，分为南寺景区和北寺景区。公园总面积为 3455hm²，西邻腾格里、乌兰布和两大沙漠，东接富饶的宁夏平原，站在公园高处向西眺望，可看见阿拉善地区茫茫戈壁，具有特殊的地理位置（孙萍等，2013）。

（10）额济纳次生林区

额济纳次生林区位于内蒙古西部阿拉善盟的额济纳旗，由于额济纳次生林区属北温带极端干旱荒漠地带，降水稀少，植被以旱生及超旱生植物为主，在沿额济纳河两岸分布有耐盐碱植物组成的低湿地植被。森林植被以乔木为主，主要乔木种类有胡杨、沙枣等，灌木植被以柽柳为主，草原植被主要物种有苦豆子、甘草、芨芨草等。额济纳次生林区生长着 34.13 万 hm² 的天然次生林，其中胡杨林 1.26 万 hm²，胡杨、沙枣混交林 0.19 万 hm²，胡杨疏林 0.63 万 hm²，柽柳灌木林 6.87 万 hm²，梭梭灌木林 25.2 万 hm²。其中，胡杨、沙枣、柽柳多分布在沿河两岸，梭梭林分布在巴丹吉林沙漠的西北端（关永强，1981）。

2003 年 1 月经国务院批准在额济纳次生林区建设内蒙古额济纳胡杨林国家级自然保护区，由于胡杨林分布在额济纳河流域东、西两河及其 19 条干流、支流的河漫滩上，所以自然保护区依据胡杨林自然生长的地形及地理位置，又分为东、西两个分区，即东——七道桥分区和西——赛汉陶来分区。西邻额济纳旗政府驻地达来呼布镇，北临居延海。地理坐标为东经 101°03′～101°17′，北纬 41°30′～42°07′，南北长 21.5km，东西宽 25.5km，总面积 26 253hm²。其中，林地面积 25 635.6hm²，森林（有林地、灌木林地）总面积 19 545.7hm²，包括天然林面积 19 454.1hm²，保护区森林覆盖率为 74.45%。

该保护区主要以胡杨等植物群落和生物多样性为保护对象，是属于森林生态类型的自然保护。位于这一地区的胡杨林是中国天然胡杨林的主要分布地之一，胡杨是内蒙古自治区乃至我国特别少有的珍稀植物，胡杨林保护区不但保存着当今世界最完好的胡杨林原生植被，还具有非常丰富的其他生物资源，是研究胡杨林群落和西部干旱地区生物资源的重要基地，具有极高的保护价值。既具有生物学上的重要意义，又是当地社区赖以生存的生态屏障（孟华，2013）。

2. 按草地资源屏障分区

生态功能区划是根据区域生态系统类型、生态环境敏感性、生态系统受胁迫过程与效应，以及生态系统结构、过程和服务等特征的空间分异规律而进行的地理空间分区（白永飞等，2020），其中草地资源以其独特的资源特点和生态屏障的功能在全国生态功能区划中占有一定的地位。在借鉴全国生态功能区划的基本原理和体系的基础上，从草地资源的特点出发，结合全国草地资源区划（贾慎修，1985）的研究基础，综合统筹"山水林田湖草"一体化保护和修复的国家重大战略需求，根据生态要素区域分异特点和产业结构发展布局的实际，将内蒙古自治区涉及的草地资源划分为 5 个主要草地资源生态屏障分布区域。

（1）内蒙古东部半湿润半干旱森林草原区

主要分布在内蒙古自治区东部的大兴安岭山地及其周边地带。西界起于黑山头，南经海拉尔、巴尔图、锡林郭勒盟东北部；东界北起兴安盟巴达尔胡，向西南延伸至赤峰林夕、宁城和喀喇沁旗山地。主要包括呼伦贝尔市的额尔古纳旗、陈巴尔虎旗、鄂温克族自治旗和新巴尔虎左旗，锡林郭勒盟东乌珠穆沁旗、西乌珠穆沁旗和多伦县，兴安盟、通辽市和赤峰市的西北部。

该区域属温带半湿润半干旱气候，年降水量 350～400mm，≥10℃年积温为 1800～2200℃，优势土壤为黑钙土、淡黑钙土、暗栗钙土。建群种为中旱生或广旱生的多年生禾本科和部分杂类草植物，常混生大量的中生或旱中生植物，主要是杂类草，还有疏丛与根茎禾草、丛生薹草，旱生小半灌木几乎不起作用。该区域植物种类多、生长茂盛、草层较高（30～50cm），盖度 60%～80%，干草产量 1200～1800kg/hm²，质量好，可以刈牧兼用，适于放养牛、马、绵羊等牲畜，产乳和肉。

（2）内蒙古东中部半干旱典型草原区

主要分布在呼伦贝尔和锡林郭勒高平原地区。南至鄂尔多斯高原东部，东至西辽河流域，西邻荒漠草原，呈东北—兴安向狭长条地带。包括呼伦贝尔市牧业四旗，锡林郭勒盟和乌兰察布市的大部，鄂尔多斯市东部和大兴安岭东侧地段。

该区域属温带半干旱气候，年降水量 250～350mm，≥10℃年积温为 2200～3600℃，该地区有春旱现象，雨季分布在夏末至秋季，优势土壤为栗钙土。建群种为旱生丛生禾草，混生中旱生、旱生杂草。也有小半灌木、半灌木建群型。分布面积广，草层高 15～25cm，盖度 15%～30%，干草产量 600～1200kg/hm²，通常作为放牧场使用，东部地区部分草地可以作为打草场，适宜饲养各种家畜。

（3）内蒙古中西部干旱荒漠草原区

本区域地处草原区最西部，西界与荒漠地区相接，东界北起苏尼特左旗红格尔苏木，经苏尼特右旗的朱日和、乌兰察布市的北部、包头市北部、乌拉特中旗的海流图，至鄂尔多斯市锡尼镇、乌兰镇一带。主要包括锡林郭勒盟苏尼特右旗、苏尼特左旗，乌兰察布市四子王旗，包头市达尔罕茂明安旗，巴彦淖尔市乌拉特中旗、乌拉特前旗、五原县临河、杭锦后旗，鄂尔多斯市杭锦旗、鄂托克旗、鄂托克前旗。

该区域是草地类组中最干旱的部分，属于干旱半干旱地带，年降水量 150～250mm，≥10℃年积温为 2000～3000℃，优势土壤为淡栗钙土、棕钙土、灰钙土，土壤干燥、肥力低。植物组成主要以旱生荒漠草原种小丛禾草为主，或者与旱生荒漠半灌木共同组成，少部分可以荒漠草原种半灌木为建群种。主要植物有短花针茅、糙隐子草、沙生针茅、无芒糙隐子草、冷蒿、葱属、黑沙蒿、沙鞭等。草层高 10～20cm，盖度 20%～25%，干草产量 300～600kg/hm²，草质好，蛋白质含量高，适宜放牧羊、马。

（4）内蒙古西部干旱草原化荒漠区

本区域属于具有草原化特征的荒漠地带，东界与草原区相接，西至达雅布赖山分水岭西。主要分布在乌兰察布和巴彦淖尔高平原北部、鄂尔多斯高原西部、乌海市和阿拉善盟东南部地区。

该区域属干旱荒漠气候，比荒漠稍许湿润些，年降水量 120～200mm，年较差、日较差大，≥10℃年积温为 2600～3400℃，沙砾质的土质，土壤为灰棕荒漠土、灰漠土、淡棕钙土、淡灰钙土，地表土壤风蚀强烈。建群种为强旱生的荒漠半灌木、灌木种。半灌木多为盐柴类，如红砂、合头草、假木贼、猪毛菜属植物。灌木中锦鸡儿属植物比较普遍，还有西伯利亚白刺、沙冬青；在亚建群层片为小丛禾草和一年生禾草，其多度随降水量变化而变化，产量极不稳定。灌木层高70cm，半灌木与草本层高 20cm，盖度 15%～20%，干草产量 300～500kg/hm²，草质好，蛋白质含量高，适宜放牧小畜和骆驼。

（5）西阿拉善极干旱荒漠区

本区域位于内蒙古自治区西部，北与蒙古国接壤，西部、南部与甘肃省相连。主要包括阿拉善盟的额济纳旗、阿拉善右旗全部、阿拉善左旗及乌拉特后旗的西北部。该区域气候极其干旱，年降水量 100～150mm，≥10℃年积温为 3100～3700℃，土壤为灰棕荒漠土与棕色荒漠土，还有灰钙土，土壤瘠薄，有机质含量低，含盐量高。建群种为超旱生半灌木、灌木和小乔木，很少有多年生草本。植被稀疏，灌木高 60～90cm，半灌木高 10～30cm，草本高 10～60cm，盖度极低，干草产量 150～450kg/hm²，草质差，适宜饲养骆驼。

3. 按湿地资源屏障分区

根据气候区域差异、生物区系的相似性以及生物多样性的丰富程度，全区湿地可分为 3 个主要分布区域（孟庆丰和宋英春，1999）。

1）东北湿润地区，包括呼伦贝尔市、兴安盟、通辽市和赤峰市。该地区主要分布淡水沼泽，如森林沼泽、灌木沼泽、草木沼泽和藓类沼泽。淡水湖泊如呼伦湖、贝尔湖、达里诺尔湖等。永久性河流如额尔古纳河、嫩江、辽河等。该地区湿地既是众多水禽尤其是雁鸭类和鹤类的繁殖地，也是重要的渔业和芦苇产区。

2）内蒙古戈壁沙漠地区，包括乌兰察布市、锡林郭勒盟、鄂尔多斯市、阿拉善盟和巴彦淖尔市的大部分地区。主要指内蒙古大戈壁沙漠南缘内陆干旱流域分布的一些大型咸水湖和内陆盐沼湿地，如岱海、查干湖和安固里湖。

3）黄河流域湿地区，包括呼和浩特市、包头市、乌海市和巴彦淖尔市的少部分地区。该地区以泛洪平原湿地为主体，另外还有一些人工湿地，如河套灌渠、水稻田等。

三、区域生态屏障分区

当人们把生态屏障重点集中在国家级自然保护区、省级自然保护区、市级自然保护区时，生态屏障的体系已经建立。但是从生态屏障的定义入手，我们更多需要关注的是区域生态屏障，它融合了上述所有点状生态屏障、线状生态屏障和面状生态屏障。

1. 蒙古高原生态屏障

谈到内蒙古生态屏障建设，不能不提蒙古高原。蒙古高原为亚洲内陆高原，东抵大兴安岭，西及阿尔泰山脉，北至萨彦岭、肯特山、雅布洛诺夫山脉，南界阴山山脉，包括蒙古国全部，俄罗斯南部和中国北部部分地区。总面积约 $2\ 600\ 000km^2$。蒙古高原在政治上和地理上由戈壁沙漠两部分构成，北部为蒙古国，南部为中国的内蒙古自治区。高原的西北边界有阿尔泰山脉、唐努乌拉山脉和萨彦岭，东北边界为外贝加尔高地，南部为南山山脉，西部为中国新疆维吾尔自治区的塔里木盆地和准噶尔盆地。蒙古高原大部分地区年降水量为 200～400mm，属干旱半干旱地区。

蒙古高原有时被视为周边山脉间巨大的内陆排水盆地，大部为古老台地，仅西北部多山地，东南部为广阔的戈壁，中部和东部为大片丘陵。高原平均海拔1580m，有札布汗河、色楞格河和克鲁伦河流经。境内有戈壁沙漠、只长矮草的干旱草原和海拔 915～1525m 的山地。最高点为阿尔泰山脉的蒙赫海尔汗（Monh Hayrhan）山，海拔 4362m。

蒙古高原是亚洲大陆的天然生态屏障，是亚洲大陆的冷源之一，也是亚洲大陆的重要沙源地。蒙古高原副高压带，是我国和亚洲的气候"上游"，高原广袤的草原和其他陆地生态系统，对这一副高压带起到了阻隔和屏障作用。减缓了其对下游的生态破坏。从长远来看，我们要像对待京津风沙源、三北防护林那样重视它的保护和防范作用。在气候和人类活动的双重作用下，蒙古高原的生态环境不容乐观，在这片广袤的高原上，牧草生产力下降、土壤质量退化、湿地面积急剧退缩、风蚀沙化和水土流失日益显现。这使得蒙古高原的生态屏障作用逐渐减弱，严重限制了这一区域的可持续发展。

内蒙古高原是蒙古高原的一部分。内蒙古高原东起大兴安岭，西至甘肃马鬃山，南沿长城，北接蒙古国，包括内蒙古全境和甘肃、宁夏、河北的一部分，海拔在 1000m 左右，起伏和缓，高原上广布草原、沙漠和戈壁。内蒙古高原是中国的第二大高原，是中国天然牧场和沙漠分布地区之一。内蒙古范围内的内蒙古高原位于阴山山脉之北，大兴安岭以西，北至国界，西至东经 106°附近。介于东经 106°~121°40′，北纬 40°20′~50°50′，面积约 34 万 km²。行政区划包括呼伦贝尔市西部、锡林郭勒盟大部、乌兰察布市和巴彦淖尔市的北部。广义的内蒙古高原还包括阴山以南的鄂尔多斯高原和贺兰山以西的阿拉善高原。

2. 降水为 400mm 等降水量线区域

400mm 等降水量线是我国一条重要的地理分界线，它大致经过大兴安岭—张家口（河北省）—兰州—拉萨—喜马拉雅山脉东部。沿大兴安岭—阴山山脉—古长城（黄土高原北缘）—巴颜喀拉山—冈底斯山脉一线，其地理意义也是我国的半湿润和半干旱区的分界线，是森林植被与草原植被的分界线，是东部季风区与西北干旱半干旱区的分界线，是农耕文明与游牧文明的分界线，是季风区与非季风区分界线，是西北地区与北方地区分界线（王浩等，2005）。400mm 等降水量线把我国大致分为东南与西北两大半壁江山。全国 90%左右的耕地和人口都分布在该线以东地区。

中国大陆 400mm 等降水量线从西南向东北延伸，跨越空间距离达 8000km，根据马超等（2016）研究，1951~2012 年 400mm 等降水量线的加权平均位置为东经 105° 56′09″，北纬 37°51′19″之间。但 62 年间，400mm 等降水量线的地理位置发生较大波动。经纬度研究表明，迁移具有方向性，400mm 等降水量线的经向迁移介于东经 97°~111°，纬向迁移介于北纬 34°~41°。总体东移 6°42′07″，总体北移 2°26′13″。可以看出，这种迁移，使得东北进入干旱区，通过资料分析，东北与华北地区近 60 年降水量确实在减少，东北尤为明显。不过文章也提到，400mm 等降水量线中部地处青藏高原东部、黄土高原和内蒙古高原西部，与中国二阶台地边缘高度吻合，由于地处大陆深处，少受海洋气候影响，62 年来干旱少雨的状态极少改变，400mm 等降水量线的变化趋势较小，与地形相关度较高。400mm 等降水量线区域变迁值得密切关注，这也是把 400mm 等降水量线列为内蒙古特殊生态屏障区的重要原因。

赵哈林等（2002）撰文，我国北方农牧交错带主要分布于降水量 300~450mm，干燥度 1~2 的内蒙古高原南缘和长城沿线，其东界和南界为黑龙江的龙江、安达，吉林的乾安、长岭，辽宁的康平、阜新，河北的丰宁、淮安，山西的浑源、五寨，陕西神木、榆林，甘肃环县，宁夏同心；其西界和北界为内蒙古的陈巴尔虎旗、乌兰浩特、林西、多伦、托克托、鄂托克与宁夏盐池。行政区划涉及 9 省 106 个旗（县市），总面积 654 564km²。全区耕地总面积 804.69 万 hm²，人均占有耕地 0.32hm²，农、林、牧用地比例为 1.0：1.17：3.67。

根据赵哈林等个人给定的我国北方农牧交错带与 400mm 等降水量线区域基

本一致。作者总结这一地区主要生态问题为沙漠化急剧发展、可利用土地资源锐减；草地退化、沙化、盐渍化严重，承载力急剧下降；生态环境恶化，自然灾害频繁。其原因除了受自然不利因素影响和现代人为强烈干扰外，还有沙漠化的历史烙印、现代农牧交错带的北移错位和经济地理三大原因。由此可见，这一生态屏障应该整体进行保护，大力提高生产水平、防止土地沙漠化。

3. 生态环境脆弱区

为保障国家和区域生态安全，《中华人民共和国环境保护法》规定，国家在重点生态功能区、生态环境敏感区和脆弱区等区域划定生态保护红线，实行严格保护。可见，划定生态保护红线首先要明确重点生态功能区、生态环境敏感区和脆弱区等的空间分布范围。《全国生态脆弱区保护规划纲要》指出，生态环境脆弱区也称生态交错区（ecotone），是指两种不同类型的生态系统的交界过渡区域。这一地区的基本特征是①系统抗干扰能力弱；②对全球气候变化敏感；③时空波动性强；④边缘效应显著；⑤环境异质性高。生态环境脆弱区既是生态退化区域，也是贫困人口集中分布区，但其空间分布范围至今仍然不明确（刘军会等，2015）。

生态环境脆弱区主要分布于北方干旱半干旱区、南方丘陵区、西南山地区、青藏高原区及东部沿海水陆交接地区，行政区涉及黑龙江、内蒙古、吉林、辽宁、河北、山西、陕西、宁夏、甘肃、青海、新疆、西藏、四川、云南、贵州、广西、重庆、湖北、湖南、江西、安徽21个省（自治区、直辖市）。我国生态脆弱区主要类型有：①东北林草交错生态脆弱区；②北方农牧交错生态脆弱区；③西北荒漠绿洲交错生态脆弱区；④南方红壤丘陵山地生态脆弱区；⑤西南岩溶山地石漠化生态脆弱区；⑥西南山地农牧交错生态脆弱区；⑦青藏高原复合侵蚀生态脆弱区；⑧沿海水陆交接带生态脆弱区。

在上述分布区中，内蒙古自治区涉及：①东北林草交错生态脆弱区；②北方农牧交错生态脆弱区；③西北荒漠绿洲交错生态脆弱区。《全国生态脆弱区保护规划纲要》指出：东北林草交错生态脆弱区主要分布于大兴安岭山地和燕山山地森林外围与草原接壤的过渡区域，行政区域涉及内蒙古呼伦贝尔市、兴安盟、通辽市、赤峰市和河北省承德市、张家口市等部分县（旗、市、区）。生态环境脆弱性表现为：生态过渡带特征明显，群落结构复杂，环境异质性大，对外界反应敏感等。重要生态系统类型包括：北极泰加林、沙地樟子松林；疏林草甸、草甸草原、典型草原、疏林沙地、湿地、水体等。北方农牧交错生态脆弱区主要分布于年降水量300~450mm、干燥度1.0~2.0的北方干旱半干旱草原区，行政区域涉及内蒙古、吉林、辽宁、河北、山西、陕西、宁夏、甘肃8省（自治区）。生态环境脆弱性表现为：气候干旱，水资源短缺，土壤结构疏松，植被覆盖度低，容易受风蚀、水蚀和人为活动的强烈影响。重要生态系统类型包括典型草原、荒漠草原、疏林沙地、农田等。西北荒漠绿洲交错生态脆弱区主要分布于河套平原及贺兰山以西，新疆天山南北广大绿洲边缘区，行政区域涉及新疆、甘肃、青海、内蒙古等地区。生态环境脆弱性表现为：典型荒漠绿洲过渡区，呈非地带性岛状或片状分布，环境异质性大，自然条件恶劣，年降水量少、蒸发量大，水资源极度短缺，土壤瘠薄，植被稀疏，风沙活动强烈，土地荒漠化严重。重要生态系统类型包括：高山亚高山冻原、高寒草甸、荒漠胡杨林、荒漠灌丛以及珍稀、濒危物种栖息地等。国家明确指出，生态脆弱区属于限制性开发区域。

四、内蒙古生态屏障功能

1. 内蒙古森林生态屏障功能

1）森林资源不断增长。通过实施一系列生态建设综合措施，内蒙古林业生态工程区植被状况明显好转，土地荒漠化、沙化的趋势得到初步遏制，我国北方生态安全屏障初步形成。全国第七次森林资源清查结果显示：2008～2013 年，全区林草植被盖度不断提高，植被总盖度由 52.86%增加到 53.55%，其中，森林覆盖度由 20.00%增加到 21.03%，增加了 1.03 个百分点。全区森林面积净增 121.50 万 hm^2，年均净增 24.30 万 hm^2，其中，乔木林地面积净增 31.81 万 hm^2，年均增加 6.36 万 hm^2；特灌林面积净增 89.96 万 hm^2，年均增加 17.94 万 hm^2。全区活立木总蓄积由 136 073.62 万 m^3 增加到 148 415.92 万 m^3，净增 12 342.30 万 m^3，年均净增率 1.74%。

甄江红等（2006）分析内蒙古林分单位面积蓄积量变化明显（表 4-4），可以看出，林分单位面积蓄积量从第一次森林资源清查以来呈快速增长趋势，其中第一次至第二次清查期间涨幅最大，由 $18.47m^3/hm^2$ 增加到 $65.79m^3/hm^2$，平均每公顷净增 $47.12m^3$，标志着森林质量由 20 世纪 50 年代至 70 年代初期的持续下降到 70 年代中期以来的快速上升的历史性转折；第二次至第五次清查期间呈缓慢增长

表 4-4 内蒙古林分单位面积蓄积、林种与树种结构动态 　（单位：m^3/hm^2 、$10m^3$）

森林清查	年份区间	林分单位面积蓄积	用材林面积	防护林面积	薪炭林面积	特用林面积	针叶林面积	针叶林蓄积量	阔叶林面积	阔叶林蓄积量
	1950～1962	73.67	918.70	122.60		29.70				
第一次	1973～1976	18.47	27.00	4.00	1.00					
第二次	1977～1981	65.79	1196.25	27.71	33.36	31.27	555.09	55 825.36	733.50	28 952.27
第三次	1984～1988	66.84	1177.31	39.75	10.07	67.20	477.51	46 621.51	816.82	2 068.13
第四次	1989～1993	67.94	1178.12	50.02	22.29	69.53	478.06	44 088.12	841.90	45 587.81
第五次	1994～1998	70.61	1229.56	59.55	29.19	72.01	507.24	45 518.00	883.06	52 645.48
第六次	1999～2003	68.60	502.51	999.55	22.30	87.05	537.43	46 529.58	1073.98	64 016.43

资料来源：全国森林资源统计，中华人民共和国林业部；内蒙古森林资源统计，内蒙古自治区林业厅。

态势，由 $65.79m^3/hm^2$ 增加到 $70.61m^3/hm^2$，平均每公顷净增 $4.82m^3$，森林质量得到明显提高；但在第五次至第六次清查间隔期内，林分单位面积蓄积量又由 $70.61m^3/hm^2$ 降至 $68.60m^3/hm^2$，平均每公顷净减 $2.01m^3$，说明经营管理不善，资源和林政工作急需加强。

2）天然林资源得到有效恢复。春花（2015）撰写的文章特别提到天然林恢复问题，通过对全国第七次森林资源清查结果的分析，认为全区天然林资源实现了面积、蓄积双增长，反映出以天然林保护工程为契机的天然林保护经营管理工作取得了较好成效，天然林资源正在得到恢复。2008~2013 年，有林地面积净增 4.07 万 hm^2，增长 0.29%；蓄积比 2008 年净增 14 877.90 万 m^3，增长 13.54%。灌木林面积净增 52.77 万 hm^2，增长 9.73%。

3）森林资源质量有待提高。2008~2013 年，乔木的每公顷蓄积量从 $70.02m^3$ 增加到 $78.53m^3$，但还是低于全国的平均水平，造林面积以每年 66.67 万 hm^2 的速度在增加，但由于受到水分不足的限制，森林面积与森林蓄积量不相协调，质量差。2008~2013 年，幼、中龄林健康等级中健康的森林面积分别下降 16.71%和 1.60%。内蒙古通辽市和赤峰市是我国人工杨树林的主要分布区，两个地区全株死亡和半株死亡的杨树人工林面积达 37.89 万 hm^2。按国家森林资源统计测算，2004~2008 年乔木林的生态功能平均指数为 0.56，生态功能评价等级为好的仅占 10.44%，生态功能评价等级为差的占 35.25%，森林生态系统稳定性不高，生态状况仍然脆弱（王才旺等，2010）。从森林资源及特点来看，内蒙古自治区森林资源总量不足，且分布不均，在广大的农区。森林没有起到保护农业生产的作用，不能满足国土生态安全和生态屏障需求。

4）森林管理有待加强。2008~2013 年，由于管理不善、毁林开垦、征用占用等人为因素使未成林地呈下降趋势，未成林地由 170.03 万 hm^2 下降到 112.4 万 hm^2，净减 57.63 万 hm^2，年均净减 11.53 万 hm^2，年净减率 8.16%。全区未成林地成林率偏低且逐年下降，虽然人工造林成林率比上期有所增加，但均低于《造林技术规程》（GB/T 15776—2006）要求，特别是飞播造林成林率更低。数据显示，1998 年未成林地成林率为 47.81%；2003 年未成林地成林率为 45.18%，飞播成林率为 12.51%；2008 年未成林地成林率为 43.02%，其中，未成林造林地（含飞播）成林率为 43.27%，未成林封育地成林率为 38.25%，飞播成林率为 16.69%（春花，2015）。

2. 森林资源生态屏障地位

（1）森林资源大区地位

内蒙古自治区林地面积和森林面积均居全国第一位。2014 年 6 月 23 日，内蒙古自治区政府新闻办公室举行发布会，公布第七次全区森林资源清查结果显示，内蒙古自治区林地面积 4398.89 万 hm^2，其中森林面积 2487.90 万 hm^2，均居全国第一位；活立木总蓄积 14.84 亿 m³，其中森林蓄积 13.45 亿 m³，均居全国第五位；天然有林地面积 1401.20 万 hm²，居全国第二位；人工有林地面积 331.65 万 hm²，居全国第八位、"三北"地区首位；灌木林地面积 798.56 万 hm²，居全国第二位；森林覆盖率 21.03%。

森林资源大区地位体现在：①大兴安岭主脉纵贯内蒙古大兴安岭全林区，内蒙古大兴安岭是我国目前保持最好、集中连片、面积最大的国有林区，总面积 10.6 万 km²。另有 2 万多平方千米分布在内蒙古各盟市地方林管局管辖范围内。内蒙古大兴安岭境内有河流 779 条和多处湿地，是额尔古纳河、黑龙江、松花江的水源涵养地；其森林生态是东北粮食主产区和呼伦贝尔大草原的天然生态屏障。②大兴安岭森林直接影响调节着我国华北、东北、华东等局部地区气候条件，以及全国局部地区气候带生物多样性的气候差异和气温差别，是我国最大集中连片的寒温带明亮针叶原始林生物基因库。③内蒙古大兴安岭林区森林面积占全国国有林区的 10.9%，占东北、内蒙古等四大重点国有林区的 32%，森林蓄积量占全国国有林区的 12%，占我国四大重点国有林区的 33.5%。森林年生长量达 1200 多万立方米，潜力生长量在 1700 万 m³ 左右，居国有林区之首。

（2）荒漠化大区地位

我国有 12 大沙漠和沙地，内蒙古占有 8 片，即巴丹吉林沙漠、腾格里沙漠、乌兰布和沙漠、库布齐沙漠、毛乌素沙地、浑善达克沙地、科尔沁沙地、呼伦贝尔沙地。荒漠化和沙化土地面积居全国第二位。

我区的沙漠和沙地中以固定及半固定沙丘居多，这是由区域地理位置、气候特征造成的。也说明我区的沙漠和沙地可利用性高，如乌兰布和沙漠位于我国荒漠的东界，属于荒漠边缘地带，自然条件相对较好，发育草原化荒漠植被，覆盖度较高，另外该沙漠处于黄河岸边，可以引用黄河水进行灌溉使得种植人工植被成为可能，以固定、半固定沙丘为主（王涛，2003）。

由于沙地主要分布在半干旱、半湿润草原区，自然条件比干旱或极端干旱的荒漠地区优越，沙丘植被覆盖度高，沙丘以固定、半固定为主（Zhao，2005），流动沙丘面积比较小，但是由于这些地区人口密度高，开发利用强度大，是当地主要的农牧业生产基地，目前存在的问题是由于过度利用造成的沙漠化，流沙面积扩大，需要加强植被的保护和恢复，实现可持续发展。

（3）林业生态工程大区地位

在国家相继实施的天然林保护、退耕还林、京津风沙源治理、三北防护林体系建设、速生丰产林基地建设、野生动植物保护和自然保护区建设六大林业生态重点工程中，我区是全国六大工程唯一全部覆盖的省（自治区）。

内蒙古林业的发展除了对现有天然林进行保护外，重点是在内蒙古广大的遭受各种自然灾害、风蚀、沙化、退化的土地上，实施林业生态工程，这是全面推进内蒙古生态环境保护和建设的重要策略。六大林业生态重点工程推动了北疆绿色生态屏障建设进程。

3. 森林生态屏障区服务功能

生态系统服务功能是指生态系统与生态过程所形成及所维持的人类赖以生存的自然环境条件与效用（Daily，1997；欧阳志云等，1999），生态屏障区提供的人类福利和生态系统服务在将来的状态不仅仅是这两个基本元素的共同进化，人类福利还依赖于管理人类个体和群体以及人类和生态系统服务关系的制度（Butler and Oluoch-Kosura，2006）。

靳芳等（2005）将中国各类森林服务功能划分为林木林副产品、森林游憩、涵养水源、固碳释氧、养分循环、净化环境、土壤保持和维持生物多样性八大类型。但依据中国林业科学研究院首席专家王兵研究员组织专家起草的中华人民共和国林业行业标准《森林生态系统服务功能评估规范》（LY/T 1721—2008）来看，涉及水源涵养、保育土壤、固碳释氧、林木积累营养物质、净化大气环境、森林防护、生物多样性保护、森林游憩等。

从森林生态屏障角度出发，各地确定的监测因子不同。由于历史和自然地理条件等方面的原因，我区森林资源分布非常不平衡，森林生态系统提供的服务功能也存在较大的区域差异。王斌等（2009）利用 1973～2003 年中国 6 次森林资源清查资料，以及中国生态系统研究网络长期定位观测资料，建立中国森林生态系统评估指标体系及其定量化方法，并对中国森林生态系统服务功能价值及其动态变化进行评价与分析。研究表明，各省市森林生态系统服务功能总价值差异较大，其中，黑龙江省森林生态系统服务功能总价值最大，占全国的 17.023%；其次为内蒙古自治区和云南省，分别占全国的 9.681%和 9.256%，可见，内蒙古自治区森林生态系统的服务功能强大。

内蒙古东部大兴安岭森林草原森林生态屏障区以半湿润中温带气候为基带，包括内蒙古大兴安岭林区，大兴安岭岭南次生林区；大兴安岭南段的罕山、宝格达山、克什克腾和迪彦庙次生林区；燕山山脉的茅荆坝次生林区。下面主要以该区为主，结合本书作者之一周梅团队多年研究，叙述内蒙古东部大兴安岭森林草原森林生态屏障区服务功能监测研究结果。

（1）内蒙古大兴安岭区域森林生态系统服务功能案例

2012 年，闫志刚通过在内蒙古大兴安岭主要乔木林生态系统进行样地建设，野外调查、室内分析和文献资料相结合的方法获得相关研究数据，以生态学、生态经济学、林学知识为理论指导，依据中华人民共和国林业行业标准《森林生态系统服务功能评估规范》（LY/T 1721—2008）进行了内蒙古大兴安岭主要乔木林生态系统服务功能动态评估。评估中主要对森林涵养水源、固碳释氧和积累营养物质 3 项服务功能进行物质量和价值量的评估，主要结论如下。①内蒙古大兴安岭主要乔木林生态系统涵养水源功能的调节水量 1 095 988.68 万 t/a，年调节水量的价值为 6 697 258.04 万元/a，年净化水质的价值为 2 290 616.35 万元/a，年涵养水源功能总价值为 8 987 874.39 万元/a；林分年固碳量为 1260.35 万 t/a，土壤年固碳量为 451.43 万 t/a，年释氧量为 3374.16 万 t/a，年固碳价值为 2 054 132.01 万元/a，年释氧价值为 3 374 156.03 万元/a，年固碳释氧总价值为 5 428 288.04 万元/a；林分年固氮量为 1749.75 万 t/a，年固磷量为 866.19 万 t/a，年固钾量为 2347.44 万 t/a，年积累营养物质的价值量为 543 182.03 万元/a。②2003～2008 年，内蒙古大兴安岭兴安落叶松、樟子松、白桦、山杨林生态系统调节水量的净增长量范围是 470.95 万～67 415.27 万 m³/a；不同树种涵养水源的价值依次分别提高了 3862.12 万～552 852.42 万元/a。林分年固碳价值的净增范围为 539.45 万～89 359.39 万元/a，年释氧价值净增范围为 435.54 万～137 977.62 万元/a，林分固碳释氧的总价值净增范围为 974.99 万～227 337.02 万元/a。③内蒙古大兴安岭主要乔木林生态系统年涵养水源功能的价值为 8 987 874.39 万元/a，占本次核算中 3 项生态服务功能总价值的 60%；年营养物质积累的总价值为 543 182.03 万元/a，占本次核算总价值的 4%；年固碳释氧价值为 5 428 288.04 万元/a，占本次核算总价值的 36%。大兴安岭林管局 3 项生态服务功能总价为 14 959 344.46 万元/a。研究表明，面积为 10.67 万 km² 的内蒙古大兴安岭，涵养水源作用最大。

（2）内蒙古大兴安岭林业局森林生态系统服务功能案例

内蒙古乌尔旗汉林业局也是内蒙古大兴安岭林区内一个林业局，位于大兴安岭西坡中部，行政隶属于呼伦贝尔市管辖，地跨牙克石市和鄂伦春自治旗。地理位置为东经 121°12′25″～122°50′43″，北纬 49°14′04″～9°58′30″。乌尔旗汉林业局总面积 593 617hm²，其中林权证内面积 576 995.3hm²，活立木蓄积为 51 522 987m³。森林覆盖率为 82.5%。本书作者之一周梅团队合作者包国庆（2016）计算得出乌尔旗汉林业局涵养水源功能为：涵养水源总物质量是 $5.19×10^8$m³/a；总价值量为 $5.97×10^9$ 元/a，其中：调节水量价值是 $4.38×10^9$ 元/a，净化水质价值是 $1.59×10^9$ 元/a。兴安落叶松涵养水源价值最大，为 $4.56×10^9$ 元/a。森林生态系统固土量为 $1.07×10^6$t/a，保育土壤总价值是 $4.14×10^9$ 元/a。森林生态系统固碳功能总物质量是 $4.49×10^6$t/a。释氧总量是 $3.43×10^6$t/a。固碳释氧总价值量为 $1.10×10^{10}$ 元/a。其中，固碳总价值为 $6.51×10^9$ 元/a，释氧总价值为 $4.46×10^9$ 元/a。分树种固碳释氧功能物质量和价值量由大到小排序为落叶松＞白桦＞山杨＞樟子松。各龄组物质量和价值量由大到小贡献率为中龄林＞成熟林＞过熟林＞近熟林＞幼龄林。另外，评估区积累营养物质物质总量是 $8.87×10^4$t/a，价值量总量是 $1.31×10^9$ 元/a。净化大气环境服务功能总价值量为 $3.12×10^8$ 元/a。森林生产负离子能力为 $5.23×10^{24}$ 个/a，价值量为 $3.31×10^7$ 元/a。生物多样性保护功能价值为 $1.698×10^9$ 元/a。评估结果表明，乌尔旗汉林业局功能区森林生态系统生态价值每年达到 272 亿元，远远高于林木自身价值。确立以生态建设为主的林业发展战略，建设好大兴安岭生态屏障，意义重大。

（3）内蒙古兴安盟森林固碳释氧功能案例

兴安盟位于内蒙古自治区东北部，大兴安岭中段，地理坐标为东经119°28′～123°38′，北纬44°14′～47°47′。兴安盟大兴安岭向松嫩平原过渡带，属中温带大陆性季风气候，水资源比较丰富。境内森林资源丰富，有兴安落叶松、白桦、山杨、蒙古栎等17个乔木树种，虎榛子、胡枝子、山杏等近10种灌木树种。本书作者之一周梅团队进行大量野外实测，结合国家第七次森林资源清查的兴安盟森林资源数据、2008年兴安盟各类土地面积统计，以及2008年森林面积蓄积统计数据，采用国家林业行业标准得出：通过野外观测与测算，兴安盟现有森林和灌木年固碳总量是339.22万t。林分年固碳价值40.71亿元；兴安盟现有森林每年可以释氧559.72万t，森林年释氧价值55.97亿元。兴安盟现有森林和灌木年固碳释氧的总价值为111.11亿元。兴安盟固碳量、释氧量分别占2009年国家森林资源清查公布固碳量、释氧量的0.94%、0.46%。兴安盟固碳释氧总价值占全国的0.57%。但目前，兴安盟林业投入不足其固碳释氧效益的1.4%。表4-5是不同主要树种的植被年固碳量和土壤年固碳量，以及林分年固碳价值。

表4-5 兴安盟森林资源年固碳量及价值

森林植被	林分面积 A/hm²	植被年固碳量 G 植被固碳/(t/a)	土壤年固碳量 G 土壤固碳/(t/a)	林分年固碳价值 U 碳/(元/a)
落叶松	183 887.00	613 085.23	86 426.89	839 414 538.20
樟子松	1 945.00	6 300.68	914.15	8 657 797.99
油松	201.00	410.11	94.47	605 491.68
榆树	39 173.00	41 106.24	18 411.31	71 421 056.66
白桦	284 139.00	366 359.05	133 545.33	599 885 252.98
山杨	14 789.00	16 481.76	6 950.83	28 119 104.44
柞树	387 344.00	628 331.60	182 051.68	972 459 932.96
黑桦	216 802.00	198 765.14	101 896.94	360 794 490.51
杨树	152 073.00	200 471.19	71 474.31	326 334 594.67
柳树	11 121.00	11 227.35	5 226.87	19 745 061.66
云杉	16.00	15.35	7.52	27 444.62
其他	8 579.00	8 172.37	4 032.13	14 645 394.85
合计	1 300 069.00	2 090 726.04	611 032.43	3 242 110 161.23

兴安盟现有森林资源碳汇储量为2466.04万t（不包括灌木林），为2009年国家森林资源清查公布碳储量的0.3%。现有森林固碳潜力为每年每公顷林地可以固定144.22t二氧化碳。在上述结果中，专门将已成林人工林的固碳释氧量进行析出，得出已成林人工林总年固碳量为42.69万t，林分年固碳价值为7.09亿元。已成林的林分年释氧量为114.28万t，林分年释氧价值11.43亿元。目前，已成林

人工林一年固碳释氧的价值就等于其造林投入的总和。

（4）赛罕乌拉国家级自然保护区白桦次生林生态系统服务价值案例

周梅等（2014）以赛罕乌拉森林生态系统定位研究站为研究区域，该区属于大兴安岭南部山地阿尔山支脉，森林生态系统、草地生态系统、湿地生态系统等多种生态系统镶嵌共存。地貌类型为中山山地，总体地势为东北高西南低，从东北向西南逐渐倾斜。平均海拔1000m，最高峰为乌兰坝，海拔1997m。地理坐标为东经118°18′～118°55′，北纬43°59′～44°27′，总面积为10.04万hm²。

基于实地调查和观测，依据《森林生态系统服务功能评估规范》（LY/T 1721—2008）构建评价指标体系，对大兴安岭南段不同龄组白桦天然次生林生态系统服务价值量进行了评估。结果表明：赛罕乌拉国家级自然保护区范围内的白桦天然次生林生态系统涵养水源、保育土壤、固碳释氧、积累营养物质、净化大气环境和生物多样性保护6项指标的单位面积生态价值为5.11万元/a，总生态价值为9.72亿元/a。其中保育土壤功能价值量最高，其次为生物多样性保护和涵养水源，三者价值量分别为4.95亿元、1.60亿元、1.18亿元，占生态系统服务总价值的79.53%。这可能是由于白桦天然林地表枯落物层较厚，减少因土壤侵蚀而流失的表土及表土中的营养物质的能力较强。大兴安岭南段白桦近熟林生态系统服务价值总量为5.77亿元/a，占白桦林生态系统服务总价值的59.36%。

五、内蒙古草地生态屏障功能

草原是陆地的皮肤，是陆地生态系统中的重要组成部分。草原植被可在森林、草原、荒漠、戈壁等各个生态类型中广泛分布，也能够在平原、高原、山地、滩涂等不同地域因地而生，在涵养水源、净化空气、水土保持和生态修复等方面发挥着重要作用，其生态安全保障作用是其他植被无法比拟的。内蒙古草原跨越了温带半湿润区、半干旱区和干旱区三个气候区，其独特的生态地理位置和区位特点使其成为北方重要的生产基地和生态功能区。内蒙古草原类型多样，在荒漠化防治和国土生态安全中发挥着举足轻重的作用。其生态功能和资源价值非其他生态系统可以置换和替代，是我国北方重要的生态安全屏障。在"绿色发展"和构建"我国北方重要生态安全屏障"的目标下，草原生态环境的改善、植被恢复和生态经济可持续发展成为草地生态屏障建设的主要内容。

草地是人类重要的生产资料，尤其是在我国北方牧区的社会经济发展中扮演着重要角色。草原生态系统不仅可为工农业生产提供原料和服务，同时也是我国北方自然生态系统格局、功能和过程的重要体现，还是支撑与维持地球生命的支持系统，尤其在维持生物物质的生物地化循环、生物物种与遗传多样性方面具有特殊的生态意义。发挥内蒙古草地生态屏障的功能对草地生态环境健康、可持续发展和人类的精神与物质文明具有重要作用。

1. 草原生态系统是重要的物质和能量库

草类植物再生能力强，是一种重要的可利用和可再生自然资源。草原不仅可为维持人类生存的食物、医药、工农业生产提供原料，更是一个丰富的碳库、水库和能量库。草原是陆地上生物量仅次于森林的第二个绿色覆被层，约占全球植被生物量的36%，约占陆地面积的24%，是地球上最大的物质和能量库之一。草地生态系统通过光合作用，除了向大气提供 O_2 外，还把大量碳储存在牧草组织及土壤中。地球上的绿色植物通过光合作用将太阳能固定，转化为化学能储存、流通，动物依靠这些化学能的进一步转化完成整个生命过程。草地植物是草原生态系统能量流动的基础，是地球生命系统的能量库，也是人类食物能量来源的储库。内蒙古草原在我国的经济建设和国民生产生活中占据重要的地位，重视草地生态保护和建设，确保草原生态系统的可持续发展是保护这一重要资源的重要措施。

2. 草原生态系统是一个生物多样性宝库

内蒙古草原地理气候跨度大，植被分异性强，草地类型多样。具有生态和遗传上独特的物种、广阔的生态地理代表性和半自然的景观特征，是开展生物多样性监测和研究的重要区域。随着水热条件的地带性变化，草原类型、景观结构和土地利用格局分异显著，为不同层次生物多样性的产生提供了基础条件。草地生态系统中的主要组分（植物、动物、微生物）及其拥有的基因，不仅为人类提供了许多独特的生物材料和产品，更是培育动植物新品种、发展农业生物工程最宝贵的基因库。农耕文明产生后，绝大部分谷类作物和优良栽培饲用植物品种也来自草地；目前家养的草食畜禽（如牛、羊、马、骆驼、鹿、猪、兔、鹅等）都原产于草地；此外，医药、工业、农业等领域所需的种质资源在材料培育、品种改良、基因提取等方面发挥重要作用，这些基础原料很多均来源于草原这一生物多样性宝库之中。

3. 草原生态系统是防风固沙的主力军

草原生态系统是全球生态环境稳定的保障。由于我国北方草地植被的破坏，直接或间接导致了沙尘暴等环境灾害的出现。内蒙古的广阔草原覆盖了辽阔的中国北疆，是中国大陆乃至许多亚洲国家很重要的生态屏障。如果该生态系统受到破坏，将危及我国北方和大半个中国的生态安全，尤其对"三北"地区的经济发展有着重要的战略地位。

草原植被通常比较低矮，根系发达，根冠较大，可以很好地固持土壤，防止表土及营养物质的流失，生态功能至关重要。有研究表明，草原比裸地的含水量高20%以上，在大雨状态下草原可减少地表径流量47%～60%，减少泥沙冲刷量75%。它的防风固沙能力比森林高3～4倍。草原植被可以增加下垫面的粗糙程度，降低近地表风速，从而可以减少风蚀作用的强度。不同盖度的草被植物对风蚀作用的发生具有控制作用，当植被盖度为30%～50%时，近地面风速可削弱50%，地面输沙量仅相当于流沙地段的 1%；草本植物可在流动沙丘上生长，随着植被盖度增大，可逐渐使沙面形成土壤结皮，沙丘逐渐由流动向半固定、固定状态演替，最终形成固定沙地，实现土壤表层有机质增加，理化性质趋于稳定。

4. 草原生态系统是人类干扰环境的缓冲区

草原对大气候和局部气候都具有调节功能，即通过对温度、降水的影响，缓冲极端气候对人类的不利影响。草原植被在适应外界环境进行生长发育的同时也对其进行改变。草原植被吸收、反射和截留太阳辐射，从土壤中吸收水分，通过叶面蒸腾和呼吸作用，将水分释放到大气中，不仅能够能提高环境的湿度、云量和降水，还可减缓地表温度的变幅，降低气温，增加水循环的速度，从而影响太阳辐射和大气中的热交换，起到调节小气候的作用。

健康的草原生态系统可起到维持大气化学平衡与稳定，调节空气组分，净化环境，抑制温室效应的作用。由于人为干扰草原生态系统（如过牧、开垦等）引起 CO_2、SO_2、CH_4 等温室气体释放，从而对全球气候产生影响。草原植物通过光合作用在进行物质循环的过程中，可吸收空气中的 CO_2 并放出 O_2，同时还具有减缓噪声、释放负氧离子、吸附粉尘、去除空气中污染物的作用，从而给人们提供一个舒适、安静的生活环境。

六、内蒙古荒漠生态屏障功能

内蒙古荒漠生态屏障主要包括沙漠生态屏障和沙地生态屏障。沙漠生态屏障包括库布齐沙漠、乌兰布和沙漠、巴音温都尔沙漠、腾格里沙漠、巴丹吉林沙漠。该区域属于防风固沙型地区，绝大多数属半荒漠和荒漠地区，流动沙丘密布且沙丘高大。重点实施黄河上中游天然林资源保护二期工程、京津风沙源治理二期工程、三北防护林建设五期工程、退耕还林工程、沙化土地封禁保护区建设工程、草原生态保护补助奖励机制、天然草原退牧还草二期工程、草原重点生态功能区建设、草原防灾减灾建设工程和重点小流域综合治理工程等重点工程，采取生物措施和工程措施，通过设置人工沙障、人工造林、飞播造林种草，围封禁牧，建设沙漠锁边防护林体系，建立封禁保护区，推进重点公益林生态效益补偿，采取自然修复和人工措施，逐步控制沙漠化扩展。

沙地生态屏障包括呼伦贝尔沙地、科尔沁沙地、乌珠穆沁沙地、浑善达克沙地和毛乌素沙地。该区域属于防风固沙型区域，地处温带半湿润到半干旱地区，是典型草原分布比较集中的区域，气候干旱，多大风，土地沙化现象严重。重点实施黄河上中游天然林资源保护二期工程、三北防护林建设五期工程、京津风沙源治理二期工程、退耕还林工程、沙化土地封禁保护区建设工程、天然草原退牧还草二期工程、草原保护与建设工程、草原重点生态功能区建设工程、草原自然保护区建设工程、国家水土保持重点建设工程和重点小流域综合治理工程等重点工程，推进防风固沙林建设，构建乔灌草、带网片相结合的防风固沙林体系。实施重点公益林生态效益补偿和草原生态保护补助奖励机制，推进禁牧休牧、划区轮牧和生态移民工程，积极转变畜牧业生产方式，实行以草定畜，推行舍饲圈养，严格控制载畜量，加大退耕还林、退牧还草力度，逐步恢复林草植被。

荒漠生态屏障的功能主要体现在以下几个方面。

1. 改善北京地区生态环境

北京是我国政治、经济和文化中心，也是祖国的窗口，对外开放的门户。保护北京及周边地区的生态安全，防沙治沙必须从沙源区治理入手，才能达到事半功倍的效果。研究资料显示，北京沙尘暴的形成，80％以上的扬沙和浮尘来源于内蒙古。因此北京的环境改善，很大程度上取决于内蒙古沙源区的治理，只有把沙尘暴的源头治理好，才能保证北京的生态安全，才能实现北京及周边地区生态环境的彻底改善。

2. 推动自治区经济发展

土地沙化是制约自治区经济和社会发展的主要因素，是造成贫困落后的根源。改善自治区生态环境，最急迫、最主要的问题是防止土地退化、防沙治沙。

3. 保护和拓展广大农牧民生存与发展空间

自治区地域辽阔，土地沙化、退化严重，随着人口的进一步增加，可利用的土地急剧减少，人地、畜地矛盾越来越尖锐。从当前的人口分布来看，农区人口容纳能力已近极限，广大牧区是今后解决人口压力问题的希望之所在，而牧区是土地沙化、退化的重点地区；因此，只有治理好退化、沙化土地，改善生态环境，才能使土地退化、沙化地区的资源优势得以发挥，实现社会经济的可持续发展。

4. 保持社会稳定、增进民族团结

自治区土地退化、沙化严重地区多为老少边穷地区，当地群众饱受风沙危害之苦。在这些地区实施防沙治沙工程建设，不仅可以改善生态环境，而且还可以促进当地经济的发展、群众脱贫致富，有利于保持社会的稳定，增进民族团结，保障边疆少数民族地区政治和社会的长治久安。

因此，大力实施内蒙古防沙治沙生态工程建设不仅可有效地保护北京及周边地区的生态安全，同时可以促进工程区经济的发展，改善人民的生产、生活环境，实现脱贫致富的目标，对维护边疆稳定，实现全国经济发展战略，都将起到积极促进作用，意义十分重大。

七、内蒙古湿地生态屏障功能

1. 湿地资源现状

据 1998～1999 年内蒙古第二林业勘察设计院调查，全区湿地总面积为 442.6 万 hm²，占全区土地总面积的 3.7%。按照林业部颁发的《全国湿地资源调查与监测技术规程》（试行本）的湿地分类标准，内蒙古自治区湿地划分为三大类 13 种类型。在全区的湿地中，各类型的湿地分布状况如下所述。

1）河流湿地，包括永久性河流、季节性或间歇性河流以及泛洪平原 3 个湿地类型。总面积达 64.6 万 hm²，占全区湿地总面积的 14.6%。较大的河流有黄河、嫩江、额尔古纳河、辽河等。河流湿地在全区分布很不均衡，东北湿地区水网交错，溪流纵横，而其他湿地区除黄河外几乎没有什么大的河流。

2）湖泊湿地，包括永久性淡水湖、季节性淡水湖、永久性咸水湖、季节性咸水湖和水库 5 个类型。总面积 52.8 万 hm²，占全区湿地总面积的 11.9%。较大的湖泊有呼伦湖、贝尔湖、达里诺尔湖、乌梁素海、岱海、黄旗海、查干诺尔湖等。较大型的水库有察尔森水库、红山水库、孟家段水库、昆都仑水库、黄河三盛公水利枢纽等。

3）沼泽及沼泽化草甸湿地，包括森林沼泽、灌木沼泽、草木沼泽、藓类沼泽和内陆盐沼 5 个类型。总面积 325.2 万 hm²，占全区湿地总面积的 73.5%。前 4 个类型的沼泽在东北湿地区沿江河两岸广泛分布，如呼伦贝尔高原沼泽、松嫩平原沼泽等。内陆盐沼只分布在其他两个湿地区，面积较大的有乌拉盖内陆盐沼、格布钦内陆盐沼、古日乃草湖等。

2. 湿地资源生态屏障地位

湿地的生态功能大致包括：水源涵养和水文调节、气候调节、生物多样性栖息和繁育，生物生产及碳汇功能，旅游景观功能等。湿地是人类生存的重要水源地。湿地与森林、草原相互依存，维护着地球的生态平衡。

由于内蒙古生态环境差异较大，植被生存的地带不同，东部、中部、西部植被分区非常明显。因此，内蒙古湿地具有种类多、生物多样性丰富的特点。湿地高等植物有 53 科 113 属 221 种，分别为全国湿地高等植物科、属、种数的 23.56%、13.87% 和 9.68%。虽然内蒙古的湿地资源只占全区土地总面积的 1.91%，但是在全区工农牧业生产中有着举足轻重的地位和作用，如苇地是轻工业造纸的原料基地；滩涂、沼泽地又是牧业牲畜优良的冬春牧营地，是确保牲畜安全过冬、防灾减灾的防护基地；盐碱地是牲畜补充盐分的天然原料地。由此可见，湿地资源不仅是一项具有社会效益、生态效益的保护性工作，更是一项具有经济效益的保护管理性工作。我们要把湿地资源的保护工作上升到像对待耕地保护、基本农田保护的管理高度来看、来重视（焦守峰，2010）。

3. 湿地生态屏障服务功能

湿地的存在为自治区乃至我国的生态环境和社会经济的可持续发展作出了巨大贡献。内蒙古湿地资源调查结果显示，自治区湿地资源的主要功能有以下几个方面（孟庆丰，2001）。

（1）供水

一种是直接利用湿地中的水资源，以满足居民、工农牧业所需；一种是间接利用，即通过地表及地下水循环或进行必要的处理后加以利用。直接利用方式多在水污染较轻的呼伦贝尔市和兴安盟的森林和草原地区，间接利用极为普遍且与人们的生产生活密切相关。例如，通过农田灌溉使黄河灌区粮食产量有了较大幅度提高，黄河灌区也因此赢得了"塞上江南"的美誉；辽嫩平原通过调整农业产业结构，也大力发展灌溉农业，成为自治区东部"米粮仓"。工业上的应用更加广泛，制糖、造酒等均离不开水，但这些应用基本上是通过水循环和必要的水处理来达到目的的。

（2）流量调节

湿地蓄水防洪功能的发挥，一方面是靠蓄水过程中的蒸发和渗透来调节水量；另一方面是靠湿地植被减缓洪水流速，降低下游洪峰水位。尽管流量调节作用不论是在河流、湖泊还是沼泽都存在，但其中沼泽的调节作用最大。沼泽就像一个巨大的生物蓄水库，它能保持大于其土壤本身3～9倍或更多的蓄水量。也正因如此，凡是河流、湖泊周围有较大面积沼泽分布的，其水量容易持久地保持一定程度的稳定。而河流、湖泊周围植被稀疏，沼泽分布较少的，其水量则易受气候的影响而出现河流季节化断流或洪水泛滥和湖泊水位异常变化。从沼泽在自治区的分布上看，也证实了这一点：东部区河湖周围多有大面积沼泽分布，因此河湖水位较稳定，永久性的河湖也较多；西部区河湖周围分布沼泽面积较小，河湖季节性变化就较多，而且河流多数较短，易形成断流，湖泊也多为小型季节性的湖泊。

（3）提供天然产品

自治区湿地类型多样，湿地所能提供的天然产品也极其丰富。藓类沼泽可提取泥炭，草本沼泽可供给药材或苇草制品原材料，森林沼泽能带给人类木材或水果，河流或湖泊湿地可提供水产品，如辉河湿地年产芦苇10万t左右，乌拉盖湿地年产芦苇也在6万t以上；达赉湖及其周围整个水域体系盛产鱼虾，鱼种类达30余种，平均每年产鱼6000t，达里诺尔渔业总产值每年可达300万元以上；吉兰泰盐湖年产食盐70万t。可见，许多湿地均为生产力极高的天然产品源。

（4）能源生产

能源生产的最简单方式就是利用泥炭或薪柴作为居民生活和工业的燃料，这在全区相当普通，但以呼伦贝尔市和兴安盟居多。作为能源生产的最主要方式是水力发电。能够用于水力发电的河流主要分布于嫩江、额尔古纳河、西辽河、黄河干流及其主要支流。其中以水量大、落差集中的黄河干流河段居首位，如现已建成的黄河三盛公水利枢纽北岸总干渠水电站年发电量525.6万kW。设计或续建的有海勃湾枢纽电站、三盛公枢纽电站、万家寨水库电站等；其次为嫩江干流及其右岸支流，如已建的察尔赤水库电站设计年发电量2330万kW，设计或续建的有尼尔基水库电站、诺敏水库电站、文得根水库电站等；再次是额尔古纳水系，但水能资源尚未利用；最后是西辽河水系，如已建的红山水库电站年发电量3251.7万kW，龙口水电站年发电量1336.7万kW。

（5）休闲和旅游

自治区有许多重要的休闲和旅游风景区都分布在湿地，如达赉湖、达里诺尔湖、乌梁素海、哈素海、岱海、天池、温泉等，更有著名的母亲河——黄河，这些均是以湿地为基础的休闲、旅游、疗养和观光场所。通过项目开发，如划船、钓鱼、观鸟、游泳、疗养等均可获得很高的经济效益。

（6）教育、科研基地

湿地是最具生物多样性的地区，充分地利用这一优势，便可更好地维持这一地区的野生动植物种群及其生态系统的平衡，同时也为人类进行教育和科研提供了基地。事实上，自治区有很多湿地都具有这种功效。例如，达赉湖的鹤类研究已持续开展多年；图牧吉的大鸨繁殖研究在国内外享有盛誉；科尔沁的白鹳繁殖研究、鄂尔多斯的遗鸥繁殖研究以及乌梁素海的鸟类种群变化研究等。

参 考 文 献

白淑兰, 闫伟, 马荣华, 等. 2001. 大青山、蛮汗山外生菌根真菌资源调查[J]. 山地学报, 19(1): 44-47.

白永飞, 赵玉金, 王扬, 等. 2020. 中国北方草地生态系统服务评估和功能区划助力生态安全屏障建设[J]. 中国科学院院刊, 35(6): 675-689.

班振国, 乌日根夫, 多化豫, 等. 2003. 乌拉山林区生态系统现状分析及保护恢复对策[J]. 内蒙古林业调查设计, 26(z1): 77-79.

包国庆. 2016. 乌尔旗汉林业局森林生态系统服务功能评估研究[J]. 内蒙古林业调查设计, 39(6): 21-24, 126.

宝音, 包玉海, 阿拉腾图雅, 等. 2002. 内蒙古生态屏障建设与保护[J]. 水土保持研究, 9(3): 62-72.

陈善科, 保平, 张学英. 2000. 阿拉善荒漠草地生态危机及其治理对策[J]. 草原与草坪, 3: 9-11.

春花. 2015. 内蒙古自治区森林资源综合评价及建议[J]. 内蒙古林业调查设计, 38(6): 19-21, 26.

冯小杰. 2011. 十大生态工程构建安全屏障[J]. 广东教育(高中版), (11): 57-60.

冯小杰. 2016. 十大生态工程构建安全屏障[J]. 广东教育(高中版), (9): 56-59.

冯仲科, 解明星, 高原. 2014. 旺业甸实验林场林地资源价值评价[J]. 林业调查规划, 39(6): 60-65.

高吉喜. 2001. 可持续发展理论探索—生态承载力理论、方法与应用[M]. 北京: 中国环境科学出版社.

顾殿春, 柴永艳. 2015. 黄岗梁国家森林公园景观资源的开发利用建议[J]. 现代农业, (12): 76-78.

关永强. 1981. 额济纳旗天然次生林现状及经营意见[J]. 内蒙古林业, (6): 7.

国家环境保护总局. 2002. 《生态功能保护区规划编制大纲》(试行)[Z].

贾慎修. 1985. 中国草地区划的商讨[J]. 自然资源, (2): 1-13.

焦守峰. 2010. 保护湿地资源促进内蒙古生态系统良性循环[J]. 内蒙古农业科技, (3): 24.

靳芳, 鲁绍伟, 余新晓, 等. 2005. 中国森林生态系统服务功能及其价值评价[J]. 应用生态学报, 16(8): 1531-1536.

李鸿威, 杨小平. 2010. 浑善达克沙地近 30 年来土地沙漠化研究进展与问题[J]. 地球科学进展, (6): 647-655.

刘东生, 黄东. 2009. 中国东北地区生态保护对策研究[J]. 林业经济, (11): 23-25.

刘军会, 邹长新, 高吉喜, 等. 2015. 中国生态环境脆弱区范围界定[J]. 生物多样性, 23(6): 725-732.

刘钟龄, 朱宗元, 郝敦元. 2001. 黑河(额济纳河)下游绿洲生态系统受损与生态保育对策的思考 [J]. 干旱区资源与环境, 15(3): 1-8.

罗怀良, 朱波, 刘德绍, 等. 2006. 重庆市生态功能的区划[J]. 生态学报, 26(9): 3144-3151.

马超, 马雯思, 王孜健, 等. 2016. 中国大陆 1951—2012 年 400mm 等降水量线的迁移及诱因[J]. 河南理工大学学报(自然科学版), 35(4): 520-525.

马元波. 2008. 晋城市生态功能区划研究[D]. 太原: 太原理工大学硕士学位论文.

毛汉英, 余丹林. 2001. 区域承载力定量研究方法探讨[J]. 地球科学进展, 16(4): 549-555.

孟华. 2013. 额济纳胡杨林国家级自然保护区森林资源现状及特点[J]. 内蒙古林业调查设计, 36(1): 31-33, 54.

孟庆丰, 宋英春. 1999. 内蒙古自治区湿地资源现状及基本特点[J]. 内蒙古林业调查设计, 4: 156-157.

孟庆丰. 2001. 内蒙古湿地资源的主要功能[J]. 内蒙古林业调查设计, 24(3): 24-25.

穆少杰. 2013. 气候变化和 LUCC 对内蒙古草地碳循环时空格局及演变趋势的影响[D]. 南京大学博士学位论文.

穆少杰, 李建龙, 周伟, 等. 2013. 2001—2010 年内蒙古植被净初级生产力的时空格局及其与气候的关系[J]. 生态学报, 33(12): 3752-3764.

内蒙古草地资源编委会. 1990. 内蒙古草地资源[M]. 呼和浩特: 内蒙古人民出版社.

牛建明. 2000. 内蒙古主要植被类型与气候因子关系的研究[J]. 应用生态学报, (1): 48-53.

欧阳志云, 王如松, 赵景柱. 1999. 生态系统服务功能及其生态经济价值评价[J]. 应用生态学报, 10(5): 635-640.

欧阳志云, 王效科, 苗鸿. 2000. 中国生态环境敏感性及其区域差异规律研究[J]. 生态学报, (1): 10-13.

欧阳志云. 2015-12-01. 全国生态功能区划[N]. 北京: 中国科学院生态环境研究中心.

任鸿昌, 吕永龙, 杨萍, 等. 2004. 科尔沁沙地土地沙漠化的历史与现状[J]. 中国沙漠, (5): 28-31.

申陆, 田美荣, 高吉喜, 等. 2016. 浑善达克沙漠化防治生态功能区防风固沙功能的时空变化及驱动力[J]. 应用生态学报, (1): 73-82.

孙萍, 陶苏门高, 赵玉山, 等. 2013. 内蒙古贺兰山国家森林公园建设条件与效益浅析[J]. 内蒙古林业, (1): 28-29.

汤小华. 2005. 福建省生态功能区划研究[D]. 福州: 福建师范大学博士学位论文.

屠志方, 李梦先, 孙涛. 2016. 第五次全国荒漠化和沙化监测结果及分析[J]. 林业资源管理, (1): 1-5, 13.

王斌, 杨效生, 张彪, 等. 2009. 1973-2003 年中国森林生态系统服务功能变化研究[J]. 浙江林学院学报, 26(5): 714-721.

王秉忠, 常江. 1996. 乌兰察布盟次生林合理经营途径的探讨[J]. 内蒙古林业调查设计, (4): 129-132.

王才旺, 白锦贤, 秦建明, 等. 2010. 内蒙古自治区森林资源状况[J]. 内蒙古林业调查设计, 33(5): 45-48.

王浩, 严登华, 秦大庸, 等. 2005. 近 50 年来黄河流域 400mm 等雨量线空间变化研究[J]. 地球科学进展, 20(6): 649-655.

王绍武. 1994. 气候模拟研究进展[J]. 气象, 20(12): 9-18.

王书华, 毛汉英, 王忠静. 2002. 生态足迹研究的国内外近期进展[J]. 自然资源学报, 17(6): 776-781.

王涛. 2003. 中国沙漠与沙漠化[M]. 石家庄: 河北科学技术出版社: 641-648.

王原. 2010. 城市化区域气候变化脆弱性综合评价理论、方法与应用研究——以中国河口城市上海为例[D]. 上海: 复旦大学博士学位论文.

王治江, 李培军, 王岩松, 等. 2005. 辽宁省生态功能分区研究[J]. 生态学杂志, 24(11): 1339-1342.

王中根, 夏军. 1999. 区域生态环境承载力的量化方法研究[J]. 长江职工大学学报, 16(4): 9-12.

魏凤英. 1999. 现代气候统计诊断与预测技术(第一版)[M]. 北京: 气象出版社.

闫云霞, 许炯心. 2006. 黄土高原地区侵蚀产沙的尺度效应研究初探[J]. 中国科学 D 辑: 地球科学, 36(8): 767-776.

杨勤业, 李双成. 1999. 中国生态地域划分的若干问题[J]. 生态学报, (5): 8-13.

杨潇, 张秋良. 2013. 阴山中段主要乔木树种生物量预测模型研究[J]. 林业资源管理, (4): 59-64, 76.

袁丽丽, 哈斯朝格图, 王亮, 等. 2013. 关于内蒙古贺兰山天然次生林区可持续发展的思考[J]. 内蒙古石油化工, (9): 49-50.

赵彩霞. 2004. 阴山北麓农牧交错带防治风蚀沙化的恢复生态学研究[D]. 北京: 中国农业大学博士学位论文.

赵哈林, 赵学勇, 张铜会, 等. 2002. 北方农牧交错带的地理界定及其生态问题[J]. 地球科学进展, 19(5): 739-747.

赵俊芳, 延晓冬, 贾根锁. 2009. 1981—2002 年中国东北地区森林生态系统碳储量的模拟[J]. 应用生态学报, 20(2): 241-249.

赵学勇, 张春民, 左小安, 等. 2009. 科尔沁沙地沙漠化土地恢复面临的挑战[J]. 应用生态学报,

(7): 1559-1564.

甄江红, 刘果厚, 李百岁. 2006. 内蒙古森林资源动态分析与评价[J]. 干旱区资源与环境, 20(5): 145-152.

"振兴东北内蒙古东部生态专题研究"课题组. 2006. 内蒙古东部生态安全与可持续发展初探 [J]. 北方经济, (8): 10-12.

周梅, 曾楠, 赵鹏武, 等. 2014. 大兴安岭南段白桦次生林生态系统服务价值评估[J]. 林业资源 管理, (1): 120-126.

邹亚荣, 张增祥, 王长友, 等. 2003. 中国风水侵蚀交错区分布特征分析[J]. 干旱区研究, 20(1): 67-71.

Butler C D, Oluoch-Kosura W. 2006. Linking future ecosystem services and future human wellbeing[J]. Ecol & Soc, 11(1): 30.

Daily G. 1997. Nature's Services: Societal Dependence on Natural Ecosystems[M]. Washington D C: Island Press.

Zhao H L, Zhao X Y, Zhou R L, et al. 2005. Desertification processes due to heavy grazing in sandy rangeland, Inner Mongolia[J]. Journal of Arid Environments, 62: 309-319.

第五章　生态屏障建设模式

第一节　生态屏障建设区构建

一、国家级生态保护与建设示范区

中华人民共和国国家发展和改革委员会 2015 年发布的第 822 号文件指出，为切实推进示范区建设、加大对示范区建设投入和政策的支持、加强示范区建设的总结工作等，公布了《生态保护与建设示范区名单》，全国生态保护与建设示范区共计 143 个，分布在我国 30 个省（自治区、直辖市），以及新疆生产建设兵团，其中分布示范区数量最多的是重庆市，共分布示范区 8 个，而内蒙古自治区内分布示范区共计 5 个，其中包括赤峰市、通辽市扎鲁特旗、乌兰察布市四子王旗、鄂尔多斯市乌审旗，以及内蒙古森工集团。

赤峰市地处西辽河上游区域，其境内浑善达克沙地和科尔沁沙地横贯东西，是我国水土流失和沙漠化严重地区之一，赤峰市的生态建设与保护既关系到当地各族群众的生存和发展，也关系到京津、辽沈地区的生态安全。赤峰市境内地形地貌丰富多样，主要以山地高原、丘陵、沙地平原为主，其中丘陵所占面积最大，为 42.3%，可利用草地面积占全市土地的 50.6%（辛宝桢等，2011）。赤峰市存在的主要生态问题一是水土流失严重、沙化土地面积大；二是退化、沙化和盐碱化的草地面积逐年增加，导致单位面积产草量和优质牧草的比例大幅下降；三是水资源的缺乏，人均水资源占有量仅为全国平均水平的 37%，最后是生物多样性的锐减（李俊有和王志春，2007）。

根据赤峰市生态保护与建设的指导思想和总体思路，主要围绕如下 5 个治理区域开展了生态保护与建设工作：浑善达克沙地综合治理区、大兴安岭—七老图山地水源涵养区、岭南低山丘陵水土保持区（赤峰中北部）、科尔沁沙地综合治理区、燕北低山黄土丘陵水保农防林区。以国家重点生态建设工程为支撑，生态保护与建设工作的重点如下：京津风沙源治理工程、退耕还林还草工程、西辽河上游天然次生林保护工程、天然草牧场植被恢复和建设工程、生态移民与易地扶贫搬迁移民工程、西辽河上游水土保持工程、绿色通道工程、城镇绿化工程、林草种苗工程以及千万亩林果基地建设工程。

赤峰市生态保护与建设工作的顺利实施提高了全市各族群众的生态保护意识，增强各级部门生态建设与保护的紧迫感、责任感，完善了领导干部的考核机制，将生态保护与建设作为考核干部政绩的重要内容。生态保护与建设工作的大力推进同时也培育了大量的生态产业，提高了生态建设的经济效益。后期的生态保护与建设工作中应依托国家生态安全屏障区域的构建工作和指导思想，继续完善激励政策、加大相关工作的投入力度，同时充分依靠科技，提高生态保护与建设工作整体的技术水平，继续加强管理，依法保护和建设生态环境（邓英淘，2001）。

通辽市扎鲁特旗、乌兰察布市四子王旗以及鄂尔多斯市乌审旗是三个以旗县为区划单位的国家级生态保护与建设示范区，扎鲁特旗和四子王旗都针对草地退化、草场锐减等严重生态采取了不同的生态保护与建设对策。此外，乌审旗牢牢把握"节能减排、绿色循环"发展主线，在每个工业园区、每个工业项目建设和引进之初，就以生态循环严格规划和定位，为实现可持续发展，打造长青基业而努力。

位于我国版图"雄鸡之冠"的大兴安岭林区是我国最大的森林碳汇基地，内蒙古森工集团响应国家发展和改革委员会等 11 个部门发布的《关于印发生态保护与建设示范区名单的通知》，制定了《内蒙古大兴安岭林区生态保护与建设示范区建设方案》，重点突出创新、示范两个方面，积极探索生态保护与建设的规划实施、制度建设、投入机制、科技支撑等方面的经验，形成可复制、可推广的模式。

二、特殊生态环境保护区

为保障国家和区域生态安全，《中华人民共和国环境保护法》规定，国家在重点生态功能区、生态环境敏感区和脆弱区等区域划定生态保护红线，实行严格保护。因此对生态环境敏感区、脆弱区及重点生态功能区的界定成为生态保护红线划定的首要任务，应针对亟待解决的生态环境问题，采用遥感、GIS 以及实地调查等技术，建立相关评价指标体系及评价模型，综合评价全区的生态环境脆弱性（刘军会等，2015）。内蒙古自治区由西部的温带大陆性气候向东部温带草原气候过渡，涵盖沙地、草原、森林等丰富多样的植被类型，内蒙古自治区的生态屏障建设工作应主要针对土地沙化、草地退化、水土流失、森林衰退等严重的生态问题，在生态环境较脆弱的地区建立特殊的生态环境保护区。

在脆弱生境下的特殊生态环境保护区建设工作中，应根据特殊生境和植被气候特点因地制宜地开展工作，采用适合内蒙古自治区自然条件和气候特征的抗旱造林系列技术、干旱区节水造林技术和植物再生沙障治沙技术等。在沙地，以治理沙化土地为重点，"封、飞、造"相结合，以封育为主；在荒漠区，以保护原生植被为重点，封禁保护和人工治理相结合；在水土流失区，以小流域综合治理为重点，工程措施和生物措施相结合；在平原区，以平原绿化和农田防护林建设为重点，带、网、片相结合（罗承平和薛纪瑜，1995）。

三、各级各类生态示范区

随着 1995 年内蒙古自治区人大常委会作出《关于加强资源和环境保护的决定》，全区生态保护从意识到实施力度都出现较大幅度的增强，相继出台了《内蒙古自治区自然保护区实施办法》等相关政策法规，增强了全区生态环境建设的宏观调控力度，引导生态保护与建设逐渐向法律化、制度化的管理轨道迈进。从 1996 年开始，内蒙古自治区启动了一批绿色工程项目，主要包括煤烟污染治理、水体污染治理、自然保护区建设、生态示范工程等，在加强绿色工程项目实施的同时，推进生态农业的建设，如退耕还林还牧等，全区各级各类生态示范区已达 87 个，小到乡镇、旗县，大到盟、市，都有生态示范区的分布。

内蒙古自治区鄂尔多斯市的恩格贝生态示范区，具有发展的典型性和经验的可推广性，恩格贝位于库布齐沙漠中段，是受沙害、洪害、黄害非常严重的地区，经历了文化产业与沙产业的融合发展，成为绿树成荫、花草遍地、库水清澈的 4A 级景区。2012 年，恩格贝被评为"中国生物多样性保护与绿色发展示范基地"，建设有面积高达 78.7hm^2 的高科技沙生植物园，发挥着科技创新、科学普及、示范推广、观光旅游等功能，同时在其沙漠特色动物园，圈养或散养了鸵鸟、孔雀、驼羊、鹿、狼、狐狸等，并发展了与动物相关的观光、娱乐、工艺品制售等产业。恩格贝生态示范区文化产业与沙产业融合的新型循环经济的发展，对我区生态示范区的建设以及生态保护和建设工作等都具有较高的借鉴推广和参考价值（王光文，2013）。

第二节 生态屏障重点区建设

内蒙古生态环境的优劣对于区内各族群众的生存、发展意义重大，同时对于我国华北、东北、西北的生态环境保护和改善也具有重大影响（贾勇，2000）。内蒙古生态环境本身就是我国北方重要的天然生态屏障。因此，内蒙古生态屏障建设是进行内蒙古经济可持续发展及国家实施西部大开发战略的基础工程。内蒙古地处我国北疆，幅员辽阔，东西狭长，地跨"三北"（东北、华北、西北），构建生态屏障工程的自然条件优越（吕馨，2001）。据此，在东起大兴安岭东麓、西至内蒙古阿拉善盟的广阔区域内，随着生态条件的改变，应建立起包括天然保护林工程建设、草原保护、水土流失沙化与风蚀治理、退耕还林还草、沙漠化控制在内的类型多样的生态工程，从而形成一道地跨"三北"、横贯内蒙古全境的绿色生态屏障。内蒙古已形成了大兴安岭森林保护区、科尔沁草原沙地主体区、浑善达克草原沙地极脆弱区、阴山北麓风蚀沙化农牧交错区、黄河中上游（内蒙古段）风水侵蚀区、阿拉善盟三洲两带封育治理区等生态屏障重点建设区。

一、大兴安岭森林保护区

1. 大兴安岭生态屏障建设工程概述

内蒙古大兴安岭重点国有林区处于祖国北疆生态安全屏障最前沿，是东北生态保育区的核心部分。本书以内蒙古大兴安岭重点国有林区为例进行大兴安岭森林保护区生态屏障重点区建设描述。内蒙古大兴安岭国有林区在发展战略上的定位为：发挥生态功能、提供生态服务、维护生态安全。在经济建设中，内蒙古重点国有林区承担着支持林区经济发展重任；在社会建设中，内蒙古重点国有林区承担着维护林区安全稳定的任务；在文化建设中，内蒙古重点国有林区承载着弘扬和发展"艰苦奋斗，无私奉献"大兴安岭精神的历史使命（王永新等，2012）。

2. 大兴安岭生态屏障建设成效

内蒙古大兴安岭坚持生态优先战略，全面实施天保二期等重大工程，森林生态系统进一步恢复，生态服务功能进一步完善，森林生态价值进一步提高。2015年，内蒙古大兴安岭国有林区被国家列为生态保护与建设示范区。

在生态建设方面实现了新跨越，尤其天保二期成效突出。"十二五"期间，严格执行《内蒙古大兴安岭林区天然林资源保护工程二期实施方案》，全面落实国家减产停伐政策，从2011年开始，木材产量从"十一五"期间的229.6万 m^3 调减至110万 m^3，2015年4月1日起，全面停止了天然林商业性采伐（周心田，2015）。在完善三级管护责任体系的基础上，对全林区14 497.38万亩森林资源进行了全面管护。在远山设卡、近山巡护的基础上，提出并实施了固定管护站和移动管护站相结合的管护方式，5年来，新建固定管护站214座，移动管护岗64个，累计投入8000万元（含设备）。在延续天保补助政策的基础上，积极争取提标扩面政策，"十二五"期间，森林管护费标准从"十一五"每亩5元提升到每亩6元，管护费补助范围从补助有林地扩大到林地，补助面积增加了2375.28万亩。经国家天然林资源保护工程核查和审计，林区连续18年管护责任落实率达到100%。

在资源管理方面成果丰厚。"十二五"期间，强化"一体两翼"森林资源管理体系，完善森林资源管理制度，严厉打击毁林开垦和侵占破坏林地等违法犯罪行为，实现了森林面积和森林蓄积双增长、森林覆盖率和森林质量双提高的生态建设目标，为国家作出了重大贡献（路晓松，2016）。"十二五"期末，林区有林地面积增加10.12万 hm^2，达到813.51万 hm^2；森林面积增加9.49万 hm^2，达到826.85万 hm^2；森林覆盖率由76.55%增加到77.44%，增加了0.89个百分点；活立木蓄积增加6257.76万 m^3；有林地公顷蓄积增加11.7 m^3/hm^2。

在野保工作方面成效显著。"十二五"期间，林区加大自然保护区建设、野生动植物保护、湿地保护与恢复力度。在自然保护区建设方面，林区现有8个自然保护区，面积达到123.02万 hm^2。毕拉河自然保护区晋升为国家级自然保护区，额尔古纳国家级自然保护区组织实施二期工程建设，汗马国家级自然保护区完成三期工程建设后顺利启动了文化和自然遗产保护项目，并被联合国教科文组织列入世界人与生物圈保护区网络。在野生动植物保护方面，积极完善保护体系建设，实施珍稀濒危物种野外救护与繁育及野生动物疫病监测和预警系统维护，确保了林区无重大野生动物疫病疫情发生（张希武，2010）。在湿地保护与恢复方面，建立国家湿地公园（试点）10 个，总面积达到 11.88 万 hm²。其中，根河源国家湿地公园（试点）被列为国家重点建设湿地公园，并纳入全球环境基金（GEF）生物多样性保护研究和支持范围。在国家森林公园建设方面，已批在建国家森林公园 9 个，总面积 42.21 万 hm²。

在灾害防治方面能力增强。立足防扑火能力提升，"十二五"期间共完成防火项目投资 49 137 万元。坚持"投重兵、打小火、当日火、当日灭"扑火理念，及时扑灭森林火灾 115 起（受害面积 5700hm²），年均森林火灾受害面积比"十一五"下降 89%。加大林业有害生物防治投入，提升预报监测水平，推广无公害防治技术，防治面积累计达到 1066.42 万亩，连续 5 年完成了国家森林有害生物防治"四率"指标。积极对接国家森林保险政策，从 2013 年起，森林资源全部参保，年均森林保险投入 4500 多万元。累计获得森林保险赔付和补助33 661 万元。

在森林经营方面质量提升。坚持"严格保护、积极发展、科学经营、持续利用"方针，"十二五"期间，按照国家木材生产限额，完成木材产量 524.78万 m³。围绕林区造林需求，完成育苗 0.8 万亩，提供造林苗木 5 亿株。围绕森林生长质量提升，完成更新造林 1.49 万 hm²，补植补造 8.23 万 hm²，森林抚育175 万 hm²。

"十三五"规划中进一步强调了建设生态保护示范区。秉承生态文明理念，尊重自然、顺应自然、保护自然，培养并推广绿色发展模式和绿色生活方式，促进人与自然和谐共生。生态保护水平全面提升，与第八次连续清查相比，到第九次全国森林资源连续清查，森林面积达到 8.35 万 km²，森林覆盖率达到 78%以上，森林蓄积量增长 8000 万 m³，达到 9 亿 m³ 以上。资源总量持续增长，生态系统更加健康稳定，生态基础设施完善，灾害防控能力增强，生态功能区作用更加显著。在提升生态保护水平的同时，更加注重提高森林质量，持续促进森林资源恢复性增长。加强天然林封育管护、中幼龄林抚育、退化次生林修复，精准提升兴安落叶松、樟子松等寒温带针叶林质量，建设寒温带国家木材战略储备基地。加强林区林地清理，严控林地流失，恢复森林植被。当时预期到 2020 年，每公顷乔木林蓄积达到 111.4m³，每公顷乔木林年均生长量提高 1.34m³（表 5-1）。

表 5-1　内蒙古大兴安岭"十三五"生态保护与建设指标体系表

序号	指标名称	2015 年	2020 年	属性
1	森林覆盖率/%	77.44	78.3	约束性
2	森林蓄积量/亿 m³	8.5	9.3	约束性
3	林地保有量/万 hm²	951.69	951.36	约束性

续表

序号	指标名称	2015 年	2020 年	属性
4	湿地保有量/万 hm²	120	>120	约束性
5	单位面积森林蓄积量/（m³/hm²）	104.7	111.4	预期性
6	林业自然保护地占林区总面积比例/%	18.61	20	预期性
7	混交林比例/%	34.31	34.5	预期性
8	生态服务价值/（万亿元/a）			预期性
9	森林植被碳储量/亿 t			预期性
10	林业职工在岗职工收入年增长率/%	10	>10	预期性
11	林木良种使用率/%	65	75	预期性
12	森林火灾受害控制率/‰	<1	<1	预期性
13	林业有害生物成灾控制率/‰	4	<4	预期性
14	林业产业总产值/亿元	110	74	预期性

大兴安岭"十四五"规划现阶段谋储项目共 1857 个，总投资 1826 亿元（含林业项目 247 个，总投资 204.5 亿元），其中：基础设施项目 1447 个，总投资 1425 亿元，亿元以上基础设施项目 158 个，总投资 1133 亿元；产业项目 410 个，总投资 401 亿元，亿元以上产业项目 91 个，总投资 309 亿元，谋划大项目较多，投资较大，为"十四五"林区高质量发展打下坚实基础。

二、科尔沁草原沙地主体区

1. 科尔沁草原沙地主体区生态屏障工程概述

科尔沁沙地是我国面积最大的沙地，横跨内蒙古、吉林和辽宁三省（自治区），总面积达到 517.5 万 hm²，各省份及内蒙古盟市所占面积比例如图 5-1 所示。其中，内蒙古通辽市的沙地面积为 272.4 万 hm²，是科尔沁沙地的主体地区，是全国沙化最为严重、生态环境非常脆弱的地区之一（万平，2009）。

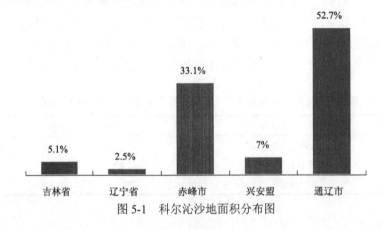

图 5-1　科尔沁沙地面积分布图

从 20 世纪 80 年代初开始,通辽市委、市政府带领全市各族人民始终坚持"生态立市"战略,以防沙治沙为核心,不断加大生态保护和建设力度,并作为通辽市经济社会可持续发展最大的基础工程强势推进。我国第四次荒漠化和沙化监测数据显示,1999~2009 年 10 年间,通过采取治沙造林、围封禁牧、搬迁转移等综合治理措施,沙化土地面积减少 38.9 万 hm^2,局部地区沙化得到遏制,沙化扩张蔓延速度减缓(孟宪毅,2014)。通辽市已有 137.7 万 hm^2 沙化土地得到有效治理,森林面积增加到 179.7 万 hm^2,森林覆盖率由 1978 年的 8.9%提高到 30%。2008 年起,通辽市全面实施以收缩农牧业生产活动、转变生产经营方式、转移农牧民为主要内容的"收缩转移战略",从生态极其脆弱的沙区搬迁转移 11 个嘎查村、2853 户、农牧民 10 720 人。防沙治沙、造林绿化为农牧业稳产增产提供了有力保障,全市粮食产量突破 200 亿斤[①],牲畜存栏头数达 1773 万头只,是我国重要的绿色农畜产品生产加工输出基地和国家商品粮基地,享有"内蒙古粮仓"和"黄牛之乡"美誉。

2. 科尔沁草原沙地主体区生态屏障工程措施

在多年的防沙治沙实践中,通辽市不断总结、推广先进经验和做法,采取一系列行之有效的措施大力推进防沙治沙工作。

1)坚持科学有效的领导方法。全市各级政府坚持把防沙治沙放在协调发展、绿色发展的高度去认识和把握。市委、市政府始终把防沙治沙作为硬指标,列入对旗县市区年度工作实绩考核范围,将防沙治沙纳入全市社会经济发展大局,列入各级财政预算,并随着财力的增加,不断加大投入,坚持一手抓经济发展,一手抓生态建设与保护。早在 2008 年,通辽市委、市政府出台了《关于实施收缩转移战略,调整生产力布局,加快社会主义新农村新牧区建设的意见》,利用 8 年时间实施收缩转移战略;2011 年,编制了《通辽市科尔沁沙地综合治理总体规划(2011—2020 年)》《通辽市地下水保护行动计划》并严格执行;2014 年,市委、市政府制定实施了《科尔沁沙地"双千万亩"综合治理工程规划(2014—2020)》。切实把防沙治沙作为基础工作一级抓一级,层层抓落实,做到一任接着一任干,一张蓝图绘到底。

2)坚持走大工程带动大发展之路。在认真抓好国家三北防护林、退耕还林、退牧还草、水土流失治理等国家重点生态建设工程的同时,通辽市和各旗县市区都结合实际,确定辖区生态建设重点工程,一抓几年不变。2011 年,通辽市委、市政府实施了"851152113"工程,5 年退耕还林还草 33.3 万 hm^2;2013~2014 年,组织实施了城郊百万亩森林工程,两年时间围绕主城区 50km 半径范围完成新造林绿化 4 万 hm^2;2014 年,启动实施了科尔沁沙地"双千万亩"综合治理工

---

① 1 斤=500g,下同。

程，按照适地适树和乔灌草相结合的原则，选用优良乡土树种和耐旱树种、草种，对急需治理的 2000 万亩沙地进行常态化造林种草治沙，最终目标是恢复昔日科尔沁疏林草原景象（佚名，2015）。三年来已完成工程任务 1049 万亩；同时，积极推进退牧还草、东北黑土区水土流失综合治理和国家农业综合开发水土保持项目，以及坡耕地水土流失综合治理等工程。在大工程的辐射带动下，通辽市防沙治沙快速推进，实现了由数量扩张型向质量效益型转变，由重建设轻管理向全面质量管理转变。

3）坚持科学防沙治沙。为提高防沙治沙成效，通辽市在防沙治沙生产实践中，确定了符合本地实际的指导方针，从而走上科学防沙治沙轨道。按照因地制宜、因害设防、综合治理的要求，不断加大科技支撑力度，探索、推广、应用先进的科学技术，提高防沙治沙质量。科学地提出了"两结合、两为主"（即乔灌草相结合，以灌草为主；造封飞相结合，以封为主）的生态治理方针。总结推广了"两行一带"、生物经济圈、植物再生沙障、小流域治理生物措施与工程措施相结合等 12 种综合治沙模式；在造林技术上，研究、推广、应用了机械钻孔造林、容器苗造林、使用生根粉、控根造林等 10 余种抗旱造林治沙技术。这些模式和技术的推广应用，大大提高了防沙治沙的综合效益和质量。涌现出科左后旗努古斯台、奈曼旗常兴穿沙公路两侧、科左中旗珠日河等一大批造封飞、乔灌草、带网片相结合的综合防沙治沙典型。2015 年通辽市委、市政府实施了科尔沁生态科技示范园建设，主要目的是通过选育、扩繁科尔沁沙地优质乡土植物品种，为科尔沁沙地"双千万亩"综合治理工程提供种苗和科技支撑，提高防沙治沙科技含量（李向峰，2014）。

4）坚持依法保护防沙治沙成果。一直以来，通辽市严格贯彻执行《中华人民共和国防沙治沙法》《中华人民共和国森林法》《中华人民共和国草原法》等法律法规，强化法律监督。市政府印发了《关于加强"三滥"治理工作的紧急通知》，每年都组织开展打击破坏生态环境专项行动，严厉打击乱垦滥牧、乱捕滥猎、乱采滥挖等破坏生态环境的违法行为。加强了防沙治沙组织机构和生态保护队伍建设，财政、发改、林业、农牧业、国土、水务等相关部门紧紧围绕全市大局，各司其职、团结协作，合力抓好防沙治沙工作。2008 年通辽市委设立了生态建设办公室，通过实施收缩转移战略累计投入 20 多亿元资金，从生态极其脆弱的沙区搬迁转移 11 个嘎查村、2853 户、1.07 万人（白古拉等，2008）；成立了通辽市防沙治沙及沙产业协会；森林公安、草原监理、基层林工站、公益林管护站等生态保护执法队伍力量不断强大，全市列入森林生态效益补偿面积达到 1379 万亩，建立公益林管护站 176 个，聘用专职护林员 2500 人。为解决林牧矛盾突出问题，市委、市政府出台了《关于全面实行禁牧，转变畜牧业生产经营方式，加快发展生态畜牧业的意见》，把舍饲半舍饲、划区季节性禁牧作为防沙治沙的一项根本性措施，改变传统的粗放型草原畜牧业经营方式，向以舍饲半舍饲为主的现代畜牧业转变。

2013 年通辽市人大常委会出台了《关于进一步加强自然保护区建设管理的决定》,全市已建立各级各类自然保护区 65 个, 面积 73.3 万 hm², 占全市总面积的 1/8。通辽市政府组织编制了《通辽市生物多样性保护与利用总体规划》, 于 2015 年启动实施了罕山、大青沟、乌斯吐、老哈河南岸沙带、乌旦塔拉 5 个生物多样性示范区建设。在奈曼旗和扎鲁特旗实施了国家级沙化土地封禁保护区项目 2 万多公顷。市委、市政府实施了节水增粮行动战略, 全面推进农业节水, 累计压减农用机电井 3.05 万眼, 实现年农业节水 5.4 亿 m³。

5) 坚持治沙与治穷相结合。为实现"沙地绿起来、生态好起来、群众富起来"的目标, 通辽市坚持治沙与治穷相结合, 大力发展林沙产业, 积极探索解决沙区群众的出路与生路问题, 把加速推进防沙治沙作为促进生产发展、农牧民致富的有效途径, 不断加大林沙资源的培育和开发利用, 大力扶持、培育龙头企业, 着力发展林沙产业, 改善群众生产生活条件。木材加工、果品、森林旅游、工业用沙等林沙产业不断发展壮大, 全市木材初加工和人造板生产企业稳定在 100 家左右, 商品用材林基地稳定在 33.3 万 hm² 左右; 以沙地葡萄、中小型苹果和锦绣海棠等为主的林果品产业已形成规模, 栽植面积达 2.6 万多公顷; 以自然保护区和国有林场为重点的森林生态旅游产业不断发展。同时积极发展种苗花卉、林粮林药间作、野生动物驯养繁殖、食用菌培育等林下经济, 林业的生态、社会和经济三大效益不断提高。在沙产业加工利用上, 坚持防沙治沙与发展工业相结合, 变害为利、变废为宝, 从简单的出售原砂逐步向高深加工型转变, 先后建立了通辽矽砂工业公司、大林型砂厂、型砂集团、奈曼旗华鑫公司、东升玻璃制品厂、福耀集团 (玻璃) 6 家利用硅砂为主要原料的大型地方工业企业, 全市已形成了以玻璃、矽砂开采深加工、水泥、砂砖为主要框架的用沙产业体系。林沙产业已成为部分地区的支柱产业。

3. 科尔沁草原沙地主体区生态屏障工程成效

通辽市扎实推进科尔沁沙地"双千万亩"综合治理工程。通辽市依托三北防护林工程、造林补贴等国家重点生态建设工程项目, 大力实施科尔沁沙地"双千万亩"综合治理工程。共完成"双千万亩"工程建设任务 25.1 万 hm², 占总任务的 106%, 其中: 林业生态治理完成 12.4 万 hm²; 草原生态治理完成 12.7 万 hm²。

三、浑善达克草原沙地极脆弱区

1. 浑善达克草原沙地生态屏障工程概述

锡林郭勒盟位于内蒙古自治区中部, 首都北京正北方, 土地总面积 20.3 万 km², 辖 9 旗 2 市 1 县 1 区, 总人口 103.3 万人。可利用草场面积 18 万 km², 占全区草原面积的 1/4。属中温带干旱半干旱大陆性季风气候, 平均海拔 1000～1300m, 年均气温 1~4℃，年均降水量 130~380mm，年均日照时数 2700h，无霜期 90~130天。受降水量影响，由西向东渐次为荒漠半荒漠草原、沙地植被、典型草原、草甸草原（后立胜等，2007）。全国五大沙地中有浑善达克和乌珠穆沁两大沙地横贯其间，占全盟总面积的 1/3，在 12 个旗县市均有分布。

浑善达克沙地总面积 7.09 万 km²（锡林郭勒盟境内面积 5.8 万 km²），乌珠穆沁沙地 0.8 万 km²。浑善达克沙地中沙漠化土地 3.05 万 km²，占沙地面积的 43%；潜在沙漠化土地 1.42 万 km²，占 20%；非沙漠化土地 2.62 万 km²，占 37%（刘树林和王涛，2007）。

2. 浑善达克草原沙地生态屏障工程措施

2000~2015 年，锡林郭勒盟依托京津风沙源治理工程，采取封、飞、造、退、移、转等多种措施，加大综合治理力度。全盟累计完成京津风沙源治理工程任务 3823 万亩，其中包括营林造林、草地治理及小流域治理等工程，如表 5-2 所示。

表 5-2　内蒙古锡林郭勒盟风沙源治理工程表

序号	治理名称	治理指标
1	营林造林/万 hm²	123.8
2	草地治理/万 hm²	119.4
3	小流域治理/万 hm²	11.7
4	暖棚建设/万 m²	221
5	机械/台	28 862
6	水源工程/处	11 114
7	节水灌溉/处	9 404
8	禁牧舍饲/万 hm²	235
9	生态移民/人	49 283
10	林业在岗职工收入年增长率/%	10

具体主要做法如下所述。

1）强化领导，落实责任目标。盟和旗县两级都成立了以政府主要领导任组长，分管领导任副组长，相关部门组成的防沙治沙工作领导小组，将防沙治沙纳入各级领导班子年度实绩考核内容，层层签订责任状，实行任期目标责任制。健全了草原监理和林业公安巡回督查、苏木乡镇和嘎查村组织管理、农牧民群众管护主体四级管护体系和定期督查制度，工程区全面实行"三禁"（禁牧、禁樵、禁采）和"五个严格"（对国家重点生态项目区和自然保护区、生态移民迁出区和封育区、严重沙化退化和生态脆弱区、农区严格实行禁牧；对草原牧区严格实行草畜平衡制度)。每年将工作情况向本级人大和上级主管部门报告,保证了防沙治沙工程的顺利实施。

2)统筹规划,综合治理,配套实施。锡林郭勒盟立足生态保护建设实际,编制了《锡林郭勒盟关于进一步加强生态保护与建设的意见》《锡林郭勒盟构筑北方重要生态安全屏障总体规划(2013—2017年)》《锡林郭勒盟主要水系和湿地生态保护治理总体规划》《锡林郭勒盟重点区域绿化总体规划》等指导性文件。借助国家和自治区项目支撑,相继启动实施京津风沙源治理、生态移民、退耕还林、草原生态补奖等一系列重点工程。针对全盟两大沙地和沙化草地生态状况,明确了"生态优先、保护优先,林草水结合"的技术路线,将先进适用技术与常规措施集成配套,探索推行适合锡林郭勒盟牧区实际的综合建设模式。整体上以围封禁牧、季节性休牧为重点,加强畜牧业基础设施建设和产业结构调整。对不适宜发展畜牧业的严重沙化区域,加大人口转移力度,促进生态恢复。在沙地综合治理中遵循自然规律,分类指导、分区施策,沙地东部采取人工造林、工程固沙、封山育林、退耕还林等措施,保护培育乔灌草结合的复合型植被,增强生态的稳定性,并注重培育以灌木为主的林沙产业资源(李鸿威和杨小平,2010);沙地西部结合休牧禁牧,采取规模化飞播造林、封山育林等措施,增加灌草植被,减轻沙化危害;沙地南缘以灌为主,乔灌草结合,建设平均宽3km左右的生态防护体系;沙地北缘以禁牧、休牧自然修复为主,保护恢复沙地上的风源植被。

3)突出重点,把握难点,创新体制机制。转移重度沙化区人口。通过优化教育,提高农牧民子女受教育程度,减少返乡人口;通过扩大就业,提高农村牧区高校毕业生就业比例;通过强化培训,提高青年农牧民从事第二、第三产业技能;通过完善政策,保障转移进城农牧民稳定性。控制牲畜数量。严格实行草畜平衡制度,大力调整优化牧业结构与经营方式。推行"三牧"(休牧、轮牧、禁牧)制度。按不同类型、不同规模草场实行多种休牧轮牧模式,对飞播治理区、生态移民区、自然保护核心区、城镇周边和国省公路沿线实行长期严格禁牧。通过政策引导和利益驱动,农牧民自主建设的积极性空前高涨。锡林郭勒盟内外100多个造林绿化企业和社会团体在全盟搞林业生态建设和产业开发,全盟非公有制治沙造林和经营业主达7万多个,百亩以上造林大户达2000多个。企业、专业合作社、农牧民联户、个人等育苗业主达300多家,初步形成了社会造林治沙和建设主体多元化的良好氛围。

4)健全体系,防治结合,强化监管。依托国家荒漠化和沙化土地监测项目,由林业、草监、气象等部门配备专门人员和设施,在荒漠草原区、典型草原区、沙区和农牧交错带健全监测体系。组织气象、林业、发改、财政、草原、水利、民政、交通、电力、卫生等部门成立重大沙尘暴灾害应急指挥部,建立了联动机制,及时防范和应对沙尘暴带来的灾害。按照国家、自治区生态功能区划要求,结合锡林郭勒盟实际,在沙区和荒漠草原区划定禁止开发区。加强重大开发建设项目的生态评估和管理。有效杜绝一切可能导致土地沙化的开发行为。

3. 浑善达克草原沙地生态屏障工程成效

在集中连片、突出重点、综合治理，结合禁牧、休牧、轮牧和草畜平衡等制度措施的落实下，锡林郭勒盟林草植被盖度平均提高15%以上。林业建设每年以百万亩以上规模推进，森林覆盖率由1.24%提高到7.45%。初步呈现生态恢复、生产发展、牧民增收的态势。尤其是沙地植被恢复明显，据荒漠化和沙化土地监测，2014年与1999年相比，流动、半固定沙地减少了1058万亩。沙地内部人工草地面积从不足9.3%上升到29.56%。沙地南缘长420km、宽1～10km、横跨5个旗县的生态防护体系基本形成，有效遏制了沙地的扩展蔓延。

生态环境改善为区域经济发展和农牧民增收起到了带动作用。退耕还林工程覆盖了整个农区，27.8万农民直接受益，到2015年人均累计享受补贴7600元。公益林涉及牧区6.5万户25.9万人，人均累计享受补偿资金4060元。同时培育灌木林基地66.7万多公顷，各类经济林基地6.7万多公顷，退耕地林间育草2.3万hm²，"以造代育"樟子松大苗1万hm²，开发森林沙地生态旅游区30余处，为结构调整和发展多项后续产业奠定了基础。2015年全盟农牧民人均收入12 222元，比2000年增加9784元，其中林业收入比例达到8%。

4. 浑善达克草原沙地生态屏障工程构思

防沙治沙尽管取得了明显的成效，但锡林郭勒盟草原生态保护和建设面临的形势依然严峻，总体上正处于"不进则退"的关键时期。锡林郭勒盟完成治理面积253.3万多公顷，生态状况呈现整体初步遏制、局部好转的局面，但还有66.7万多公顷流动、半流动沙地和333.3万多公顷沙化土地亟待治理。同时，防沙治沙生态治理的重点地区，也是生态脆弱、土地退化沙化的干旱半干旱区，农牧业是该区域农牧民收入的主要来源，收入低且产业单一，生态恶化与贫困互为因果。因此，沙源治理任务依然艰巨，保护与建设任重道远。

围绕国家、自治区防沙治沙总体部署，以构筑祖国北方重要生态安全屏障和保障地区社会经济发展为目标，立足锡林郭勒盟自然生态状况、社会经济发展需求和优势潜力，依托国家和自治区工程项目，发动社会各方面力量，重点加快"两大沙地治理、四个水系保护治理、四个重点区域绿化、三个产业带综合开发"的建设速度，促进水源涵养和生态保障、经济增长和农牧民增收两大功能的不断增强。

1) 加快生态治理修复。组织实施好沙源治理二期等重点生态建设工程，继续加强浑善达克沙地、乌珠穆沁沙地的保护治理，加快推进百万亩沙地榆、百万亩灌木柳、百万亩低质低效林改造等重点生态建设工程。加大"四个水系"的保护治理力度。规划"十三五"期间完成林业生态建设总任务26.7万hm²以上，其中两大沙地治理 21.3 万 hm² (包括以飞播造林和工程固沙为主，对浑善达克重度沙化区治理 6.7 万 hm²)，四个水系治理 2.7 万 hm²，重点区域绿化 1.3 万 hm²，经济林等建设 1.3 万 hm²。

2) 创新体制机制。深入推进林业改革，大力发展非公有制林业，鼓励各种社会主体以多种形式发展林业。引进培育和扶持龙头企业，推行企业联基地带农牧户的经营方式，搞好产、加、销系列化产业运作。建立和完善林业要素市场，强化社会化服务功能。

3) 完善政策和投入保障。认真落实国家减免林业治沙税费和信贷扶持政策，完善林权抵押贷款制度，推进林业资源管理向资本运营转变；完善森林保险制度，提高农牧民和林业建设经营者抵御自然灾害的能力；积极争取项目资金、地方财政支持和社会各方面投入，形成多元投入机制，推进林业发展的社会化。

4) 大力发展林沙产业。利用沙地光、热、水同期优势，培育发展灌柳原料林基地和各类种植业；依托退耕还林发挥农林牧互补优势，促进种、养、加等产业延伸；发挥林区资源潜力，开发林下特色种植和养殖；利用沙区和森林公园独特景观结合民俗风情，发展森林生态旅游业。

四、阴山北麓风蚀沙化农牧交错区

1. 阴山北麓风蚀沙化农牧交错区生态屏障工程概述

内蒙古阴山北麓风蚀沙化农牧交错带位于内蒙古自治区中部，南靠阴山山脉，北接蒙古高原，包括 11 个旗县 173 个乡镇，总人口约 190.3 万人，其中农业人口 166.6 万人。总土地面积 417.32 万 hm²，其中耕地中水浇地仅占 7.5%，其余均为旱坡地；林地中灌木林占 34%；草地 211.12 万 hm²，占总土地面积的 50.6%，其中退化草场占 46.4%（图 5-2）。

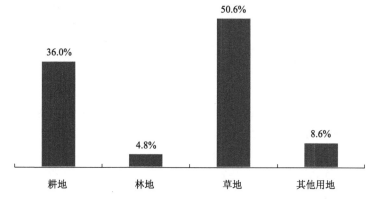

图 5-2　内蒙古阴山北麓风蚀沙化农牧交错带土地面积类型

　　该区属中温带半干旱大陆性季风气候，年均气温 1.3～3.5℃，≥10℃年积温为 1800～2200℃，无霜期 90～120 天，年均降水量 200～400mm，干旱频率为 50%～75%，年均风速 3～5m/s，≥8 级年大风日数 45～84 天，一些地区年沙尘暴日数多达 20～25 天。该区域河网稀疏，径流贫乏，耕地每公顷平均水量为 340m³，是严重贫水地区。

　　土地利用状况为：耕地占总土地面积的 29.64%；人均耕地 0.76km²，有林地占总土地面积的 5.66%，草地占总土地面积的 49.25%；土壤地带性明显，基本可分为栗钙土和棕钙土两个地带，栗钙土地带属于典型草原带，大部分已开垦成旱作农区，棕钙土地带属于草原向荒漠过渡的地带性土壤。土壤偏沙，结构性差，土壤有机质含量低，平均 18g/kg，部分区域有碳酸钙含量较高的钙结层，常存在于 20～40cm 的土层中。

　　受半干旱气候条件的限制，本区域生物资源大多数具有耐寒抗旱的特征。主要农作物为小麦、莜麦、马铃薯和胡麻。草原的原始植被及自然景观从东向西由草原植被向荒漠植被过渡，主要群落类型有短花针茅加羊草草原及克氏针茅加杂草草原；山地（阴坡）以中生灌丛为生。灌木以小叶锦鸡儿、沙棘为主，乔木有樟子松、油松、华北落叶松、榆树、柳树、杨树等。

2. 阴山北麓风蚀沙化农牧交错区生态屏障存在的问题

　　由于该区域生态环境脆弱、人口增加及不合理的经营活动（滥垦、过牧、乱伐等），导致大面积土地荒漠化，农牧业用地正面临着风蚀沙化、水土流失严重等一系列的生态问题。到 20 世纪 90 年代初风蚀沙化、水土流失面积已占总土地面积的 75%，70%以上的耕地、草场不同程度沙化，且每年以 2.5%的速度扩展，"沙尘暴"时有发生。风蚀沙害区风力侵蚀模数达 10～20t/hm²，每公顷年损失土壤有机质 2595kg、氮素 255kg、速效磷和速效钾 31.65kg，土壤日益贫瘠，严重地区平均产草量比 20 世纪 50 年代减少 60%～80%，草地载畜量普遍降低；干旱缺雨，植被盖度降低，1993 年森林覆盖率仅为 4.8%，林草成活率低下。

　　内蒙古阴山北麓农牧交错带各区政府重视生态农业建设，并取得了明显的生态、经济和社会效益。以生态农业建设试点为中心，逐步进行推广应用，以点带面，已取得了较好的成果（赵彩霞，2004）。例如，进行以草地建设为中心的农牧结合型生态农业建设，是实现改善生态环境与促进农牧业持续发展双赢目标的有效途径。本书以乌兰察布市的化德县七号镇小公乌素村为例，1995 年该村总人口 709 人，总面积 1707hm²，其中耕地 608hm²，林地 7hm²，草地 1000hm²。土质瘠薄，风蚀沙化、草场退化严重，生产力低下，粮食单产为 905kg/hm²，天然草场产草量为 400kg/hm²，农民生活贫困，人均纯收入为 662 元。针对这种状况，试点建设遵循生态经济规律，以恢复生态系统良性循环、实现农业可持续发展为目标，确立草地在改善生态、发展生产中的主导地位，通过建立高产稳产基本田，实现退耕还林还草；通过改变畜牧业饲养方式，走舍饲、半舍饲之路，变粗放经营为集约经营，发展生态型、效益型畜牧业；通过改良草场、建立人工草地，改善生态环境，解决畜草矛盾；从而实现草—畜—粮的系统良性循环，建成以草地建设为中心的农牧结合型生态农业建设模式。

3. 阴山北麓风蚀沙化农牧交错区生态屏障采取的措施

建立高产稳产基本田。水旱并举建设基本农田。通过打井、配套灌溉机械等措施，充分开发水资源，新建高产水浇地 23hm²，人均水浇地达到 0.08hm²。在 3°～15° 的坡耕地上修建坡式等高田 103hm²，建设旱作基本农田。同时，采取增施有机肥、秸秆还田、粮草轮作、耕作改制等措施培肥地力，改善作物生长条件，提高产量。引进、推广综合配套农业增产技术。推广了平衡施肥、地膜覆盖、综合防治、节水灌溉等多项适用增产技术，引进新品种、新作物 20 多个，特别是覆膜玉米的试种成功，结束了该区域不能种植玉米的历史，目前玉米种植面积 40hm²，已占粮食总播种面积的 15%，玉米籽实产量达到 3750kg/hm²，不仅保证了农牧民生活口粮，而且为畜牧业生产提供了大量的饲草料。调整种植结构。在提高粮食单产基础上，压缩粮食作物播种面积 100hm²，增加蔬菜、瓜果等经济作物和饲草料播种面积，变"粮经"二元结构为"粮经饲（草）"三元结构，粮经饲比由试点前的 1∶0.4∶0 调整到 1∶0.9∶0.7。

退耕还草。退耕地建旱作人工草地。针对大多数条件比较差的退耕地，选择耐干旱、耐寒冷、耐瘠薄、饲用价值好的牧草品种，通过一系列土壤耕作技术和抗旱种植技术，确保牧草高产、稳产。已建沙打旺、紫花苜蓿等旱作人工草地 60hm²，产草量为 1800～2250kg/hm²。其中，种植 2～3 年的沙打旺草地最高可达 4200～4500kg/hm²。作为基本刈草地，每年最少可产优质牧草 108 000kg。建立"油草混播""麦草混播"人工草地。用一年生的大黄菜籽、青莜麦与多年生豆科、禾本科牧草混播，建成"油草混播"人工草地 15hm²，当年生物产量达到 1875kg/hm²，油菜籽产量 80kg/hm²；建成"麦草混播"人工草地 13hm²，当年可获得相当于自然草场 1～2 倍的产草量，且可收莜麦 900kg/hm²，油菜籽和莜麦的产值可补偿种草费用。试验表明，"油草混播""麦草混播"人工草地，不仅提高了牧草成活率，而且有显著的经济效益，还由于豆科植物的生物固氮作用使草地土壤养分状况得到改善。

建立人工灌丛草地单一灌木（柠条）人工草地。在风蚀沙化严重、旱作牧草不易成功的黄狗营子、狼窝沟等地选用小叶锦鸡儿、柠条等，建柠条灌丛草地 50hm²，在提供牧草的同时，还起到了防风固沙的作用。建立灌草带状结合型人工草地。在退耕地及部分退化草场上，采用灌木带间种植多年生优良牧草，形成灌丛带和牧草带相结合的、分层次的灌丛草地。建成柠条—沙打旺、柠条—紫花苜蓿、柠条—蒙古冰草等灌丛草地 80hm²，既可较快地恢复退化草场和退耕地的生态环境，又具有较为稳定的生产性能。建立灌草混合型人工草地。在天然草场的缓坡地上，用饲用灌木小叶锦鸡儿与豆科牧草沙打旺混播，建灌草混播人工草地 30hm²。种草 2～3 年后，牧草平均高度达到 35cm，草场盖度达 80%～90%，产草量达到鲜草 9000kg/hm²，干草 3180kg/hm²。建立人工柠条草地。在沙化、退化较轻的草场上，种植垂直于当地主害风向的柠条带，带间不进行耕翻种植或补播其他优良牧草，靠恢复带间天然植被、提高产草量作为放牧场。这类草地虽然较其他类型草地产草量低，但种植成本也低，是目前推广面积最大的建设模式。

改良退化草场。科学开展围栏封育，对退化严重的克氏针茅、糙隐子草、杂类草草场进行围栏封育，共围栏封育天然草场 140hm²。封育后天然草场与同类型未封育天然草场相比：牧草平均高度由 4～5cm 提高到 10～20cm，草场盖度由 20%～30%提高到 50%～60%或以上，豆科等优质牧草数量明显增加，杂类草数量减少，且随封育年限的增加，草场质量和产量逐步提高。封育 2～3 年后，产草量达到鲜草 1770kg/hm²，干草 980kg/hm²，提高 1 倍以上。

饲料基地建设与饲草料加工。在水浇地上种植青贮饲料玉米 6.7hm²，产量为 75 000kg/hm²，折合干草为 15 000kg/hm²，在旱滩地种植覆膜玉米 40hm²，籽实产量 3750kg/hm²，秸秆产量 4500kg/hm²。此外，种植 3hm² 的青谷子、青莜麦，干草产量为 4500kg/hm²，总计可提供饲料 150 000kg，饲草 294 000kg，解决了冬春补饲牧草问题。通过玉米青贮，秸秆氨化、微贮、粉碎加工处理等方法进行饲草料加工，为牲畜提供了高质量饲草料，提高了饲草料转化率。

转变畜牧业饲养方式。以转变畜牧业饲养方式为核心，逐步改变传统的散养与自然放牧的粗放经营为集约化的舍饲、半舍饲经营。建设畜棚暖圈 2600m²，基本实现了半舍饲，部分牲畜实现全舍饲，舍饲与半舍饲给喂量占牲畜总采食量的 1/3，减轻了草地的压力；同时，通过调整畜群结构，改良畜种，使畜群周转速度加快，牲畜出栏数由 283 头只增加到 721 头只，效益显著提高。

4. 阴山北麓风蚀沙化农牧交错区生态屏障取得的成效

总体达到了以下建设成效：实现了粮料自给。通过建设基本农田、推广综合配套农业增产技术、调整种植结构等措施，粮食单产提高了 132%，在耕地面积减少近 1/3 的情况下，粮食总产量增加了 96 960kg，农民人均粮食占有量由 327kg 提高到 483kg，提供饲料 150 000kg，实现了粮料自给，为退耕还林还草奠定了良好基础。促进了畜牧业发展。通过退耕还草、建立人工草地和饲草料基地、改良天然草场，目前每年可提供各类饲草 1 494 000kg，饲料 150 000kg，为发展效益型畜牧业创造了良好条件，有效地促进了畜牧业的发展（表 5-3）。

表 5-3　阴山北麓风蚀沙化农牧交错区改良成效

序号	改良指标	采取生态措施前	采取生态措施后	备注
1	牲畜存栏数/（头只）	834	1 396	
2	出栏数/（头只）	283	721	增长 1.5 倍
3	肉类产量/kg	2 060	62 000	
4	羊毛产量/kg	1 900	6 000	
5	畜牧业产值/万元	24.8	58.7	
6	占农业总产值比重/%	22.6	32.1	
7	草地覆盖率/%	20	30.5	
8	沙化土地/hm^2	939	595	治理率 51%
9	农民人均纯收入/元	662	1 850	增长 2 倍

　　生态农业试点建设实践表明，在草地为主体的农牧交错带，进行以草地建设为中心的农牧结合型生态农业建设，是尽快恢复生态、发展经济的现实途径，也是实现农业和农村经济持续发展的成功模式。在具体建设中，必须坚持因地制宜、多种形式，把生态效益与经济效益有效地统一起来，只有这样，才能推得开、保得住，达到改善生态、发展经济的"双赢"目标。生态农业建设必须遵循生态学原理和生态经济规律，正确选择生态农业建设的突破口。试点建设充分证明，以退耕还草、建立人工草地和改良退化草场为重点的草地建设，不仅能够改善生态环境，而且能够促进农业内部结构的优化调整，推进畜牧业生产经营方式的转变，是农牧交错带生态农业建设的关键环节和突破口。在草地建设中，灌丛草地建设特别是人工柠条草地建设，适应性强，适宜范围广且易成功，已成为该区域草地建设的主要形式，是农牧交错带恢复植被、防止风蚀沙化、改善生态环境的重要措施，也是发展畜牧业的有效途径。

　　为了改善内蒙古阴山北麓农牧交错带生态环境，促进其农牧业的可持续发展，必须走生态农业建设之路，建立良性循环的生态系统，开展以改土治水为中心的农田基本建设，积极发展水浇地，扩大灌溉面积，改造中低产田，把顺坡种植改为等高种植，逐步建成水平梯田，提高粮食单位面积产量；以旗县为单位，在粮食、饲料自给的前提下，推行退耕还林还草还牧，种树种草，防风固沙，治理水土流失；改造天然草场，提高产草量；实行粮、经、饲种植，调整畜牧业结构，积极发展畜牧业，提高畜牧业在农业总产值中的比重；加速发展以农畜产品加工为主的乡镇企业，实行转化增值，加快当地农民脱贫致富的步伐；加强农村能源建设，普及节能省柴炕灶和太阳灶，充分开发利用太阳能和风能。多年来农牧业生产是在满负荷甚至超负荷地开发利用自然资源及环境承载容量的基础上发展的，是以损害生态环境为代价的。该区域的生态系统治理和恢复是一项长期而艰巨的任务，只有坚持不懈加大治理力度，才能在满足人民生活需要的同时，使生态环境较快地恢复，实现可持续发展。

五、黄河中上游（内蒙古区段）风水侵蚀区

1. 黄河中上游（内蒙古区段）风水侵蚀区概况

黄河中上游（内蒙古区段）风水侵蚀区主要涉及鄂尔多斯市、巴彦淖尔市、乌海市、包头市、呼和浩特市等行政区域，其中以南北两岸的鄂尔多斯市与巴彦淖尔市占整个区域的 85%以上。

黄河流域近 80%的地区存在不同程度的水土流失，并且主要分布在黄河中上游，这主要是由黄河流域的地质地貌背景和气候条件决定的。黄河流域中上游大部分地区覆盖物由黄土、沙漠、戈壁和裸露的陆相碎屑岩（多为劈砂岩）构成，黄土、沙漠、戈壁本身性质松散，易受风力、水力侵蚀。极强度、剧烈侵蚀集中分布在晋、陕、蒙交接带，大片露出的陆相碎屑岩俗称劈砂岩，该类岩石中除石英外含有大量易风化的长石，其风化物主要为粉末状高岭石和蒙脱石，其遇水易膨胀等特性导致岩石结构易遭破坏、侵蚀，这种地质背景决定了该区极易发生水土流失。

在新构造运动作用下，黄河流域上游、中游、下游形成了以青藏高原、黄土高原和华北平原为主体的阶梯式地貌，也形成了不同生态环境单元。在黄河源区产生了高山冻融环境，也是冻融侵蚀主要分布区；由于青藏高原隆升阻隔印度洋暖湿气流北上，形成了黄河中上游西北干旱的气候条件。在以冬季为主的半年时间里，受蒙古高压大陆气圈影响，干燥寒冷，强烈的西北风造成大面积区域的风力侵蚀。降雨是发生水力侵蚀的主要外动力，黄土高原降雨主要集中在每年的 7～8 月，多以暴雨形式出现，使得在植被盖度较低、沟谷密集区水土流失非常严重。

对黄河流域多个气象站气象数据的分析表明，黄河流域年均降水量总体呈减少趋势，而年均气温升高趋势明显，气候变化导致一系列生态环境问题。在生态环境相对脆弱的中游区，由于降雨减少、气温升高，导致地下水位下降、植被减少、土壤岩石抗蚀性下降，加重该区的水力和风力侵蚀。在黄河上游水源区，由于气温升高，造成雪线退缩，冻融区扩大，加速该区的水土流失。人类活动包括滥砍滥伐、开荒坡种、过度放牧等加重水土流失，而生态退耕、修建梯田、筑坝蓄水等人工治理活动在局部地区起到改善环境、减轻水土流失的作用。

鄂尔多斯市区域位于黄河南岸，黄河中上游（内蒙古区段）风水侵蚀区的主体区域，对于水土保持工作的重视而取得了一定的成效，本书以鄂尔多斯市水土保持生态建设为例进行典型风水侵蚀区的生态屏障建设概述。

（1）地理位置概况

鄂尔多斯市位于内蒙古自治区西南部，地处黄河上中游鄂尔多斯高原，东、西、北三面为黄河环绕，流长 728km，占黄河总长度的 1/7。地理坐标为东经

106°42′40″～111°27′20″，北纬 37°35′24″～40°51′40″，西与宁夏、乌海市为邻，北接内蒙古的河套平原，东、北和东南分别与呼和浩特、包头两市，山西的偏关、河曲隔河相望，南面与陕西的榆林市接壤，东西长约 400km，南北宽约 340km。总土地面积 86 881.6km²。

（2）地形地貌特征

鄂尔多斯地形由南北向中部隆起，总地势呈现中西部高、四周低，西北部高、东南部低。东胜至四十里梁居于高原中部，是一条宽阔而又高亢的地形分水岭和气候分界线。该区域大致分为 4 个类型区，黄河冲积平原区、风沙区、波状高原区、丘陵沟壑区。北部黄河冲积平原区位于黄河南岸，地势平坦，南高北低，随黄河流向由西向东倾斜，面积 3426.7km²，占总面积的 4%，是十大孔兑入黄的泛洪区。中部以毛乌素沙地和库布齐沙漠为主的风沙区，属于干旱草原向荒漠过渡地带，半干旱生态系统敏感而脆弱，沙化严重，降雨常以暴雨形式出现，地下水较丰富，面积 41 528.2km²，占总面积的 48%。西部在杭锦旗阿门其日格、四十里梁等处，已和毛乌素沙地连在一起，形成引人注目的“握手沙”。东部为丘陵沟壑区，地形起伏，沟谷下切，局部覆沙，坡面剥蚀强烈，沟网密布，面积 16 534.8km²，占总面积的 19%。

（3）土壤植被特征

地带性土壤东部为栗钙土，西部为棕钙土，南部是介于棕钙土和灰棕荒漠土之间的灰漠土。非地带性土壤有黑垆土、草甸土、沼泽土、盐土、碱土、风沙土等，在地带性土壤中零星交错分布。鄂尔多斯植被，东部为暖温型草原带，植被组成以本氏针茅群落及百里香群落为主。西部、西北部边缘为暖温型荒漠带，植被种类由类型多样的简单群落所组成。植被盖度平均为 63% 左右。

（4）气象、水文特征

鄂尔多斯市深居内陆，极端大陆性气候显著，冬季干燥，漫长寒冷，盛夏雨热同季，凉爽而短促，春秋两季风大沙多。多年平均气温 6～8℃，极端最高气温 40.2℃，极端最低气温–34℃；1 月平均气温最低为–10～13℃，7 月平均气温最高为 21～25℃；≥10℃年积温为 2500～3500℃；光照充足，年日照时数为 2700～3200h；年平均降水总量为 329.7mm，从西到东逐渐递减；无霜期平均 137 天；年平均八级以上大风日数 40 天以上，平均风速 2.0～4.5m/s，最大风速 28m/s，沙尘暴日数 20 天左右，扬沙日数约 40 天，风向多西风、北风和偏西风。

全市直接入黄的支流有皇甫川、清水川、孤山川、窟野河、无定河、都思图河、十大孔兑以及沿黄小孔兑等。年径流总量 103 477m³，年输沙量 16 830 万 t。河流沟川的主要特征是河流短、比降大、洪峰高、历时短、含沙量大、径流量小，水土流失严重，年际变化大，年内分配不均。沿黄小孔兑流域面积在 200～550km² 的河流有 6 条，其中鄂托克旗 3 条（吉力更特高勒沟、乌兰额勒根高勒沟、千里沟）、准旗 3 条（大沟、塔哈拉川、黑岱沟）。内流水系主要涉及杭锦旗、伊旗、

（单位：hm²）

表 5-4　鄂尔多斯市土地利用现状

旗区	总面积	耕地			园地			林地				草地			荒地	城镇村及工矿用地	交通运输用地	水域及水利设施用地	其他用地
		小计	水浇地	旱地	小计	果园	其他园地	小计	有林地	灌木林地	其他林地	小计	天然牧草地	人工牧草地					
准旗	755 079	76 100	10 998	65 102	303	303		220 447	54 296	116 316	49 835	354 843	354 590	253	38 837	18 541	8 780	19 273	17 954
达旗	824 107	149 030	128 348	20 681	16	16		175 570	41 452	71 582	62 535	312 435	308 090	4 345	11 974	19 812	7 077	40 698	107 496
东胜区	252 647	21 297	2 436	18 861	21	21		81 446	5 674	66 114	9 658	86 787	84 321	2 466	22 458	19 470	4 184	8 519	8 465
伊旗	548 681	33 431	22 240	11 192	23	23		147 744	58 666	76 673	12 404	289 283	268 052	21 231	31 627	15 525	8 333	14 320	8 395
乌审旗	1 167 414	32 107	32 001	107	10	10		127 426	25 018	84 961	17 446	844 679	842 196	2 483	8 428	6 174	7 502	11 412	129 676
杭锦旗	1 881 430	59 055	47 139	11 917	1 733	7	1 726	172 332	8 429	143 980	19 924	939 859	922 387	17 472	92 622	10 954	4 652	53 534	546 689
鄂旗	2 036 718	14 362	14 362		0.23	0.23		130 528	3 168	107 167	20 193	1 535 272	1 527 397	7 875	60 474	15 740	10 600	15 613	254 128
鄂前旗	1 222 086	20 827	20 692	135	315	126	190	255 027	23 658	213 859	17 510	642 309	632 164	10 145	112 389	3 588	5 526	2 554	179 551
合计	8 688 161	406 209	278 214	127 995	2 422	506	1 916	1 310 521	220 362	880 652	209 506	5 005 466	4 939 196	66 270	378 810	109 803	56 653	165 923	1 252 354

东胜区、乌审旗、鄂托克旗、鄂托克前旗。流域面积在 100km² 以上的有 14 条，其中 200km² 以上的有 8 条（摩林河、陶赖沟、楚鲁图河、扎莎克河、高勒庙河、伊力盖河、公尼召河、特宾庙沟），200km² 以下的有 6 条（昆都仑沟、千里沟、赤老图河、柳树河、乌兰布拉格沟、浩尧尔乌素沟）。除昆都仑沟外，其他河流域内年径流深仅有 3～4mm，平时无水，汛期洪水泥沙齐下，基本没有利用价值。年径流总量 17 502 万 m³，年径流模数 0.32m³/km²。内流河均流入高原内的低洼地形成湖泊。其特征是数量多、水量少、水质差。

（5）社会经济概况

据《鄂尔多斯 2015 年统计年鉴》，全市辖准格尔旗、达拉特旗、东胜区、伊金霍洛旗、乌审旗、杭锦旗、鄂托克旗、鄂托克前旗，74 个苏木乡镇、办事处，总人口 203.49 万人。地区生产总值 4055.49 亿元，其中农牧业产值 99.59 亿元，农牧民人均纯收入 13 439 元。全市总土地面积 86 881.6km²，各类型土地面积及土地利用状况见表 5-4。

2. 黄河中上游（内蒙古区段）风水侵蚀区存在的问题

2011 年全国水利普查，全市水土流失面积为 37 750.7km²，占总土地面积的 43.5%。其中水蚀面积 12 210.48km²，风蚀面积 25 540.22 km²。

主要侵蚀类型有以面蚀、沟蚀为主的水力侵蚀，以坍塌、泻溜为主的重力侵蚀和以风力吹蚀表土形成土地沙漠化为主的风力侵蚀。水蚀和重力侵蚀主要发生在 6～9 月的雨季，以丘陵沟壑区为重，波状高原区以水蚀为主，兼有风蚀；风力侵蚀主要发生在冬、春大风季节，尤以风沙区最为严重。水土流失总的特点，一是水蚀严重，风蚀强烈，水蚀、风蚀并重；二是流失范围广、面积大；三是产沙时空分布集中，沟道侵蚀严重，粗沙比例大。全市土壤侵蚀模数 0.5～1.88 万 t/(km²·a)，沟壑密度为 0.04～5.2km/km²。

以鄂尔多斯境内十大孔兑为例，其上中游区域自然条件恶劣，生态环境脆弱，与当地快速增长的经济社会发展水平极不协调。上游丘陵沟壑区地形破碎，沟壑纵横，植被稀少，基岩裸露，水土流失程度达到 94%，水土流失严重，侵蚀模数达 6500～8800t/(km²·a)，是十大孔兑洪水泥沙下泄，造成水土流失灾害的源头（马玉凤，2011）。中游风沙区多为流动半流动、固定半固定沙丘，受西北风影响，沙漠向东南不断扩展，是内蒙古乃至华北地区风沙和沙尘暴的主要沙源之一，风力侵蚀进一步增加了十大孔兑洪水泥沙含量。风沙对种子、幼苗危害极大，可导致新播的种子裸露，造成作物幼苗折断、沙埋、死亡。

如 2003 年 7 月 29 日，鄂尔多斯市中东部地区普降大到暴雨，强降雨历时 3h，最大降雨量 128.5mm，最小降雨量 24.9mm，平均降雨量 62.6mm。全市的主要入黄支流都发生了洪水，黄甫川支流纳林川测站最大洪峰流量达到 3930m³/s，黑赖沟最大洪峰流量达到 4040m³/s，乌兰木伦河阿镇站最大洪峰流量达到 1700m³/s，有的已超过历史上最大洪峰流量记录。全市有 31 个苏木乡镇在这次洪水中受灾严重，受灾人口 9.3 万人，死亡 9 人，4 人失踪。农牧业受灾集中在沿河区，农作物受灾面积 16.2 万亩，其中毁坏绝收 1.4 万亩。毁坏各类井 1553 眼，受灾牲畜 55 264 头只，其中死亡 4402 头只；倒塌房屋 459 户 998 间，造成危房 400 户 1127 间，水淹房屋 960 户 2880 间，校舍 5 万 m^2，急需转移安置灾民 8178 人；倒塌破坏棚圈 204 处，水毁道路 383.4km，冲毁塘坝 21 座、小水库 8 座、堤防 17 处 32km、毁坏变压器 9 台，线路 200km，毁坏桥涵 17 座，冲毁各种机动车辆 61 台，19 户企业被迫停产，造成直接经济损失 5.33 亿元，其中农牧业经济损失 1.25 亿元。

3. 黄河中上游（内蒙古区段）风水侵蚀区水土流失成因分析

水土流失成因分为自然因素和人为因素两个方面。

（1）自然因素

造成水土流失的自然因素主要是气候、地形、土壤、地质和植被等。鄂尔多斯市降雨多集中在 6～9 月，特别是 7 月、8 月，降雨集中，多呈暴雨出现，而且强度大；加上地势高峻、地形起伏明显，土壤干燥松散，抗蚀能力差，植被稀疏，在强降水和大风的作用下，极易造成水土流失。

（2）人为因素

随着人口的增加和社会的发展，人为地不合理利用水土资源，对土壤、植被造成了严重破坏，加剧了水土流失。矿产资源开发及基础设施建设造成新的人为水土流失日益加剧，加之过度放牧进一步加重了人为水土流失。经过调查统计，截至 2013 年底，全市已经编制并批复水土保持方案的矿山、铁路、公路、输变电、输气管道、供水、电厂、化工等各类生产建设项目总计 1058 个，重点经济开发区（园区）18 个。项目总占地面积 137 962hm^2，总防治责任范围 419 335hm^2。

4. 黄河中上游（内蒙古区段）风水侵蚀区生态屏障治理措施

鄂尔多斯市是全国水土流失最为严重的地区之一，也是国家级水土保持重点治理地区。"十四五"期间，我市始终坚持"绿水青山就是金山银山"的发展理念，围绕黄河流域生态保护和高质量发展，坚持以生态优先、绿色发展为导向，共同抓好大保护、协同推进大治理，全力做好水土保持治理工作。

1）扎实有效的前期工作，为项目持续立项实施奠定了基础。五年来，市委、市政府要求把抓好前期工作，争取大项目好项目列为第一要务，根据全国水土保持形势的发展以及上级业务部门的要求，编制完成了一系列水土保持综合与单项规划设计，建立了近期、中期、远期相结合的水土保持项目储备库。首次编制了《鄂尔多斯市水土保持规划》《鄂尔多斯市沙棘资源建设及产业发展规划》《鄂尔多斯市工矿区及经济开发区（园区）水土保持治理规划》《鄂尔多斯市水土保持信息化建设实施方案》，编报了一批重大建设项目建设可行性研究报告以及数十条小流域综合治理实施方案和淤地坝系初步设计。为争取国家重点建设项目打下了坚实的基础，成为我市水保项目源源不断的根本原因之一。与此同时，积极行动，主动找上级部门汇报工作争取项目，经过辛勤工作和不懈努力，成功地争取到并实施了一批对农牧业经济有重大促进作用的水保项目。续建和新批复实施的大中型建设项目主要有 2013～2017 年国家水土保持重点建设工程、黄土高原淤地坝系建设及除险加固工程、京津风沙源治理二期工程、清洁小流域综合治理工程、重点小流域综合治理工程、晋陕蒙砒砂岩区十大孔兑沙棘生态减沙工程、坡耕地综合治理工程等，年均投资 2 亿元。

2）防治结合，保护优先，大力开展以生态自然修复为主的生态建设。从 2000 年起，鄂尔多斯市在全市范围内实行禁牧休牧轮牧政策，取得了显著成效，植被得到了明显恢复，覆盖率达到 60%～70%，绿色大市大见成效。2011 年以重新修订颁布实施的《中华人民共和国水土保持法》为契机，在巩固前 10 年禁牧休牧成果并总结经验教训的基础上，依托国家、自治区水土保持重点建设项目，把围栏封育、补植补种、建设饲草料基地作为重点治理内容，辅之以沟道拦蓄工程与灌草为主的生物措施，形成了人工治理与生态自然恢复相结合的综合防护体系，加快了治理进度，有效地减轻了水土流失。

3）加大沙棘资源建设力度，有效解决全市沙棘加工企业原料短缺的产业大发展"瓶颈"。2010 年市政府出台了扶持沙棘产业发展的意见，由财政每年投资 1000 万元，鼓励沙棘企业每年在水土条件相对较好的河滩阶地、退耕地，种植沙棘原料林 10 万亩。2014～2015 年又开展了 2 万多亩沙棘生态林疏雄抚育试点，既更新复壮了老龄沙棘林，增加了沙棘果叶产量，缓解了沙棘企业原料短缺困境，也为农民增加了一定的经济收入。据不完全统计，项目区 2 万多名农牧民通过沙棘种植、管护、采摘果叶及插穗等，年人均增收近千元。

4）以返还治理资金为引导，充分吸纳社会资金投入水土保持治理，打造精品工程，主动拓宽投资渠道，在积极争取国家投资的同时，稳妥运用征收的水土保持补偿费，选择具有一定基础、积极性高且具备投资能力的工矿企业、开发园区、移民村镇等企事业单位，择优扶持，以奖代投，把由于开发建设引起的人为新的水土流失的治理融入各单位自身环境绿化美化中，将生态效益与景观效益有机结合在了一起。

5）立足城郊水土保持，率先在全区开展了生态清洁型小流域治理工作，既美化了城镇周边环境，也为城镇居民提供了一个休闲、度假、旅游场所，深受欢迎。先后有吉劳庆、掌岗图、乌兰、巴图湾、敖包图 5 条小流域列入全区生态清洁型小流域治理工程。

6）强化监督执法，依法防治水土流失深入人心。依据《中华人民共和国水土保持法》和中央、自治区 2011 年 2 个 1 号文件精神，2011 年成立了水土保持监督执法局，配备了监督执法专职人员、设备。对破坏治理成果的行为进行查处，同时依法对开发建设单位"三同时"制度落实情况进行督查、征收水土保持补偿费。通过不定期的督查,生产建设单位方案编报率、验收率均达90%以上,审批率100%。偷牧现象得到了一定的遏制,滥垦基本消除。

经过多年不懈努力,截至2022年底,我市累计完成水土流失治理面积3.64万 km^2,建成淤地坝1814座,水土保持率达到61%,土壤侵蚀由高强度向低强度转变,以轻度侵蚀为主,实现了水土流失面积和强度双下降,进一步筑牢祖国北疆重要生态安全屏障。

5. 黄河中上游(内蒙古区段)风水侵蚀区生态屏障治理成效

黄河流域累计初步治理水土流失面积25.96万 km^2。黄河流域水土保持率从1990年的41.49%、2020年的66.94%提高到2021年的67.37%,其中黄土高原地区2021年水土保持率63.89%。完成总投资14.1亿元,其中中央及自治区投资5.88亿元。截至2015年底,累计水土保持治理保存面积34 351.7 km^2,其中基本农田724.30 km^2,水保林18 206.30 km^2(含沙棘生态林保存面积2666.67 km^2),经济林271.90 km^2(含沙棘原料林保存面积106.67 km^2),人工种草2340.20 km^2,封禁封育治理12 809 km^2。建成大中小型淤地坝1673座。

6. 黄河中上游(内蒙古区段)风水侵蚀区生态屏障建设构思

党的十八大以来,生态文明建设被提到了前所未有的高度,纳入"五位一体"总体布局,明确提出深化生态文明体制改革,加快生态文明制度建设,用制度保护生态环境。2015年4月25日,中央、国务院出台了《关于加快推进生态文明建设的意见》,提出到2020年,生态文明主流价值观在全社会得到推行,生态文明建设水平与全面建成小康社会目标相适应。2015年10月4日国务院批复了《全国水土保持规划(2015—2030年)》,提出到2020年,基本建成与我国经济社会发展相适应的水土流失综合防治体系,基本实现预防保护,重点防治地区的水土流失得到有效治理,生态进一步趋向好转。2015年11月23日,自治区党委、人民政府出台了《关于加快推进生态文明建设的实施意见》,提出要全面贯彻落实习近平总书记视察内蒙古时的重要讲话精神,深入落实"8337"发展思路,大胆先行先试,积极推进生态文明制度建设和改革,切实筑牢我国北方重要生态安全屏障,为国家生态安全作出新贡献,努力把祖国北部边疆这道风景线打造得更加亮丽,更好地满足人民群众"望得见山、看得见水、记得住乡愁"的精神需求。其中特别提到要重点治理黄河十大孔兑。市委三届五次、六次、七次全委会重申生态建设是鄂尔多斯最大的基本建设,要像保护眼睛一样保护生态环境,以更大力度推进生态文明建设。水土保持是生态文明建设的重要基础,中央、自治区和市委、市政府的一系列决策部署表明,生态文明建设投资力度将进一步加大,加之国家将水利水保工程建设投资作为拉动经济发展的重要举措,水土保持工作将迎来新的更大的发展机遇。

鄂尔多斯水土保持"十三五"规划遵循十八届五中全会提出的"创新发展、协调发展、绿色发展、开放发展、共享发展"五大理念和市委市政府把鄂尔多斯建成祖国北疆亮丽风景线上的璀璨明珠的总要求，按照鄂尔多斯市人民政府批复的《鄂尔多斯市水土保持规划（2014—2033）》《鄂尔多斯市工矿区及经济开发区（园区）水土保持治理规划（2014—2023）》《鄂尔多斯市沙棘资源建设及产业发展规划（2015—2024）》三个规划，"十三五"时期，鄂尔多斯市水土保持工作继续坚持人工治理、生态修复、预防保护、监督执法"四措"并举，生态效益、社会效益、经济效益、景观（旅游、文化）效益"四效"并重，着力"发展产业、打造精品、建设民生水保"，真正使水土保持项目建设与当地农牧民的增收致富紧密结合，真正调动农牧民参与水土流失治理与管护利用的积极性，真正实现"治一方水土、兴一个产业、富一方百姓"的多赢目标。按照"规划科学、布局合理、实施规范、措施得力、效益明显"的项目实施原则，认真组织实施好国家、自治区、市等水保重点项目，进一步加快水土流失治理步伐，促进人与自然和谐相处及经济社会的全面发展。规划的主要指标如下所述。

1）规划范围与年限。本次规划的范围是鄂尔多斯全市 86 881.6km^2，均属黄河流域，其中直接入黄的外流区面积 40 220.2km^2，内流区面积 46 661.4km^2。规划编制的基准年为 2015 年，规划期 5 年（2016～2020 年）。

2）规划建设规模。2016～2020 年，规划新增治理面积 6000km^2，平均每年 1200km^2。拦沙换水修建拦沙坝 132 座，其中布设骨干工程 43 座，中型坝 76 座，小型坝 13 座；黄河粗泥沙集中来源区建设拦沙坝 555 座，其中中型坝 137 座，小型坝 418 座；新建淤地坝 28 座，其中骨干坝 24 座，中型淤地坝 4 座；淤地坝除险加固 389 座，其中骨干坝除险加固 330 座，中型淤地坝除险加固 59 座。

3）投资估算及效益简析。"十三五"期间规划总投资为 45.86 亿元，其中国家投资 23.28 亿元，自治区、市旗区投资 10.37 亿元，企业投资 12.22 亿元。新增水土保持治理措施面积 6000km^2，累计水土流失治理度达到 56.7%，项目区林草覆盖率达到 80% 以上。预计减少土壤侵蚀量 4800 万 t，减少入黄泥沙 2400 万 t。项目区受益人口 17.7 万人，人均收入增加 2440 元。

4）综合评价，"十三五"规划的各项水土保持措施体现了防治结合、强化治理、因地制宜、因害设防的方针，基本符合水利部、自治区水利厅总体要求，规划项目立足建设生态文明，同时又兼顾了地方经济发展需要，可有效减少入黄泥沙，改善生态环境，增加农牧民收入，成为建设祖国北疆亮丽风景线上璀璨明珠的重要保障。

六、阿拉善盟三洲两带封育治理区

1. 阿拉善盟三洲两带封育治理区概况

阿拉善盟位于内蒙古自治区最西部，边境线长 735km，共有 30 个苏木镇、198 个嘎查村。主要盟情特点有如下几个。①地广人稀。总面积 27 万 km²，常住人口 24 万人，有蒙、汉、回、藏等 28 个民族，其中蒙古族人口占 19.3%，是内蒙古面积最大、人口最少的盟市。②自然条件艰苦。阿拉善盟是全区沙漠最多、土地沙化最严重的地区，境内巴丹吉林、腾格里、乌兰布和等沙漠分布面积 9.47 万 km²，占全盟国土面积的 35%，沙化土地面积 19.87 万 km²，占全盟国土面积的 73%，适宜人类生产生活的面积仅占总面积的 6%。年均降水量由东向西为 200~400mm，蒸发量高达 3500mm 以上。境内仅有两条河流，一条是季节性内陆河流——额济纳河（黑河下游），境内流程 275km。另一条是从盟境东缘流过的黄河，入境流程 85km。③资源相对富集。全盟现有林业用地 7743.36 万亩，占土地总面积的 19.14%；森林面积 206.4 万 hm²，其中：有林地 6.8 万 hm²，灌木林地 199.6 万 hm²，森林覆盖率仅为 7.65%。其中：达到国家森林资源统计标准的主要树种（乔木郁闭度 0.2 以上，灌木覆盖度 30% 以上）有：胡杨 2.96 万 hm²，云杉 2.1 万 hm²，梭梭 30.7 万 hm²，白刺 88.1 万 hm²，柽柳 15.4 万 hm²，绵刺 30.9 万 hm²，沙冬青 8.27 万 hm²，柠条 4.2 万 hm²，蒙古扁桃 0.7 万 hm²。有丰富的苁蓉、锁阳、苦豆子等沙生资源，适宜种植沙地葡萄、枣树、黑果枸杞等植物。已发现矿藏 86 种，探明一定储量的 45 种，已开发利用的有煤、盐、铁、金等 30 种。资源独特，有巴丹吉林沙漠、胡杨林、黑城遗址等，是全球唯一以沙漠为主题的世界地质公园，被誉为"苍天圣地—阿拉善"。④对外开放条件较好。1992 年开通的策克口岸，是自治区第三大常年开放陆路口岸。地处呼包银、新丝绸之路经济带交汇处，与内蒙古、宁夏、甘肃三省（自治区）12 个地市毗邻。⑤国防地位重要。境内有东风航天城、空军试验训练基地，多颗卫星、"神舟"号系列飞船、天宫一号均在阿拉善成功发射。

2. 阿拉善盟三洲两带封育治理区存在的问题

1）全盟森林覆盖率低，分布不均，林分质量差，树种组成单一，生态脆弱，生态困局尚未得到根本扭转。

2）生态建设投资仍以国家补助资金为主，只有造林资金没有营林管护费用，林牧矛盾突出，影响造林成活率和保存率，林业生态建设成果巩固难度大，防沙治沙工作任重道远。

3）林业产业缺乏资金扶持，投入少、规模小、发展慢、效益低。

3. 阿拉善盟三洲两带封育治理区生态屏障措施

（1）强化组织领导，落实目标责任

充分发挥各级政府的组织领导作用，健全和完善领导干部林业目标责任制，切实把林业工作摆上重要议事日程，切实担负起生态保护和建设的责任，启动旗县级和盟市级林业生态红线划定工作，把森林和林地、湿地、沙区植被和物种保护等生态红线真正落到实地。以落实完善集体林承包经营制度为核心，进一步做好确权发证后续工作。落实好林木良种、森林抚育、造林等财政补贴政策及森林保险、林业信贷和财政贴息政策。

（2）突出重点、拓宽融资渠道，确保规划目标的实现

突出抓好林业重点工程项目建设，积极争取国家重点工程和项目，合理安排营造林生产任务，确保建设质量和成效。抓好重点区域绿化投入、建设和工作机制的创新，坚持生态以政府投入为主、社会投入为辅，同时多渠道、多形式、多层次地筹措资金，积极探索吸引社会资金投入生态建设的政策和机制，引导和鼓励各种经济成分参与林业建设，加快非公有制林业发展，逐步形成多主体、多层次、多形式建设林业的新格局。

（3）强化营造林质量管理及工程投资管理，确保工程建设质量

强化工程投资管理，严格投资决策责任制，建立有效的项目评审制度、专家参与制度和效益评估制度。强化资金使用管理和稽查、监督力度，从项目立项、计划安排、资金使用、竣工验收到后期评估进行全过程监督，层层落实责任，确保工程建设质量。

（4）提升林业生态管理水平，确保生态红线

抓好林业灾害防控工作。落实森林草原防火责任制，加强火险预警监测、火源管控、应急扑救和防火督导检查，加强基础设施和防扑火队伍建设，动员社会力量参与护林防火，确保不发生大的人为火灾。贯彻落实《国务院办公厅关于进一步加强林业有害生物防治工作的意见》，确保完成各项指标和任务。强化资源管理。严格落实林地保护利用规划和林地用途管制，依法行政，推进林权证登记核发工作，做好与不动产登记的衔接。提高全社会的法制意识，增强守法的自觉性，形成全社会兴林、爱林、护林的良好氛围。严格执行林木凭证采伐、木材凭证运输和凭证经营加工制度。继续加快推进林业信息化建设，优化网站质量，提升应用水平，拓展服务内容，加强森林资源数字化建设，提高科学管理水平。

科技先行，因地制宜，确保"生态林业、民生林业"成效。强化科技支撑，加大林业科技成果转化率和适用技术综合应用力度，全面提升林业科技整体水平。努力解决资源保护科技薄弱的问题，及时引进高新技术和先进的科研成果，推广有利于提高沙生植物资源利用、种源繁育、抗旱造林的科技成果，促进科技成果向现实生产力转化，提高资源利用率和林地生产力，合理配置，科学经营，不断

提高森林生态系统的抗逆性和稳定性。

加强宣传动员，提高全民生态意识。紧紧围绕林业中心工作，开展以建设生态文明和美丽阿拉善为主题的宣传活动，以生态建设和保护成果、重点区域绿化、林业改革、依法治林、民生林业为重点，充分利用电视、广播、报刊、网络等媒体，专项大力宣传贯彻生态建设方针政策、法律法规，确保生态建设成果的巩固和提高（刘聚明，1990）。广泛开展丰富多彩、形式多样的宣传活动，进一步提升林业社会影响力，增强全民法制意识，营造全社会关心、重视、支持林业的发展环境。建立健全联合宣传机制和保障机制，加强宣传机构和通信员队伍建设，不断提高林业宣传水平。充分发挥森林公园、湿地、自然保护区的生态文化传播功能，创造丰富的文化成果，弘扬生态文明，倡导人与自然和谐价值观，满足社会对生态文化的需求，巩固生态建设成果。

4. 阿拉善盟三洲两带封育治理区生态屏障成效

多年来，阿拉善盟在三大沙漠、两大林区及城镇周边治理方面进行了不懈的努力，始终坚持"保护与建设并重，保护优先"的林业发展方针，围绕"以人退带动沙退"的生态建设思路，认真贯彻执行《中华人民共和国森林法》《中华人民共和国防沙治沙法》等法律法规，采取"以灌为主、灌乔草相结合，以封为主、封飞造相结合"的林业治沙技术措施，形成了围栏封育—飞播造林—人工造林"三位一体"的生态治理格局。特别是 2000 年以来，国家相继在阿拉善盟实施了天然林保护、三北防护林、退耕还林、野生动植物保护与自然保护区建设四大工程及森林生态效益补偿基金制度、造林补贴试点、沙化土地封禁保护补助试点等国家重点项目，通过有效保护、积极治理，在推进国土绿化、防沙治沙、林沙特色产业发展、林业资源保护恢复等重点工作上取得了显著的成效。

1）国土绿化、防沙治沙工作成效显著。截至 2016 年底，全盟总计完成生态治理任务 83.7 万 hm²。其中，飞播造林 33.5 万 hm²，围栏封育 27.7 万 hm²，人工造林 20.2 万 hm²，退耕地还林 0.16 万 hm²，退化林分改造 0.33 万 hm²，一般造林 1.83 万 hm²。"十二五"期间，全盟共完成林业生产任务 32.4 万 hm²，其中：人工造林 12 万 hm²，飞播造林 9.7 万 hm²，封沙育林 10.7 万 hm²，完成义务植树 475 万株。启动实施了重点区域绿化工程，3 年累计投入资金 17.3 亿元，完成造林绿化 1.6 万 hm²。林业生产任务连续 3 年超过百万亩，与"十一五"相比，生态建设任务量增长 2.6 倍，各项工作指标再创新高。在阿拉善围绕三大沙漠周边、重点城镇外围、主要交通干线节点已经形成了有效的防护带，阻挡了沙漠的"握手会师"，对于减缓强风侵蚀、减少地表扬沙具有十分明显的作用。特别是在腾格里沙漠东南缘、乌兰布和沙漠西南缘连续 30 多年实施了飞播造林，覆盖度在 30% 以上的保存面积达到了 20 万 hm² 以上，形成了长 350km、宽 3～10km 的锁沙、阻沙带，有效遏制了腾格里沙漠东移和乌兰布和沙漠的危害。

2）森林资源得到有效保护。自 2004 年启动实施了森林生态效益补偿基金制度，阿拉善盟 152.6 万 hm^2 国家级公益林纳入补偿范围，涉及牧民 5096 户，15 413 人，公益林区牧民人均每年可从公益林生态效益补偿中获得直接收益 15 000 元。该项目在使国家级公益林得到有效保护的同时，通过区域推进、整体禁牧，辐射带动 646.7 万 hm^2 荒漠植被得到休养生息，复壮更新。阿拉善已建成贺兰山和胡杨林 2 个国家级自然保护区，阿左旗腾格里沙冬青、东阿拉善及阿右旗雅布赖盘羊 3 个自治区级自然保护区，保护区面积占国土面积的近 10%。贺兰山和额济纳胡杨两大重点林区实现了连续 67 年无重大森林火灾的好成绩。

3）特色林沙产业持续快速发展。阿拉善盟委、行署提出"主打绿色牌"、以特色沙生植物产业化统揽"三牧"工作全局的战略思路，提出打造梭梭肉苁蓉、白刺锁阳、黑果枸杞"三个百万亩"林沙产业基地的建设目标，并积极推进落实。目前人工梭梭林面积达 18 万 hm^2，接种肉苁蓉 3.6 万 hm^2，年产干肉苁蓉 1300t；围封建设白刺锁阳产业基地 13.3 万 hm^2，接种锁阳 1.3 万 hm^2，年产干锁阳 2000t；以沙地葡萄、枣树、黑果枸杞等为主的特色经济林基地 0.22 万 hm^2，其中沙地葡萄 0.15 万 hm^2、枣树 0.03 万 hm^2、黑果枸杞 0.04 万 hm^2。先后培育引进了内蒙古曼德拉沙产业有限公司、内蒙古金沙苑有限责任公司、阿拉善苁蓉集团公司等一批规模大、发展前景好的林业骨干龙头企业。

5. 阿拉善盟三洲两带封育治理区生态屏障构思

围绕贺兰山、居延绿洲、荒漠植被、三大沙漠周边、黄河西岸以及中心城镇实施生态保护与综合治理，突出抓好重点区域绿化及林沙产业基地建设，完善森林生态效益补偿制度，推进沙化土地封禁保护区建设，构筑点、线、面结合的生态安全体系，改善人居环境，构筑内蒙古西部生态屏障。

"十三五"期间，依托国家林业重点工程完成林业生态建设任务 33.3 万 hm^2，森林覆盖率增长 1.2 个百分点，211 万 hm^2 国家级公益林得到有效保护，森林质量显著提升，重点城镇外围基本形成较完备的防护林体系。创新林业发展模式和现代林业管理体制，建成肉苁蓉、锁阳、黑果枸杞"三个百万亩"产业基地，产业体系框架基本建成。城乡人居生态环境明显改善，低碳环保理念深入人心，林业可持续发展能力显著增强。重点工作主要包括以下三部分。①积极争取项目投资加强重点区域绿化工作。在确保国家重点工程扎实推进的基础上，争取上级主管部门对阿拉善盟防沙治沙综合治理工程、植被恢复保护项目、重点区域绿化工程的项目资金支持。②切实加强林业重点工程建设与管理。在扎扎实实抓好现有重点工程建设与管理工作的同时，加大补植补造工作力度，全力做好秋冬季造林工作，力争完成林业生产任务。重点加强森林生态效益补偿制度的落实和 2289.49 万亩公益林保护管理任务。③大力推进林沙产业发展。以我盟沙生植物产业发展规划为主导，积极争取上级主管部门对林沙产业的支持，重点推进梭梭肉苁蓉、白刺锁阳、黑果枸杞等林沙产业基地建设，力争完成梭梭苁蓉、白刺锁阳、黑果枸杞"三个百万亩"产业基地建设。扶持一批重点林沙企业，以龙头企业带动特色沙产业发展。④大力提升生态文明意识。根据党的十八大对生态文明建设的总体要求，努力加强党的建设和林业队伍建设，切实转变工作作风，依法治林，科技兴林，不断提升服务能力和服务水平。进一步改善服务环境，加快林业基础设施建设和信息化建设，逐步建立"数字林业"。依托森林、自然保护区、生态文明教育基地和林业门户网站等舆论阵地，广泛开展生态文明宣传教育，大力普及生态知识，弘扬生态文明，提升阿拉善盟林业软实力。

第三节　林业重点建设工程

一、天然林资源保护二期工程

自 1998 年党中央、国务院从维护国家生态安全、实现经济和社会的可持续发展、全面建设小康社会的大局出发，而作出开展天然林资源保护工程（以下简称天保工程）的重大战略决策以来，天保工程一期的实施得到了社会各界的广泛参与，取得了一系列令人瞩目的社会、经济和生态效益。内蒙古自治区从 1998 年开始成为天保工程试点，2000 年天保工程正式启动，工程建设共涉及 9 个盟市、66 个旗县级实施单位，总面积 0.4 亿 hm^2，占全区土地总面积的 34.5%，经过工程区广大干部群众的不懈努力，内蒙古自治区天保工程一期建设任务圆满完成并取得显著成效。实施了森林分类经营，调减了木材产量，落实了森林管护责任，完成了公益林建设任务，完善了社会保障体系，分流安置了富余职工，超额完成了投资。最终实现了森林资源数量增长，质量提高，生态效益显著增加。职工收入持续提高，社会保障不断完善，生产生活环境得到改善，企业改革取得突破，产业结构调整加快，经济实力明显增强，生态意识不断强化，社会影响不断扩大（韩志财，2014）。

2010 年 12 月 29 日，国务院总理温家宝主持召开国务院常务会议，决定实施天然林资源保护二期工程。为维护国家生态安全，有效应对全球气候变化，促进林区经济社会可持续发展，会议决定，2011～2020 年，实施天然林资源保护二期工程，实施范围在原有基础上增加丹江口库区的 11 个县（市、区）。主要措施有强化森林资源保护、加强森林资源培育、大力保障和改善林区民生。

以内蒙古大兴安岭林区的天保工程二期为例，工程区内活立木蓄积和天然林面积以省为参照均居全国第 6 位，森林年生长量 1200 万 m^3，潜力达 1700 万 m^3。工程区有林地面积 809.58 万 hm^2，森林蓄积 6.90 亿 m^3，森林覆盖率为 82.86%，直接影响调节我国东北地区气候。同时，工程区又是我国重要的碳汇，在吸收二氧化碳、减少温室气体总量、减缓气候变暖方面具有重要作用。通过实施天保工程二期，工程区可增加森林面积 15.6 万 hm^2，增加森林蓄积 5000 万 m^3，增加森林固碳量 1900 万 t。到 2020 年森林覆盖率将提高到 85.26%。森林覆盖率的提高，森林蓄积量的增长，对我国政府履行"到 2020 年森林蓄积增长 13 亿 m³，温室气体减少排放 40%～45%"的承诺具有重要作用（郭建军等，2013）。

通过实施天保工程二期，可促使林区转变经济发展方式，逐步摆脱以拼资源、牺牲环境为代价的发展模式和对木材经济的过度依赖，对于推进工程区经济结构调整，实现经济转型具有重要意义。实施天保工程二期，还可以为木材减产造成的富余职工创造转岗就业机会，保证和提高职工收入。同时，能够解决职工参加养老、医疗等社会保险问题，提高社会保障水平，保证工程区社会和谐稳定，对促进工程区经济和社会全面、协调可持续发展至关重要。

二、京津风沙源治理二期工程林业建设项目

党中央、国务院为改善和优化京津地区的生态环境质量，治理沙化土地，遏制沙尘危害，2000 年 6 月实施京津风沙源治理工程，到 2012 年一期工程结束，累计完成营造林 752.61 万 hm²（其中退耕还林 109.47 万 hm²）（刘彦平等，2013）。一期工程的实施，极大地改善了京津地区生态环境质量，促进了区域经济发展进步。2012 年国务院批复了《京津风沙源治理二期工程规划（2013—2022 年）》（以下简称二期工程），二期工程西起内蒙古乌拉特后旗，东至内蒙古阿鲁科尔沁旗，南起陕西定边县，北至内蒙古东乌珠穆沁旗，建设范围包括北京、天津、河北、山西、陕西及内蒙古 6 省（自治区、直辖市）的 138 个县（旗、市、区），工程区总土地面积 70.60 万 km²，沙化土地面积 20.22 万 km²。工程的建设期为 10 年，分两个阶段，第一阶段为 2013～2017 年，第二阶段为 2018～2022 年。二期工程规划的林业建设任务为：现有林管护 730.36 万 hm²，营造林 586.68 万 hm²，工程固沙 37.15 万 hm²。对 25°以上陡坡耕地和严重沙化耕地，实施退耕还林还草。

为期 10 年的《京津风沙源治理二期工程规划（2013—2022 年）》包含七大任务。①加强林草植被保护，提高现有植被质量。规划公益林管护 730.36 万 hm²、禁牧 2016.87 万 hm²、围栏封育 356.05 万 hm²。②加强林草植被建设，增加植被覆盖率。规划人工造林 289.73 万 hm²、飞播造林 67.79 万 hm²、飞播牧草 79.15 万 hm²、封山（沙）育林育草 229.16 万 hm²。③为加强重点区域沙化土地治理，遏制局部区域流沙侵蚀，规划工程固沙 37.15 万 hm²。④合理利用水土资源，提高水土保持能力和水资源利用率，规划小流域综合治理 2.11 万 km²，水源工程 10.36 万处、节水灌溉工程 6.01 万处。⑤合理开发利用草地资源，促进畜牧业健康发展。规划人工饲草基地 68.13 万 hm²、草种基地 6.25 万 hm²，配套建设暖棚 2135 万 m²、青贮窖 1223 万 m³、储草棚 236 万 m²，购置饲料机械 60.72 万台（套）。⑥降低区域生态压力。规划易地搬迁 37.04 万人。⑦加强保障体系建设，提高工程建设水平（于忆东，2009）。

到 2022 年，力争一期工程建设成果开始步入良性循环，二期工程区内可治理

的沙化土地得到基本治理，沙化土地扩展的趋势得到根本遏制；京津地区的沙尘天气明显减少，风沙危害明显减轻；工程区生态环境明显改善，可持续发展能力进一步提高；林草植被质量提高，生态系统稳定性增强，基本建成京津及华北北部地区的绿色生态屏障（邢桂春等，2013）。

内蒙古自治区京津风沙源治理工程区林业项目位于自治区的中部，地理坐标东经 109°22′～120°45，北纬 40°20′～46°45′。范围包括 4 个盟（市）、1 个单列市，33 个旗（县、市、区）。总土地面积达 35.7 万 km²。根据立地条件和降水量的不同划分治理区域，在不同的区域采取不同的治理措施。在降水量相对较高或有灌溉条件、立地条件较好的平原地区，对半固定沙地实施人工造林，对流动沙地实施工程固沙后进行飞播造林，在降水量相对较少或不具备灌溉条件的丘陵、山地及高大沙地，实施封山（沙）育林，退耕还林，禁牧还草，沙地边缘人工营造锁边林，在沙地腹地进行工程固沙后飞播造林（李昊，2010）。根据工程区的自然条件，主要将工程区划分为 4 个区域。

1）乌兰察布高原退化荒漠草原治理区，该区在气候区划上属于干旱半干旱区，年降水量 150～250mm，在该区的主要任务是强化草原管理，加强草场建设，改进牧业生产方式，以草定畜，扭转草原退化、沙化加剧的趋势。

2）华北北部丘陵山地水源涵养治理区，该区位于华北北部丘陵山地水源涵养治理区，治理对策包括封山育林、综合治理、合理利用，保护和建设好丘陵山地的防护林体系，提高保持水土、涵养水源、防风固沙的能力。

3）浑善达克-科尔沁沙地沙化土地治理区，该区位于内蒙古高原的东南部，区内分布有浑善达克沙地和科尔沁沙地，属于亚湿润干旱区，少部分区域属于半干旱区，年均降水量 250～450mm。治理对策以飞播封育为主，保护与利用并重。在沙化严重的梁地等，禁牧还草，进行飞播封育治理，在水分条件好的滩地，高效开发利用。

4）锡林郭勒高原-乌珠穆沁盆地退化草原治理区，该区位于内蒙古高原东北部，包括锡林郭勒高原东部和乌珠穆沁盆地，在气候区划上属于半干旱区，年降水量 250～400mm。治理对策为以草定畜，轮牧、休牧，适度利用。强化草原管理，加强草场建设，改进牧业生产方式，推行轮牧、休牧制度，以草定畜，扭转草原退化、沙化加剧的趋势。

三、三北防护林建设五期工程

"三北"地区是我国生态治理最重要、最紧迫、最艰巨的地区之一，中国的八大沙漠、四大沙地全部分布在这里，区域内沙化土地面积占全国沙化土地面积的85%，水土流失面积占全国水土流失面积的 67%。为解决"三北"地区生态恶化问题，我国从 1978 年开始实施"防护林体系"建设工程，1978～2050 年，分三个阶段、八期工程进行，规划造林 0.36 亿 hm²（代力民等，2000）。到 2050 年，

"三北"地区的森林覆盖率将由 1977 年的 5.05%提高到 14.95%，期冀在中国北方筑起一道坚实的绿色屏障。经过 30 多年的建设，工程取得了重大阶段性成果，累计完成造林保存面积 2446.9 万 hm²，工程区森林覆盖率由 5.05%提高到 10.51%，治理沙化土地 27.8 万 km²，控制水土流失面积 38.6 万 km²，改善了生态环境，促进了粮食稳产高产，促进了区域经济社会可持续发展。2011 年进入了三北防护林建设第二阶段的五期工程建设期（2011~2020 年）。当时指出力争到 2020 年，使"三北"地区森林覆盖率达到 12%，沙化土地扩展趋势得到基本遏制，水土流失得到有效控制，建成一批区域性防护林体系（陈赛赛等，2015）。

内蒙古自治区横跨我国东北、华北、西北地区，是黄河、辽河、嫩江等河流的上中游或源头，也是三北防护林体系建设的重点地区之一，累计完成三北防护林工程建设任务 0.07 亿 hm²，占全国总任务的 1/3。内蒙古 100 个旗县（区）列入《三北防护林体系建设五期规划（2011—2020 年）》建设范围，计划 10 年间营造防护林 533.3 万 hm²。根据规划，内蒙古将集中抓好呼伦贝尔沙地、科尔沁沙地、毛乌素沙地及乌兰布和沙漠东缘的防沙治沙工作，在呼伦贝尔、科尔沁、毛乌素三大沙地以及呼和浩特市周边等区域重点建设 4 个百万亩樟子松基地，加强黄河流域、辽河流域、嫩江流域等重点地区的水土流失治理，加强河套平原、土默川平原等地区的农田防护林建设（李云平，2012）。

内蒙古三北防护林工程治理区初步形成了乔灌草、点线面、带网片相结合的区域性防护体系，7000 多万亩农田、1.5 亿亩基本草牧场受到林网的保护，2.4 亿亩风沙危害面积和 1.5 亿亩水土流失面积得到初步治理，取得明显的生态、经济和社会效益。当时预计到 2020 年，内蒙古三北防护林工程区森林覆盖率达 15%，初步建成比较完备的防护林体系（徐龙，2008）。

四、退耕还林工程

2001 年国家林业局会同国家发展和改革委员会、财政部、国务院西部开发办、国家粮食局联合编制的《退耕还林工程规划》中将内蒙古自治区作为 25 个退耕还林工程区之一（景海涛和李春梅，2008）。2007 年 9 月内蒙古自治区人民政府常务会议通过了《内蒙古自治区退耕还林管理办法》并于 2007 年 12 月开始实施。

位于内蒙古鄂尔多斯高原东南部的伊金霍洛旗地处亚洲中部草原向荒漠草原过渡的干旱半干旱地带，自 2000 年开始实施退耕还林工程，在工程实施的过程中全旗按照自然和地理特点，将土地划分为三大类，即禁止开发区、限制开发区和开发区。禁止开发区属水源匮乏、不宜人居的不毛之地，农牧民全部撤出，以休养生息恢复生态。限制开发区水好地多，植被茂盛，逐步转移剩余劳动力，重点发展现代农牧业，执行牧场轮休。开发区则实行城镇化，重点建设第二、第三产业，保证退耕还林还草工程后续产业的健康发展。同时伊金霍洛旗不仅能够保证国家对于退耕农户的补助金额的足额及时发放，并且地方补助高于全区其他工程点，全旗坚持以第二产业反哺农业，鼓励退耕农户小额贷款用于牲畜圈舍建设。此外，伊金霍洛旗还大力发展退耕后续产业，在开发区建立多个饲料加工厂和刨花板厂，一举解决剩余劳动力就业和还林还草产品变现问题，刨花板厂生产的压制门和饲料加工厂生产的牧草饲料已经畅销北方多个省市。全旗增强对林地的监管，加大补植力度，做到了"一年三补（春、夏、秋）、连补三年"，对破坏林地的行为加大惩处力度。伊金霍洛旗政府特别重视科技指导，在退耕还林工程中技术扶持到位，每年春秋两季，林业局、乡政府、大队都会派技术人员以开会培训的方式或田间地头的指导方式，指导农户挖坑、浇水和栽树知识，提高林草的成活率。政府提供的免费服务，提高了政府在农民心中的形象，还体现国家对退耕还林工作的重视程度，一定意义上提高了农户对退耕还林这一政策的支持度和参与退耕的积极性（张国明和朱介石，2005）。

五、重点区域绿化工程

按照自治区关于"把内蒙古建成我国北方生态安全屏障"的决策部署，内蒙古自治区绿化委员会全体会议暨重点区域绿化领导小组工作会议要求各地各部门要因地制宜抓好义务植树基地建设，把义务植树与城市基础设施建设、国家重点生态工程、新农村新牧区建设、重点区域绿化结合起来，通过城乡联动、部门互动，建设一批绿色城市、绿色村镇、绿色庭院、绿色校园、绿色军营，突出打造一批绿化先进典型，进一步丰富造林绿化内涵（敖东，2016）。

兴安盟位于内蒙古自治区东北部，地处大兴安岭向科尔沁草原和松嫩平原过渡地带。在辖区 6 万 km^2 的土地上，1/3 面积是草原，1/4 面积是森林，近 1/5 面积是以湿地类型为主的各类自然保护区。为落实自治区重点区域绿化工程的实施，兴安盟把重点区域绿化工作放到了更加重要的位置，纳入了重要议事日程，作为重点工作专项推进。全年安排重点区域绿化建设任务 2.15 万 km^2。其中，城镇及周边绿化 0.3 万 km^2，主要是围绕旗县市所在城关镇及苏木乡镇所在地重点打造；公路两侧绿化 1.32 万 km^2，贯穿全盟 4 条国省干线和重点县乡级公路，总长度 1300km；厂矿园区绿化 0.13 万 hm^2，主要围绕盟旗两级 8 个园区整体推进；村屯绿化 0.4 万 hm^2，重点向实施"十个全覆盖"工程嘎查村统筹安排。去年 10 月以来，提前动员、提早动手，从去年秋冬季开始就全面开展了造林和整地工作，截至 2015 年 7 月，全盟共完成重点区域绿化面积 2.25 万 hm^2，完成年度计划的 104.3%，累计投入资金 23.8 亿元，超额完成今年四大重点区域绿化建设任务（邸洪锋，2016）。

为了建设精品工程，兴安盟在重点区域绿化工作中紧抓"三个结合"。一是重点工程与重点区域相结合，二是生态效益与经济效益相结合，三是美化与绿化相结合。兴安盟盟委、行署高度重视重点区域绿化工作，切实加强组织领导，成立了由盟长任组长、分管盟长任副组长、各旗县市长和有关部门负责人为成员的重点区域绿化专项推进工作领导小组。组织制定了重点区域绿化规划、年度实施方案和相关政策措施，积极落实土地、资金、苗木等绿化所需生产要素，建立健全管护机制，认真落实管护责任。林业、交通、住建、经信等部门根据职责分工，整合资金，加大投入，统筹推进重点区域绿化进程。发改、财政、审计等部门加强与规划和项目的衔接，强化对资金的投入和监管（张峰，2015）。

六、森林生态效益补偿

随着气候变化以及人类不合理的开发利用，自然生态系统遭到了严重的破坏和损伤。其中，森林生态系统的受损情况尤为严重。如何实现森林生态系统的永续利用，确保森林生态系统在经济、生态、社会效益方面的三效合一，已成为亟待解决的问题。内蒙古自治区是全国重要的林业大省（自治区）。首先，全区森林覆盖面积在全国首屈一指，其中天然林面积为 1341.35 万 hm^2，居全国第二位；活立木总蓄积 12.9 亿 m^3，居全国第五位；人工林面积 571.09 万 hm^2，森林覆盖率达 17.57%。境内分布着大兴安岭原始森林和 11 片次生林区（大兴安岭次生林区、宝格达山、迪彦庙、克什克腾、茅荆大坝、大青山、蛮汉山、乌拉山、贺兰山和额济纳），中部高原则以人工林和天然次生林为主要植被类型；其次，全区境内还拥有种类丰富的野生动植物资源，其中陆生野生（脊椎）动物 712 种，野生（维管）植物 2718 种；最后，分布有河流湿地、湖泊湿地、沼泽及沼泽化草甸湿地三大类 13 种类型湿地，面积 424.53hm²，占全国湿地面积的 11%，居全国第三位（张永军，2014）。

森林生态系统效益或者说森林生态系统服务功能是指森林生态系统与生态过程所形成及所维持的人类赖以生存的自然环境条件与效用。生态补偿究其内涵则可认为是国家、地方政府以政策手段强制性对自然资源开发者或生态环境破坏者征收一定费用，对因保护生态环境而自身利益受到损失的个人或组织以经济或非经济形式给予补偿，以保护生态环境、实现环境永续利用的方法或手段。针对森林生态效益补偿存在一些问题，如补偿资金来源单一、补偿标准不尽合理、补偿形式单一、产业调整滞后且农民长远利益无法保障等，应尽快构建适合内蒙古自治区的森林生态效益补偿体系，进一步调动广大林农保护和建设公益林的积极性，对于实现森林资源持续增长、维护生态安全、解决三农三牧问题具有十分重要的意义。综上所述，只有补偿主体的多元化、补偿方式的多元化，才能使生态环境保护建设长期顺利进行，所以，应尝试构建全区多元化、全方位的森林生态补偿体系（吕长兴，2012）。

七、沙化土地封禁保护区建设项目

设立沙化土地封禁保护区是《中华人民共和国防沙治沙法》的一项重要规定，是我国防沙治沙工作的重要组成部分。《国务院关于进一步加强防沙治沙工作的决定》提出，"加强沙化土地封禁保护区建设和管理"，"要安排资金用于沙化土地封禁保护区建设"（褚利明等，2013）。沙化土地封禁保护区是指在风沙活动频繁、生态区位重要、应当治理但现阶段不具备治理条件或因保护生态需要不宜开发利用的具有一定规模的连片沙化土地分布区，为了杜绝各种人为因素的干扰、维护地表原始状态、促进生态自然修复、缓解风沙危害、改善区域生态状况而依法划定并设立的封闭式禁止开发利用的地域。从封禁保护区的含义可以看出，封禁保护区的设立主要是基于区域生态环境不断恶化问题提出来的，其目的是通过强制性的保护措施，彻底杜绝各种人为的破坏活动，达到保护或维持地表原始状态、恢复林草植被、减轻和缓解风沙危害、改善区域生态状况的目的。此外，沙化土地封禁保护区的设立又是有限定条件的，即主要针对那些由于各种条件限制，近期无法实施工程治理，且又存在一定人为干扰活动，且人为活动对生态破坏较大的地区实施的保护措施（葛云，2005）。

在具体措施及保障机制上主要包括以下几个方面的内容，妥善安置封禁保护区内居民的生产和生活，走开发型转移发展之路；建立配套基础设施，增强综合防护和保障能力；加强管理和管护队伍建设，提高管护效率；开展科研与监测，为保护区建设提供技术支撑；加强领导和部门协调，落实职责任务；加大资金投入，确保各项工作顺利开展；结合区域实际，编制好实施规划；加强宣传教育，增强农牧民参与的意识（申建军，2007）。

八、自然保护区建设项目

作为我国林业六大工程之一，自然保护区建设工程是一项重要的生态环境保护工程，在实施这一项事关国家生态环境保护成败，维护国土生态环境安全，实现人类生态建设文明的宏伟工程中，必须强调和推崇科学实施的理念，以求实的态度和科学的手段，把我们已建立的自然保护区和将要建立的自然保护区建设好（海英等，2004）。因此，在科学实施自然保护区建设工程诸多因素中，必须注意下面几个问题。

1）自然与自然资源的保护。自然和自然资源的保护问题具有广泛的实际内容，已经涉及人类生活维持系统和社会持续发展的问题，如果只是把自然保护看作农业范畴的问题，环境保护是工业、城市的问题，而不从国家经济发展全面安排考虑，则必然会捉襟见肘、无济于事。为此，迫切需要成立自然和自然资源保护委员会及有关的职能机构，以统筹全局，更有效地推动我区的自然和自然资源的合理利用和保护。

2）自然环境和自然资源是国家建设、发展的基础。自然环境和自然资源利用是国家建设的物质基础，超越了它们的潜能，就会破坏生态平衡，遭到大自然的惩罚。

3）对于自然环境和自然资源的利用，国家也必须加以认真管理和控制，切不可重蹈人口问题的覆辙。对于这样一件关系到人们生活、生产和生存的切身大事，至今仍没有引起广泛的注意和认真对待。特别是经济建设主管部门在大型经济建设总体的规划上，必须使自然的生态规律和社会的经济规律相结合。

4）自然保护区建设需要完整的法律保护。我国目前虽然有一些保护自然资源和自然环境的法律条例，全区各地也先后颁布了地方性的管理办法，但是有法缺治的现象还是较为突出，尤其是自然保护区所在地，以及森林、沼泽等利用自然资源作为直接生产对象的地方，都需要加强执法力度，确实保护好自然资源和环境。

九、湿地保护与恢复项目

湿地泛指内陆水面和沿海浅水区及其邻接地带水陆交相延伸的一定区域，根据《湿地公约》，湿地是指天然或者人工的，永久或者暂时性的沼泽地、泥滩地、水域地带，带有静止或者流动的淡水、半咸水及咸水水体，包括低潮时水深不超过 6m 的水域。湿地是自然界最丰富的生物多样性生态景观和人类最重要的生存环境之一，对湿地的保护和持续利用已成为国际社会关注的热点（王昕，2015）。内蒙古围垦湖沼现象较为普遍。围垦湖沼的负效应是缩小湖沼面积，降低湖沼的涵养水源、蓄水调洪、净化水体及生物多样性等生态功能。例如，乌梁素海 20 世纪 60 年代湖面 $400km^2$，70 年代湖面缩小至 $247km^2$。乌梁素海主要靠乌加河和长济渠、民复渠等灌溉的尾水补给。大量营养物质入湖，致使乌梁素海水上植物面积不断扩大，水下形成成片草原，使这个很年轻的湖泊呈老化趋势。居延海是内蒙古沙漠地区少有的湿地，是众多水鸟迁飞时的驿站，是稀有遗鸥模式标本产地，一向有"沙漠明珠"之美誉。其湖水补给主要依赖额济纳河的来水。60 年代以来，中上游地区农业灌溉用水和兴建水库拦蓄水量的不断增加，使下游水量锐减甚至断流，导致居延海几近干涸，湖区大量胡杨死亡，绿洲生态严重破坏（苗春林，2008）。

我区湿地资源的保护一是研究建立并完善湿地确权管理、开发占用控制、生态效益补偿、湿地生态用水等相关政策与制度，完善各部门间湿地保护管理的合作机制，以及社会参与湿地保护的机制。制定与实行退耕还湖还沼、恢复湿地资源的政策，尤其是在受河水涨跌控制的季节性积水的沼泽地开垦的农田。二是湿地提供的动植物食品资源、工业原料及能源来源，一直是人类赖以生存和发展的物质基础，要科学合理开发利用，形成产业，促进经济发展。湿地资源的开发利用要在考察学习和生产实践基础上，探索适宜区域特点的综合利用、可持续发展的模式，探索保护湿地实体资源、利用湿地景观等非实体资源发展生态经济的模式，处理好保护与利用的关系。以内蒙古大兴安岭湿地保护为例，重点湿地内规划建设 17 个湿地生态系统类型自然保护区，其中湿地面积 169 508hm²。自然保护区中包括国家级自然保护区 2 个，省部级湿地自然保护区 5 个，盟市级湿地自然保护区 3 个，规划新建湿地自然保护区 7 个。大兴安岭以湿地为主要保护对象的国家级自然保护区有内蒙古大兴安岭汗马国家级自然保护区和内蒙古额尔古纳国家级自然保护区（葛芳，2003）。

第四节　草原生态保护与建设工程

党中央高度重视草原保护修复工作。党的十八大以来，各级草原部门不断强化草原工作，取得明显成效。2018 年，草原监管职责从原农业部划转到新组建的国家林草局，进一步强化了草原生态保护，体现了山水林田湖草沙系统治理理念，也为统筹林业草原国家公园融合发展、推动林草事业高质量发展创造了历史性机遇。近年来，我国加大草原保护建设投入力度，草原生态保护建设步入新的发展阶段，草原工作的战略重点由以经济目标为主转到"生态、经济、社会目标并重，生态优先"上来，先后实施牧草种子基地、草原围栏、退牧还草、京津风沙源等草原保护建设工程项目，取得良好的生态、经济和社会效益。

一、草原生态保护补助奖励机制

为进一步加大草原生态保护力度，2010 年 10 月，国务院第 128 次常务会议决定，2011～2015 年在内蒙古、新疆、青海、四川、甘肃、宁夏和云南等 8 个主要草原牧区省（自治区）和新疆生产建设兵团，实施"两保一促进"，即"保护草原生态，保障牛羊肉等特色畜产品供给，促进牧民增收"的保护补助奖励机制（以下简称草原补奖机制）。

主要内容包括如下几个。①实施禁牧补助。对生存环境非常恶劣、草场严重退化、不宜放牧的草原，实行禁牧封育，中央财政按照每亩每年 6 元的测算标准对牧民给予禁牧补助。②实施草畜平衡奖励。对禁牧区域以外的可利用草原，在核定合理载畜量的基础上，中央财政对未超载的牧民按照每亩每年 1.5 元的测算标准给予草畜平衡奖励。③给予牧民生产性补贴。包括畜牧良种补贴、牧草良种补贴和每户牧民 500 元的生产资料综合补贴。④绩效考核奖励。补奖政策由省级人民政府负总责，财政部和农业部实行定期或不定期的巡查监督，并按照各地草原生态保护效果、地方财政投入、工作进展情况等因素进行绩效考评。中央财政每年安排奖励资金，对工作突出、成效显著的省份给予资金奖励，由地方政府统筹用于草原生态保护工作。以上 4 项共 136 亿元。

"十二五"期间，我区草原生态补奖政策共投入 300 亿元，其中国家投资 213 亿元，自治区各级配套资金 87 亿元。政策覆盖全区 12 个盟市 2 个计划单列市，

73 个旗县（市、区），605 个苏木乡镇的 0.68 亿 hm² 天然草原，其中禁牧 0.37 亿 hm²，草畜平衡 0.31 亿 hm²，有 146 万户、534 万农牧民从中受益。该政策的深入落实，使天然草原放牧牲畜头数较政策实施前减少了 1480 万羊单位，全区天然草原牲畜超载率也由 2010 年的 24.14% 下降到 2015 年的 14.9%，有效遏制了我区草原生态环境的恶化；2015 年自治区草原植被盖度 44%，比 2010 年提高了 7 个百分点，比 2000 年提高了 13.8 个百分点，草原补奖政策实施 5 年的增幅是过去 10 年的总和。草原"三化"面积比 2010 年减少了 44.8 万 hm²，比 2000 年减少了 255.7 万 hm²，其中重度退化面积就减少了 203.2 万 hm²，草原生态恶化趋势得到整体遏制。通过优化畜群结构，转变生产方式，加快畜群周转，提高了生产效益，提升了草原保护意识，2015 年全区农牧民年均纯收入达到 1.4 万元/人，比 2010 年增长了一倍多，农牧民收入水平显著提高。

草原补奖政策第二轮，国家安排我区禁牧和草畜平衡任务共计 0.68 亿 hm²，其中禁牧 2698.5 万 hm²，草畜平衡 4301.9 万 hm²。涉及 12 个盟市、2 个计划单列市。2016 年当年就安排我区草原补奖资金 45.745 亿元，比上年增加 5.3 亿元。

二、天然草原退牧还草二期工程

草原是我国国土的主体和陆地生态系统的主体，是我国面积最大的绿色生态屏障，是畜牧业发展的重要物质基础和农牧民赖以生存的基本生产资料，也是维护生物多样性的种质基因库。为进一步加强草原保护与建设，维护国家生态安全，促进草原畜牧业和牧区经济社会全面协调可持续发展，2002 年国务院决定启动退牧还草工程，该工程的主要内容包括：围栏建设、补播改良以及禁牧、休牧、划区轮牧等措施。

从 2003 年开始实施的退牧还草工程，到 2018 年中央已累计投入资金 295.7 亿元，累计增产鲜草 8.3 亿吨，约为 5 个内蒙古草原的年产草量。

草原资源是我国重要的战略资源。保护和建设草原就是发展草原生产力最有效的措施。退牧还草工程通过加强人工饲草地、棚圈等基础建设，畜牧业综合生产能力不断提高，传统的粗放型草原畜牧业正逐步向建设型、生态型、环境友好型的现代草原畜牧业转变。由于畜牧业基础设施的加强，使牧区抵御自然灾害的能力得到进一步提升。传统的草原畜牧业经营方式相对粗放，经营水平低下，经济增长很大程度上依赖放牧牲畜数量的增加，不仅增加了天然草原的压力，加剧草原退化，而且草原畜牧业的效益和农牧民收入受到影响。通过实施退牧还草工程，禁牧休牧区草原得以休养生息，草原植被得到较好的恢复，植被盖度和产量显著提高，优良牧草比例增加，草原特有的涵养水源、防止水土流失、防风固沙等生态功能明显增强。该工程的实施，转变了草原畜牧业生产方式，促进了集约化畜牧业生产经营，不仅提高草地生产力，转变农牧民生产生活方式，还促进了经济结构调整，带动地方经济发展，提高了畜牧业生产效益和增加了农牧民收入。

尤其在人工草地建设，畜群结构调整，牲畜品种改良，加快出栏周转等方面开展了大量工作，促进了牧区政治、经济、文化、教育、卫生等各项事业的协调发展。

三、京津风沙源治理二期草原建设工程

我国有荒漠化和退化草原近 3.6 亿 hm²，其中约 50% 存在严重退化现象。2000年 10 月，党的十五届五中全会首先提出了加强生态建设，遏制生态恶化，抓紧环京津生态圈工程建设的要求。由国家计委、林业局、农业部和水利部会同京津冀晋内五省（自治区、直辖市）人民政府共同组织编制了《2001—2010 年京津风沙源治理工程规划》（一期工程）。治理工程在草原领域涉及的工程措施主要包括草原封育、划区轮牧、治虫灭鼠、草原保护建设、人工种草和天然退化草场改良等方面。一期工程实施范围涉及河北、天津、山西、北京、内蒙古五个省（自治区、直辖市），设计实施期为 10 年（2001~2010 年），后因其他原因，一期规划顺延至 2012 年结束。其中，在内蒙古自治区范围内，工程治理区面积为 36.9 万 km²，占自治区土地总面积的 31.9%，占工程治理总面积（45.8 万 km²）的 80.6%，具体涉及内蒙古赤峰市、锡林郭勒盟、乌兰察布市、包头市的 31 个旗（县、区）。一期工程结束后，共完成人工种草 16.95 万 hm²，飞播牧草 7.63 万 hm²，围栏封育 174.42 万 hm²，基本草场建设 5.84 万 hm²，草种基地 7140hm²，棚圈建设 500.4万 m²，饲料加工机械 5.9906 万台（套），禁牧舍饲 428.67 万 hm²，生态移民完成104 603 人。工程实施后，工程区草原植被总盖度增加了 12.6%，天然草场单产平均增加 3.7kg/亩，绿色生态屏障功能日益显现。

2013 年，国家相关部门为巩固和延续一期建设成果，进一步印发了《京津风沙源治理二期工程规划（2013—2022 年）》。在二期规划中，内蒙古自治区工程实施范围由原来的 31 个旗（县、区）扩大至 70 个，将呼和浩特、鄂尔多斯、巴彦淖尔、乌海等中部沙源通道也纳入治理范围。工程范围和资金总量仍然位居全国首位。内蒙古自治区在二期规划中共安排中央基本建设投资 196 亿元，治理面积0.091 亿 hm²，占全国总规划治理面积的 68%。2013 年二期工程实施三年来，国家共安排自治区中央基本建设投资 28.2 亿元、工程建设任务 88.6 万 hm²，其中2015 年安排自治区中央基本建设投资 10.2 亿元、工程建设任务 34.7 万 hm²。完成二期围栏封育 21.4 万 hm²，人工饲草地 10.1 万 hm²，草种基地 0.65 万 hm²，暖棚 179.85m²，储草棚 69.55 万 m²，青贮窖 39 万 m³，饲料机械 28 375 台套。监测数据表明，2014 年京津风沙源治理工程区与非工程区相比，植被平均盖度、平均高度和平均干草产量分别高出 8.80%、8.34cm 和 492.75kg/hm²。

按照工程实施规划总体布局，在二期工程实施过程中内蒙古自治区根据立地条件和降水差异划分治理区域，并采取具体针对性治理措施。草原建设工程建设方面，主要在降水量相对较少或不具备灌溉条件的地区实施退牧还草措施，在以牧业为主的草原地区，实施围栏封育、禁牧、休牧、轮牧等措施。通过完善的制

度管理、组织管理和工程管理，实现生态、社会、经济综合效益增加，减缓沙尘天气危害，本着坚持生态优先的原则，建设和保护好内蒙古的生态环境，保持边疆长治久安。

四、草原保护与建设工程

由于过度放牧、管理意识薄弱、草原资源利用不合理等原因，致使 20 世纪 90 年代后的草地生态问题不断突出，草原牧区生态经济步入恶性循环，为了改善生态环境，提高农牧民收入，实现草原可持续开发利用，草原牧区生态保护与建设问题引起了广泛关注。自 2000 年以来，内蒙古自治区响应国家政策，并先后实施了京津风沙源治理工程、退牧还草工程、草原生态保护补助奖励机制等的草原生态建设与保护政策、工程，在植被恢复和环境改善等方面取得了显著成效。内蒙古自治区独特的气候条件和地理位置十分适宜草原植被的发育，并形成了地带性十分明显的草原带。为了打造内蒙古绿色无污染草畜产品品牌和产业基地，现有草原的保护和建设是必不可少的，而其主要的建设任务则聚焦于草原植被恢复。

草原生态保护补助奖励机制是协调推进草原生态保护建设、促进牧业生产与牧民增收的重大举措。自治区制定了《内蒙古草原生态保护补助奖励机制实施方案》，创新了 6 项政策措施，为草原保护建设发展把握了方向，具有很强的科学性和可操作性。内蒙古自治区严格按照"保护是根本、建设是关键、利用要科学、监管要到位"的工作思路，先后在呼伦贝尔市、兴安盟、通辽市、呼和浩特市、鄂尔多斯市、巴彦淖尔市、阿拉善盟 7 个盟市的 32 个旗县开展退牧还草工程。该工程的实施在促进草原生态环境改善、草原畜牧业持续发展、农牧民收入提高等方面取得了较好的生态、经济和社会效益。

五、草原重点生态功能区建设工程

内蒙古自治区是中国北方重要的生态安全屏障，在国家主体功能区规划和国家生态安全战略格局中，内蒙古东部、西部分属国家重要的水源涵养区域及重要的水土保持区域。按照国家、自治区主体功能区划的要求和地形地貌划分，在内蒙古构建了以"两线七区"为主体的生态综合治理建设布局。"两线"是指大兴安岭生态防线和阴山北麓生态防线。大兴安岭生态防线主要在天然林保护的基础上发展林草产业；阴山北麓生态防线主要进行退耕、退牧还草，沙化盐碱化土地治理。"七区"分别指呼伦贝尔草原沙地防治区、乌珠穆沁典型草原保护区、科尔沁沙地防治区、浑善达克沙地防治区、毛乌素-库布齐沙漠化防治区、阿拉善沙漠化防治区和黄土高原丘陵沟壑水土流失防治区。

按照整体布局，涉及草原重点生态功能区建设的内容主要是以广大草原牧区进行保护和改善天然草原生态为核心，坚持保护和建设相结合的方式，因地制宜，减缓草原退化、沙化趋势；在沙地及沙漠边缘地区进行以防沙治沙为重点，有计划、有重点、分阶段地进行综合治理，积极发展沙产业和林草产业。草原重点建设工程项目主要在沙化土地封禁保护区建设工程，水土保持综合治理工程、重点区域绿化工程、小流域综合治理工程、野生动植物保护及自然保护区建设工程等项目中穿插体现，并且其也是各个工程项目的重点内容之一。工程的实施使生态功能得到恢复，沙尘源区域实现初步治理，荒漠化加剧的势头初步缓减。

六、草原自然保护区建设工程

建立草地自然保护区是国内外公认的保护天然草地动植物与牧草生物多样性、保护珍贵稀有牧草种质资源，保护天然草地特有的自然景观、人文景观及放牧生态系统的重要有效手段。为了保护内蒙古草原类型的多样性和特殊性，建立草原自然保护区，对有代表性的草原自然生态系统、珍稀濒危野生动植物实施有效保护，对实现草原可持续发展，维护生态安全和保持生态系统平衡具有重要意义。国家于 2001 年开始全面启动实施全国《野生动植物保护及自然保护区建设工程》，主要是通过物种保护、自然保护区、湿地保护，拯救一批国家重点保护野生动植物，扩大、完善和新建一批国家级自然保护区、禁猎区和种源基地及珍稀植物教育基地，恢复和发展珍稀物种资源。内蒙古草原自然保护区布局的重点放在草甸草原、典型草原、荒漠草原、草原化荒漠、荒漠和沙地等不同地带性草原类型中，按自然分布规律，从东到西布置 10 个自然保护区，大体分为两个类型，即草原资源类型自然保护区和草原珍稀濒危植物类型自然保护区。按照草原资源的多样性与生态类型的特点，根据自治区草原资源的自然规律，每个保护区的规划标准为 0.6~1.0 万 hm^2。核心区、缓冲区、生产区的比例分别是保护区总面积的20%、30%、50%。截至 2012 年底，全区共有各类自然保护区 184 个，其中国家级自然保护区 25 个，自治区级 62 个，县市级 97 个。涉及草原类型、草原植被、草原动物等方面的自然保护区 38 个。

第五节　水土保持重点工程建设

一、国家水土保持重点建设工程

"国家水土保持重点建设工程"原名"全国八片水土保持重点治理区工程"（以下简称八片水保工程），该工程从 1983 年开始实施，以江西赣南、陕北榆林、山西吕梁等水土流失严重的革命老区和贫困地区为重点，是我国第一个由国家安排专项资金，有计划、有步骤、集中连片，在水土流失严重的贫困地区，把水土流失治理与促进农民群众脱贫致富结合起来，开展水土流失综合治理的水土保持重点工程。八片水保工程涉及的区域土地总面积 11 万 km^2，水土流失面积达 10 万 km^2，约占区内土地总面积的 90%，是我国水土流失最为严重的区域之一，也是经济社会发展相对滞后，群众生活贫困的地区。从 1983 年开始，国家在这些区域安排财政专项资金实施八片水保工程。该工程根据财政部、水利部分期分阶段审批的规划实施。一期工程为 1983～1992 年，实施范围包括黄河流域的无定河、三川河、湫水河、皇甫川流域和定西县；海河流域的永定河流域；辽河流域的柳河上游和大凌河中游；长江流域的贡水流域、三峡库区、赣江流域。涉及北京、河北、山西、内蒙古、湖北、辽宁、江西、陕西和甘肃 9 省（自治区、直辖市）的 43 个县（市、区、旗）。其中，内蒙古被列入重点的就有四片 6 个旗县，即皇甫川流域的准格尔旗，柳河流域的库伦旗和奈曼旗，永定河流域的兴和县和丰镇市，无定河流域的乌审。四片总面积 18 964km²，占全国八片总面积的 25%。二期工程为 1993～2002 年，实施范围包括永定河、湫水河、大凌河、柳河、无定河、皇甫川、赣江和定西。涉及陕西、甘肃、山西、内蒙古、江西、辽宁、河北、北京 8 省（自治区、直辖市）的 56 个县（市、区、旗）。三期工程为 2003～2007年，并更名为"国家水土保持重点建设工程"，本期工程共治理 42 个项目区的359 条小流域。实施范围包括永定河、湫水河、太行山区、大凌河、柳河、无定河、皇甫川、赣江和定西。涉及陕西、甘肃、山西、内蒙古、江西、辽宁、河北、北京 8 省（自治区、直辖市）的 42 个县（市、区、旗）。四期工程为 2008～2012年，本期工程对 1052 条小流域实施综合治理，治理水土流失面积 16 026km²。建设范围包括 12 个省（自治区、直辖市）的 106 个县，包括陕北、赣南、闽西北、太行山、大别山、桐柏山、沂蒙山等革命老区。五期工程为 2013～2017 年，工程实施范围由第四期工程的 12 个省（自治区、直辖市）106 个项目县扩展到了 20个省（自治区、直辖市）的 279 个项目县，分布在太行山、大别山、沂蒙山等 12个革命老区片。我区工程涉及的呼和浩特市、鄂尔多斯市、通辽市、兴安盟、乌兰察布市的 14 个旗县，包括黄土丘陵区的准格尔旗、清水河县、和林县，风沙区的乌审旗、鄂托克前旗；土石山区的土默特左旗、武川县、丰镇市、凉城县、卓资县，东北黑土区的突泉县、科右前旗，辽西山地丘陵区的库伦旗、奈曼旗。总治理任务 1505km²，乌审旗落实治理任务 155km²，鄂托克前旗落实治理任务150km²，其余 12 个旗（县、市）落实治理任务均为 100km²。丘陵沟壑区和土石山区以沟道治理为重点，沟坡兼治，工程措施、生物措施和保土耕作措施相结合，人工治理与生态修复相结合，实施"山、水、田、林、草、路"综合治理与开发，建立完整的水土保持综合防护体系。风沙区主要以人工治理与生态修复相结合，以提高林草覆盖率、减少风沙危害为突破口，结合植物沙障和机械沙障，积极采取围封、人工种植和飞播林草措施，建立带、片、网，乔、灌、草相结合的防风固沙体系；并合理利用水资源，通过引水拉沙、改造沙漠滩地等措施，保护和改良农田；大力发展生态型沙产业。2013～2020 年，完成综合治理面积 25 万 hm²。其中：2013～2017 年完成 15.6 万 hm²，2018～2020 年完成 9.4 万 hm²。

二、京津风沙源治理二期水利建设工程

京津风沙源治理工程是全国生态建设领域的一项标志性工程。2000 年，针对全国沙尘暴非常严重、北京沙尘天气达到 10 次之多的情况，党中央、国务院决定紧急启动京津风沙源治理工程，在北京、天津、河北、内蒙古、山西 5 省（自治区、直辖市）的 75 个旗县实施大规模的生态建设。虽然一期工程建设取得了显著成效，但是工程区生态环境仍然十分脆弱，局部地区生态继续恶化的趋势还没有从根本上扭转，林草植被覆盖度仍不高，土壤抗蚀能力差。一期工程建成的人工植被大多处于中幼龄期，且树种、草种比较单一，稳定性较差，抗干旱、抗风蚀、抗病虫害能力弱，极易受到外界环境的影响而发生逆转。截至 2009 年，工程区内尚有待治理沙化土地面积 541.27 万 hm^2，治理任务非常艰巨。另外，工程区生态防护体系还不是很完善，还有大面积农田、草原没有得到有效保护。因此，为了进一步改善京津地区的生态环境，提高治理成效，亟须启动京津风沙源治理二期工程。影响京津地区沙尘天气的传输路径分为西北路、北路和西路三条，分别占影响京津地区沙尘天气发生频次的 50.8%、29.5% 和 19.7%。从对重点风沙源区进行集中治理和国家财力承受能力的角度出发，一期工程的治理范围只覆盖了北路路径的沙尘源区和加强区以及西北路和西路路径的部分下游地区。经过 10 多年的治理，虽然使影响京津地区的扬沙天气减少，但是没有覆盖到距离京津地区较远的沙尘源区和加强区，对主要发源于远源沙尘源区和加强区的浮尘天气影响较小。要进一步减轻京津地区的风沙危害，降低沙尘天气对京津地区的影响，继续实施京津风沙源治理工程并适当扩大治理范围，是十分必要的。京津风沙源治理二期工程从 2013 年开始，到 2022 年结束，以保护和扩大林草植被为出发点，以进行综合治理为基本建设内容，以减少风沙危害和水土流失、改善首都及周边地区生态状况、构筑北方绿色生态安全屏障为根本目标。京津风沙源治理二期工程包含七大任务，包括加强林草植被保护和建设，提高现有植被质量和覆盖率，加强重点区域沙化土地治理，遏制局部区域流沙侵蚀，稳步推进易地搬迁 37.04 万人，降低区域生态压力等。

京津风沙源治理一期工程在内蒙古 2000 年项目区包括 8 个盟市 53 个旗县，2001 年调整为 4 个盟市 31 个旗县。总土地面积 35.7 万 km^2，占内蒙古自治区总土地面积（118.3 万 km^2）的 30.2%，占全国京津风沙源工程区总面积（45.8 万 km^2）的 77.9%。京津风沙源二期治理工程建设范围西起乌海市、乌拉特后旗，东至赤峰市阿鲁科尔沁旗，北到锡林郭勒盟东乌珠穆沁旗，南连陕西、山西和河北的风沙源区。涉及我区 9 个盟市 70 个旗，总面积 54.2 万 km^2，其中沙化土地面积 17.4 万 km^2，涉及人口 1956.1 万人。工程区划为 5 个建设治理区，包括乌兰察布高原退化荒漠草原治理区、鄂尔多斯高原沙化土地治理区、浑善达克—科尔沁沙地沙化土地治理区、锡林郭勒高原—乌珠穆沁沙地退化草原治理区、华北北部丘陵山

地水源涵养治理区。到 2020 年，在水土流失严重地区，实施小流域综合治理 130 万 hm²；建设水源工程 3.88 万处，节水灌溉工程 1.94 万处。其中：2013～2017 年完成小流域综合治理 81.3 万 hm²，建设水源工程 2.4 万处，节水灌溉工程 1.2 万处。2018～2020 年，完成小流域综合治理 48.7 万 hm²，建设水源工程 1.48 万处，节水灌溉工程 0.74 万处。

三、坡耕地水土流失综合治理工程

坡耕地是我国水土流失的重要策源地，也是目前广大山丘区群众赖以生存和发展的生产用地。大量的坡耕地导致严重的水土流失，破坏耕地资源，降低土地生产力，危及国家粮食安全、生态安全和防洪安全，制约经济社会的可持续发展。为进一步加强坡耕地水土流失治理，水利部组织编制了《全国坡耕地水土流失综合治理工程规划》，规划 2010～2020 年，对全国现有的 0.24 亿 hm² 坡耕地全部采取水土保持措施。重点对水土流失严重、坡耕地面积比例大、人口密度大的缺粮地区及水库库区的 1 亿亩坡耕地实施坡改梯改造，配套建设坡面水系、小型蓄水工程，涉及西北黄土高原区、北方土石山区、东北黑土区、西南土石山区、南方红壤丘陵区。2017 年，国家发改委、水利部联合编制印发了《全国坡耕地水土流失综合治理"十三五"专项建设方案》，建设范围涉及河北、山西、内蒙古等 22 个省（自治区、直辖市）263 个县（市、旗、区），拟通过 5 年（2016～2020 年）建设，实施坡改梯 32.7 万 hm²，因地制宜地建设蓄排引灌、田间生产道路、地埂利用等配套措施，为治理水土流失和实现脱贫攻坚奠定坚实基础，涉及西北黄土高原区、西南岩溶区、西南紫色土区、东北黑土区、南方红壤区、北方土石山区等水土流失严重地区，建设重点是坡耕地治理任务重的西部地区，同时，聚焦了 14 个集中连片特殊困难地区县（区）和国家扶贫开发重点县。

内蒙古涉及杭锦旗、乌拉特前旗、武川县、清水河县、察右后旗、商都县、喀喇沁旗、敖汉旗、林西县、库伦旗、扎赉特旗 11 个旗（县）。根据不同区域坡耕地坡度组成及土层条件，坡耕地水土流失综合治理以修筑土坎梯田为主，坡改梯、改垄与地埂植物带相结合，机械修筑和人工修筑相结合，并配套水源、节水、排灌沟渠、植物护埂与田间道路等小型水利水保工程，拦蓄和排灌相结合，进行综合整治，以达到减少径流、保土蓄墒及增产的效果，有效改善农业生产条件。2013～2020 年，完成坡耕地水土流失综合治理面积 4 万 hm²。其中：2013～2017 年完成 2.5 万 hm²，2018～2020 年完成 1.5 万 hm²。

四、东北黑土区农业综合开发水土流失重点治理工程

东北黑土区是我国重要的商品粮基地，在保障国家粮食安全中具有不可替代的重要地位。但长期以来，由于人类不合理的生产经营活动，黑土区水土流失日益加剧，耕地生产力大幅下降。2007 年，国务院领导批示要求农业综合开发要把

黑土区水土流失治理作为提高农业综合生产能力建设的一件大事来抓。为落实批示精神，从 2008 年起，国家农业综合开发办公室、水利部启动实施了农业综合开发东北黑土区水土流失重点治理工程（以下简称黑土区水土流失治理工程）。一期项目于 2008 年启动实施，2010 年结束，治理范围涉及吉林、黑龙江（含黑龙江农垦总局，下同）两省的 31 个县（区、农场），规划治理水土流失面积 2349km²。二期项目除继续在黑龙江、吉林两省实施外，还将辽宁、内蒙古两省（自治区）水土流失严重的黑土区也纳入治理范围，共 55 个旗县（区、农场），计划治理黑土区水土流失面积 1123km²。

内蒙古涉及阿荣旗、扎兰屯市、扎赉特旗、科右前旗、乌兰浩特市、科右中旗、扎鲁特旗 7 个旗（县、市）。以坡耕地和侵蚀沟道治理为重点，治坡与治沟相结合，工程措施、生物措施和保土耕作措施相结合，实施山、水、田、林、路、村的综合治理与开发。坡耕地治理以坡式梯田、改垄和地埂植物带为主，配套水源及灌溉措施；侵蚀沟道主要修建谷坊群、沟头防护、跌水等，防止沟道下切和沟岸扩张；荒山荒坡结合整地工程营造水土保持林（穿带）；对疏林地、灌木林、天然草地进行封育治理，建立以工程集水养植物，以植物生长固工程，由上而下，集中连片治理，形成多层次、多防线的综合防护体系，改善农业生产条件。

2013～2020 年，完成农业综合开发水土流失重点治理 16 万 hm²。其中：2013～2017 年，完成 10 万 hm²，2018～2020 年完成 6 万 hm²。

五、黄土高原淤地坝建设工程

黄土高原是我国水土流失最严重的地区，长期以来，严重的水土流失造成了该地区农业生产条件恶化，生态环境脆弱，群众生活贫困，区域经济发展滞后，同时，给黄河下游防洪安全带来严重威胁。淤地坝具有拦沙淤地等综合功能，是被黄土高原地区广大干部群众长期实践证明行之有效的水土保持措施，并已有 400 多年的人工筑坝历史。特别是中华人民共和国成立以后，在各级地方政府的重视下，淤地坝建设得到长足发展，目前，黄土高原 7 省（自治区）已建成淤地坝 11 万多座，淤成坝地 30 多万公顷，累计拦泥 210 亿余吨，在控制水土流失、改善农业生产条件等方面起到了十分重要的作用。2003 年，国家安排专项资金启动实施黄土高原地区水土保持淤地坝工程。为加快黄土高原淤地坝建设，水利部组织黄河水利委员会编制完成了《黄土高原地区水土保持淤地坝规划》，根据规划，到 2020 年，建设淤地坝 16.3 万座，其中骨干坝 3 万座。黄土高原地区主要入黄支流基本建成较为完善的沟道坝系。工程实施区水土流失综合治理程度达到 80%。淤地坝年减少入黄泥沙达到 4 亿 t，为实现黄河长治久安、区域经济社会可持续发展，全面建成小康社会提供保障。工程发挥效益后，可拦截泥沙能力达到 400 亿 t、新增坝地面积达到 50 万 hm²，促进退耕面积可达 220 万 hm²。

黄土高原区西起日月山，东至太行山，南靠秦岭，北抵阴山，涉及青海、甘肃、宁夏、内蒙古、陕西、山西、河南 7 省（自治区）的 50 个地（盟、州、市）、317 个县（旗、市、区），总面积 64 万 km²。根据黄土高原地区水土流失危害程度、经济社会发展和黄河治理开发的实际需要，淤地坝建设范围涉及黄土高原 39 条支流（片），总土地面积 42.6 万 km²，水土流失面积 27.2 万 km²。

内蒙古涉及阿拉善盟、乌海市、巴彦淖尔市、鄂尔多斯市、包头市、呼和浩特市、乌兰察布市 7 个盟市的 32 个旗（县、区）。以黄河中游多沙粗沙区及十大孔兑为重点，建设以骨干坝为骨架，中型、小型淤地坝相配套，拦、排、蓄相结合的中小流域坝系防护体系。2013～2020 年，建成淤地坝 80 座。其中：2013～2017 年完成 50 座，2018～2020 年完成 30 座。

六、重点小流域综合治理工程

在我国，小流域一般是指流域面积在 30km² 以下，最大不超过 50km² 的河流。它是涵养水源和集水的基本单元，是广大人民群众繁衍生息的栖息地，治理目标是提高防洪减灾应急能力，提升区域生态环境质量，改善人民群众生产生活条件。

内蒙古涉及黄河流域、松辽流域、海河流域和内陆河流域的 45 条支流、12 个盟（市）、86 个旗（县、区）、159 条小流域。以丘陵区、土石山区及沿河风沙区为重点，兼顾部分沙化退化严重的草原区和平原区，进行集中治理。治理措施布局上，丘陵区和土石山区的措施类型基本相似，主要在坡面综合治理的基础上以沟道治理为重点，沟坡兼治，工程措施、生物措施和保土耕作措施相结合，人工治理与生态修复相结合，实施"山、水、田、林、草、路"综合治理与开发，建立完整的沟坡水土保持综合防护体系。风沙区主要以人工治理与生态修复相结合，以提高林草覆盖率、减少风沙危害为突破口，结合植物沙障和机械沙障，积极采取围封、人工种植和飞播林草措施，建立带、网、片、乔、灌、草相结合的防风固沙体系；合理利用水资源，通过引水拉沙、改造沙漠滩地等措施，保护和改良农田；大力发展沙地林果生产，开发生态型沙产业。沙化退化严重的草原区和平原区，主要合理开发利用草场，以草定畜，实行禁牧、休牧、划区轮牧，以生态修复工程为主，保护现有植被及草原生态，积极采取封育和人工补播措施，提高林草覆盖率；合理开发利用水资源，大力发展以水为中心的畜群草库伦和免耕人工饲草料基地建设。

2013～2020 年，完成重点小流域综合治理 15 万 hm²。其中：2013～2017 年完成 9.4 万 hm²，2018～2020 年完成 5.6 万 hm²。

参 考 文 献

敖东. 2016-08-24. 以绿为基 以林为韵 筑牢我国北方重要生态安全屏障[N]. 内蒙古日报(汉), (004).

白古拉, 白布和, 白苏拉. 2008. 试论通辽市实施收缩转移战略[J]. 内蒙古林业, (10): 32.

陈赛赛, 孙艳玲, 杨艳丽, 等. 2015. 三北防护林工程区植被景观格局变化分析[J]. 干旱区资源与环境, 29(12): 85-90.

褚利明, 刘克勇, 王鹏. 2013. 内蒙古、宁夏自治区沙化土地封禁保护补助试点有关情况的调研报告[J]. 农村财政与财务, (9): 10-11.

代力民, 王宪礼, 王金锡. 2000. 三北防护林生态效益评价要素分析[J]. 世界林业研究, 13(2): 47-51.

邓英淘. 2001. 从赤峰生态工程看国土整治的潜力[J]. 生态经济, (5): 1-3.

董永平, 吴新宏, 戎郁萍, 等. 2005. 草原遥感监测技术[M]. 北京: 化学工业出版社.

葛芳. 2003. 浅谈内蒙古湿地保护及对策[J]. 内蒙古林业调查设计, 26(4): 12-39.

葛云. 2005. 国家级沙化土地封禁保护区建设思路[J]. 林业调查规划, (3): 54-57.

郭建军, 刘淑双, 刘鸿翠, 等. 2013. 内蒙古大兴安岭林区天然林资源保护工程二期实施的必要性[J]. 内蒙古林业调查设计, 36(3): 62-63, 11.

海英, 陈瑶, 刘俊杰. 2004. 谈内蒙古自治区科学实施自然保护区建设工程的几个问题[J]. 内蒙古林业调查设计, 27(S1): 21-22, 30.

韩志财. 2014. 大杨树林业局天然林资源保护工程二期成效预测[J]. 内蒙古林业调查设计, 37(3): 16-17.

后立胜, 余浩科, 蔡运龙. 2007. 锡林郭勒盟旅游资源分析及其开发策略[J]. 西部资源, (1): 18-20.

胡安英, 高速. 2007. 内蒙古乌兰察布市实施退耕还林的成效、问题及对策[J]. 防护林科技, (3): 94-95.

贾勇. 2000. 加强生态建设和保护构筑大开发的环境优势[J]. 前沿, (9): 41-42.

景海涛, 李春梅. 2008. 退耕还林工程规划中 GIS 空间分析理论及应用研究[J]. 水土保持研究, 15(2): 229-231.

李昊. 2010. 内蒙古京津风沙源治理工程可持续发展能力研究[D]. 北京: 北京林业大学博士学位论文.

李鸿威, 杨小平. 2010. 浑善达克沙地近 30 年来土地沙漠化研究进展与问题[J]. 地球科学进展, 25(6): 647-655.

李俊有, 王志春. 2007. 赤峰市气候生态脆弱区生态环境监测评估报告[J]. 现代农业科技, (15): 187-189, 191.

李向峰. 2014. 通辽实施科尔沁沙地"双千万亩"综合治理工程[J]. 国土绿化, (11): 51.

李云平. 2012-02-14. 内蒙古将为三北防护林增绿 1750 万亩[N]. 中国绿色时报, (A01).

刘聚明. 1990. 对阿盟封育胡杨、梭梭林的几点建议[J]. 内蒙古林业, (2): 13-14.

刘军会, 高吉喜, 马苏, 等. 2015. 内蒙古生态环境敏感性综合评价[J]. 中国环境科学, 35(2): 591-598.

刘树林, 王涛. 2007. 浑善达克沙地的土地沙漠化过程研究[J]. 中国沙漠, 27(5): 719-724.

刘彦平, 张国红, 杨跃军, 等. 2013. 《京津风沙源治理工程二期规划》战略调整[J]. 林业调查规划, 38(6): 92-95.

路晓松. 2016. 内蒙古大兴安岭林区森林资源变化分析[J]. 内蒙古林业调查设计, 39(1): 26-27.

罗承平, 薛纪瑜. 1995. 中国北方农牧交错带生态环境脆弱性及其成因分析[J]. 旱区资源与环境,

9(1): 1-7.

吕馨. 2001. 实施"退耕还林，促进生态建设"的几点启示[J]. 内蒙古科技与经济, (6): 25.

吕长兴. 2012. 内蒙古大兴安岭森林生态效益补偿制度研究[D]. 大连: 大连理工大学硕士学位论文.

马玉凤. 2011. 黄河上游典型地区风水交互侵蚀过程和机理[D]. 北京: 北京师范大学博士学位论文.

孟宪毅. 2014. 荒漠披锦绣绿带铺富路——通辽市林业生态建设综述[J]. 内蒙古林业, (10): 9.

苗春林. 2008. 内蒙古包头市南海湿地保护与开发利用研究[D]. 杨陵: 西北农林科技大学硕士学位论文.

农业部办公厅财政部办公厅. 2014-05-20. 关于深入推进草原生态保护补助奖励机制政策落实工作的通知(农办财〔2014〕42 号).

申建军. 2007. 论沙化土地封禁保护区建设措施及保障机制[J]. 内蒙古林业科技, 33(2): 32-34, 37.

实施草原生态保护补助奖励政策. 中华人民共和国农业部网站[2014-07-23].

邰洪锋. 2016. 兴安盟重点区域绿化造林技术[J]. 内蒙古林业科技, 42(4): 65-66.

万平. 2009. 科尔沁沙地(吉林省西部)沙漠化土地治理及生态恢复项目[C]. 海峡两岸干旱. 吉林省科协.

王光文. 2013. 文化产业与沙产业融合发展研究——以内蒙古恩格贝生态示范区为例[J]. 农业现代化研究, 34(5): 533-537.

王昕. 2015. 论内蒙古大兴安岭林区湿地保护的重要性[J]. 科技创新导报, (8): 111.

王永新, 杨祥伟, 刘平安, 等. 2012. 国家实施大小兴安岭生态保护政策对内蒙古大兴安岭林区涉外经济的影响调查[J]. 内蒙古金融研究, (5): 45-47.

邬建国, 郭晓川, 杨劼, 等. 2014. 什么是可持续性科学?[J]. 应用生态学报, 25(1): 1-11.

锡林郭勒盟林业局. 2010. 锡林郭勒盟提升京津风沙源治理工程质量和效益[J]. 内蒙古林业, (4): 18-19.

辛宝桢, 杨桂英, 王耕. 2011. 近五十年来赤峰气候变化及其对生态环境的影响[J]. 环境科学与管理, 36(6): 39-43.

邢桂春, 侯新春, 黄丽丽, 等. 2013. 浅谈京津风沙源治理工程对内蒙古构筑祖国北方生态防线的认识[J]. 内蒙古林业调查设计, 36(2): 1-3.

徐龙. 2008. 辽宁、内蒙古 2 省区的三北防护林体系建设[J]. 防护林科技, (5): 90-92.

徐柱, 雍世鹏, 阎桂兴, 等. 2016. 中国的草原. 闫伟龙, 刘磊, 徐柱, 等译. 北京: 中国农业科学技术出版社.

许鹏. 2000. 草地资源调查规划学. 北京: 中国农业出版社.

佚名. 2015. 通辽市已超额科尔沁沙地综合治理工程难度任务[J]. 国土绿化, (12): 55.

于忆东. 2009. 内蒙古自治区京津风沙源治理工程区林业项目生态系统服务功能价值评估[J]. 内蒙古林业调查设计, 32(6): 13-14.

张峰. 2015. 全力推进重点区域绿化加快建设美丽兴安[J]. 内蒙古林业, (6): 4-5.

张国明, 朱介石. 2005. 内蒙古退耕还林工程实施情况调查[J]. 中国财政, (8): 36-37.

张希武. 2010. 我国物种保护拯救与自然保护区建设回顾与展望[J]. 林业经济, (3): 19-21.

张永军. 2014. 国家重点生态工程实施的成效和问题及政策建议——以内蒙古自治区为例[J]. 农业现代化研究, 35(2): 178-182.

赵彩霞. 2004. 阴山北麓农牧交错带防治风蚀沙化的恢复生态学研究[D]. 北京: 中国农业大学博士学位论文.

周心田. 2015. 内蒙古重点林区天然林停伐政策对森工企业及当地经济的影响调查[J]. 内蒙古金融研究, (7): 36-39.

Kates R W, Clark W C, Corell R, et al. 2001. Environment and development: Sustainability science[J]. Science, 292: 641-642.

Kates R W. 2003. Sustainability science. *In*: IAP (Interacademy Panel on International Issues). Transition to Sustainability in the 21st Century: The Contribution of Science and Technology. Washington DC: National Academies Press: 140-145.

Kates R W. 2011. What kind of a science is sustainability science?[J] Proceedings of the National Academy of Sciences of the United States of America, 108: 19449-19450.

Ness B, Urbel-Piirsalu E, Anderberg S, et al. 2007. Categorising tools for sustainability assessment. Ecological Economics, 60: 498-508.

NRC. 1999. Our Common Journey: A Transition toward Sustainability. Washington, DC: National Academies Press.

UN. 2007. Indicators of Sustainable Development: Guidelines and Methodologies. 3rd ed. New York: United Nations.

Wu J G. 2006. Landscape ecology, cross-disciplinarity, and sustainability science. Landscape Ecology, 21: 1-4.

Wu J G. 2013. Landscape sustainability science: Ecosystem services and human well-being in changing landscapes. Landscape Ecology, 28: 999-1023.

第六章　生态屏障建设关键技术示范

第一节　林木优良品种繁育关键技术

一、林木良种和新品种

1. 林木良种

林木良种，是指通过审定的主要林木品种，在一定的区域内，其产量、适应性、抗性等方面明显优于当前主栽材料的繁殖材料和种植材料。主要林木，是指由国务院林业主管部门确定并公布林木目录，公布的主要林木可以是树种，也可以是科属。省（自治区、直辖市）人民政府林业主管部门可以在国务院林业主管部门确定的主要林木之外确定其他 8 种以下的主要林木。品种，是指经过人工选育或者发现并经过改良，形态特征和生物学特性一致，遗传性状相对稳定的植物群体。林木良种属于实物形态，即繁殖材料和种植材料，如种子、穗条、苗木等。

育种者选育的主要林木品种，必须依照《中华人民共和国种子法》规定，经申请并获得审定通过后，取得林木良种证书，即可成为林木良种，并拥有在适生区域内推广使用的资格。推广使用林木良种，可依据国家有关政策规定享受优惠待遇。

申请审定的主要林木品种，应当具备《主要林木品种审定规范》规定的优良性状条件或指标。所谓优良性状，必须以目标用途为前提，与当前主栽材料对比而体现。优良性状指标范围很广，除了《中华人民共和国种子法》规定的产量、适应性、抗性三个方面外，还有品质方面，也属主要优良性状指标范围。因此，林木良种的优良性状，可以分为产量、品质、适应性、抗性四大类型，每个优良性状指标类型，因树种及其目标用途不同，又有很多具体指标，育种者需要依据主要林木品种审定要求，针对育种目标，合理确定林木良种选育的优良性状指标。

林木良种一般可通过引种驯化、选择育种、杂交育种、诱变育种、倍性育种、分子育种等育种方法和途径获得。一般情况下，育种者在育种过程中，选定或者营建的优良种源、母树林（采种基地）、种子园、采穗圃等，并在这些基地培育的优良树种、品种、家系、无性系等，符合主要林木品种审定申报条件的，均可申请林木品种审定。但是，拟申报审定的主要林木品种，除了试验地外，是否有种植地，或者种植规模大小和保存数量多少，没有明确规定和要求。区域试验，是主要林木品种申报审定的必备条件。区域试验点的数量、地理位置、面积及株数规模、试验期限、试验指标、对照的当前主栽材料、试验设计、试验数据、试验报告等，都必须符合主要林木品种审定要求。

林木品种审定申请以及申报程序，依据国家和省级林业主管部门制定的《主要林木品种审定办法》执行。主要林木品种审定分国家级审定和省级审定。由国务院林业主管部门确定并公布的主要林木，由国家级或者省级审定，由省（自治区、直辖市）人民政府林业主管部门确定的主要林木品种则由省级审定。

由国家级审定通过的主要林木品种生产的林木良种，可以在全国范围内的适生区域推广使用。由省级审定通过的主要林木品种生产的林木良种，则仅可以在本省内的适生区域推广使用。

2. 林木新品种

林木新品种，是指经过人工培育的或者对发现的野生植物加以开发，具备新颖性、特异性、一致性和稳定性并有适当命名的植物品种。林木新品种必须依照《中华人民共和国植物新品种保护条例》获得品种权后，才能享有林木新品种权利。林木新品种权与专利权、著作权、商标权一样属于知识产权的范畴。未经育种者的许可，任何人、任何组织都无权利用育种者培育的、已授予品种权的品种从事商业活动。目前，我国对植物品种权的保护仅限于植物品种的繁殖材料。林木新品种的申请权和品种权可以依法转让。

授予品种权的林木新品种应当具备新颖性、特异性、一致性和稳定性，这是林木新品种取得新品种权必须具备的基本条件。

新颖性，是指申请品种权的林木新品种在申请日前该品种繁殖材料未被销售，或者经育种者许可，在中国境内销售该品种繁殖材料未超过1年；在中国境外销售藤本植物、林木、果树和观赏树木品种繁殖材料未超过6年，销售其他植物品种繁殖材料未超过4年。特异性，是指申请品种权的林木新品种应当明显区别于在递交申请以前已知的林木品种。一致性，是指申请品种权的林木新品种经过繁殖，除可以预见的变异外，其相关的特征或者特性一致。稳定性，是指申请品种权的林木新品种经过反复繁殖后或者在特定繁殖周期结束时，其相关的特征或者特性保持不变。

林木新品种一般可通过杂交育种、诱变育种、倍性育种、分子育种等途径获得，也有经观察发现获得的因自然因素导致变异的新品种。在林木新品种权申请前，需要确定参照品种，并就新颖性、特异性、一致性和稳定性指标，进行对比试验研究，填写请求书、说明书、说明书摘要、照片、照片简要说明等申请材料。中国的单位和个人申请品种权的，可以直接或者委托代理机构向审批机关提出申请。林木新品种的受理、审查和授权，由国家林业和草原局植物新品种保护办公室直接负责。

二、林木种质资源收集和保存

种质资源又称基因资源，是指生物能将其特定的遗传信息传递给后代并实现性状表达的遗传物质的总称。携带遗传物质的载体可以是群体、个体，也可以是部分器官、组织、细胞，甚至个别染色体以及 DNA 片段。衡量基因资源的丰度，不在于种群蕴藏的个体数量，而在于其群体遗传多样性水平的高低。丰富的基因资源是良种选育的物质基础。

本节内容，以"蒙树"林木种质资源库建设为案例，简要介绍林木种质资源调查、收集、鉴定、繁殖、保存和开发利用方面的技术方法。"蒙树"是蒙树生态建设集团有限公司（以下简称蒙树公司）创建的企业品牌，本书所称"蒙树"，既有品牌含义，也是蒙树生态建设集团有限公司的简称。

蒙树生态建设集团有限公司于 2008 年创立，集团秉承"以树为本"的经营理念，以林业生态、生态修复、城镇绿化为主营业务，致力于为改善中国环境质量作出贡献。蒙树生态建设集团有限公司把林木种质资源研发纳入企业发展战略，以植物新品种开发、林木良种选育为目的，坚持广泛收集保存、重点开发利用的原则，经过长期坚持不懈地探索与实践，在林木种质资源领域取得了丰硕成果。

1. 林木种质资源类别

林木种质资源按来源和人类是否施加遗传改良措施，可分为如下几种。

本地种质资源：指当地起源，或已经适应当地自然和栽培条件，并能正常繁衍后代的树种、群体、品种或个体等遗传材料。包含经过人工栽培和尚处于自然生长状态两类，均经过自然条件的长期作用和选择，甚至经过人为选择的影响，对当地自然条件适应最强，育种价值最大，如我国的毛白杨、油松、水杉、杜仲等。

外地种质资源：指从国外或其他地区引入的繁殖材料，即引种。引种材料的适应性可能不如当地育种资源，但由于可引种材料的种类众多，一些引进资源在适当地区可能有突出表现，或具有特殊的经济价值及利用潜力，如我国从国外引进的桉树、刺槐、法桐、橡胶树等。

人工创育的种质资源：指应用杂交、诱变乃至基因工程等方法所获得的一些类型或品种。虽然这些基因资源不一定能直接应用于生产，但由于其在某种经济性状上已经得到一定程度的遗传改良，且起源和利用条件较清楚，是多目标、可持续遗传改良的理想材料。

2. 林木种质资源调查

林木种质资源是林木遗传多样性的载体，是生物多样性和生态系统多样性的基础，是林木育种中必不可少的繁殖材料，是森林得以延续发展的基础，在林业生态体系和林业产业体系建设中有着举足轻重的作用。林木种质资源保护不仅制约森林生态系统的平衡与发展，而且是维持陆地生态系统平衡的关键。

物种多样性是遗传多样性和生态系统多样性的基础。收集和保存经自然界长期进化而来的林木种质资源，对于保护森林物种及其林内动植物的多样性，提高整个生态系统的稳定性，维持生态平衡，保护其他动植物的生境具有极为重要的作用。

林木种质资源是林业生产发展的基础性、战略性资源，是林木良种选育的原始材料、树种改良的物质基础，拥有的资源数量和研究的深入程度是决定育种效果的关键。实践表明，收集的林木种质资源越丰富、研究得越深入、针对性越强，就越能满足人类生存与发展对林木新品种的不同需求，对于企业来说，竞争力就越强。

林木种质资源调查的目的主要是为了摸清家底，为基因资源保护与利用提供依据；同时期望能发现一些有经济价值的新类型。林木种质资源调查主要包括如下内容。

自然条件调查：包括地形、地貌、气候、土壤、植被等。

林木概况调查：包括分布范围、栽培历史、种类和品种、繁殖方法、栽培管理特点、产品利用情况，以及生产中存在的问题和对品种改良的要求等。

资源调查：包括来源、分布特点及栽培比重等资源储备状况；生长特性、开花结果习性、物候、抗病性、抗旱性、抗寒性等生物学特性；株型、枝条、叶、花、果实、种子等形态特征；产量、品质、用途、储运性、经济效益等经济性状。

图表与标本制作：按要求进行生长测量与登记；制作枝、叶、花、果腊叶标本；根据需要进行绘图、照相；以及对一些生化成分或品质性状进行分析鉴定等。

资料整理与总结：对上述调查资料进行整理、总结，如发现遗漏应予以补充，及时形成技术报告，绘制资源分布图等。

蒙树林木种质资源库建设思路与特点：①蒙树林木种质资源库，位于内蒙古自治区呼和浩特市和林格尔县盛乐开发区。蒙树林木种质资源库规划建设总面积约132hm^2，其中核心区面积97hm^2，研发繁殖区面积2hm^2，配套设施区面积33hm^2。蒙树林木种质资源库规划收集保存45科115属300个树种的种质资源。②蒙树林木种质资源库是一个为国家和企业生态建设服务的以乡土树种收集为主的综合性异地保存库。蒙树在广泛收集保存乡土树种的同时，注重突出主要树种的收集保存与研究利用，为林木新品种研发、林木良种选育、生态产品开发、生态修复技术研究提供资源基础。蒙树林木种质资源库保存树种多，具有鲜明的植物园特点，集收集、分类、展示功能于一体，兼顾科普教育、科技示范、体验参与等功能，是企业植物新品种创新和林木良种选育研发的基础，也是提升企业核心竞争力的基础。

蒙树林木种质资源库建设原则有如下几个。①兼顾市场价值与科学价值原则。收集保存的种质资源，能适应本地气候条件、保证遗传多样性尽量丰富、具有开发利用价值和市场潜力，同时，具有科学研究、科普教育和宣传推广价值。②统筹规划、重点突出原则。根据市场供需状况和资源现状，全面收集适应本地种植的林木种质资源，根据公司品种研发战略、资源稀缺及重要程度、技术条件和资金状况等因素，区分轻重缓急，突出重点，分期实施。③收集保存为主，兼顾科普展示和绿色休闲原则。以种质资源收集保存和品种研发为主，同时结合展示、科普教育、休闲娱乐的经营理念，使土地资源利用效益最大化。④依靠科技、强化创新的原则。以科技为先导，采用新技术和新方法，提高优良新品种选育效率，提升规模化快繁技术。

（1）调查方案

按照蒙树林木种质资源库拟定的种源、优良家系、无性系和引进树种4种保存类型，确定采用野生树种种质资源调查和栽培树种种质资源调查2种调查方案进行调查。按种源保存的树种采用野生树种种质资源调查方法，按优良家系、无性系和引进树种保存的树种采用栽培树种种质资源调查方法。通过调查找到拟调查目标树种的各个种源地或者产地，从中确定拟调查目标树种种源地3个以上或者拟调查目标树种产地1~3个。在目标树种种源地中，再找到目标树种集中分布的林地地块。对该目标树种地块面积、目标树种数量、质量和生存环境等因子进行调查，以便进行种质资源收集。

（2）调查树种

在蒙树林木种质资源库规划收集保存的300多个树种中，按树种已知分布范围，确定拟调查的部分目标树种。

野生树种种质资源42个：杜松、山杨、榛、虎榛子、大果榆、春榆、裂叶榆、小叶朴、蒙桑、黄芦木、五味子、东陵绣球、土庄绣线菊、全缘栒子、秋子梨、山荆子、山刺玫、稠李、山桃、蒙古扁桃、柄扁桃、臭椿、一叶萩、茶条槭、蒙椴、蒙古荙、接骨木、沙木蓼、水栒子、金露梅、银露梅、柳叶鼠李、乌苏里鼠李、酸枣、细穗柽柳、长穗柽柳、短穗柽柳、多枝柽柳、欧李、桃叶卫矛、荆条、蓝靛果忍冬。

引进品种78个：红皮云杉、华北落叶松、油松、圆柏、银白杨、新疆杨、胡杨、河北杨、垂柳、辽东栎、蒙古栎、旱榆、榆树、垂枝榆、龙爪榆、脱皮榆、桑、牡丹、金叶小檗、紫叶小檗、香茶藨子、美丽茶藨子、粉花绣线菊、华北珍珠梅、光叶山楂、毛山楂、山楂、辽宁山楂、花楸树、杜梨、花红、西府海棠、楸子、花叶海棠、月季、十姊妹、玫瑰、黄刺玫、山桃、碧桃、榆叶梅、重瓣榆叶梅、杏、樱桃李、李、槐、金枝槐、龙爪槐、毛洋槐、刺槐、黄檗、臭椿、黄杨、火炬树、无刺枣、五叶地锦、紫椴、白蜡树、水曲柳、连翘、东北连翘、卵叶连翘、紫丁香、白丁香、红丁香、蓝丁香、北京丁香、小叶丁香、暴马丁香、辽东丁香、羽叶丁香、什锦丁香、小叶女贞、荆条、金叶荙、锦带花、红王子锦带。

品种和无性系13个：毛白杨、金叶榆、金山绣线菊、金焰绣线菊、金叶风箱果、紫叶风箱果、红叶碧桃、紫叶矮樱、紫叶李、紫叶稠李、金叶卫矛、金叶桦叶槭、金叶接骨木。

（3）调查时间与地点

从 2015 年起，蒙树持续开展野生种质资源的调查。一是大青山沿线：呼和浩特市土默特左旗万家沟林场、白石头沟林场、大青山林场、包头市土右旗九峰山林场、巴彦淖尔市乌拉山林场、乌兰察布市卓资县上高台林场。主要调查按种源收集的种质资源。二是内蒙古相邻省（自治区、直辖市）：陕西省、甘肃省、宁夏回族自治区、北京市、河北省、山西省、辽宁省、吉林省等地。主要调查按优良家系、无性系收集的种质资源。

（4）野生树种种质资源调查方法

确定调查地块：调查人员通过访问调查地点的管理人员、专业技术人员、护林员等，确定拟调查目标树种集中分布且以目标树种为主、生长状况良好的林地作为调查地块，1 个树种确定 1 个调查地块，一个调查地块最多不超过 2 个目标树种。

地块调查内容：主要有地块形状、东西长度、南北长度、面积、地貌、土壤类型、坡向、坡位、坡度、中心点海拔、中心点经度、中心点纬度、林地权属、林木权属、起源、林种（场所）。主要树种及其株数、树龄、树高、胸径、冠幅、枝下高、生长情况等。

地块调查方法：调查人员通过向当地林业部门取得的调查地块森林资源小班数据信息资料和地形图，结合目测进行调查，完整填写《林木种质资源调查登记表》（表 6-1）地块调查内容。

在现有小班资料和目测不能满足调查需要的情况下，采取设立样地进行抽样调查的方法，对主要树种及株数、树龄、树高、胸径、冠幅、枝下高、生长情况等内容进行补充完善。

标本采集：在种质资源调查的同时，根据调查所处季节，适时采集目标树种的根系、干茎、苗木、枝、叶、花、果实等植株全部或部分器官，制作标本。填写《林木种质资源调查登记表》。

照片拍摄：在种质资源调查的同时，对目标树种分别按林分全景、单株特写、干枝特写、叶花果特写、人与林合影等场景进行构图拍摄。填写《林木种质资源调查登记表》。

（5）栽培树种种质资源调查方法

网上检索调查：首先，通过国家有关部门网站，检索查询拟保存优良家系各树种的已审定林木良种，收集已审定林木良种申请人联系信息。其次，对没有审定的拟保存优良家系、品种、无性系等，通过网页搜索，检索筛选适宜引进地点的种子和苗木供应信息。

电话访问调查：对具有联系方式的网上检索调查得到的信息，进行电话访问调查，确认网上检索调查信息的真实性和准确性。对没有联系方式的网上检索调查得到的信息，通过电话访问各级林业部门、科研、教学机构和育苗生产单位，取得联系方式等信息。初步填写《林木种质资源引进登记表》（表 6-2）。

表 6-1 林木种质资源调查登记表

目标树种		调查日期	

一、调查地点

省市自治区		盟市地区	
旗县市区		乡镇苏木	
行政村嘎查		自然村/街道	
林业局		林班	
小班		道路位置	

二、调查地块

地块形状	规则□、不规则□	东西长度		南北长度		面积	
地貌	山地□、丘陵□、平原□、河谷□、沙丘□			土壤类型			
坡向		坡位			坡度		
中心点海拔		中心点经度			中心点纬度		
林地权属			林木权属			起源	
林种（场所）	防护林□、用材林□、水土保持林□、种子园□、采穗圃□、母树林□、采种林□、试验林□、植物园□、公园寺院□、保存林（圃）□、其他□						

三、主要树种

样地个数					样地总面积		
树种	株数	树龄	树高	胸径	冠幅	枝下高	生长情况
其他树种							

四、标本材料

序号	名称	编码	序号	名称	编码
1			4		
2			5		
3			6		

五、照片资料

类型	林分全景	单株特写	干枝特写	叶花果特写	人与林合影
文件名					
文件名					
文件名					

六、调查人员

向导姓名		联系电话	
调查人			

表 6-2　林木种质资源引进登记表

树种名称				引进日期	

一、繁殖材料

材料编码					
材料类型	种子□、穗条□、苗木□、其他□				

种子	重量	含水率	净度	发芽率	千粒重

穗条	数量	长度	直径		

苗木	株数	苗龄	苗高	地径	类别
					容器□、裸根□、土坨□

二、来源地点

省市自治区		盟市地区	
旗县市区		乡镇苏木	
行政村嘎查		自然村	
林业局		林班	

三、提供者

单位名称			
单位地址			
邮政编码		电子信箱	
联系人姓名		联系人电话	
联系人姓名		联系人电话	

四、标本材料

序号	名称	编码	序号	名称	编码
1			3		
2			4		

五、照片资料

类型	林分全景	母树近景	母树特写	材料特写	参与人合影
文件名					
文件名					

六、接收人员

联系人姓名		联系电话	
验收人姓名		联系电话	

现场调研考察：在开展苗圃、苗木等有关学习、考察、调研、参观、会展等活动中，或者在日常相关业务工作中，或者经业内同行推荐，所偶然发现的品种或者无性系，在拟收集种质资源计划之外，适合保存目的的，要立即填写《林木种质资源引进登记表》，并收集繁殖材料或者订购苗木。

3. 林木种质资源收集与鉴定

林木种质资源的搜集、保存、研究和利用是相互联系的 4 个环节。其中，搜集和保存是林木基因资源工作的中心，是实现利用的基础。

在一个育种计划中，遗传增益是通过增加目的基因的频率实现的。因此，符合当前和将来育种目标的各类遗传材料是优先收集对象。并注意如下问题：①在树种全分布区内的不同环境梯度中收集遗传材料；②收集可与优树选择、种源试验等结合进行，收集种内多种遗传变异层次的材料；③由于树种中心分布区变异丰富，在人力物力有限时，应特别给予重视；④注意收集同一树种的栽培种和野生种；⑤收集高产、抗逆性强的特殊类型；⑥收集有价值的古树、大树等。

根据收集的目的和要求，确定收集的对象、类别和数量，及时收集有性或无性繁殖材料，包括苗木、种子、穗条和花粉等。具体可通过组织专业队伍进行实地勘察搜集，也可以委托国内外各有关林业科研院所、林业院校、种子生产和经营单位、林场等单位协助收集或进行交换。对收集的材料要做好记录，包括名称、来源、生境条件、生物学特性和经济价值等，为保存和利用提供较完整的基础材料。

（1）收集类型

蒙树林木种质资源库收集的种质资源包含种源、优良家系、无性系和引进树种 4 种收集类型。根据蒙树林木种质资源库拟定的目标收集树种，对于天然分布广的树种，按野生树种种质资源进行收集，主要收集适应种质资源库所在地气候的种源、优良家系、无性系和引进树种，按栽培树种种质资源进行收集。

（2）收集对象

野生树种种质资源一般把繁殖材料作为优先收集对象，在选定的种源地，采集其种子，播种育苗后进行栽植。如果采不到种子，可尝试采集枝条进行扦插繁殖或采集芽进行嫁接繁殖。如果无法直接采集繁殖材料，也可从有关单位采购苗木，但难以保证有准确的资源信息和很好的遗传多样性。

栽培树种种质资源一般把种植材料作为优先收集对象，即直接采购苗木在资源库进行定植。品种和无性系采用种子繁殖，易产生变异，从而导致优良性状发生分离，影响一致性。

（3）收集时间

根据拟收集种质资源树种生物学特性和收集类型、收集对象，确定具体收集时间。种子采集一般在秋冬季果实成熟后进行，穗条宜在春季枝条萌动前采集。裸根苗木宜春季购进，土坨苗应在春季土壤解冻前或冬季进行购进定植，容器苗四季均可。

可以结合种质资源调查一并进行种质资源收集。

（4）野生树种种质资源收集方法

根据野生树种种质资源的树种分布和调查情况，在拟收集树种各个种源地确定种质资源采集点。分布范围较大的树种，一般至少应确定 3 个种源，每个种源确定 1 个采集点，每个采集点确定 50 个单株作为采集母树。

对于乔木树种，在拟收集树种种源范围内确定采集点时，优先选择以目标树种构成为主的林分，优先选择进入结实期的中龄林或近熟林林分，林龄结构可以是同龄林或者异龄林。对于灌木树种，选择以目标树种构成为主的林分即可。

在选定的采集点，采取随机或者机械抽取方式确定采集母树单株 50 株，选定的采集母树相互间距应当在 100m 以上。因条件限制，采集母树的株数达不到 50 株，也可适当减少株数。在种质资源调查中，仅找到目标树种疏林或者散生分布的情况下，也可不受上述条件限制。

在选定的采集点，确定采集母树单株时，应优先选择已进入结实期的壮龄单株，同时母树应当无病虫害、生长健壮、结实量较大。

对于乔木树种，采集母树选定后，要对每一株母树进行标记、测定、拍照，填写《林木种质资源收集登记表》（表 6-3）。可采用根部打桩、树冠挂牌或树干刻记等方法进行标记。灌木树种采集母树可以不做标记，但在树种珍贵、资源较少、下次难以找到的情况下，提倡对采集母树做标记。

采集母树标记的信息内容宜少不宜多，一般仅标一组数字编码即可。采集母树标记用的标牌，应采用数码压痕不锈钢薄板进行制作，标牌宜小不宜大。可将带有钉孔的不锈钢标牌，用不锈钢钉钉在楔形木质标桩上，楔入母树根部土壤中，也可用不锈钢钉直接钉在树干上。在同一种源或者采集点，采集母树标记牌设置的方向和位置应当一致，便于再次采集时寻找。

按照《林木种质资源收集登记表》中目标母树应当记载的母树权属、位置坐标、树龄、树高、胸径、冠幅、生长结实情况等内容，对采集母树进行检测并记入表中。

在果实或者穗条采集前，要按照《林木种质资源收集登记表》记载要求，对采集母树进行拍照。照片质量应当达到 2000 万像素至 3000 万像素以上，规格一般采用 4：3 或者 16：9。林分全景、单株特写、干枝特写、叶花果特写、人与林合影各拍 3 张以上。在单株特写照片中至少应当有 1 张含有标记牌的照片。照片的文件名必须现场填入《林木种质资源收集登记表》。

在选定的采集母树上，进行果实采集时，不论是乔木还是灌木，都应当对母树上全部果实进行采集。进行穗条采集时，乔木树种的采集部位应当是树冠中上部一二年生枝条，灌木树种的采集部位可以在全冠选择一二年生枝条，穗条的采集数量应当达到拟繁殖株数最低要求的 3 倍以上。

在选定的采集母树上进行采集时，不论是果实还是穗条，都要以母树为单位，分株采集、分株包装、分株加挂标签。

表6-3 林木种质资源收集登记表

目标树种		采集日期	

一、采集地点

省市自治区		盟市地区	
旗县市区		乡镇苏木	
行政村嘎查		自然村	
林业局		林班	
小班		道路位置	

二、目标母树

母树坐标					
标牌编码			标牌位置		
母树权属			联系人电话		
树龄	树高	胸径	冠幅	枝下高	生长情况

三、繁殖材料

	材料编码		重量	
果实	采集部位	上部□、中部□、下部□、根部□	包装	
穗条	材料编码		数量	
	采集部位	上部□、中部□、下部□、根部□	包装	
苗木	材料编码		株数	
	采集部位	上部□、中部□、下部□、根部□	包装	
	材料编码		数量	
	采集部位	上部□、中部□、下部□、根部□	包装	
	材料编码		数量	
	采集部位	上部□、中部□、下部□、根部□	包装	
	材料编码		数量	
	采集部位	上部□、中部□、下部□、根部□	包装	

四、标本材料

序号	名称	编码	序号	名称	编码
1			4		
2			5		
3			6		

五、照片资料

类型	林分全景	单株特写	干枝特写	叶花果特写	人与林合影
文件名					
文件名					
文件名					

六、采集人员

向导姓名		联系电话	
调查人			

根据树种特点、果实类型等情况，采取相应的包装材料和包装方法，注意防止果实或者穗条发生霉变、发酵、病菌污染。一般情况下，同一株母树采集的果实或者穗条，装入一个包装物内。果实包装前要进行称重，穗条包装前要清点数量。

果实或者穗条的标签，应当包括编码、树种、采集地点、采集人、采集时间等必要信息。一般情况下，标签应当一式二份，装入包装物内一份，置于包装物外一份。标签要有防水、防污措施或者性能。编码可与母树标牌编码相同。

为补充种质资源调查时标本采集不足，在种质资源采集的同时，对采集母树再次进行标本采集。并将标本信息填入《林木种质资源收集登记表》。

果实采集后，要及时进行加工调制。不同母树采集的果实要分别加工调制。对加工调制出来的种子，要进行千粒重、含水率、形态特征等检测。对加工调制出来的种子，仍然要以母树为单位，分别包装并加挂种子标签。种子储藏要符合有关技术要求。

（5）栽培树种种质资源收集方法

对已知并列入收集保存计划的品种、优良家系、无性系，在栽培树种种质资源调查的基础上，可以直接联系品种、优良家系或无性系持有人购买苗木即可，采购株数应当达到保存株数的 3 倍以上。乔木树种苗木年龄一般应为 5 年生以下，灌木树种苗木年龄应为 3 年生以下。一般应当为无性繁殖苗。

在无法采购苗木或者偶然发现的品种、优良家系或者无性系等特殊情况下，则应当现场采集穗条。

对于拟收集种质资源计划之外偶然发现的品种或者无性系，以及国外引进的种质资源，可以灵活掌握。

收集种质资源之前，要进行大量的市场调研、资源现状与需求趋势分析，确保收集的种质资源既具有代表性和多样性，又避免过多的遗传重复。

（6）林木种质资源鉴定

形态特征鉴定的主要目的是为了确保收集的林木种质资源的树种的正确性。要对收集的林木种质资源全部履行专家鉴定程序，填写林木种质资源鉴定表并签署鉴定意见。专家主要是针对采集的林木种质资源根、茎、苗、芽、叶、花、籽粒、果实等标本，通过形态特征进行分类学鉴定。

分子标记技术是检测种质资源遗传多样性的有效工具。对拟收集或者已收集野生林木种质资源，使用分子标记技术进行遗传多样性鉴定。

指纹图谱技术是鉴别品种、无性系的有力工具。对拟收集或者已收集栽培林木种质资源，使用指纹图谱技术进行品种和无性系鉴定，避免在栽培林木种质资源收集中，出现同种不同名或者同名不同种的问题。

4. 林木种质资源繁殖与保存

林木种质资源保存的主要目的是为可持续遗传改良提供充足的资源储备，避免育种材料的损失。保存林木种质资源的特种林分或特殊设施，一般称为林木种质资源保存库，简称种质资源库。

种质资源库建设重点是收集、保存珍稀、濒危和有重要利用前景的林木种质资源。要求收集、保存的林木种质资源应具有多样性和代表性；在国内外有重大影响，具有重要的保护和利用价值。在林木种质资源保存及基因库建设中，不仅要注意收集材料的样本数量，还要考虑保护它们的生活力和遗传特征。主要保存形式有如下几种。

原境保存：不改变保护对象生境的保存形式。主要保护天然林分，或用保存树种的种苗就近营建新的林分。从遗传学观点讲，保存林分面积大些，则保存的基因组分多、效果好；但面积大，投入也相应增加。一般认为数千株已能包含所需的基因组分。

异境保存：改变保护对象生境的保护形式，即用保存对象的繁殖材料在其他适宜地点营建新的林分。可结合种源试验林、种子园、子代测定林建设进行。保存植株的数量尚有争议，一般认为应在 50 株以上。

离体保存：采用低温密封或超低温保存树种的种子、花粉、枝条、根、地下茎、组织或细胞等。离体保存与原境、异境保存相比，可节省土地，但不利于林木性状的观察、研究。

（1）林木种质资源繁殖

对于收集到的野生树种林木种质资源，在蒙树林木种质资源库的智能温室和繁殖圃进行繁殖。对收集的种质资源繁殖材料，按树种特性和繁殖材料类型，采取相应的繁殖方法进行苗木培育。在种子或穗条消毒、催芽、播种、扦插、嫁接、苗期管理、苗木出圃等各繁殖生产环节，一定要始终确保以母树为单位进行操作，不可将不同母树的种子混合处理，也不能将不同母树的种子相互搞错，在繁殖过程中，始终保持种质资源繁殖材料编码准确无误。这是野生树种林木种质资源使用种子繁殖必须注意的关键技术要领。由于繁殖材料较少，宜采用容器育苗方式，需始终做好标签标记。对一些繁殖困难的树种，先进行小量繁殖试验，成功后再进行大量繁殖。

（2）林木种质资源保存

按照《林木种质资源保存原则与方法》规定的异地保存数量要求，结合蒙树林木种质资源库建设实际，考虑以下几个因素，从而确定每个树种的保存株数：一是选择与蒙树林木种质资源库建设地点气候、纬度、海拔较为相近的1~3个种源。二是以树高和树冠生长不受影响为前提，确定异地保存栽植密度。三是在土地面积有限的情况下，为保证收集保存树种个数，适当减少乔木树种的保存株数。

四是为了达到蒙树林木种质资源库景观观赏效果和新品种研发需要，适当增加了无性系、引进树种的保存株数和部分灌木树种种源的保存株数。为此，蒙树林木种质资源库对拟收集保存的300多个树种制定了详细的保存株数方案。

蒙树林木种质资源库规划收集保存的种质资源涉及树种多、科属跨度大、收集地点广，各树种种质资源保存位置布局十分重要。因此树种布局的规划考虑了以下因素。一是为便于对保存的林木种质资源进行经营管理，宜将生态习性相近的树种植株相邻定植保存。二是为便于对保存的林木种质资源开展研发监测，宜将同一科属的树种植株定植保存在同一大区，而不宜跨大区设置。三是根据各树种种质资源规划保存株数、乔灌木树种单株占地面积大小因素，以及预留未来补充更新种质资源所需空地因素，规划保存的种质资源各树种植株，需按大区分散布局。四是根据蒙树林木种质资源库所在地地形呈南高北低、东高西低的特点，且考虑当地冬季主导风向为西北风的特点，将高大的乔木树种植株定植保存在库区北部和西部的较低部位。五是宜将从干旱半干旱地区收集的比较抗风耐寒耐旱等树种植株定植在库区地势较高部位，其他树种则反之。六是宜将形态特征、生长习性、经济价值相近的树种植株相邻定植保存。

鉴于上述各种应当考虑的树种布局因素，依据植物分类系统的树种排序规律，自南向北、自西向东，将规划拟收集保存的45科115属300个树种的约近30万株种质资源，按科属种顺序依次排列。

在各大分区内，按照树种布局，同一个属的树种相邻保存。在同一个大区内，树高值较大的树种安置在大区中央，树高值较小的树种安置在大区边缘。在同一个大区内，属与属之间也要为未来树种的补充，适当预留面积空间。

保存树种的栽植占用地块形状，采用圆形栽植单元形式。根据同一树种保存株数和栽植株行距，计算栽植所需占地面积，确定栽植单元半径。

高大乔木株距3m、行距3m。中小乔木株距2m、行距2m。较大灌木株距1m、行距1m。矮小灌木、半灌木、木质藤本株距0.5m、行距0.5m。

优先采用圆心射线种植行栽植模式。在同一树种栽植单元内，采取从圆心向栽植单元边缘设置同心圆种植行的方式。单株间可以均衡分布，也可以非均衡分布。

也可采用行列式栽植模式。在同一树种栽植单元内，种植行与种植列的方向，按东西南北向设置。

（3）种质资源信息与编码

在林木种质资源调查、收集、鉴定、繁殖、保存、监测等活动中，将产生大量的信息，这些信息必须与种质资源一一对应，不能发生差错，且需要长期保存。因此，要建立完善的种质资源库管理信息系统，包含种质资源数据库、引种驯化试验数据库、品种研发数据库、种质资源进出库数据库和门户网站等。林木种质资源的信息编码应当符合有关标准，以便易于信息交换。

按照林业行业标准《林木种质资源共性描述规范（LYT 2192—2013）》，构建蒙树林木种质资源数据库，并建立配套的种质资源标识与管理信息系统（包括二维码系统），对库内的资源按区块设置标牌、单株加挂二维码标识牌。信息系统预留接口在将来可对接国家林木种质资源平台的全国种质资源信息系统。预留对接物联网技术的应用接口。

野生林木种质资源采集母树标牌编码、各种标本编码、繁殖材料编码、种质资源库定植植株标牌编码等，目前没有专门的国家标准和行业标准。野生林木种质资源采集母树标牌编码，宜采用 8 位随机码，使用打码机对不锈钢标牌进行打码标注。各种标本编码、繁殖材料编码应当与采集母树编码相同。种质资源库定植植株标牌编码，需要参考《中国植物分类与代码》（GB/T 14467）等有关标准，制定编码规则。

5. 林木种质资源监测与管护

林木种质资源监测的目的，是要了解掌握异地保存的林木种质资源的生长情况，取得科学试验数据。首先要确定被监测样株，按种源收集保存种质资源。该种源的每个家系都要随机确定 1 株作为固定监测样株。按优良家系、无性系和引进树种收集保存的种质资源，则按该树种优良家系、无性系和引进树种分别随机确定 1 株作为固定监测样株。

异地保存的林木种质资源监测工作，应当从植株定植保存开始，一直到该植株衰老枯死结束。当然，树木不同的生长时期，监测的时间间隔期和监测内容应当有所不同。

林木种质资源主要监测物候信息、生长情况和灾害发生情况三部分内容。

物候信息监测内容主要有树液、顶芽、侧芽、展叶期、落叶期、叶变色、叶颜色、雌花期、雌花色、雄花期、雄花色、果实期、果实颜色、种子期等。

生长情况监测内容主要有株高、地径、胸径、枝下高、南北冠径、东西冠径、一级侧枝数、分枝层数等。

灾害发生情况监测内容主要有寒害、旱害、风害、病害、虫害、污染危害等。

林木种质资源监测时间，主要依据树木的生命周期、生长周期和监测内容确定。在树木幼年期、结果初期、结果盛期、结果末期、衰老期的各生命周期阶段中，幼年期和结果初期的监测时间应当相对密集，特别是幼年期每年都应当进行监测。在树木一年当中的萌芽期、生长期、落叶期、休眠期的各生长周期，应当根据监测内容确定监测日期和监测时间。

根据林木种质资源库所保存的树种的生物学特性和生态特征，分树种实施管护措施。管护措施包括灌溉、施肥、松土除草、病虫害防治、防火等。对一些原在干旱半干旱或荒漠地区生长的树种，适当采取模拟原产地气候特征的管护措施。对一些原在森林生长的树种，适当注意采取小气候措施或者盐碱土壤酸性改良措施。作为林木种质资源保存的树木，一般不得对原植株进行整形修剪和嫁接等操作措施。

6. 林木种质资源更新与利用

根据林木种质资源植株生长情况和健康情况以及林木种质资源监测的结果，对于各种危害造成枯萎、死亡的树木，要及时更新补植。对于自然衰老的林木种质资源，要提前做好繁殖准备，及时进行更新换代。林木种质资源更新所需繁殖材料，优先使用备用植株进行补植，也可从原收集地母树采集。

蒙树林木种质资源库保存的林木种质资源，主要为企业新产品研发创新服务。在林木种质资源利用时，要始终坚持保护优先、合理利用的原则。可以通过对林木种质资源监测数据的研究，取得林木种源试验或者引种试验研究成果。也可以通过选择、杂交、变异等技术，取得新品种或者良种。在林木种质资源库中的树木上采集种子时，要注意保护母树树体和枝条，特别是采集穗条时，强度不宜太大。

三、林木引种驯化技术

林木引种驯化，就是将某一树种或品种，从现有的自然分布区域或栽培区域人为地迁移到其他区域种植，并采取适当的栽培管理和改良措施，使该树种能够正常生长的过程。林木引种驯化是收集和保存林木种质资源、丰富和保护生物多样性、引进和推广林木优良品种的有效途径。

1. 林木引种驯化原则

坚持生态因子相似相近的原则。生物的生活环境对生物生存发展起直接影响作用。环境因子常分为五大类。①气候因子。气温、气压、降水、湿度、光照等。②土壤因子。质地、结构、物理化学性状、土壤微生物、有机质、矿质营养等。③地理因子。海拔、纬度、地形、地貌等。④生物因子。动物、植物、微生物等。⑤人为因子。人类的生产活动，对资源的开发、利用、培植和破坏程度，如开垦、采伐、种植以及环境污染等。

坚持少量多点循序渐进的原则。植物引种驯化主要是利用植物本身的适应性和变异性。当引入种适应新的环境条件并发挥预期效益时，我们称之为直接引种；反之，当引入种不适应新的环境，必须采用分阶段或逐级驯化或过渡驯化（即选择与原产地气候相似的地带作为引种中转站），或者采用特殊的栽培措施进行驯化，或者进行人工育种时，我们称之为间接引种（或过渡引种）。采用特殊的栽培措施来解决那些不能适应新地理环境条件的植物引种驯化问题，就属于间接引种。例如，在关键时刻对引种植物进行保护，改变植物生长节奏，改变植物的体态结构，选用遗传可塑性大的材料，采用嫁接技术，实生苗多代选择，将所引种植物的种子分阶段地逐步移到所要引种的地区，逐级进行驯化。

坚持先行试验逐步推广的原则。如果不经试验就在生产中推广，会造成一定的风险和损失，浪费人力物力。引种需要经受住几年的考验才能算成功。把经过初选的优良树种进行扩大试种，其中还包含区域试种和相同地区不同立地类型的试种，主要了解各引进树种的遗传变异及其与引入地区环境条件的交互作用，比较、分析其在新环境条件下的适应能力，主要研究病虫害的防治与栽培技术，挑选出具备发展前途的生产性试验树种，再决定推广范围和适生条件。

坚持防控有害生物入侵的原则。林木引种要进行风险评估。经风险评估确认安全后，在引进繁殖材料或种植材料时，还要严格按照植物检疫的规定履行申报检疫审批手续。尤其是从国外或有检疫对象的疫区引种时，除了要通过检疫部门检疫之外，还应按要求进行隔离试种，仔细观测特殊病虫害的发生。同时，还要进行环境影响评价，防范生物入侵问题。引进的树种遇到比原产地更加优越的生态条件，或者被解除了原生地病、虫、伴生植物以及其他天敌的生存制约，或者发生非正常地理变异，就可能会非正常繁殖，快速生长，大量蔓延，危害当地原有的生态平衡，破坏引入地生态系统稳定性。

2. 确定引种驯化树种

育种者需要依据自身需求、未来用途、经济价值、引种可行性等因素，来确定拟引种驯化的目标树种。从使用目的或用途考虑，一般包括为了用于生态防护林、用材林、经济林建设而引进的树种，用于景观绿化、园林观赏而引进的树种，也有为了种质资源收集保存、生物多样性保护而引进的树种。同时，还需要明确拟引种的树种，是野生树种，还是栽培品种、林木良种、林木新品种等。从经济价值考虑，一般可选择产量高、品质好、珍贵稀缺、适应性广、抗逆性强、使用价值和商业价值高的树种。从引种可行性考虑，一般应选择原产地与引入地的生态因子相似或相近、繁殖材料比较容易采集与获得、繁殖技术比较成熟或比较容易繁殖的树种。

在实际引种驯化工作中，确定拟引种驯化的目标树种时，需要综合考虑、突出重点、量力而行。在综合考虑引种驯化目标树种选择因素的情况下，往往不得不突出重点选择因素，有时甚至于仅仅为一个因素而选择引进该树种。在引种驯化目标树种选择因素中，用途是目的，经济价值是核心，引种可行性是关键。在引种可行性因素中，气温、光照、湿度、土壤等主导因子，是决定引种驯化成功与否的关键因素。

在实际引种驯化工作中，专业育种者往往会从与引入地的生态因子相似或相近的原产地入手，首先广泛筛选原产地自然分布的野生树种，其次再考虑拟引种驯化树种的其他选择因素。引进具有品种权的林木新品种，要与品种权人签订新品权转让协议或繁殖使用协议。

3. 制定引种驯化方案

完成一个树种的林木引种驯化试验研究工作，需要很长时间，少则几年，多则几十年。为了系统、完整地完成一项林木引种驯化试验研究工作，避免引种驯化活动中出现遗漏、延误、间断、偏差，甚至错误，造成已开展十几年的引种试验项目最后以失败而告终，无法推广使用，制定一个林木引种驯化方案，是十分必要的。

林木引种驯化方案，既是为引种驯化试验研究而制定的详细的实施方案，也是一个引种驯化的可行性研究报告。同时也是一个引种驯化试验设计，也是一个引种驯化的工作计划或行动方案。在林木引种驯化活动开始前，拥有一个该树种的引种驯化试验实施方案，会使后期的引种驯化工作达到事半功倍的效果，也会为后期的项目申报、技术报告和工作总结的形成奠定坚实的基础。

一般情况下，应该分树种编制林木引种驯化试验实施方案，将几个树种编写在一个实施方案中，会影响实施效果。

林木引种驯化试验实施方案的基本内容如下。①树种概况，包括名称、形态特征、生长环境、生长习性、分布范围、繁殖技术、栽培技术、主要价值。②研究进展，主要包括国内外对该树种的生理学、生物学、生态学、育种学、分子生物学等学科领域的研究进展概述。③资源情况，说明该树种全国乃至全球的林木资源分布面积、数量、生长情况、权属等信息。④原生地基本情况。拟引进树种的原生地的各个点的情况，包括地点名称、地理位置及坐标范围，各原生地点的生态因子，其中详述主导因子。林木资源面积、数量、权属人姓名及其联系方式等。⑤引入地基本情况。着重表述引入地各个实施地点的生态因子等情况。⑥可行性研究。主要介绍该树种引种驯化试验的目标、意义、必要性，重点阐述可行性。⑦试验设计。这是实施方案的重点内容，包括繁殖材料采集方案、对照材料的选择、繁殖试验、种源试验、苗期初选试验、区域试验、生产试验等环节的详细试验设计。

完整的林木引种驯化试验实施方案，除了上述内容外，还应当包括人员分工、进度安排、资金预算、组织管理、保障措施等内容。

4. 采集引种驯化材料

繁殖材料。繁殖材料的类型很多，可以是有性繁殖的种子，可以是无性繁殖的接穗、插穗、球根、块根、块茎，也可以是完整的植株或试管苗。除了选用该种植物通用的繁殖材料，并考虑简单方便之外，还要根据引种的类型选材。一般简单引种可用营养繁殖材料，而驯化引种多选用具有复杂遗传基础，并能产生丰富变异的种子作为引种材料。

母树选择。拟采集繁殖材料的母树，通常需要进行选择。在野生树种引种驯化试验并同时伴有种源试验的情况下，一般需要在各种源地先选择优良林分，再选择优良单株，最后在优良单株上选择采集部位。优良林分和优良单株选择，应符合相关技术要求。优良单株的株数与间隔距离，也要符合相关技术要求并满足试验设计需要。选择确定的优良单株应编号并设置标记。在野生树种引种活动中，有时也有直接挖取野生幼苗的情况。在引进林木良种或新品种时，一般由种子园、母树林或者采穗圃生产的繁殖材料，不会存在母树选择问题。

采集时间。繁殖材料的类型不同，其采集时间也各不相同。即使同一种繁殖材料，因树种不同、地理位置不同，其采集时间也不尽相同。

采集方法。对于野生树种的种子，应分单株单独采集、单独调制、单独包装，应尽可能从植株上采集全部果实，包装材料需通风透气，并现场做好标签标记。对于嫁接和扦插用的穗条，或者组织培养用的茎、顶芽、腋芽和叶片等无性繁殖材料，如果从野生的成年母树植株上采集，则一般优先从基部萌生的穗条采集，其次从植株中下部枝条上采集。对采集的无性繁殖材料也要现场做好包扎标记，采取消毒保湿措施，保持通风透气，采用冷藏保存运输。

对于采集林木良种或新品种的繁殖材料，可根据相应的技术要求和试验设计，灵活掌握采集方法。

注意事项。无论采集什么类型的繁殖材料，也不论数量有多少，都应当征得原生地林木所有权人的同意，并要注意保护原母树植株。同时，也要取得原产地和引入地林业植物检疫部门的检疫许可。

5. 开展引种驯化试验

观测指标。在林木引种驯化试验中，首先需要依据林木引种驯化成功的标准，确定观测评价指标。根据国家标准《林木引种》（GB/T 14175），林木引种成功的主要指标，一是适应性指标：适应引入地区的环境条件，在常规造林栽培技术条件下，不需特殊保护措施能正常生长发育，无病虫害。二是效益指标：达到原定引种目的，经济效益、生态效益和社会效益较高或明显高于对照树种（品种）。三是通过有性或无性繁殖能正常繁衍并保持原有优良性状。因此，在生产实践中，可参照该标准给出的观测指标进行试验，也可结合育种者试验研究能力实际，适当增加反映适应性和抗逆性的生理生化观测指标。

具体指标，可参照内蒙古自治区地方标准《异地保存林木种质资源监测技术规程》（DB15/T 1775）进行设置。

繁殖试验。繁殖是林木引种驯化取得成功的关键环节之一，特别是野生树种驯化人工繁殖，需要经过大量试验研究，才能获得成熟的繁殖技术。影响繁殖成败的因素既有环境因素，也有人为因素。理论上，所有植物都可以通过人工繁殖成为正常植株，之所以繁殖失败，主要还是人们没有掌握其繁殖技术。林木繁殖方法很多，通常包括播种繁殖、扦插繁殖、嫁接繁殖、根蘖繁殖、组织培养繁殖等。繁殖试验的目的，就是要找到成本低、效率高、简单易行的最佳繁殖方法。繁殖试验的主要内容，包括繁殖材料的采集、加工与处理，种子、插穗等繁殖材料的置床操作，土壤、温度、湿度、光照的调节控制，病虫害防治。

苗期试验。经繁殖试验取得的幼苗，即可在苗圃地进行换床移植，开始苗期试验，也可称为初选试验。苗期试验的期限，可根据树种确定。苗期试验的规模，在幼苗充足的情况下，要符合既定的苗期试验目标需要。苗期试验的试验设计要规范，并要严格按试验设计进行操作。在野生树种引种驯化试验并同时伴有种源试验时，应在相同的立地环境条件下，对比不同种源拟引种驯化树种苗木的生长表现，既要淘汰生长表现极差的个别种源的苗木，也要淘汰同一种源生长表现极差的苗木，为下一阶段试验奠定基础。

为缩短试验周期，苗期初步选择应以早期性状表现为主要的判断依据。苗期试验期间，可对幼苗、幼树进行必要的抗性保护试验，以及该植物所必需的特殊栽培措施试验。在初选过程中如发现引种植物有不良生态后果的迹象应立即处理，防止扩散蔓延。

区域试验。苗期试验表现良好的植株，即可进行多点区域试验，也包括各区域试验所在地区的不同立地类型的试验。区域试验的目的，是为了进一步了解引进树种及其种源的遗传变异，以及与引入地区环境条件的交互作用，比较分析其在新环境条件下的适应能力，研究主要病虫害及其防治技术，评选具有发展前途的生产性试验树种及其优良种源，初步确定推广范围与适生条件。

经初选试验初步评价分析，引进驯化树种及其种源，在一般保护措施下，露地栽培能正常生长发育，无严重病虫害、冻害、灼伤等，其主要性状表现近似或好于引种来源区，并在生长量、功能品质、适应性、抗逆性和经济价值等方面，有明显优于引入地区同一造林目的树种的趋势，即可进入区域试验。

对于一个引种驯化树种，其试验区域个数至少应设置 3 个，并在每个试验区域至少设置 3 个试验点。在满足该引种驯化树种的基本生态要求的情况下，各试验区域之间的间隔距离或地理位置的经纬度，一般越大越能证明适应范围广。选定的每个试验区域，其气候、土壤、地形、海拔等生态条件，相互之间比较而言，应尽可能有所差异。同一试验区域设置的 3 个以上的试验点之间，也应保持较大的间隔距离，并应使选择的每个试验点的气温、土壤、地形、地貌等立地条件具有明显差异，能代表当地主要生态条件特征。

试验设计以随机区组设计为主，试验中同时包括树种与种源时应将种源视为处理材料。小区规模 9～36 株，区组重复 4 次以上。区域试验的对照树种，应选择引入地区同一造林目的、生产上使用的主要乡土树种。引入品种时，应以本地主要栽培的同属或同种树种（品种）作为对照。试验观察期速生树种为 1/2 轮伐期。一般树种 1/4～1/3 轮伐期。经济林树种至少进入盛产期。

生产试验。按照常规生产条件，通过一定面积的生产试种，验证区域性试验入选树种的生产力，确定其大面积推广范围。对已达到引种目标的树种提请鉴定推广。经区域性试验成功的树种只能在原试验区内扩大种植，如需要推广应用于生产，推广以前需做生产性试验。生产性试验应进行区域栽培比较，并具有一定的生产规模，每个树种（种源）的面积用材林不少于 20hm^2，经济林不少于 2hm^2。

6. 总结引种驯化成果

区域试验成果。成果总结评价时，一是要综合引种树种在不同区域、不同立地上的生长表现，分析影响其扩大引种和正常生长的主要生态因子及限制因素，确定其适生范围，论证引种树种的生态习性，作为栽培区区划和选择立地条件的依据。二是要根据引种树种在适生条件下反映出的生长指标、产量推测、形质指标以及抗性等方面的表现，分析评价其引种效益，确认有无推广价值。三是要根据引种树种的生物学特性和栽培实践，总结栽培经验，初步提出行之有效的营林技术措施。四是要根据引种树种不同种源的表现，初步确定适宜种源。

生产试验成果。在用材林树种进入 1/2～1 个轮伐期、经济林树种进入盛产期后，即可进行引种驯化成果总结。成果总结评价时，一是要提出生产性试验树种在不同栽培区域对气候、土壤等条件的适应性、生长发育特性。二是要根据生产性试验树种林分的产量、品质以及抗病虫害特性，综合评价其生产力。三是要核定生产性试验林的投资成本，估算近期和预期的经济效益，评定生产性试验树种的推广价值。四是要确定生产性试验树种适宜推广的范围，提出重点推广区域、生产上适用的较为完整的配套栽培技术。

四、林木选择育种技术

从自然界现有植物种或类型中，按一定的标准和目标，挑选符合人们愿望的、具有优良经济性状的群体或个体，再经过比较、鉴定和繁殖，创造出优良类型或品种的育种方法就是选择育种。选择育种不需要人为去创造变异，而是直接利用现有的自然变异类型，具有育种周期短、见效快、投入少、品种适应性强等特点，尤其适合研究与利用水平相对较低的林木育种。林木选择育种包括种源选择和优树选择。

1. 林木种源选择

种源是指一树种的种子或其他繁殖材料的采集地区。种源差异是由于不同环境对基因长期选择的结果。把来自各种源的繁殖材料放在一起所做的栽培对比试验称为种源试验。根据种源试验结果，为各造林地点选择生产力高、稳定性好的种源的过程就是种源选择。优良种源的供应途径主要有：将优良种源的优良林分改建成母树林；在优良种源区进行选优，建立无性系种子园；选择优树，建立优良无性系采穗圃等。

根据种源试验、生态条件分析以及行政和自然区界等，对一树种各种源种子供应范围所作的区划称为种子区区划。种子区是在种源试验的基础上人为划定的一树种各产地种子供应的地理区域，是用种的基本单位。某一个树种，在同一种子区内进行种子调拨，其在适应性方面是安全的。种子亚区是在种子区内为控制用种范围所划分的次级单位。同一种子亚区内进行种子调拨，不仅具有较好的适应性，而且生产力亦有保证。根据种子区区划指导种子调拨，可以有效避免造林中因种源使用不当而造成的危害和损失。

从搜集材料、选择优良株系开始，到育成新品系，要经过一系列的选择、淘汰、鉴定工作，这些工作的先后次序称之为选种程序。种源试验是种源选择的核心，其主要技术环节有如下几个。①确定试验规模：分布区域广的树种，参试种源为50～200个；分布区域小的树种，一般选取20～30个样点，试验期限1/4～1/2 轮伐期。②采种点的确定：全面种源试验主要根据生态因子、纬度、海拔等地理指标的变化梯度，或山脉、水系等定点采种；局部种源试验布点主要根据全面种源试验的结果选择试验中表现较好的种源，或在与试验地区生态因子相似区域选择供试种源。③采种林分要求：采种林分的地理起源清楚，尽量用天然林；林分的组成和结构要尽量一致，混交林中目的树种的比例要高，树龄差异较小；有适宜的密度，避免从孤立木或仅有几株树的地点采种；采种林分处于结实盛期；生产力较高，周围无低劣林分和近源树种；采种林分面积较大，所选林分要有代表性等。④选择采种树：在采种林分中，采种树的株数不应少于 10 株，以多为好；采种树在林分内的分布要分散，间距至少大于 5 倍树高；从采种树的生长状况考虑，可以随机抽取采种树、选取平均木，也可以选用优势木，但是在同一个试验和重复试验中，各个种源的采种母树类型必须统一。每批种子都应加挂标签，防止混淆。同时做好书面记录以及绘制采种点位置图等。⑤苗圃试验：为造林试验提供苗木；研究不同种源苗期性状差异；研究树种早晚期相关性状等。选择土壤、光照、排水等条件相对一致的苗圃地，及时整地；分种源进行发芽试验，确定播种量；采用完全随机区组设计，重复4～6次，及时播种；播种后立即设置标牌，绘制平面图；注意灌水、除草等。⑥造林试验：造林试验点的立地条件应具有代表性，大多是该树种的主要造林区，这样，试验结果可直接指导生产；要有科学的田间试验设计，造林与管理措施要一致等。可以分为短期试验和中期、长期试验。

2. 林木的优树选择

在相同立地条件下，生长量、材性、干形、适应性、抗逆性等远远超过周围同种、同龄的林木单株称为优树，又称为正号树。优树选择是根据选种目的，在适宜的林分内按一定标准评选优树的过程。在进行优树选择时，用作评选优树的待选树木称为候选树，而将优树评选时作为比较用的同一林分、同年龄树木称为对比木。

优树的标准因树种生物学特性、选种目的、地区资源状况等而异。用材树种优树选择的主要指标包括生长量、干形、材性、抗逆性、结实量等。其中，生长量标准一般是与同等条件下的对比木相比较确定的；形质标准主要考虑对木材品质有影响的指标，或有利于提高单产和反映树木长势的形态特征。选优林分的选择是否得当，直接关系到中选优树的质量。由于同龄纯人工林的林龄相同，株行距一致，没有非选择树种的干扰，且可免除林龄查对与校正的环节，优树和对比树的比较结果较为可靠，因此，最理想的选优林分是产地清楚、实生起源、经济性状已充分表现的同龄纯人工林。当没有理想的选择林分时，即使是异龄混交天然林或散生的"四旁"绿化林木也是可以选择的。

优树选择的程序为：明确选优任务，初步拟定调查方法和优树标准，确定选优路线，进行林分踏察并确定选优林分，确定候选树，材积和形质指标实测与评定，综合评定复选等。其中，根据比较对象不同，材积评定方法一般可采取优势树对比法、小标准地法、绝对值评选法等。形质评定往往首先选定一种简单易行的性状评定方法，明确衡量的指标，然后根据各指标的变动幅度划分出不同的级别，并给出相应的分值和取舍标准。在选优中通过对候选树的测量或观察结果，判别优树所属级别。选优大多涉及多种目的性状，候选树只有多个性状都符合要求时才能入选。对多种目的性状进行选择时，应根据育种对象、目的性状特点以及育种目标，选用不同的综合选择方法，如连续选择法、加权评分比较法、独立淘汰法等。

五、林木杂交育种技术

基因型不同的类型或个体间的交配称为杂交。杂交获得的后代称为杂种后代，简称杂种。根据杂交亲本双方亲缘关系的远近，可分为种内杂交、种间杂交和属间杂交。种间、属间或地理距离很远的不同生态类型间的杂交称为远缘杂交。通过两个不同基因型个体进行有性杂交，获得杂种并进一步选择、鉴定，从而获得优良品种的过程就是杂交育种。

杂交育种是培育林木新品种的重要途径，主要利用因基因重组产生的遗传变异类型。杂交育种可以将双亲控制不同性状的有利基因综合到杂种个体上，同时还可以使杂种通过基因的累加效应获得杂种优势等。通过不同亲本的杂交，综合双亲的优良性状，利用杂种优势，培育速生、优质、抗病虫能力和适应性强的新品种，为林业生产服务。

1. 杂交亲本选配与杂交方式

亲本选择是指根据育种目标从育种资源中挑选最适合作为亲本的类型。在大多数情况下，育种目标涉及的性状很多，要求材料所有的性状均表现优良是不现实的，此时应根据育种目标，选择主要性状突出的做亲本。地方品种是当地长期自然选择和人工选择的产物，对当地的自然条件和栽培条件都有良好的适应性，在选择杂交亲本时应加以重视。此外，杂交亲本还必须具有良好的育性，如亲本败育严重，即使目的性状异常优越，由于不能获得杂交后代，也是没有用途的。

亲本选配是指从入选亲本类型中选定具体的杂交父母本。亲本选配得当，可以提高育种效率。亲本选配一般应遵循以下原则：杂交亲本性状互补；选择生态类型差异较大的种源或亲缘关系较远的树种进行亲本组配；根据树种的开花授粉习性选配亲本，以保证获得种子；选择优点多的亲本作母本等。

在杂交育种中参与杂交的亲本的数目及其次序称为杂交方式。为了得到预期的育种效果，常常采用不同的杂交方式。最常见的是选配两个亲本进行一次单杂交。当一次杂交不能达到育种目标时，还可以采用回交或者两个以上亲本杂交的复合杂交等。

2. 花粉技术

在进行杂交前应了解树木的花器构造、开花习性以及传粉和结实特点等，从而确定适宜的花粉采集时期、授粉时期以及采取适宜的杂交技术等。

为了保证杂交工作顺利进行，必须在雌花开放前取得足够量的花粉。虫媒花树种的花粉数量少，花粉粒大且具有黏性，只能连同花药一起采集。当父本母本花期重合时，也可采集盛开期花药直接授粉。林木大多为风媒花树种。因树种不同，可采用树上直接收集花粉、切枝水培收集花粉以及摘取雄（球）花阴干收集花粉等方法。

为打破杂交亲本时间与空间隔离，解决花期不遇和异地亲本杂交等问题，需要进行花粉储藏和运输。具体储藏的方法是将花粉采集后阴干，除净杂物，分装到指形管、安瓿瓶或其他小容器中；注意容器不宜装满，数量约为容器容积的 1/5；用双层纱布或棉花封口；贴上标签，注明树种、花粉品种和采集日期、储藏日期等；然后将容器放入盛有干燥剂的干燥器中，置于 0～4℃冰箱内保存。

为了保证杂交成功，经长期储藏或从外地寄来的花粉，在杂交前应先检验花粉的生活力。测定花粉生活力的方法包括直接测定法和间接测定法。其中，直接测定法是将花粉直接授在同树种的雌蕊柱头上，然后隔一定时间切下柱头用固定液固定，用苯胺蓝或碱性品红染液等染色制片，于显微镜下检查花粉萌发情况。间接测定法有 10%～20%蔗糖等培养基法、氯化 2, 3, 5-三苯基四唑（TTC）染色法等。

3. 杂交方法

树木杂交主要有两种方法，即室内切枝授粉和树上授粉。松、杉、桉树等树种的种子成熟期长，大都采用树上杂交的方法。而杨树、柳树、榆树等树种的种子小、成熟期短，从开花到种子成熟仅需要 1 个月，这样的树种可以剪取花枝于室内水培杂交。

根据育种目标的要求，选择优树作为杂交母树。杂交的雌（球）花以位于植株中上部阳面枝条为好。每枝保留的 3～5 个雌（球）花，果实及种子小的可适当多留一些，其余的摘去，以保证杂种种子营养供应。采取室内花枝水培杂交时，一般从已选定的母树树冠中上部采取枝条；花枝长 70～150cm，基部直径为 1.5cm 以上；在保留的 1～2 个叶芽下选留 3～5 个花芽，并摘掉其余的花芽，以免过多消耗枝条养分，影响种子发育。

去雄是为了防止两性花自花授粉，而隔离则是为了防止非目的外源花粉污染导致杂交失败。树木杂交多采用套袋隔离，隔离袋一般采用羊皮纸等坚韧且透光、透气的材料制成。两性花于去雄后立即套袋；单性花在雌（球）花突破花冠或芽鳞时套袋隔离；雌雄异株的树种，如果附近有同种雄株时，也应在开花前套袋。套袋后应挂上标签，注明去雄日期。

针叶树在雌球花珠鳞张开或阔叶树柱头分泌黏液且发亮时，即可授粉。一般树木在上午 9∶00～11∶00 为最佳授粉时间。对虫媒花，授粉时将套袋的上部打开，用毛笔或棉球蘸取花粉涂抹于柱头上，特别稀少的花粉可用削成圆锥形的橡皮头授粉，授粉后立即将套袋折好、封紧。风媒花的花粉多而干燥，可用授粉器喷射花粉授粉。为确保授粉成功，最好连续授粉 2～3 次。

在正常情况下，授粉 3～10 天后，当柱头因受精完成而干枯，或雌球花珠鳞增厚、闭合时，应去除隔离袋，以免妨碍杂种果实的发育。为防虫、鸟危害，可改套网袋。此后，应加强杂交母树或水培花枝的管理，如提供良好的肥水条件或经常换水，及时摘除没有杂交的花果等，保证杂交果实良好发育。在果实即将成熟时，套上纸袋或网袋，种子成熟后连同袋子一起取下，并附上标签，按组合分别保存，以备播种。

4. 蒙树 1 号、2 号杨树杂交选育案例

蒙树生态建设集团有限公司与北京林业大学合作共建的和盛-北林林木育种协同创新中心，以耐寒性较强的毛新杨（*P. tomentosa* × *P. bolleana*）为母本，采自新疆玛纳斯林场的耐寒性强的银灰杨（*P. canescens*）为父本，进行杂交，开展了新品种选育、繁殖技术研究和区域化布点试验。在多年的生长量、抗寒抗旱等抗逆性、适应性观察研究的基础上，选育出具有新颖性、特异性、一致性和稳定性，同时具备抗逆性强、适应性广的 2 个毛新杨×银灰杨杂交优良无性系，分别命名为'蒙树 1 号杨'和'蒙树 2 号杨'。'蒙树 1 号杨'和'蒙树 2 号杨'于 2017 年同时获得国家植物新品种授权。'蒙树 1 号杨'新品种权号为 20170066，'蒙树 2 号杨'新品种权号为 20170067。

'蒙树 1 号杨'属于白杨派杂种。雌株，花序长 9～13cm，蒴果 2 裂，树干笔

直, 树皮灰白色; 成年树皮孔点状, 分布较均匀, 部分呈深度菱形开裂, 树干基部深纵裂。树形开展, 卵形, 侧枝稀疏, 分枝角小于 45°。长枝叶卵形, 先端圆钝, 基部阔楔形, 叶背部多绒毛, 具浅裂。短枝叶卵圆形, 碗状, 叶尖圆钝, 基部微心形, 叶缘具浅裂, 叶背部覆绒毛。新品种生长迅速, 且具有较强的抗寒性、抗旱性和抗病虫害能力。'蒙树 1 号杨'是干旱半干旱地区生态防护林、用材林建设的优选树种, 也可作为制浆、造纸材料和纤维板原材料。

'蒙树 2 号杨'属于白杨派杂种。雄株, 不飞絮, 树干中部微弯; 树皮灰白色。成年树皮孔菱形, 数个连接呈线性, 树干基部呈中度纵裂。树形开展呈阔卵形, 侧枝较粗, 分枝角大于 50°。长枝叶卵圆形, 先端圆钝, 基部微心形, 叶基交叠, 叶背部多绒毛, 具浅裂。短枝叶卵圆形, 碗状, 叶尖圆钝, 基部具 2 腺点, 叶基部微心形, 叶缘具浅裂, 叶背部覆绒毛。雄花序长 6~8cm, 雄蕊呈红色, 每个小花含 12~15 个雄蕊; 苞片尖裂, 具长柔毛。新品种生长迅速, 且具有较强的抗寒性、抗旱性和抗病虫害能力。'蒙树 2 号杨'是干旱半干旱地区城镇绿化、生态防护林、用材林建设的优良树种, 也可作为制浆、造纸、纤维板原材料。

'蒙树 1 号杨'和'蒙树 2 号杨'优良新品种杂交选育的主要特点和做法如下。

具有明确的育种策略。按照确定的选育方法开展相应育种实验。针对蒙杨系列新品种选育, 要想实现杂种后代的大群体、强选择, 就必须进行不同杨树母本结实力测定, 通过实验寻找出抗寒、抗旱特性强的亲本, 单交多交(三交或回交, 四交或双杂交)并举、正交反交均用, 在杂交方式和组合多样化下, 进行各种杂交方式及组合的亲和力试验, 根据杂交组合的可配性、亲和力或难易程度, 决定杂种群体的大小; 通过杂种苗群体的生长表现, 选择出最佳杂交方式和杂交组合。这样, 利用强选择和优中选优方式可保证获得抗寒、抗旱的杂种大群体。

杂交亲本选择严谨。蒙杨系列新品种选育过程中, 根据育种目的, 所培育的杂种不但要具有抗寒、抗旱、耐盐碱等能力, 而且还要有速生、优质、干型通直等特性。所以, 第一步必须做好杂交试验工作, 得到杂种; 第二步对杂种进行抗寒、抗旱性选择; 第三步, 在杂种具有抗寒、抗旱性的前提下, 依据性状的相关性和遗传上的连锁性, 选择出在干型、树型、叶型等表现型上优于杂种群体的个体。

苗期选择方法科学。对最优组合的杂种进行整体保留、分层抽样、多点试栽、追踪定序、确定选择方式。将杂种群体依照苗高生长量分为上、中、下三个层次的群体; 每层随机分为 3 个组; 随机抽取每一层的一个组组成一个新群体; 共 3 个新群体分别定植 3 个地点; 追踪调查杂种个体的变化和分化程度, 确定多交杂种群体苗期选择的方式。然后进行最佳组合杂种的第一次选择, 即苗期选择和淘汰。

严格的优良单株筛选。选择或保留下来的杂种定植观察, 进行第二次选择, 即杂种优良单株初步选择。若杂种群体较大, 可将杂种在干旱、寒冷的地方进行多点试栽，各点根据各点的生长、适应性表现，进行适应性选择，选出适合各点的优良单株。

完整的无性繁殖技术研究。无性繁殖技术能够保证所繁殖的植株的基因型和原生株一致，是一种植物克隆手段，其繁殖方式多种多样，包括扦插、嫁接、根蘖、分株、组培等。针对第二次选择的优良单株，开展了扦插、根蘖和组培三种无性繁殖技术的研究，为后期新品种的扩大生产和推广应用奠定基础。

科学的无性系选择过程。进行各试种点间初选优良单株的繁殖材料的相互交换，进行多点测定，实现第三次选择，即苗期无性系选择。同时，进行实验室研究即杂种抗寒、抗旱特性的生理测定和早期预测及选择。苗期选择坚持两步走方针：先着眼于白杨派内多交杂种 F_1 达标，即抗寒、抗旱达标，然后从中将表型优异的杂种选择出来。不但根据每个杂种无性系抗寒、抗旱特性、适应性，而且根据繁殖材料的易生根特性、苗干通直度、分枝特点及枝杈的多少、生长量大小、有无病虫害等指标进行苗期选择。筛选出苗期能正常越冬、无冻害、适应性强、生长量大、苗干通直、枝杈少、无病虫害的抗寒、抗旱无性系。同时，对杂种进行抗寒、抗旱生理实验室测定等，来鉴别或选择出杂种抗寒、抗旱的无性系，探索早期生理选择抗性的可能性。

持续的无性系造林选择。把选出的优良无性系，按照田间试验设计的要求，在干旱寒冷的地区以及各种立地条件下，进行造林测定。经过测定、观察和分析，选出生长快、抗寒、抗旱、适应性强、干形通直、无病虫害、容易繁殖的优良品种，并测定和分析各个优良品种适生、推广范围和立地条件。最终选育出目标品种的优良无性系。

获得了新品种权研发成果。从育种试验，到苗期测定，再到无性系选择和造林选择，最终选育出可作为新品种申报的优良品系。进行新品种申报材料的编写，包括请求书、说明书、说明书摘要、照片及照片的简要说明 5 个部分，除了选择育种外，其他育种方式均须提供品种选育技术总结报告。提交国家林业和草原局植物新品种保护办公室进行新品种申报，通过专家现场审查后，由国家林业和草原局授权并颁发新品种证书。

六、林木倍性育种技术

多倍体育种是指选育细胞核含有三套以上染色体组新品种的育种过程，包括多倍体的诱导、鉴定、扩繁、测试以及品种认证等。其中多倍体诱导是多倍体育种的基础和关键。由于许多树种能够进行无性繁殖，可以不必担心多倍体育性差而导致繁殖困难的难题，而多年生习性又保证品种一旦育成就可以长期持续利用等，因此林木多倍体育种的潜力更大、作用更为突出。

1. 林木多倍体诱导的途径

利用天然 $2n$ 配子杂交是获得三倍体的一条最为经济、快捷的途径。在被子植物中，$2n$ 配子发生极为普遍，其中 $2n$ 花粉可通过与正常花粉在大小及形态上的差异而加以区分。由于天然 $2n$ 花粉的发生具有偶然性，比率较低，且与单倍性正常花粉相比存在受精竞争能力差等问题，给利用造成困难。植物 $2n$ 雌配子不像 $2n$ 花粉那样能够通过形态观察而检出，一般只是通过对其杂交后代倍性水平的检验来确定 $2n$ 雌配子的发生。

人工诱导雌雄配子染色体加倍是树木人工多倍体育种中最为快捷的途径。在进行人工诱导花粉染色体加倍时，掌握树种的相关细胞遗传学规律可以取得事半功倍的效果。施加秋水仙碱溶液处理诱导花粉染色体加倍的有效处理时期为小孢子母细胞减数分裂粗线期附近，高温处理诱导花粉染色体加倍的有效处理时期为小孢子母细胞减数分裂终变期至中期 I 时。

诱导 $2n$ 雌配子授以正常花粉可 100%形成三倍体。解决大孢子母细胞减数分裂进程即时判别问题，避免加倍处理的盲目性，是大孢子染色体加倍选育三倍体技术突破的关键。根据雌配子、雄配子发生、发育的时序性对应关系，以雄配子进程为参照，相对准确地即时判别大孢子染色体加倍的有效处理时期；对于缺少雄株参照系的问题，可以采用雌花发育形态为参照即时判别大孢子或胚囊染色体加倍有效处理时期。

有关体细胞染色体加倍的研究和报道虽然很多，但是加倍对象大多数是多细胞的茎尖和种子等材料，由于细胞分裂的不同步性，只能使处于分裂中期的少数细胞加倍成功，所以最终获得的大多是混倍体或嵌合体。通过对处于第一次有丝分裂期的合子以及不定芽发生过程中的离体叶片等外植体施加秋水仙碱溶液处理，可以实现对单细胞染色体加倍，避免混倍体产生，是体细胞染色体加倍的理想途径。

当存在可育的不同倍性体时，利用不同倍性体杂交当然是获取新的多倍体的首选，如用四倍体与二倍体杂交选育杂种三倍体等。在不具备四倍体时，也可以利用三倍体为父本杂交，杂种后代中可以检测出一定量的三倍体、四倍体和混倍体植株。问题是因为多倍体诱导本身就是一个技术性较强的工作，即使培育成功，还要等待开花结实，需时较长；况且这种多倍体还必须具有较好的育性等。

在大多数被子植物中，一个精核与两个极核融合完成双受精过程，其胚乳具三倍性，通过胚乳培养可以获得三倍体植株。目前猕猴桃、枸杞、枣等树木胚乳培养取得了三倍体苗木。此外，细胞融合也是一种创造多倍体的技术途径。例如，柑橘类通过体细胞融合或体配细胞融合与再生，获得了四倍体和三倍体植株。

2. 林木多倍体诱导的技术方法

染色体加倍时，应根据试验的目标选择适宜的处理材料。如果是为了取得同源偶数倍性体，可选择的实验材料有林木幼苗茎尖、幼胚、合子、愈伤组织以及萌动的种子等，其中以合子、幼胚、愈伤组织或组培叶片等最佳，主要原因是这些材料所涉及的分裂细胞较少，处理容易见效且不易出现嵌合体。如果是为了取得奇数倍性体，则应选择处理小孢子发生以及雌配子发生过程中的雌雄花，通过染色体加倍处理获得未减数配子，再与异性正常减数配子杂交选育杂种多倍体。

化学诱导法是指利用生物素等某些化学试剂处理分裂中的植物器官、组织甚至细胞，从而诱导细胞染色体加倍的方法。仅从细胞学水平看，在施加化学处理后，秋水仙碱等化学物质作用于植物微管蛋白，使纺锤丝形成及收缩机制受到抑制，造成正处于分裂阶段的细胞被阻止在中期而不能进入分裂后期，从而形成染色体数加倍的细胞核。秋水仙碱是迄今所发现的诱导效果最好、使用最广泛的染色体加倍诱变剂，采用注射法、浸渍法、涂布法、药剂-培养基法等处理，一般用0.3%～0.5%浓度持续处理12～48h。

物理诱导法是指利用温度、射线、机械损伤等物理因素处理植物材料诱导细胞染色体加倍的方法。从细胞学水平看，在施加高温、低温、辐射等物理因素处理后，最终主要归结到影响纺锤丝以及细胞板的形成机制。物理诱导法以高温处理的诱导效果最好，可于恒温箱中进行，适宜温度为38～45℃，持续处理时间为2～6h。

3. 多倍体鉴定的技术方法

具体鉴定方式可归纳为间接鉴定与直接鉴定两种。所谓间接鉴定是指利用染色体加倍材料在形态以及生理代谢方面的变化进行判别。如果诱变林木材料具有叶片大而厚、气孔大或保卫细胞内叶绿体数增多、纤维细胞变长等特征，则可初步判定获得多倍体。

通过直接检查施加处理材料的染色体数目或DNA含量的方法称为直接鉴定。如被检查的林木诱变材料的染色体数目或DNA含量倍增，则可以判定其属于一定倍性的多倍体。

七、林木分子育种技术

基因工程就是按照人们预先设计的生物蓝图，应用人工方法将生物的遗传物质，通常是DNA分离出来，在体外进行分割、拼接和重组，进而将重组DNA导入某种宿主细胞或个体，从而改变它们的遗传品性或获得某种基因产物（多肽或蛋白质），这种创造新生物并给予新生物以特殊功能的过程就称为基因工程，或称DNA重组技术。

基因工程主要是利用导入外源基因诱发的遗传变异。通过一个或数个外源基因的导入与表达，增强或减弱（甚至消除）某种生物已有基因的功能；或者导入生物并不具备的外源基因，从而弥补生物性状缺陷，创造新的生物类型。在林业领域，尤其是在抗非生物逆境育种及品质改良等方面，转基因技术更被寄予厚望。

基因工程的操作大致分为四步：目的基因或特定 DNA 片段的获取；将目的基因与载体连接，获得 DNA 重组体；将重组 DNA 引入受体细胞；目的基因的正确表达。

本节内容，除了简要介绍林木分子育种关键技术外，还特别提供了《蒙古扁桃转录组测序和功能基因筛选》和《樟子松转录组测序和功能基因筛选》2 个项目的研究案例。这 2 个基因测序与筛选项目，都是蒙树生态建设集团有限公司与内蒙古大学合作开展的研究项目，是蒙树承担的内蒙古自治区科技重大专项《内蒙古生态安全屏障建设关键技术与示范》研究项目的子课题。

1. 目的基因的获取

目的基因的获取主要有以下几种方法。①直接分离目的基因，即用限制酶把组织的全部染色体 DNA 切割成许多小段，并分别与载体重组，转入到大肠杆菌中，这样所形成的转化细胞群含有各种染色体 DNA 片段；繁殖其中的某一种转化细胞，即可增殖相应的 DNA 片段，分离出相关的目的基因。②酶促合成目的基因，又称为逆转录法，是以 mRNA 为模块，用逆转录酶逆转录成互补的 DNA（cDNA），然后去除作模板的 mRNA，使 cDNA 加倍成双股，即可获得该 mRNA 的结构基因。③化学合成目的基因。事先应知道目的基因或 mRNA 或相应蛋白质的一级结构，即核苷酸或氨基酸的顺序；再以单核苷酸为原料，先合成许多寡核苷酸小片段（8～15 个核苷酸长），使各片段间部分碱基配对，取得 DNA 短片段；以后再经过 DNA 连接酶作用，将一些短片段依次连接成一个完整的基因链。

2. 基因工程载体构建

在基因工程中，通常是把外源 DNA 片段利用运载工具送入生物细胞。这种携带外源基因进入受体细胞的工具叫作载体。载体的本质是 DNA。经过人工构建的载体，不但能与外源基因相连接，导入受体细胞，还能利用本身的调控系统，使外源基因在新细胞中复制以及实现功能表达。

目前，植物基因工程载体主要是根癌农杆菌的 Ti 质粒。野生型 Ti 质粒分子过大，其基因产物干扰受体植物激素平衡，阻碍转化细胞的分化和植株再生等，因此必须对野生型 Ti 质粒进行改造。人工改造后的 Ti 质粒一般具有如下特点：①保留了 T-DNA 的转移功能，去掉了致瘤性，利于遗传转化与植株再生；②在 T-DNA 的左右边界序列之间构建了一段 DNA 序列，其中含有一系列单个的限制酶的识别位点，即单克隆位点，以利于插入外源 DNA 及其以后的操作；③具有目的基因表达所需要的启动子、终止子以及供重组细胞筛选的标记基因等；④具有使质粒能在大肠杆菌中进行复制的 DNA 起始位点。

大多数的限制酶能够切割 DNA 分子，形成黏性末端。当载体和外源 DNA 用同样的限制酶，或是用能够产生相同的黏性末端的限制酶切割时，所形成的 DNA 末端就能够彼此退火，并被 T4 连接酶共价地连接起来。应用连接酶把目的基因与合适的载体相连，重新组合的 DNA 片段称为重组 DNA，简称为重组体。

3. 目的基因转化

植物细胞对外源基因的摄取、整合及表达的过程称为转化。常用的方法有以下几种。①农杆菌介导基因转化法：采用农杆菌基因转化方法操作简便、适用性广，转化体外源基因能稳定地遗传和表达，并按孟德尔方式分离。但农杆菌基因转化方法不太适合单子叶植物，主要用于双子叶植物。②PEG 转化法：聚乙二醇（PEG）可促使细胞膜间或 DNA 与膜之间的相互接触与粘连；同时还会引起细胞膜表面电荷紊乱，干扰细胞间的相互识别，促进原生质体融合，改变细胞膜的通透性，从而实现外源 DNA 进入受体细胞。③电穿孔法：又称电激法。其转化的受体系统为原生质体，主要是利用高压电脉冲作用，使原生质膜形成可逆性的开闭通道，从而为外源 DNA 分子进入细胞提供通路。经过一段时间后，细胞膜上的小孔会封闭，恢复细胞膜原有的特性。④基因枪法：又称高速微弹轰击法，是利用高速运动的金属微粒将附着于表面的核酸分子引入受体细胞中的一种遗传物质导入技术。

4. 转化植物细胞的筛选与转基因植株的鉴定

植物外植体经过农杆菌或 DNA 的直接转化后，实际上只有极少数实现遗传转化。由于植物基因工程中构建的表达载体除了含有目的基因以及相关调控基因外，还插入了供选择用的 *npt Ⅱ* 基因等耐抗生素或除草剂标记基因或 *gus* 基因等报告基因。因此，通过检测标记基因或报告基因的存在状态，就可以对转基因株系作出初步的筛选与鉴定。另外，还可以通过目的基因表达检测来鉴定转基因植株。一般基因表达检测可以在转录水平上对特异 mRNA 进行检测，如 Northern 杂交、Southern 杂交、Western 杂交以及酶活性分析等。

5. 蒙树蒙古扁桃转录组测序和功能基因筛选案例

（1）蒙古扁桃 RNA 提取和转录组测序

蒙古扁桃叶子相对较厚，肉质。利用普通 Trizol 法没有得到高质量的 RNA。利用两种不同的多糖多酚植物总 RNA 抽提试剂盒，TRIplant Reagent 多糖多酚植物总 RNA 抽提试剂（BioTeke）和多糖植物组织 RNAiso 提取液（Takara），只有后者给出高质量的 RNA。利用 Illumina HiSeq2500 测序平台，对蒙古扁桃叶 RNA 进行转录组测序，得到原始测序片段（raw reads）42 681 238 条，去除低质量测序数据，最终得到有效片段 40 890 134 条（clean reads），占整个测序片段的 95.8%，总共碱基数量为 5Gb,说明测序质量可靠。对测到的有效片段进行进一步的组装,得到 88 435 条可能编码功能基因的序列(unigene),其中 65%的长度在 1kb 以下,35%的长度大于 1kb,其中 12.8%的序列长于 2kb(表 6-4)。

表 6-4 转录本组装结果统计表

组装长度/bp	组装总数/条	百分比/%
200~300	19 100	21.60
300~500	20 702	23.41
500~1000	18 290	20.68
1000~2000	19 016	21.50
2000~5000	10 799	12.21
5000+	528	0.60
总数	88 435	
总长度	86 700 672	

利用直系同源簇(clusters of orthologous groups, COG)数据库对 unigene 进行基本的功能预测,500 多个 unigene 注释为未知功能(function unknown),其他 unigene 都与已知功能基因有一定的同源性,其中 300 个基因参与细胞信号转导(signal transduction),200 个基因参加生物胁迫反应(defense mechanisms),它们有可能是蒙古扁桃耐受逆境的分子基础。

(2)蒙古扁桃编码 Ca^{2+} 结合蛋白基因的系统性鉴定和序列分析

通过对基因注释信息进行关键字搜索,对基因序列以及对应的氨基酸序列进行系统分析,我们最终确定 16 条编码 Ca^{2+} 结合蛋白的全长转录本,包括 4 个 Ca^{2+} ATPase(ECA/ACA)(表 6-5),3 个具有多个跨膜域的新型 Ca^{2+} 通道蛋白(表 6-6),5 个 Ca^{2+}/H^+ 反向转运蛋白(CAX)(表 6-7),2 个 Ca^{2+} 依赖的蛋白激酶(CPK)和 2 个钙调素蛋白(CAM)(表 6-8)。这些转录本对应的氨基酸序列同拟南芥同源序列长度基本相当,同时有 50%~89%的相同性,说明蒙古扁桃的 Ca^{2+} 结合蛋白序列同模式植物拟南芥有较高的同源性。

表 6-5 蒙古扁桃编码 Ca^{2+} ATPase 基因全长转录本同拟南芥同源序列的比对

蒙古扁桃		拟南芥			相同氨基酸
序列号	氨基酸数	序列号	基因符号	氨基酸数	比例[*]/%
C25404	1002	At1g10130	ECA3	998	82
C26439	1080	At4g29900	ACA10	1069	71
C29411	1016	At1g27770	ACA1	1020	80
C27779	1040	At3g57330	ACA11	1025	70

* 相对于蒙古扁桃,下同。

表 6-6　蒙古扁桃编码多个跨膜域新型 Ca^{2+} 通道蛋白基因全长转录本同拟南芥同源序列的比对

蒙古扁桃		拟南芥			相同氨基酸
序列号	氨基酸数	序列号	基因符号	氨基酸数	比例*/%
C23875	724	At1g30360	ERD4	724	65
C29078	773	At4g22120		771	73
C29697	715	At3g01100	HYP1	703	58

表 6-7　蒙古扁桃编码 Ca^{2+}/H^+ 反向转运蛋白基因全长转录本同拟南芥同源序列的比对

蒙古扁桃		拟南芥			相同氨基酸
序列号	氨基酸数	序列号	基因符号	氨基酸数	比例*/%
C26261	545	At1g08960	CAX11	546	50
C28222	390	At3g13320	CAX2	441	66
C28463	449	At3g51860	CAX3	459	65
C29259	450	At1g55730	CAX5	441	71
C29502	592	At1g53210		585	60

表 6-8　蒙古扁桃编码钙调蛋白基因全长转录本同拟南芥同源序列的比对

蒙古扁桃		拟南芥			相同氨基酸
序列号	氨基酸数	序列号	基因符号	氨基酸数	比例*/%
C17433	545	At3g20410	CPK9	541	73
C17801	497	AT1g35670	CPK11	495	82
C19014	149	At3g43810	CAM7	149	89
C31301	149	At3g43810	CAM7	149	83

　　进一步对这 16 条蒙古扁桃编码 Ca^{2+} 结合蛋白的序列进行了保守结构域分析，并同拟南芥同源序列的保守结构域进行了比对。发现两个植物的 ECA 基因编码蛋白都含有 8 个预测跨膜域，同时相对分布位置也一致（图 6-1）。两个植物的 CPK 序列在 N 端都具有保守的 ATP 结合位点和蛋白激酶结构域，在 C 端都含有 4 个典型的 EF 手型（EF-Hand）Ca^{2+} 结合位点。两个植物的 CAM 序列都具有均匀分布的 4 个典型的 EF 手型（EF-Hand）Ca^{2+} 结合位点。对于新型 Ca^{2+} 通道蛋白，尽管蒙古扁桃 C23875 基因和对应的拟南芥 ERD4 都编码有 9 个预测跨膜域的蛋白，但第 7 和第 8 个跨膜域的相对位置是不同的（图 6-2）。

　　在 ECA3、CAX11 示意图中的黑色区域代表跨膜域。CPK9 和 CAM7 中的 EF 代表 EF 手型 Ca^{2+} 结合域。图中的数字代表氨基酸位点。拟南芥同源基因编码蛋白预测的结构域与蒙古扁桃相同。

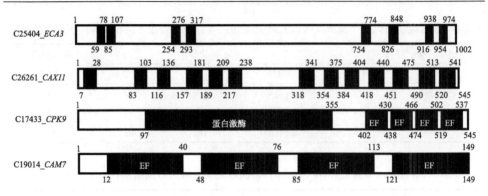

图 6-1　蒙古扁桃 ECA3、CAX11、CPK9 和 CAM7 预测蛋白结构域

图中的数字代表氨基酸位点；图中的黑色区域代表跨膜域

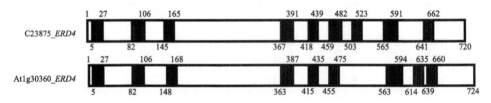

图 6-2　蒙古扁桃和拟南芥 ERD4 预测蛋白结构域

图中的数字代表氨基酸位点；图中的黑色区域代表跨膜域

（3）蒙古扁桃编码 Ca^{2+} 结合蛋白基因的表达分析

为了对这 16 条编码 Ca^{2+} 结合蛋白转录本的生理功能有一个基本的了解，首先利用定量 PCR 研究了它们在根和叶组织中的特异性表达。大多数基因在根和叶中都没有检测到表达。只有 C23875_ERD4、C28463_CAX3、C17801_CPK11 和 C19014_CAM7 在叶和根中都有显著表达（图 6-3），其中，C23875_ERD4 在根中表达最高，C19014_CAM7 在叶中表达最高。

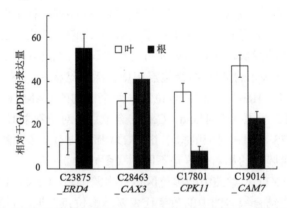

图 6-3　蒙古扁桃编码钙结合蛋白基因在叶和根中的相对表达

进一步的研究发现，在干旱和盐胁迫下，这 4 个基因的表达受到不同程度的影响。在 7 天或 14 天 200mmol/L NaCl 或干旱处理的植物叶中，相对于对照植物，C23875_ERD4、C17801_CPK11 和 C19014_CAM7 的表达量显著升高，C28463_CAX3 的表达没有显著变化。其中，C23875_ERD4 和 C19014_CAM7 对 NaCl 处理反应最强烈，表达量随着 NaCl 处理时间的延长进一步升高（图 6-4）。

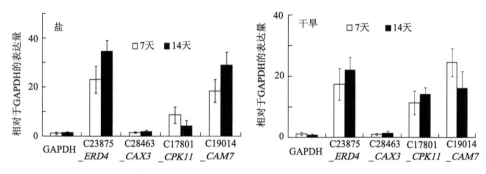

图 6-4　蒙古扁桃编码钙结合蛋白基因的表达对盐和干旱胁迫的反应

6. 蒙树樟子松转录组测序和功能基因筛选案例

（1）樟子松根转录组测序基本情况

测序工作由北京博奥生物集团有限公司完成，得到 5Gb 左右的数据量。其中有 47%的转录本长度大于 1000 碱基（图 6-5）。分析确定 45 066 条独立的转录本，同国际通用的基因和蛋白质数据库序列进行比对，编码特定功能的蛋白质（表 6-9）。

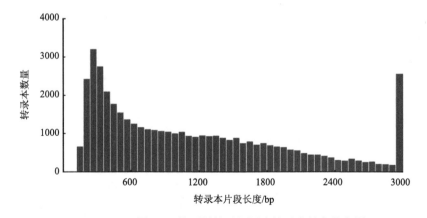

图 6-5　樟子松转录组测序转录本长度分布图

表 6-9　樟子松转录组测序转录本总数和数据库注释情况

数据库	总数/条	被注释百分比/%
转录本总数	45 066	
NCBI 核酸序列数据库	37 948	48.65
非冗余蛋白序列数据库	36 545	46.85
SwissProt 蛋白数据库	23 378	29.97
直系同源簇	14 850	19.04
KEGG 数据库	31 564	40.47
InterPro 数据库	21 260	27.26
GO 数据库	17 595	22.56

（2）樟子松特有钙调素类蛋白基因 *CML* 克隆

因为 Ca^{2+} 和 Ca^{2+} 结合蛋白是植物感应和适应逆境最重要的信号分子和相关功能组分，通过对 45 066 条独立的转录本进行深入分析，寻找有可能编码 Ca^{2+} 结合蛋白的基因。最终得到 13 条编码 Ca^{2+}/H^+ 反向转运体基因，21 条编码 Ca^{2+} 依赖 ATP 酶基因 Ca^{2+} ATPase，23 条编码钙调素类蛋白基因 *CML*，19 条编码 Ca^{2+} 依赖的蛋白激酶基因 *CDPK*，6 条编码参与细胞器内 Ca^{2+} 稳态的 Ca^{2+} 结合蛋白基因，14 条编码其他 Ca^{2+} 结合蛋白基因。经过集中深入研究，9 条全长 *CML* 基因已经利用分子克隆技术获得，克隆载体是 pUC57-Simple，抗性是 Amp，植物表达载体是 pORE-E3。

（3）含有樟子松 *CML22* 的转基因拟南芥在非生物逆境条件下根长和叶鲜重表型

拟南芥是目前遗传转化方法最成熟的模式植物，具有生长周期短和产种子量大的优点，非常适合对野生植物基因的抗逆境功能进行快速的鉴定。首先将克隆到的 9 条樟子松 *CML* 基因分别导入拟南芥基因组，经过三代遗传筛选，得到单基因插入纯合种子。选择如下非生物逆境进行测试：养分贫瘠，包括缺乏 N、P、Ca；NaCl 为主的盐胁迫，相对碱胁迫；以干旱激素 ABA 处理，模拟干旱胁迫。

在这 9 条基因中，目前可确定 *CML22* 具有非常显著地促进拟南芥生长和抵抗非生物逆境的能力。含有樟子松 *CML22* 的转基因植物，在正常的 CK 培养基上，根长比非转基因拟南芥 Col 长 30%多（图 6-6），叶鲜重比非转基因拟南芥 Col 多 120%（图 6-7）。转基因植物的生长优势，即使在测试的非生物胁迫条件下也得到保持，在养分贫瘠培养基、盐碱和模拟干旱培养基上，其根长和叶鲜重都显著优于非转基因植物 Col，表现出明显的抗逆境能力。

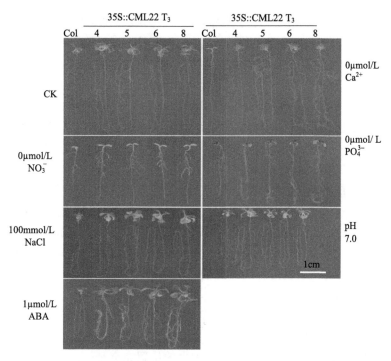

图 6-6　含有樟子松 *CML22* 的转基因拟南芥在不同培养条件下的根长表型（见文后彩图）

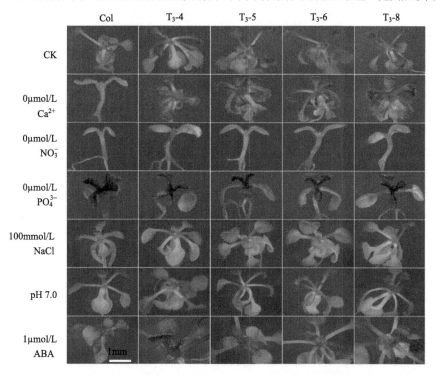

图 6-7　含有樟子松 *CML22* 的转基因拟南芥在不同培养条件下叶表型（见文后彩图）

（4）含有樟子松 *CML22* 的转基因拟南芥根尖组织细胞形态和大小

含有樟子松 *CML22* 基因的转基因拟南芥根长于正常非转基因植物，两种植物的根尖分生区的细胞结构和大小进行显微活体观察也可看出这一点。利用可以与植物细胞壁特异结合的碘化丙啶（propidium iodide, PI）对两种植物的根尖进行染色，在激光共聚焦显微镜 535nm 的激光照射下，同细胞壁结合的 PI 发射出红色光谱，从而细胞的边界清晰可见。结果表明含有樟子松 *CML22* 基因的转基因拟南芥根尖分生区的细胞长于正常植物 Col，说明 *CML22* 具有促进细胞延伸功能。

（5）CML22 蛋白定位于细胞内质网

樟子松 *CML22* 基因是否促进植物生长和具有调控植物抗逆境的能力是进一步研究的重点。首先，在体外构建 *CML22* 编码序列和绿色荧光蛋白基因 *GFP* 编码序列的融合基因——*CML22-GFP*；其次，在烟草成熟叶片进行瞬时表达，利用激光共聚焦显微镜，发现在 488nm 激光照射条件下，*CML22-GFP* 定位于内质网，基于 GFP 的绿色荧光呈现内质网典型的网状结构。

为了最终确定 CML22 的亚细胞定位，对烟草成熟叶片进行 *CML22-GFP* 和内质网标记蛋白 ER-mCherry 的共同注射。在 488nm 激光照射条件下，发现 *CML22-GFP* 发射绿光；在 520nm 激光照射条件下，ER-mCherry 发射红光。*CML22-GFP* 发射的绿光和 ER-mCherry 发射的红光在细胞内的位置完全重合，完美共定位，充分证明 CML22 蛋白定位于内质网。

八、菌根菌剂育苗技术

菌根是广泛存在于自然界中的一种植物与菌根真菌的共生联合体，根据其形态和解剖学特征，菌根主要可分为外生菌根、内生菌根、内外生菌根。外生菌根真菌广泛存在于自然界中，可以与很多高等植物共生，具有较强的生态适应性和可塑性，能够忍受干旱和高温的环境。外生菌根在植物进化与生长过程中发挥着重要的作用，它能够提高植物对营养物质的吸收，增强植物的耐旱、耐涝、耐盐、抗病和抗重金属能力。

内蒙古很多地区生态环境退化严重，植被恢复难度大，在西部生态建设项目的支持下曾进行过大面积造林，但成效甚微。有专家认为可能是由于在植被退化的同时有较多的外生菌根真菌资源也随之流失，造林后缺少相应菌根真菌对树种根系的侵染是造林成活率较低的重要原因之一。

长期以来，在内蒙古大青山上主栽造林树种为油松和华北落叶松。这些树种均为典型菌根营养型树种，它们对菌根的依赖性极强，造林后短期内如果无土著外生菌根真菌与之共生，它们是很难成活的，即使成活生长也会受到影响。所以人工优良菌树组合的筛选对内蒙古针叶树造林成活率的提高至关重要。

蒙树生态建设集团有限公司在建设和林格尔生态育苗示范基地的同时，与中国林业科学研究院林木菌根研究开发中心合作研发优良菌根生物制剂，建立了试验样地，通过几年的观测，取得了非常好的育苗效果。下面以和林格尔黄土沟壑区生态育苗示范基地的樟子松菌根育苗技术模式为例总结如下。

1. 立地条件

和林格尔县位于内蒙古自治区呼和浩特市中南部，是内蒙古中部大青山前坡的重要生态屏障，地理坐标在东经 111°26′～112°18′，北纬 39°58′～40°41′。北靠呼和浩特市赛罕区、土默特左旗，西连托克托县，南接清水河县，东连凉城县，东南与山西省右玉县、左云县毗邻，面积 3436km^2。和林格尔黄土沟壑区生态育苗示范基地位于和林格尔县盛乐经济园区，占地总面积约为 587.01hm^2。主要采用樟子松进行菌根育苗培养。

2. 模式构建分析

菌根生物制剂的主要作用是提高植物根系吸收水肥的能力，提高植物对土壤中矿物质和有机质的分解和利用，起到自肥作用。

菌根生物制剂能够分泌生长激素和生长调节素，有利于植物生长；增强苗木的抗逆性；提高苗木自身对环境的抗病能力；改良土壤，提高土壤可持续性生产力。

菌根生物制剂可以防治苗木立枯病、猝倒病及根腐病等，大幅度地提高苗木质量和产量及造林成活率和幼林生长，缩短育林周期，降低育林成本。

传统的方法进行樟子松播种育苗存在问题较多，一是育苗密度大，单株苗木地径小，苗型差，生长不齐，颜色不绿。二是苗木进入大地造林后，成活率不高。为此，引入樟子松菌根育苗技术，培育出长势好、抗病性强的樟子松苗木。

3. 关键技术措施

商品菌根菌剂的种类繁多，由于研究和开发者的不同，名称变化也很大。下面主要介绍中国林业科学研究院的两种菌根菌剂及其接种方法。

（1）拌种、沟施、穴施菌根育苗

1 号菌剂可拌种、沟施、穴施或配泥浆菌液蘸苗使用。拌种和沟施用量与种子重量之比为 1∶1，拌种时将菌剂加适量水化开，加入种子拌匀，使每粒种子都蘸上菌剂，稍加阴干即可播种，注意，种子拌菌后会稍加膨大，播种时应加大下种量，保证足够的播种量。沟施：亩用菌剂 1～2kg，同适量腐熟的有机肥料或细土混匀，撒入沟内覆土即可。穴施：亩用菌剂 1～2kg，同适量腐熟的有机肥或细土混合后施入穴中，然后移栽幼苗或扦插。

移栽时要对根系进行适当修剪，幼苗应截去根的 1/4～1/2，立即插入菌剂内。无性繁殖时，要将繁殖材料生根部位插入菌剂内，使菌剂与截口紧密缩合。

（2）播种、无性繁殖或移植菌根育苗

3 号菌剂可用于播种、无性繁殖或移植。播种时，将水剂一支加水至 5kg 混合均匀配制成稀释液，浸种 12～24h，捞出，用清水冲洗 1～2 遍，风干后播种。无性繁殖时，用水剂一支加水至 2kg 混合均匀配制成稀释液，将繁殖材料的生根部位浸入 1～6h（因树种而异），再按常规方法进行繁殖。

移栽时，水剂一支加水 2～10kg（因树种和苗木年龄而异）混合均匀配制成稀释液，浸根 6～24h，再按常规方法进行栽植。樟子松苗木根系纤细，易于风干，新根形成的部位局限性很大，根系断伤后不易形成新根，因此在栽植时蘸取菌根制剂后需立即培土，并浇一次透水，以此种方法来保证其成活率。

（3）菌根菌剂伴土容器育苗

做好 4m×5m 苗床，将菌根生物制剂和土壤充分混合后，装容器苗，一般情况下，10L 菌根生物制剂可以处理 8～10 个苗床，处理 6000～8000 株苗木。

（4）配泥浆菌液蘸苗大容器育苗

采用大容器杯法培育樟子松苗，将苗高 30～50cm、地径 0.8～1.2cm 的樟子松苗移栽到杯径 30cm×40cm 的容器杯内，进行大规格苗木培育。最佳时间是春季土壤解冻后。株行距为 50cm×50cm。

配制泥浆液时，先将一袋（1L）1 号菌剂加 5kg 水稀释，再加适量当地的土壤，搅拌均匀，在种植前将樟子松小苗根系蘸取适量菌根生物制剂，几秒钟后，按常规方法将樟子松苗移栽容器杯内即可。

樟子松菌根苗生长初期浇水时应掌握量少次多的原则。在速生期 7～8 月应每隔 3～5 天灌 1 次透水，到 8 月中下旬后，为促进种苗木质化，使之顺利越冬，一般不进行灌水。追肥应在苗木旺盛生长期进行。松土除草在 7～8 月进行，及时防治病虫害。

4. 模式效益

菌根是真菌与高等植物建立的共生互惠联合体，菌根对植物（尤其是树木和森林）具有多种有益功能，樟子松菌根苗由于长势良好，成活率高，生态效益明显。

樟子松菌根菌苗木具有明显的冠型优势、高生长及地径生长优势，以及种植后的成活率优势等，对苗木收入将有较大贡献率。如果每株樟子松苗木价格增加 20%，100 万株苗木可增加的收入就很可观。

从市场预期来看，根据花木 100 苗木网，地径 7cm、高度 2m、冠幅 1.5m 的樟子松现价 60 元，如果是菌根菌苗，每株樟子松苗木增加销售额 12 元，100 万株樟子松菌根苗将会增加产值 1200 万元。也有人从解决烧柴和民用材角度计算出，樟子松菌根苗成活后，生长在平缓固定土地上的 10～12 年生樟子松林修枝间伐，每公顷可获得烧材 9000～10 000kg，椽材 450～640 根（径粗 4～5cm，长 1～1.5m）。

5. 适宜推广的区域

樟子松在整个内蒙古大兴安岭、阴山山脉以及黄土丘陵区有较多育苗，在适合樟子松育苗的区域都可以推广樟子松菌根苗培育技术。

九、优良品种繁殖技术

1. 林木母树林和种子园建设

良种繁育是指在一定的栽培管理制度下，迅速实现良种增殖的技术方法。其总体任务是迅速扩繁和推广良种，推进良种化进程；保持良种种性与生活力，充分发挥良种效益。林木良种繁育作为育种系统组成部分的重要环节之一，绝非单纯的种苗生产。其中，可以进行无性繁殖的树种，采取采穗圃、组织培养等繁殖良种；而不能进行无性繁殖的树种，则主要通过种子园建设实现良种繁育的目的。

对于针叶树等只能通过种子繁殖的树种而言，生长周期长且异花授粉，不能获得纯合亲本，农作物制种技术在林木良种种子生产中难以应用。一般而言，对采用优良种源营造的人工林或当地的优良天然林进行去劣疏伐，建成用于生产遗传品质较好的林木种子的采种林分，称为母树林。母树林建设技术简单，成本低廉，投产早而见效快，能提供遗传品质好、数量多的林木种子，是良种繁育的初级形式。采用母树林种子造林，一般遗传增益 5% 左右。

种子园是由优树的无性系或家系组成的，以大量生产优质种子为目的的特种林分。与天然林采种相比，具有十分明显的优势：通过一些地理远缘的优良无性系的特定配置，最大限度地创造杂种优势，保证种子的遗传品质；采种母树集中布置，方便集约管理，从而保证种子高产、稳产以及播种品质；可采取人为措施控制树冠生长，方便种子采收；通过嫁接以及促进开花结实技术，加快种子供应以及遗传改良进程；可通过对种子园生殖生物学等方面的研究，为持续遗传改良提供基本数据；一次定植成功，可实现长期采种利用的目的，也可以为多世代育种提供物质基础和技术保障。

在规划种子园时，应考虑种子园供种区内的该树种的年造林任务和种子需要量，以及该树种种子园单位面积产量；还要考虑树种开花结实有大小年之分，以及有无向外调种的可能；并为进一步发展和调整留有余地。种子园具有地域性特点，其供种范围取决于种子园生产目的、建园材料来源等。生产的种子主要供给与优树产地生态条件相似的地区。

种子园区划内容包括园址选择、建园规模、入园亲本的数量、花粉隔离区的确定，以及优树收集区、采穗圃、子代测定区、示范区、苗圃、种子加工场地等项目的布局。种子园建园方式包括先嫁接后定植以及先定砧后嫁接两种。种植密度取决于三个因素：一是保证母树有足够的花粉正常授粉，异交充分；二是母树树冠受光充足，有利于植株生长与开花结实；三是有利于单位面积高产，并考虑去劣疏伐的影响。因此，不同的树种、立地条件以及不同的管理技术水平，其定植密度存在差异。

种子园的配置设计主要有重复随机排列、分组随机配置、错位随机配置等。我国大多数种子园采用错位随机配置。在种子园建设时，需要考虑树种的遗传基础、供种范围、期望产量以及去劣疏伐等，保证种子园建园无性系的数量。但也不是越多越好，过多会导致遗传增益降低，而测定工作量加大。一般国外规定不低于 30 个无性系。我国则按种子园面积规定无性系数目，如 10～30hm² 的初级种子园有 50～100 个无性系；大于 30hm² 的为 100～200 个无性系。改良种子园无性系数为初级园的 1/3～1/2。

通过对表型选育材料当代（无性系）以及通过各种交配设计获得的子代植株的田间对比试验分析评价其遗传型是否优良，这一技术过程就是遗传测定。它是林木遗传改良的核心工作。其中，对家系及其亲本进行的遗传测定称为子代测定。子代测定主要用于评价某一母本或父本性状遗传的程度，以及一个亲本与其他亲本交配所产生子代的遗传品质的优异程度。通过子代测定结果分析，可以指导种子园去劣疏伐；筛选改良种子园的建园亲本，为下一改良世代提供亲缘关系清楚的遗传材料；为子代测定试验地点造林筛选优良家系，并提供优良家系的适用范围；以及为进一步的遗传改良提供指导性遗传参数等。

根据遗传改良程度可将种子园划分为初级种子园、去劣种子园、第一代种子园，以及第二代种子园、高世代种子园等改良代种子园。其中初级种子园是指建园材料只经过表型选择，而未经过子代测定，种子遗传品质尚未经过验证的种子园。去劣种子园是根据子代测定资料，对初级种子园内的无性系植株去劣疏伐后的种子园，或称改建种子园。用经过子代测定的优良无性系重新建立的新种子园称为第一代（重建）种子园，或称为 1.5 代种子园。改良代种子园是指用经过改良的繁殖材料营建的种子园，如在初级种子园子代测定林中选择优良家系的优良单株建立第二代种子园，以此类推，建立更高世代的种子园。

2. 林木无性繁殖

无性繁殖是指采集树木的部分器官、组织或细胞，在适当条件下使其再生为完整植株的过程，也称为营养繁殖。其中，由一树木单株通过无性繁殖所产生的所有分株就称为无性繁殖系，简称无性系；而提供无性繁殖原始材料的树木个体称为无性系原株。由于无性系与无性系原株具有相同的基因型，因此也具有与无性系原株相同的基本性状和特性。

当树木依赖种子园进行良种生产时，有性生殖的结果必然会导致基因的分离与重组，因此种子园生产只能利用其子代平均值。相比较而言，无性系利用的是当代群体中增益最为显著的个体，因此能综合利用加性与非加性遗传效应，其遗传增益显著高于种子园。此外，林木无性繁殖选择当代，利用当代，可显著缩短林木遗传改良周期，且无性系性状整齐一致，利于集约栽培、管理，可以最大限度地实现丰产。

无性繁殖包括根萌、埋条、扦插、嫁接以及组织培养等。在林木无性繁殖过程中，经常会遇到同一无性系品种造林在生长表现等方面不完全一致的现象，如表现出树势衰退、提前开花结实、苗期斜向生长或无顶端优势、形态畸变、抗逆性变差等。这种原有优良种性削弱的现象被称为品种退化。无性繁殖的品种退化一般不涉及基因混杂与基因劣变等遗传因素，其发生主要与不科学的无性繁殖制度下的一些非遗传因素有关，包括成熟效应、位置效应等。

树木个体发育阶段的老化对无性繁殖有很大的影响。采穗母树的年龄、发育阶段以及采穗部位的不同，其器官无性繁殖再生能力与生长表现亦有所不同。这种与老化相关的现象被称为成熟效应与位置效应。其中成熟效应是指无性繁殖材料发育阶段对无性繁殖效果的滞后影响。例如，采穗母树年龄越大，则扦插发根期越长、生根率越低。位置效应是指无性繁殖材料采集部位对无性繁殖效果的影响。例如，用树冠上部的枝条扦插、嫁接繁殖，会出现斜向生长、顶端优势不明显、提早开花结实等。成熟效应和位置效应统称为一般环境效应。由于材料采集往往从一定年龄的一定部位进行，因此成熟效应与位置效应总是相伴发生。

品种复壮是指针对品种退化而采取的恢复并维持树木幼龄状态的技术措施。由于引起树木品种退化的原因不同，因此所采取的复壮机制也不一致。对于老化相关的成熟与位置效应而言，可利用树木的幼态组织区域复壮；而对于病毒引起的品种退化问题，可利用病毒复制与传递的弱点进行脱毒复壮。林业生产中常采取的复壮方法有根茎萌条法、反复修剪法、幼砧嫁接法、连续扦插法、组织培养法等。

当一个品种选育成功并解决了无性繁殖技术之后，如何从品质以及数量上满足生产对良种的需求成为最为迫切的问题。其中，营建采穗圃是最为高效的途径。采穗圃是提供林木良种优质无性繁殖材料的圃地。由于采穗圃实行集约经营管理，因此可以通过一定的技术措施集约化生产穗条，可以大幅度提高繁殖系数；在经营过程中采取幼化复壮以及修剪、施肥等措施，将成熟效应与位置效应的影响降低到最低，保证种条的遗传品质，从而使良种的遗传潜力得到充分发挥。

采穗圃营建以服务于良种生产为目的，种条生产的数量与质量同样重要。在采穗圃经营过程中，其核心工作是幼化控制，即保证种条生产的质量要求。同时采取一切积极有效的经营管理措施，满足采条母株的生长需求，最大限度地扩大无性繁殖材料的数量。其建设和管理的基本原则如下：选择作业方便、条件优良的圃地，为采穗圃生产奠定基础；适时整形修剪，将幼化控制贯穿于采穗圃经营的全过程；加强水肥管理，保证种条质量，延长采穗圃使用寿命；合理密植，提高单位面积的穗条产量与效益；块状定植，标识清楚，避免品种或无性系混杂。

第二节　苗木生产关键技术

一、良种苗木基地建设

生态屏障建设,种苗产业必须先行,蒙树生态建设集团有限公司从成立之初就秉承这一理念,着力生产优质苗木,为实施各类生态屏障工程助力。

蒙树建立了"选、育、繁、推"一体化的育种模式,利用"良种+良法"的思路培育具有生态、经济价值的优异树种应用于生态建设,建立了蒙树林木种质资源圃,收集、保存 277 个树种,通过圃内评价、野生乡土种质资源收集以及播种育苗等筛选方式选择出抗寒、抗旱、抗风沙、耐盐碱、耐瘠薄等抗逆性较强的优良种质,利用抗逆树种基因筛选开发、生物菌根育苗、土壤改良等技术实现不同困难立地条件下高成活率苗木的生产,并建立苗木起、运、栽全方位、全过程的质量保证体系。

目前蒙树已建成苗木基地 50 000 余亩,共有 11 个大型苗圃分布在内蒙古自治区中部、东部、西部和河北省。为生态建设提供品种丰富、品质优良的蒙树苗木,并相继被授予"国家林业重点龙头企业""内蒙古和盛国家林木种苗基地""国家林业标准化示范企业""内蒙古自治区良种苗木示范基地"等称号。

1. 和林格尔黄土沟壑区生态育苗示范基地

(1)繁种、育苗、推广一体化

蒙树长期坚持苗木产业研究,积极探索科学育苗方法,进行干旱半干旱区育林产业核心技术的应用转化与技术创新,服务于苗木培育、城市绿色建设及生态修复等领域。

繁种、育苗、推广一体化还体现在供苗、造林不受季节影响。和林格尔黄土沟壑区生态育苗示范基地从繁种、种苗到商品苗木推广培育过程中,采用营养钵作为培植器皿,能够很好地保持水分,保墒性能大大提高,从而提高了苗木成活率,而且营养钵在苗木售出的起苗、装车、运输、卸车等过程中能保证苗木根系和根部土球的完整性,大大缩短了缓苗时间,能够延长造林季节。

(2)耐旱、耐盐碱适应性强

商品苗木环境适应性强。和林格尔黄土沟壑区生态育苗示范基地所在地区为大陆性季风气候,自然环境较差,结合地域特点,蒙树生态建设集团有限公司把苗木抗旱、抗寒、抗风沙、耐瘠薄、耐盐碱作为科技攻关的主攻方向,体现出明显的品牌优势。现如今,驯化和繁育了上千万株适应于干旱半干旱地区生长的耐寒、耐瘠薄、抗旱、抗盐碱、抗风沙、抗病虫害等生命力顽强的苗木。

(3)林木资源品种丰富、多样化

为了进一步发挥苗木的生态潜能,在和林格尔黄土沟壑区生态育苗示范基地建设了林木种质资源库，用于筛选适应于北方造林的优良树种，并通过发掘北方乡土树种含有的抗非生物逆境的宝贵基因，进一步开展了抗逆性强的苗木新品种培育。在苗木培育过程中将土壤改良技术和生物菌根技术结合，保证在困难立地条件下苗木的成活率和生长量，为生态屏障建设做好充分准备。

（4）菌根菌剂及有机肥培育等新技术应用

和林格尔黄土沟壑区生态育苗示范基地在育苗过程中采用菌根菌剂培育技术，为苗木生长提供了科学保障。相对于传统培育方式，该项技术的使用可以使苗木的根系生长发达，枝叶生长加快，主干木质化程度高，苗木抗寒性、抗旱性大大提高，最主要是提高了种苗的成活率，使苗木在生长过程中不仅仅根茎比例协调，而且树形优美。

2. 巴彦淖尔市磴口生态育苗示范基地

巴彦淖尔市磴口生态育苗示范基地由蒙树生态建设集团有限公司的子公司蒙树生态磴口有限公司进行实施和建设，是蒙树苗木产业的主要力量，也是西北干旱区较大的苗木培育基地。结合内蒙古自治区重大专项，巴彦淖尔市磴口生态育苗示范基地正在建设成为集科研、生产、示范和推广于一体的西部沙区的生态育苗典范。

（1）巴彦淖尔市磴口生态育苗示范基地建设意义

第四次全国荒漠化和沙化土地监测结果显示，我区荒漠化土地面积为 61.77 万 km^2，占自治区总土地面积的 52.2%，沙化土地面积为 41.47 万 km^2，占自治区总土地面积的 35.05%。与上期比，荒漠化土地减少了 0.47 万 km^2，沙化土地减少了 0.13 万 km^2，但就总体而言，我区目前的生态状况仍很脆弱，还很不稳定，具体表现在我区仍处于北方干旱半干旱带，沙地、沙漠和具有明显沙化趋势的土地广泛分布，沙区植被总体仍处于恢复阶段，自然调节能力较弱，具有脆弱性、不稳定性和反复性。

乌兰布和沙漠是内蒙古水分和植被覆盖较好的沙漠，成为内蒙古西部重要的生态屏障。磴口县地处乌兰布和沙漠边缘，沙漠占总土地面积的 68.3%，风大沙多成为制约当地经济发展的主要因素。中华人民共和国成立后，当地进行了大规模的治理，在磴口县二十里柳子至杭锦后旗太阳庙一线，营造一条宽 300~400m，长 175km 的防风固沙林带，林带两侧 5km 为封沙育草区，控制了沙漠东移。沙漠内除种树种草外，还开辟出 20 余万亩耕地，主要种植小麦、玉米、甜菜、葵花籽及各种瓜类。乌兰布和沙漠日照丰富，可以引黄河水自流灌溉，湖池广布，有发展生态育苗的良好条件。

磴口县土地总面积 4167km^2，其中有耕地 65.3 万亩，盐碱地 1.3 万 hm^2，乌兰布和沙漠延伸到磴口境内 28.5 万 hm^2，有近 13.3 万 hm^2 沙地适宜开发治理。巴彦淖尔市磴口生态育苗示范基地位于磴口县，场址为未开发利用的荒地。

巴彦淖尔市磴口生态育苗示范基地地处西北干旱区，该区域内外来引种难度大，而在这种情况下，示范基地提供的苗木成活率要高于外地直接引种苗木，可以有效地服务于西北干旱区沙漠治理、生态恢复、造林绿化和城市园林的需求。

（2）巴彦淖尔市磴口生态育苗示范基地总体概况

巴彦淖尔市磴口生态育苗示范基地位于内蒙古巴彦淖尔市西南部的磴口县，地处东经 107′05″，北纬 40′13″。具体位置在磴口县的纳林套海农场三分场，总面积 433hm²，整个示范基地原生地貌为沙丘和荒地。

磴口县属温带大陆性季风气候，其特征是冬季寒冷漫长，春秋短暂，夏季炎热，降水量少，日照充足，热量丰富，昼夜温差大，积温高，无霜期短。2013 年日照时数≥3300h，2013 年无霜期为 136～205 天，年平均气温为 7.6℃，植物生长期的 5～9 月光合有效辐射 40.19 千 cal/cm²，植物生长期的年积温约为 3100℃，生长期昼夜温差 14.5℃。年平均降水量 144.5mm，年均蒸发量 2397.6mm。降水量与蒸发量严重失衡。

磴口县地形、地貌复杂，大体可分为山地、沙漠、平原、河流 4 种类型，北部是狼山山脉，为土石山区，面积 145.3 万亩；西部是乌兰布和沙漠，地表为沙丘和少量沙生植物覆盖，面积 28.5 万 hm²；东部为黄河冲积平原，平原区 3 万 hm²；南面是黄河，黄河水域 0.5 万 hm²，整个地形除山区外呈现东南高、西北低，东南逐步向西北倾斜，从东南总干渠引水闸到西北乌兰布和沙漠区，坡降 23m。境内海拔最高 2046m，最低 1030m。

磴口县地处河套黄河灌区的上游，拦河闸控制着整个河套的灌溉。因此引黄灌溉较其他旗县优越。黄河自 2012 年闸上平均水位、灌溉行水期一般在 1053.6m 以上，最高水位 1055m。磴口县绝大多数耕地可引黄灌溉。

（3）巴彦淖尔市磴口生态育苗示范基地建设内容

1）总体布局特色。巴彦淖尔市磴口生态育苗示范基地建设总面积 433hm²，共分为 6 个区，包括播种区、营养繁殖区、移植区、大苗定植区、母树林区、科研试验区。

巴彦淖尔市磴口生态育苗示范基地在保证正常育苗的同时，专门设立了科研试验区、引种驯化区、温室区等，通过全面收集和保存乡土林木种质资源，完善了种质资源圃数据收集和信息管理系统，健全基础设施、服务机构和共享服务机制。示范基地搭建起一座区域优质林木种质资源研究的科研平台，培育性状优良的苗木，使区域现有森林生态系统得以恢复和改善，森林资源得以持续发展。

2）育苗品种选择。特色苗木繁育品种选择以乡土乔木、灌木为主，特别是选择了当地主要的沙生灌木，包括杨属、柳属、榆属等乡土树种，还有连翘属、风箱果属、紫穗槐属、锦鸡儿属、枸杞属等灌木。另外，在品种选择上除了关注造林绿化外，也考虑了城镇绿化景观需求，即涉及了观花、观叶、观型的多彩苗木的开发，有槐属、槭树属、李属、蔷薇属等植物种类。

3）强化大苗定植。巴彦淖尔市磴口生态育苗示范基地建设的一个重点是强化大苗定植，这是因为这个育苗基地地处乌兰布和沙漠边缘，环境条件较为恶劣，大苗定植这一技术措施在当地育苗生产中起着重要的作用，一是移植扩大了地下营养面积，改变了地上部分的通风透光条件，减少了病虫害，因此苗木生长良好。同时使树冠有扩大的空间，可按园林绿化用苗的要求发展。二是移植切去了部分主根、侧根，促进须根发展，有利于苗木生长，可提前达到苗木出圃规格，也有利于提高造林施工时的成活率。三是移植中对根系、树冠进行必要的、合理的修剪，人为地调节了地上、地下部分生长的平衡，使培育的苗木规格整齐、枝叶繁茂、树姿优美。

（4）巴彦淖尔市磴口生态育苗示范基地效益分析

巴彦淖尔市磴口生态育苗示范基地的建设和运行对调整项目地农业产业结构、促进苗木产业发展、加快农村经济发展、解决农村富余劳动力、带动农民增收具有积极的作用。

壮大主导产业，促进结构调整分析。巴彦淖尔市对区域内农业结构不断调整，建立了优质的商品粮基地、优质的瓜果基地、中草药基地、大棚蔬菜生产基地，并将苗木作为重点发展的主导产业之一。巴彦淖尔市磴口生态育苗示范基地建设顺应当地产业发展大方向，促进当地苗木产业迅速兴起，带动当地苗木生产由原来的零星种植逐步走向专业化、规模化，苗木产业正在成为该县农民增收致富的新兴产业，为区域内做强、做大苗木这一主导产业，进一步促进当地农业产业结构调整，起到明显的社会带动作用。

建设现代农业，促进产业化发展。苗木是播种苗—幼苗—大苗（工程苗）的培育过程，示范地将幼苗移植，培育成大地造林及绿化工程使用的大苗，而播种苗可以从市场购入。因此示范基地能带动当地播种苗的生产发展，从而完善苗木产业链。产业链的形成，对产业化经营，建设现代化农业，推行集约化、标准化种植具有相互促进的作用。项目单位利用自身的技术优势，对苗木实行标准化种植、科学化管理，对项目地苗木的发展必将起到示范带动作用。因此，本项目的实施，对项目地建设现代化、促进产业化发展具有积极意义。

带动周边劳力、促进农牧民增收。生态育苗实行标准化种植、科学化管理，对提高当地苗木产业的科技水平具有一定的示范带动作用。对当地苗木种植经营大户进行技术指导，可间接带动苗木种植基地 10 000hm²。示范基地每年需雇 4 万个工日的农业产业工人，以每人每年工作 200 个工日计算，可直接解决 200 人就业，带动 200 户农民增收 500 万元。

巴彦淖尔市磴口生态育苗示范基地的建设和运营对区域内将培育苗木转为主导产业，调整农业结构，促进农业增收、农民增收和农村经济发展具有十分重要的影响。

生态效益方面，森林除了具有固碳释氧功能外，还具有涵养水源、保育土壤、林木积累营养物质、净化大气环境、生物多样性保护、森林防护、森林游憩等功能，其生态效益是巨大的。为此，需要长期定位监测，使本示范基地的苗木生态效益定量化。

二、容器育苗关键技术

1. 模式构建分析

黄土丘陵沟壑区是中国乃至全球水土流失最严重的地区。水土流失不仅成为困扰该地区农业可持续发展和人民脱贫致富的主要问题，而且上游的水土流失也为黄河下游地区带去一系列的生态环境问题。造林恢复植被是减少当地水土流失的方法，而培养优质苗木，是造林成活的关键。但由于当地水土流失严重，土壤疏松，植被覆盖率低，形成水分条件完全不同的小生境，给造林及育苗带来严重困难。从模式构建角度分析，关键技术措施应该解决水分问题、土质问题和避风问题。

2. 关键技术措施

由于和林格尔生态育苗示范基地地处黄土丘陵区的特殊环境条件，最好采用容器育苗。本着"因地制宜，就地取材"的原则，充分利用圃地土壤，施入适量的有机肥及营养原料。根据不同育苗树种选择适宜的容器杯。

（1）营养土消毒

将营养土按比例堆放在一起，用筛孔直径为 1cm 的筛子过筛，混拌均匀，然后用 1% 的硫酸亚铁溶液进行灭菌处理，边喷边拌，拌均匀后放置 24h，充分消毒灭菌。用量为 $15kg/m^3$。

（2）种子检验与处理

为了提高育苗质量和减少浪费，在种子调拨和育苗之前，必须进行种子质检。检验的内容包括种子的净度、种子发芽能力和含水量等项目。

（3）营养土装袋与播种

用装土器将容器袋的四周撑开，固定在苗床上，将准备好的营养土装入袋中，尽量压实不留空隙。根据不同种子需求播适量的颗粒，种子在容器中放入 2～3 粒，然后覆盖细沙，播后必须浇透水。

（4）苗期管理

出苗期要注意保持容器内土壤的湿度，出苗前根据苗木的不同进行喷水，出苗后每天早晚各喷一次，每 10 天灌底水 1 次，温度高时可增加洒水量。出苗期可视天气情况，在苗床上加盖麦秸或遮阴网，以保证出苗率。在苗高 10cm 时，做好间苗和除草工作。每个容器内留 1 株苗木，以保证苗木健壮生长。

3. 效益分析

和林格尔生态育苗示范基地容器苗不仅延长造林季节，实现多季节造林，还有力地缓解劳动力紧张状况。本地区容器育苗造林成活率达 90%～95%，保存率达 90%。苗木栽植后即开始生长，无缓苗期，可迅速进入生长期，可提前形成郁闭林地。

和林格尔生态育苗示范基地容器苗不但大量进行销售，同时还为公司自有造林工程承担供苗任务，通过苗木自给自足，保证苗木供给质量与效率，使苗木成活率得到保障，能够降低苗木成本，提升工程项目的收益。

4. 适宜推广区域

本模式适合于大多数黄土丘陵地区。

三、组织培养育苗技术

蒙树生态建设集团有限公司结合自身发展定位,在内蒙古科技厅重大专项"内蒙古生态屏障建设林业关键技术集成与示范"项目推动下,建设了大型组培实验室,对目前推广树种,如杨树、元宝枫、桃叶卫矛、蒙桑等进行了全方位研究。

1. 元宝枫组织培养技术

元宝枫（*Acer truncatum* Bunge）又名华北五角枫、元宝槭，属于槭树科槭树属落叶乔木树种，因其翅果形状酷似中国古代"金锭"（元宝）而得名。

元宝枫是一种抗逆性和适应性很强的树种,主要垂直分布在海拔 400～2000m 的山区阴坡、半阴坡和沟底的疏林中。在内蒙古自治区，元宝枫作为一种重要槭树资源，成片分布在科尔沁沙地南北、大兴安岭罕山次生林区，在阴山山脉及全区范围内的沙地和半荒漠、干草原的低山丘陵地区和其他温带区域也有分布。

当前，我区水资源匮乏，发展抗旱的木本植物已经成为一个趋势。元宝枫可以通过多种方式适应干旱，侧根极发达，含有菌根菌，抗逆性强，特别是抗干旱能力强，一旦受到干旱胁迫，元宝枫就大幅度降低叶水势，增强吸水能力。今后一个时期，元宝枫作为一种优良的荒山造林树种，将能在我区生态环境建设中特别是林业生态工程建设中发挥巨大作用。

同时，元宝枫树冠荫浓，树姿优美，叶形秀丽，嫩叶红色，入秋后，叶片变色，红绿相映，甚为美观，是传统上营造风景林的重要树种，栽培苗木供不应求。元宝枫组织培养技术对其资源保存、新品种选育等方面有着很好的应用前景，对我区进一步研究该技术对槭树的苗木组培快繁有很大的推动作用。另外，元宝枫具有重要的食用、药用、保健、工业原料以及风景园林旅游资源价值。

目前，元宝枫虽可用播种或扦插繁殖，但其传统播种繁殖周期长，繁殖系数低，且容易发生变异，再加上扦插繁殖成活率的技术难题也一直未能突破，从而导致元宝枫优良种苗的价格一直在高位运行，没有下降的趋势。推广元宝枫组培育苗有重大意义。

（1）模式构建分析

从技术先进程度来看，元宝枫组织培养技术更多是林业生态工程的实践。内蒙古林业重点工程实施过程中，成功与失败的经验非常多，值得我们去总结。元宝枫是一种适应性强、抗逆性强的优良树种，在防治风沙中应用广泛，取得很好的效果。但在其扩繁推广初期，元宝枫的成活率较低，究其原因，元宝枫常用种子繁殖，但种子具有休眠特征，带果壳播种会有发芽时间长和出苗不整齐的现象出现。另外，除了播种或扦插繁殖造成的变异外，采用实生苗繁殖，由于实生树存在童期，进入结果期晚，有效结果空间小，优株率低，导致元宝枫果实单产极低。而组织培养技术用于元宝枫的研究工作已经在蒙树生态建设集团有限公司得以完成，为总结内蒙古自治区元宝枫组织培养技术做好了基础准备。

（2）关键技术措施

1）培养基的配制。

培养基选择：根据培养材料生长发育特性选择合适的基本培养基种类和激素配比。

母液的配制：根据生产情况，母液可以配制成单一化合物母液，也可以配制成几种化合物的混合母液。大量元素母液配制50倍，微量元素母液配制100倍，植物生长物质配制浓度0.5～1.0mg/mL。

母液的保存：母液配制好后，存放于4℃的冰箱中。

培养基配制程序：准备好母液、蒸馏水、蔗糖、琼脂等。

2）培养材料及消毒。

培养材料的选择和确定：可以选取生长健壮、无病虫害、能保证原品种优良性状的植物体的任何部位，如种子、根、茎尖、茎段、叶片等部位来培养。

外植体的消毒灭菌：消毒液种类、浓度及消毒时间的长短需根据材料种类、部位及老、嫩程度确定，以达到最佳的消毒效果。例如，种子消毒：在灭菌 MS 培养基中，10%次氯酸钠种子消毒5min，再用灭菌水冲洗3次。

3）初代培养。

初代（诱导）培养基：MS +1mL IBA（0.05mmol/L）为元宝枫组培苗常用初代培养基之一。可以根据培养的植物种类、接种部位具体调整。

外植体的接种：培养材料经过消毒后，在无菌滤纸上切割成所需大小，然后进行接种。

4）组培苗的增殖与继代培养。

培养材料最好采用侧芽和丛生芽增殖类型。在培养基中添加植物生长物质是组培苗增殖的主要手段。组培苗不断增殖通过周期性的继代培养来实现，继代培养周期根据培养苗种类及生长情况而定，可根据需要 20～90 天继代 1 次。

　　5）组培苗生根。

　　瓶内生根：在继代培养的组培苗中剪取或切取生长健壮、叶色正常、叶片舒展、适于生根的无根苗，接种在生根培养基上进行生根培养。

　　诱导生根：采用生长素诱导组培苗生根。1/2MS +1mL IBA（0.05mmol/L）为元宝枫诱导生根常用的培养基之一。

　　6）组培苗炼苗移栽。

　　组培苗炼苗：在移栽前将培养瓶放置于温室自然散射光下，温度控制在 25℃±3℃，闭口炼苗 7 天左右，去掉瓶盖再炼苗 3～5 天，然后移栽。

　　组培苗移栽：用镊子将生根苗从培养瓶中取出，洗去基部培养基，在 800 倍多菌灵溶液中浸泡 30min 后移栽到基质中。基质采用蛭石、草炭、珍珠岩或混合基质等。控制温度 25℃±2℃，相对湿度前期 80%～90%，可用薄膜覆盖来保持湿度，以后逐渐降低湿度。当试管苗根系发达、形成须根以后，可以移栽到营养钵中，成为容器苗。

　　7）移栽苗管理。

　　肥、水管理：组培苗移栽 7 天后开始喷施霍格兰（hogland）营养液，基质不宜太湿，以攥在手中指间不滴水为原则，喷水与施肥相结合。

　　病虫害防治：①温室使用前彻底消毒，用百菌清烟雾剂熏蒸 3～4 次，温室使用后经常用福尔马林、来苏水消毒；②加强通风，每隔 7 天喷一次广谱性杀菌剂；③一旦发现虫害、病害及时药物治疗。

　　（3）效益分析

　　组织培养快繁是一种有效的繁殖方式，通过建立科学的培养基，辅以合理的技术手段，实现了增殖效果好、质量高的组织培养繁殖。同时结合元宝枫自身生长的特点，在进行组织培养的过程中，环境的应激较温和，提高了外植体的生根率。

　　天然元宝枫的分布较为分散，种群数量逐渐减少，野生元宝枫的资源受到极大的威胁，采用组织培养快繁，是种质资源保护的一种可行方法，也推动了收集和保存当地的优良乡土树种种质资源和有效地对优良乡土树种资源进行开发和利用的工作。

　　由于元宝枫的生物特性、生态适应性、园林观赏性及药用价值等社会需求，元宝枫定能成为内蒙古自治区具有发展前途的造林树种，具有综合开发利用价值。多年以来，内蒙古林业和草原局对其引种繁殖和造林试验工作非常重视，指导内蒙古农业大学和蒙树生态建设集团有限公司研究了元宝枫组织培养扩繁体系，旨在我区扩大元宝枫的种植面积，使得该树种成为一种集生态、经济和社会效益于一身的新型造林树种，充分发挥其在荒山荒地造林、园林绿化、旅游开发、药物利用、工业原料等方面的作用。

（4）适宜推广区域

在海拔 400～2000m 的山区阴坡、半阴坡和沟底的疏林中。在科尔沁沙地南北、大兴安岭罕山次生林区、阴山山脉，在全区范围内的沙地和半荒漠、干草原的低山丘陵地区和其他温带区域都可推广。

2. 桃叶卫矛组织培养技术

桃叶卫矛属阳性树种，喜光，稍耐阴，对土壤要求不严，能耐干旱、瘠薄和寒冷，在中性、酸性及石灰性土壤上生长良好，也可以在轻盐碱的土壤中生长，病虫害少。具有深根性，根系发达，萌蘖力强，耐修剪。同时，它树姿形态优美，果实艳丽，具有较高观赏价值，是优良的园林绿化树种和沟壑治理的优选苗木。

（1）技术选择分析

桃叶卫矛在生产中一般采用种子进行播种繁殖，但种子繁殖存在两个比较突出的问题：一是繁殖出来的后代，和母株相比其基因型发生了变化，不能完全继承母株的优点；二是桃叶卫矛种子有休眠特性，需要进行人为特殊处理后才能增加发芽率。林木无性繁殖技术是许多优良植株繁殖采用的方法，其中以扦插繁殖最为常用。但桃叶卫矛扦插繁殖较为困难，尤其是硬枝扦插繁殖，生根率不到 5%，目前未有人研究出合适的方法；其嫩枝扦插较硬枝扦插容易，成活率可达 50%以上。可是扦插这种方式需要大量的穗条，对许多优良的植株来说，每年所产生的穗条有限，因此扦插这种方法只能以较慢速度进行植株的繁殖。植物组织培养技术不但可以以较少的繁殖材料进行批量化生产，而且产生的后代均能保持母株的优良特性，还能不分季节进行生产，具有优良植株生产的绝对优势，是所有无性繁殖方式中较好的一种选择。

（2）关键技术措施

1）培养基配制。

母液的配制：选择 MS 培养基为基本培养基。MS 培养基母液配制成几种化合物的混合母液，大量元素（A）液配制成 20 倍母液，铁盐（B）、微量元素（C）液配制成 100 倍母液，有机盐（D）液配制成 200 倍母液，肌醇（E）液配制成 50 倍母液。植物生长调节物质配制浓度为 0.5mg/L。

培养基制备：准备好蒸馏水、蔗糖、琼脂、各类母液和激素等试剂药品，同时准备好移液枪、量筒、量杯、天平、药匙等工具。按 30g 蔗糖/L 培养基液和 6g 琼脂/L 培养基液的用量称取蔗糖和琼脂的重量，置于加热容器中备用。配制初代和继代培养基时，用量筒取 A 液母液、B 液母液、C 液母液、D 液母液、E 液母液分别为 50mL/L、10mL/L、5mL/L、5mL/L、10mL/L，混合均匀。配制生根培养基时，A 液母液、B 液母液、C 液母液、D 液母液、E 液母液分别为 25mL/L、10mL/L、5mL/L、5mL/L、10mL/L，混合均匀。将量取好的母液定容至目标量。将定容好的母液以及称量好的蔗糖和琼脂混合在一起加热,待蔗糖和琼脂全溶解,且液体沸腾时停止加热。根据培养基类型加入相应浓度的激素，充分搅拌后，用1mol/L 的 HCl 或 1mol/L 的 NaOH 调节至 pH 5.8～6.0。之后使用 350mL 规格的培养瓶定量分装，每瓶分装约 50mL。利用培养瓶配套瓶盖封口，拧紧瓶盖。8h内用高压灭菌锅灭菌，温度 121℃，时间 20min。灭菌后的培养基在凝固前取出，置于架上冷却凝固，2～3 天观察无染菌情况后再使用。

2）外植体采集与灭菌。

4 月中下旬采集健壮、无病虫害的桃叶卫矛幼嫩带芽茎段作为外植体。去掉嫩茎的叶片和叶柄，在 20%洗洁精或洗衣粉水中浸泡 15min 后用毛笔将茎段刷洗干净，之后流水冲洗 20min，置于无菌培养瓶中转移到超净工作台。用 75%的乙醇浸泡 10s，倒出乙醇后立即用 20%次氯酸钠溶液浸泡 12min，无菌水漂洗 5 次去除残余消毒液。

3）初代培养。

初代培养时培养基中添加 0.05mg/L NAA。超净工作台中，在无菌滤纸上将灭菌后的嫩茎切成长度 1cm 左右带腋芽的小段，每瓶培养基接种 1 个小段，腋芽朝上斜插于培养基中，露芽，拧紧瓶盖，注明编号。培养温度为 25℃±2℃，光照强度为 2000lx，光照周期为 14h 光/10h 暗。

4）继代培养。

继代培养时培养基中添加 0.50mg/L 6-BA 和 0.05mg/L NAA。无菌外植体萌发的腋芽长到 3～4cm 高时，进行继代转接。在超净工作台内，将初代培养的无根瓶苗切成长度 2cm 左右的小段，每个小段上留 1～2 个芽。每瓶培养基接种 5 个小段。小段形态学下端插入培养基内，露芽，盖紧瓶盖，注明编号。培养温度为25℃±2℃，光照强度为 2000lx，光照周期为 12h 光/12h 暗。继代培养期为 20～30 天。

5）生根培养。

生根培养时培养基中添加 0.10mg/L IBA。继代苗木长到 3～4cm 高时，进行生根转接。在超净工作台内，将继代培养的无根瓶苗切成长度 2cm 左右的小段，每个小段上含 1～2 个芽，每瓶培养基接种 8 个小段。小段形态学下端插入培养基内，插入深度为 3～5mm，露芽，保持直立，盖紧瓶盖，注明编号。培养温度为25℃±2℃，光照强度为 1500lx，光照周期为 12h 光/12h 暗。生根培养期为 25～30 天。

6）移栽炼苗。

将高度为 3～4cm 的瓶苗从组培室转移到温室苗床上进行过渡炼苗，控制环境温度 20～30℃，光照强度 1500～2000lx。一周后拧松瓶盖炼苗 1 天。选用小于6mm 粗草炭土：1～2mm 粗蛭石：3～6mm 粗珍珠岩=3：2：1 的混合物作为基质。将基质填充至上孔径 48mm，底部 23mm，深度 40mm 的穴盘中，并用竹块或木棍将穴盘中多余基质刮掉，喷淋透水后待用。

　　将组培苗取出，用 30～35℃的温水轻轻洗去培养基，避免损根伤苗。置于 0.5mg/L 的多菌灵或百菌清溶液中浸泡 3min。移栽时，根要舒展且完全埋在基质中，并压实幼苗周边基质，生长一致的苗木移栽至同一片穴盘中。对带 2 个通风孔的育苗盖喷雾后，盖在穴盘上方，关好通风孔，进行保温保湿。炼苗期间温度控制在 20～30℃，湿度控制在 60%～70%，炼苗期 14 天。每天进行喷水，保持湿度在 60%～70%。14 天后，打开通风孔，通风 2 天后，根据苗木生根情况，去掉育苗盖，并浇透水。揭盖后，3 天喷雾一次，15 天左右喷施一次 MS 营养液。温室穴盘炼苗所需时间约 45 天。当苗木半木质化且高度在 15cm 以上时，可移植至大田。

　　（3）适宜推广区域

　　适于内蒙古、华北、长江南岸各省（自治区）、甘肃等地栽培生产和推广。

参 考 文 献

程金水, 刘青林. 2010. 园林植物遗传育种学(第 2 版)[M]. 北京: 中国林业出版社.

胡建忠. 2002. 植物引种栽培试验研究方法[M]. 郑州: 黄河水利出版社.

第七章 生态屏障建设与可持续管理

第一节 人工造林及管护关键技术

一、土壤改良技术

土壤改良技术主要包括土壤结构改良、盐碱地改良、酸化土壤改良、土壤科学耕作和治理土壤污染。针对人工林造林所涉及的土壤改良，主要从土壤结构改良入手，如施用有益微生物来提高土壤生物活性、种植可以改良土壤的植物等，还有多种改良方法。下面从施肥改良土壤的角度总结"内蒙古巴彦淖尔市磴口沙地育苗土壤改良技术模式"。

1. 模式构建分析

巴彦淖尔市磴口生态育苗示范基地处于自然条件恶劣、植被稀少、土壤贫瘠、多为沙丘的地区，为了提高该地区的育苗成活率，同时改善其土壤环境为后期植被恢复奠定基础，采用深翻—施底肥—落叶养分回归的沙地育苗土壤改良技术，取得了良好效果。

2. 关键技术措施

（1）沙地育苗土壤改良技术

首先要对育苗区域进行开沟整地，深翻晒土，沟间距2m，在育苗植树之前，在沟内开挖直径50cm，深度50~60cm的树穴。由于该地为沙区，先给树穴内灌水，等水下渗以后，再在树穴底部施入有机肥，然后将大苗植入，回填土至树径下5cm处。植苗几年内，每年都进行定期的表层施肥和滴灌。同时对于大苗的落叶不进行清理，让其自然分解至土壤中，达到养分回田的效果。

（2）间作豆科植物土壤改良技术

在已完成植苗的区域，间作紫花苜蓿、沙打旺、柠条等，以紫花苜蓿为例。紫花苜蓿又名紫苜蓿、苜蓿、苜蓿草，为豆科苜蓿属多年生草本植物，根系发达，主根粗大，入土深达2~6m，甚至更深，侧根主要分布在20cm至30cm以上的土层中。根上着生有根瘤，且以侧根居多，根颈膨大，并密生许多幼芽。

紫花苜蓿种子细小，幼芽细弱，顶土力差，只有精细整地才能保证全苗。须全面整地再深翻30cm以上。入冬后要灌足冻水。播种前，再进行一次浅耕或耙糖整地。播种前晒种2~3天，可以打破休眠，提高发芽率和幼苗整齐度。采用机械条播，亩用种量1~1.5kg，一般要求播深为1~2cm，条播一般行距30cm左右。播种后要根据土壤墒情及时镇压，确保种子与土壤充分接触，有利于种子吸水发芽。紫花苜蓿播种第一年苗期长势较弱，中耕作业要以除草为主。

（3）开沟埋草土壤改良技术

在种植苗木的头一年，机械开沟，增施有机肥，有机肥不能全施在沟底，要以 20～40cm 的土层为主，且要掺土混合，最后要大水沉实，然后开沟埋草，尤其适于有机肥肥源不足的情况，杂草、树叶、铡碎的作物秸秆皆可，此法作用较小，但简单可行。

3. 模式效益

沙区土壤改良方法很多，但结合巴彦淖尔市磴口生态育苗示范基地实际情况，通过这几种方法改良土壤，虽周期较长，但同时可提供木本植物生长所需的各类营养元素，可以提高育苗成活率，达到高成活率育苗和土壤改良的双重效益。

养分回田的改良方法可以为后期该苗圃内进行二次育苗节约成本，大大提高经济效益。

蒙树成立的"内蒙古华蒙科创环保科技工程有限公司"子公司生产的有机肥料的作用是可以提高其他普通肥料的吸收率，同时它富含多种微量营养成分，包括多种有机酸、肽类、氮、磷、钾及多种中微量营养成分，可提高土壤的碳含量，为植物提供更全面的营养元素，是种植绿色有机植物不可或缺的肥料。肥料中含活性菌种，具有改良土壤、均衡营养和提高作物品质的功效。

4. 适宜推广区域

该技术主要适用于内蒙古西部干旱区沙地苗圃土壤改良。

二、土石山区樟子松灌溉造林模式

内蒙古在土石山区种植樟子松的时间不超过 20 年，由于其耐寒性强，不苛求土壤水分和大气湿度，可以最大限度地减少叶面蒸腾，可以随生境水分状况调节其根系形态，其在土石山区造林的面积越来越大。

樟子松是我区新兴造林树种，在我区大兴安岭林区及南部山地的更新造林区、燕山山地，如旺业甸和宁城生态工程造林区，以及阴山山地，如包头大青山绿化区都有大面积种植。赤峰 2017 年林业重点工作之一是建设 1.3 万 hm² 樟子松基地，包括土石山区樟子松造林任务。兴安盟大部分适宜造林地区在其大兴安岭南部土石山区，2017 年全盟全年计划完成营造林面积 4.7 万 hm²，重点区域绿化 1 万 hm²。"大青山前坡生态保护综合治理工程"区东西长约 40km，南北宽近 3.8km，总面积达 150km²。按照要求，工程区内 80%的空地要绿化。目前，大青山阳坡造林多选用樟子松，未来土石山区樟子松造林有较大需求。

为此，依托于内蒙古自治区科技重大专项，我们对阴山北麓—包头石拐土石山区造林示范基地的土石山区樟子松造林技术总结如下。

1. 立地条件

地理位置：石拐区位于内蒙古自治区包头市东北部，是市属辖区，位于内蒙古阴山山脉大青山腹地南麓。地理坐标为东经 110°14′～110°28′，北纬 40°37′～40°45′。

地貌特征：石拐区土壤侵蚀较为严重，四面环山，中部为沟壑相间的土石山丘，海拔 1150～1856m。

气候特征：石拐区属温带大陆性季风气候。年平均气温 5.2℃；年均无霜期 102 天；年均降水量 375.7mm，相对湿度为 39%～53%；全年日照 3077h，≥10℃ 年积温为 2591℃；年平均生长期 150 天。

土壤条件：石拐区土壤类型为草原栗钙土，山区有部分黄土覆盖。

主要植物有：杜松、侧柏、桑、山杏、山黄芪、甘草、地黄、远志、黄芩、百合、狼毒、麻黄等，还有黑沙蒿、羊草、针茅等。

2. 模式构建分析

石拐是蒙古语"什桂图"的音译，其意为"有森林的地方"。当地的原生乔木为杜松，说明当地可以通过人工造林的方法改善当地生态环境。

石拐土石山区土壤含土量较少，含石量较大，保水、保肥能力较差，土壤质地偏沙，结构性差，土壤有机质含量低，部分区域有碳酸钙含量较高的钙结层，常存在于 20～40cm 的土层中。这种情况下，常规的造林、大面积造林可能成活率不高，需要特殊的造林技术，其模式构建把握两点：一是解决当地缺水问题；二是解决林木适生问题。

本技术模式推广时，还考虑了林木在改善生态环境和建立生态屏障的同时，怎样发挥生态旅游作用的问题，因此土石山区樟子松灌溉造林技术模式是其中一种造林模式。结合本地区立地条件、社会经济状况等，在如何提高林地土地利用率上下功夫，除了更好地防治水土流失，模式构建还包括了改造山区景观。

3. 关键技术措施

（1）蓄水工程

本技术模式最大的特点是在造林前建设了蓄水工程，尽管增加了造林成本，但这是樟子松造林成活的保证条件。而且由于在苗木灌溉时采用滴灌技术，既省工又节水，达到很好的灌溉效果，避免不必要的水浪费。为结合灌溉用水，在造林区内共建设 3 座蓄水水库，总库容量达 543.8 万 m³。具体绿化灌溉为进山口两端的喷淋管网系统与整个区域的灌溉系统联合建设。

（2）灌溉系统

水塔容水量为 160m³，每个水塔辐射灌溉面积 800～1000 亩。铺设输送管道

PE-DN125，浇灌时从水塔沿山脉纵向布置 PE-DN110 管作为主管道，沿山脉横向于次要山脉每 50m 布置 PE-DN63 管道作为支管道，在支管道每 30m 预留快速取水口，以备以后安装喷灌系统用，沿支管道两侧水平方向每 3m 安装 PE-DN16 滴灌管进行苗木灌溉。

（3）造林地整地

在土层厚、地势平坦、坡度 15°～30°的区域采用机械水平沟整地，水平沟 3m 间距。而在坡度 30°以上区域，采用鱼鳞坑整地，种植株行距 3m×3m。由于原有场地机械挖坑不均匀，后期需要施工方重新整地，修理鱼鳞坑，深度不够的需要人工挖掘加深。另外，在石头较少、地势平坦的地方采用机械挖坑，坡度大机械无法上去的地方采用人工挖坑，这大大增加了整地难度。

（4）储苗池应用及苗木准备

修筑了储苗池：在苗木进场之前，在种植地附近修筑储苗池。储苗池大小因地制宜，高度比土球高 10cm，确保储放足够的水量。修筑好储苗池后，铺设地膜。

泡苗：从储苗池一端放入水，确保每株苗木的土球可以吸收足够的水分，且用生根粉配比溶液，对苗木进行喷施。待苗木浸泡一天后，才进行栽植。

运苗：将苗木放入背带，每次放 1～2 株，轻拿轻放至种植穴。

（5）樟子松造林配置及可降解地膜应用

在包头石拐土石山区造林示范基地内，樟子松主要种植在山坡中，是整个示范基地条件最差的区域。在山腰部分，以栽植樟子松为主，在地势好、土质好的地方栽植油松（*Pinus tabulaeformis*）。

为使林木更好生长，选择高度 0.8～1.5m 的樟子松苗，株行距设置为 3m×3m。樟子松起苗、运苗到造林的过程中尽量做到不伤害苗木根系，并保持苗木根系湿润。

苗木栽植开始时，必须先铺设可降解性薄膜，具体做法是将可降解性地膜裁成与种植穴大小对等的形状，铺于种植穴底部，并在可降解薄膜上覆土 10cm 左右，然后将苗木轻拿轻放放置于种植穴内，营养杯剪开后，表面覆土 10cm 左右，放正苗木并踩实。

4. 模式效益

樟子松属常绿树种，通过几年的樟子松灌溉造林模式实施，改变了土石山区四季无绿色的荒凉景象。项目实施后，使该地林区水土得到初步保护和修复。林地以机械开沟整地结合手工修整与灌溉造林模式，造林成活率、保存率及生长量都得到好的保障。土石山区造林减少了风沙蔓延，樟子松灌溉造林模式推广，增加了周边植被覆盖度，植物多样性得以提升，吸引更多野生鸟类栖息，生物和谐发展，景观效应显著提高。

土石山区造林，由于土壤干旱，当地风大，苗木死亡现象严重，重复造林现象频发，浪费大量人力、财力。采用先进的滴灌进行苗木浇灌，省水的前提下，又节约成本，并且为苗木提供了充足的水分，提高了苗木成活率。

储苗池修建在道路边，或者离种植地较近的部位。苗木进场后，必须在储苗池中对土球进行浸泡，加入生根粉，浸泡一天，这样大大提高了苗木的成活率。

由于种植区域含土量较少，保水、保肥能力较差，所以采用可降解性地膜铺于种植穴底部，覆土，进行栽植，不仅可以起到保水、保肥的作用，还能节约用水成本。

从实施效果来看，在包头石拐石质山区造林示范基地内，修建了若干座水塔，并采用了先进的滴灌技术，用于苗木的浇灌，使其成活率和保存率大大提高，直接提高了经济效益。

5. 适宜推广区域

在土石山区进行樟子松造林，水分是限制因素。建议在阴山山脉土石山区，坡度在30°以下的低山、丘陵地带，以及土质深厚肥沃、水源充足的区域可采用本技术模式。

三、碳汇造林技术

森林是陆地生态系统的主体，拥有着陆地最大的碳库。森林的碳汇功能在缓解气候变暖趋势方面具有重要作用。据测算树木每生长 $1m^3$ 蓄积，约吸收 1.83t 二氧化碳，释放 1.62t 氧气。每营造 15 亩人工林，可以清除三口之家一年产生的二氧化碳；每营造一亩人工造林，可吸收一辆轿车一年的二氧化碳排放。

碳汇林，是指在清洁发展机制（CDM）框架下以森林碳汇交易为目的，符合国际林业碳汇交易规则及国家林业发展的基本政策，有助于维护当地生态系统的完整性、保护生物多样性和改善当地的生态环境，并能促进当地社会经济发展所造的林木（李建华，2008）。碳汇造林是以增加森林碳汇为主要目的，对造林和林木生长全过程实施碳汇计量和监测而进行的有特殊要求的造林活动。

碳汇造林有别于其他造林的特殊要求，一是碳汇造林应当注重当地生物多样性保护、生态保护和促进经济社会发展；二是碳汇造林优先发展公益林；三是碳汇造林坚持因地制宜、适地适树，多树种、多林种结合；四是碳汇造林应按规划设计，按设计施工，按项目组织管理，按技术标准进行检查验收；五是碳汇造林计入期20～60 年。在计入期内，森林不可皆伐。

碳汇造林的调查设计、造林施工、抚育管护、监测评估等活动环节，不仅要符合《碳汇造林技术规程》（LY/T 2252—2014）、《碳汇造林项目设计文件编制指南》（LY/T 2743—2016）、《碳汇造林项目监测报告编制指南》（LY/T 2744—2016）等碳汇造林技术规范，也要符合 CDM 碳汇造林项目方法学的相关技术要求。

蒙树生态建设集团有限公司（以下简称蒙树公司）于 2012 年在内蒙古和林格尔县实施了内蒙古盛乐国际生态示范区碳汇造林项目,碳汇造林面积2191.21hm^2。

之后又于 2016 年在河北省张家口市实施了崇礼老牛东奥碳汇林项目,碳汇造林面积 2000 多公顷。蒙树在碳汇造林项目实施中,积累了丰富的实践经验,开展了碳汇造林关键技术研发,构建了碳汇造林技术体系,总结了碳汇造林技术模式。下面以蒙树实施的内蒙古盛乐国际生态示范区碳汇造林项目为案例,简要总结分析碳汇造林技术如下。

1. 模式构建分析

为进一步推动以增加碳汇为主要目的的造林活动,在和林格尔县,依靠内蒙古盛乐国际生态示范区林业碳汇项目,利用荒山、荒地及退耕土地,从项目区选择到造林地块,特别是在树种选择、造林技术上进行规范,形成碳汇林造林技术模式,并建立了内蒙古盛乐国际生态示范区。

2. 碳汇造林调查

在和林格尔县实施碳汇造林活动前,对拟开展造林的地点按照《造林作业设计规程》(LY/T1607)、《造林技术规程》(GB/T15776)的规定,进行了造林地调查与基线调查。

基线调查:主要包括地表植被、土地利用状况、人为活动和碳库调查。基线调查可采用分层调查的方式,对于地表植被、土地利用状况、人为活动和碳库基本一致的造林地块,可作为一个类型进行基线调查,并以小班为单位,填写《碳汇造林基线调查表》,全面反映造林地块的基线情况,为开展碳汇计量和监测提供基础资料。

基线调查记录:在开展基线调查的同时,应针对开展碳汇造林地点的典型立地状况拍摄照片或录像加以记录,以便与造林后进行对照。

3. 碳汇造林设计

在造林地调查、基线调查的基础上,按照《造林作业设计规程》(LY/T1607)规定的具体程序和内容编制造林作业设计,将相应的造林技术措施落实到造林小班(表 7-1,图 7-1)。碳汇造林作业设计应按照减少造林活动造成的碳排放和碳泄漏的要求,针对整地方式、造林栽植、施肥、抚育管护等内容提出相应的措施。对造林地中的极小种群、珍稀濒危动植物保护小区要设计特别的保护措施。造林实施单位应将造林小班勾绘到地形图上,比例尺不小于 1∶10 000,具体按《造林作业设计规程》(LY/T1607)规定的比例尺确定地形图。完成造林小班信息数字化,满足可查询、可修订的碳汇造林管理地理信息系统相关基础数据的要求。作业设计要满足的条件,一是造林地调查相关表格完备,二是基线调查相关表格完备,三是有减少碳排放和碳泄漏的措施,四是有极小种群保护、珍稀濒危物种保护等生物多样性保护措施。

表 7-1　内蒙古盛乐国际生态示范区造林典型设计

设计编号	树种	混交方式	造林方式	初植密度		苗木规格	株距/m	行距/m	备注
				株/坑	株/亩				
I	樟子松、山杏	带状混交	人工植苗	1	74	樟子松 0.4～0.6m 容器苗，山杏为 2 年生苗	3	3	两行樟子松、两行山杏，比例 1:1
II	樟子松、云杉	带状混交	人工植苗	1	74	樟子松 0.4～0.6m 容器苗，云杉 0.4～0.6m 容器苗	3	3	两行樟子松、两行云杉，比例 1:1
III	樟子松、山杏、沙棘	株间混交	人工植苗	1	74	樟子松 0.4～0.6m 容器苗，山杏、沙棘均为 2 年生实生苗	1.5	6	樟子松、山杏、沙棘株间混交，比例 1:1:1

4. 树种与苗木

碳汇造林树种选择应遵循的主要原则，一是优先选择吸收固定二氧化碳能力强、生长快、生命周期长、稳定性好、抗逆性强的树种，同时兼顾生态效益、经济效益和社会效益；二是树种的生物学、生态学特性与造林地立地条件相适应，优先选择优良乡土树种；三是因地制宜确定阔叶树种和针叶树种比例，提倡营造混交林，防止树种单一化（表 7-2）。

造林典型设计图 I

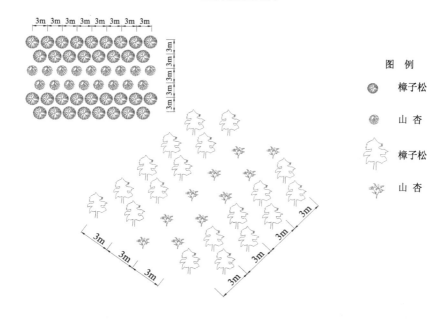

造林典型设计图Ⅱ

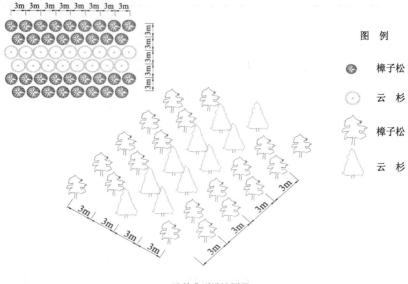

造林典型设计图Ⅲ

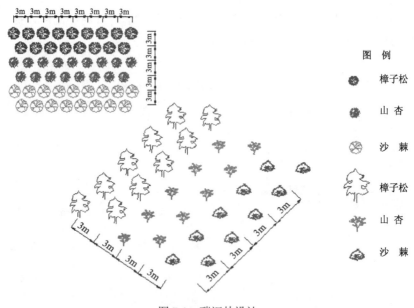

图 7-1　碳汇林设计

　　种子和苗木要求：种子和苗木的选择严格按照《主要造林树种苗木质量分级》（GB6000）、《林木种子质量分级》（GB7908）、《容器育苗技术》（LY/T 1000）、《造林技术规程》（GB/T15776）的规定。全部苗木来源于蒙树在和林格尔县的生态育苗示范基地，采用就地育苗，减少长距离运苗活动造成的碳泄漏。

表 7-2 内蒙古盛乐国际生态示范区选择种植树种

序号	中文学名	拉丁名
一		造林树种
1	樟子松	*Pinus sylvestris* var.*mongolica*
2	油松	*P. tabulaeformis*
3	云杉	*Picea meyeri*
4	山杏	*Prunus armeniaca* var. *ansu*
5	沙棘	*Hippophae rhamnoides*
6	山桃	*Prunus davidiana*
二		试验树种
1	文冠果	*Xanthoceras sorbifolia*
2	枸杞	*Lycium chinense*

5. 整地与栽植

采用人工植苗造林，整地执行《造林技术规程》（GB/T15776）的规定。对于15°左右的坡地，采用机械化水平沟整地，以提高工作效率，对于30°以上的坡地，以鱼鳞坑穴状整地为主，原则是尽量不导致土壤扰动。

和林格尔县的碳汇造林区，原生植被不多，但在造林整地时，给予了最大限度的保护，对灌木或草本植物尽量保留，在山脚、山顶保留了10～20m 宽的原有植被保护带。

株行距设置为 5m×3m，其余技术措施可参考樟子松纯林造林技术模式。

栽植：参照《造林技术规程》（GB/T15776）的规定。

6. 碳汇林抚育管护和效益分析

执行《森林抚育规程》（GB/T15781）、《生态公益林建设技术规程》（GB/T18337.3）的规定。

碳汇造林，在很大程度上起到了很好的固碳效果，大气中二氧化碳不断增加，树木将其固定在植被或土壤中，从而减少该气体在大气中的浓度。有资料显示，森林面积虽然只占陆地总面积的 1/3，但森林植被区的碳储量几乎占到了陆地碳库总量的一半。因此说，森林之所以重要，是由于在气候变化中起着主导作用。许多国家和国际组织都在积极利用森林碳汇应对气候变化。提高森林覆盖率是未来几十年经济发展可行、成本较低的重要减缓气候变化的措施。

7. 适宜推广区域

为做好碳汇林营造工作，国家发布了林业行业标准：《碳汇造林技术规程》

（LY/T 2252—2014），规程规定了碳汇造林地点选择、调查和作业设计、树种选择、造林方式、整地栽植、森林抚育、检查验收、档案管理等技术要求。此模式依据《碳汇造林技术规程》（LY/T 2252—2014），适合内蒙古各造林区。

四、防护林林草间作技术

1. 模式构建分析

赛罕乌拉地处内蒙古大兴安岭南段，是典型的森林草原交错区。原本这一区域以牧业为主，草原遭受风灾、雪灾影响严重，牧草产量不稳。怎样在草原生态系统中纳入森林，是本模式需要解决的技术难题。我们反对在草原大面积造林，但草场过牧、草原退化的问题又摆在面前。实际上，这一地区过去是有森林存在的，这是森林草原交错区的特点，为此，在周边有森林存在的草原地区（主要指平坦草原）以及在缓坡及坡下部，配置林草间作模式都可以形成以降低风速、防止或减缓风蚀、固定沙地、保护牧场免受风沙侵袭为主要目的的牧场防护林，力求起到迅速恢复植被，增加农民收益，促进当地农牧业生产方式转型。

2. 关键技术措施

（1）配置模式

窄带配置模式：为 4 行 1 带乔木林配置模式，乔木株行距为 2m×1.5m，留草带 4m 宽（图 7-2）。

宽带配置模式：为 10 行 1 带配置模式，株行距为 2m×1.5m，留草带 25m 宽（图 7-3）。

坡面配置模式：在缓坡或者坡下，沿着等高线，依据坡长、坡度确定林带和草带的宽度，采取行带式配置。乔木 1～3 行为 1 带，主要树种选用华北落叶松、樟子松、云杉等。由于当地植被状况较好，不需要人工补植种草，保留原草带，用于牧草打草。草带宽度控制在 10～20m 范围内。

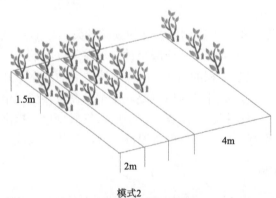

模式2

图 7-2　窄带造林配置模式图

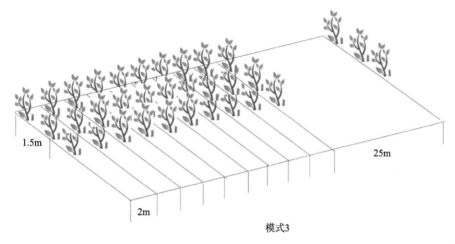

图 7-3　宽带造林配置模式图

（2）整地

在平坦草原和缓坡或者坡下，造林可以采用犁沟整地或者机械开沟整地，机械开沟整地规格为上口宽 80cm，下口宽 40cm，沟深 60cm，如果在缓坡或者坡下，开沟后还需要人工在沟内做隔水横埂，而坡度较陡可采用水平沟整地。种草采用全面整地，即先将造林地通过机械或畜犁翻挑耙压，深松除草进行全面整地。耕翻后进行耙糖。

（3）造林

这种模式普遍采用植苗造林。用两年生合格的华北落叶松苗经过移植或切根，地径 0.3m 以上，苗高 20～50cm。栽植过程中在起苗、窖藏、运苗、栽植时注意保湿。

（4）抚育

一般抚育 3～5 年，主要内容为除草、松土，并结合扩穴培埂。华北落叶松幼林、樟子松林分郁闭后要修枝。应进行抚育间伐，以改善林木生长条件，并获得一些有利用价值的小径材。要注意伐去病枯木、被压木和生长不良的树木。

3. 模式效益

这种林草间作模式在很大程度上保护了牧草和坡面原生植被，提高了牧草产量和植被覆盖度。在坡面上通过沿着等高线合理密植，林木对水分利用效率大大提高，有利于林木生长。

林草间作给当地农民带来了可观的收益，按照每亩每年生产牧草 3t 计算，每年可以产出足够的优质牧草供当地农民的牛、羊食用，按照每头牛纯收入 3000元、每头羊纯收入 1500 元来算，每年可增加农民收入 3 万元，极大地促进了当地的经济社会发展。

4. 适宜推广的区域

大兴安岭南段属低山丘陵区，两山夹一沟的地貌非常罕见，沟谷较宽，多为放牧场或打草场。而当地的山坡林草间作模式可以改善小气候环境，提高产草量，建议推广。

五、沟壑护岸林草生态修复技术

1. 立地条件

试验地位于蒙树实施建设的和林格尔内蒙古盛乐国际示范区的丘陵地带。立地条件见第六章。这一地区沟壑侵蚀比较严重，主沟道下游沟岸已形成高陡边坡，对于此地进行造林带来极大困难。

2. 模式构建分析

沟壑溯源侵蚀、横向侵蚀不断扩大，高陡边坡不断塌陷，给当地居民带来不便，并且给周边荒山造林也带来极大困难。为了控制沟壑继续扩张，针对此地区采取植物措施与工程措施相结合的综合防护措施（图 7-4）。

图 7-4　沟壑护岸林草生态修复

3. 关键技术措施

（1）台阶式削坡

本地区的护岸护坡不同于其他地方，由于水侵蚀的长期作用，使得沟深下切 10m 之多，且沟岸边坡陡立，因此采取台阶式削坡。

（2）抗冲生物毯护坡

由于边坡角度太大，部分台阶的坡面形成了新的坍塌，应进行进一步削坡，减缓坡度，降低沟道比降。为此我们采用先进的"抗冲生物毯"技术进行护坡，在铺设"抗冲生物毯"前对现状边坡重新进行分级削坡，台阶以上边坡坡度为

1∶1.5，以下边坡坡度为1∶1.75，台阶宽3.0m。

在整地削坡后，把"抗冲生物毯"展开，铺设在施工面上，从压脚至压顶、下游往上游方向施工。横方向的重叠部分为5cm，纵方向的重叠部分为5cm。"抗冲生物毯"连接处应为上游侧"抗冲生物毯"压住下游侧"抗冲生物毯"，坡顶"抗冲生物毯"压住坡脚"抗冲生物毯"，最后进行压顶、压脚及上下游端部固定。

固定后撒播披碱草，播种量30kg/hm^2，撒播草种后表面撒上一定量的种植土，厚度为2cm，及时洒水。做好后期养护。

（3）造林种草

在沟坡上进行水平沟整地造林，台阶上进行水平条造林。樟子松仍然是我们选择的首要树种，且林下种草，进而达到生态自我修复的效果。

4. 模式效益

通过工程措施与生物措施结合的方式，示范区内陡立沟坡得到有效治理，坡度变缓了，植被增多了，侵蚀沟横向侵蚀得到了彻底遏制。

5. 适宜推广区域

本模式适合低山丘陵地带沟壑区域、黄土丘陵地带沟壑区域等。

六、人工林幼林抚育管护关键技术

俗话说"三分造、七分管"，说明造林后的抚育和管理工作非常重要，在人工林营造整个过程中，抚育和管护通常可以分为幼林抚育管护和成林抚育管护两个层面。幼林抚育管护是指幼林郁闭前所进行的管理措施，而依据幼林的特点其抚育措施主要可以分为土壤管理和幼林管理两个方面。

在蒙树生态建设集团有限公司的示范基地中，幼林抚育是促进林木生长的主要措施，适合各种立地条件下的幼林抚育技术措施。

1. 模式构建分析

苗木刚刚栽植完毕，环境未得到本质改善，栽植苗木极易受到风力及人为破坏。苗木栽植后抚育管理极为重要，按照常规管理，抓好土壤管理和幼林管理两大块，土壤管理重点抓好除草、松土、施肥等环节，幼苗管理则主要关注间苗、平茬、除蘖、修枝和摘芽等。因此从松土除草、灌溉与施肥、幼林补植、修枝、间伐等方面总结人工林幼林抚育管理技术。

2. 技术措施

（1）松土除草

结合示范区内特殊环境条件，松土除草要到幼林郁闭为止，进行3~5年。一般造林当年就要松土除草，第1~2年3~4次，第3~4年2~3次，第5年以后1~2次，以后再根据灌草及林木的生长情况决定是否要松土除草。时间通常为春、夏2季，正是树木生长季节，也是草灌茂盛、危害最大的时期，雨后天晴或烈日下及时除草，效果较好。秋季除草要在草灌结籽以前，以减少翌年草灌滋生。松土不要损伤树木。做到"冠（幅）内浅，灌（幅）外深"，坡地浅平地深，造林第1年浅，以后逐年加深。一般以5~20cm为宜。

（2）灌溉与施肥

示范区内常年少雨干旱，因此要经常灌水保证幼树成活，促进幼林生长。可进行施肥，以改善土壤养分状况，提高林木生长量，促进林木提早郁闭。

（3）幼林补植

造林后1~2年，通过检查验收，成活率低于85%的幼林应立即进行补植，低于40%则要重新造林。补植要求用大苗。

（4）修枝

修枝在一些多分枝及主干不明显树种的幼林中十分必要。主要是通过整枝，提高林木光合作用，以保证中幼林正常生长。修枝因林种、树种、造林密度、造林目的的不同而异。不同栽植密度和模式的林木修剪强度有所不同，对于杨树等速生树种营造的防护林和用材林，对栽后3年以内的幼树进行修剪时，注意培养直立、强壮的主干，去除和控制竞争枝，保留辅养枝，并剪去树干基部的萌条，以加快高度、粗度生长。幼龄林阶段（3~5年）树木修剪高度不超过树高的1/3；中龄林阶段（6~10年）树木修剪高度不超过树高的1/2。以早春树液流动前修剪为宜。修枝强度有很大伸缩性，修剪后形成的大、中、小林木都能接受到充足的阳光，形成多级郁闭。

3. 效益分析

1）抚育对林分生产量的影响。示范区内苗木树高、直径、材积得到快速增长，有效缩短了林木生长周期。通过适当强度的抚育间伐，即伐除枯立木、病腐木等，消除不利于林木生长的各种因素，促进保留木的生长和发育，从而提高材种的规格和出材率，实现林木数量与质量的同步增长。

2）抚育对林分郁闭度合理程度的影响。林地生产力利用率变高，森林整体质量越来越好，森林经营水平变高。

3）对转移社会剩余劳动力的影响。森林抚育需要大量的劳动力，开展森林抚育增加了就业机会，充分利用了当地农村居民的剩余劳动力，维护社会稳定，促进社会和谐发展。

4）对森林观赏等产业价值的影响。抚育与未抚育林分相比林相差距明显，抚育使森林自然景观得到明显改善，森林景观价值提高。

4. 适宜推广区域

所有造林地均需要抚育管理，应区分是幼苗抚育管理，还是成林抚育管护。本技术适应幼林抚育管护。

第二节 林 业 碳 汇

一、林业碳汇机制

1. 碳贸易的产生

自工业革命以来，由于化石燃料燃烧和森林破坏，大气中以 CO_2 为主的温室气体浓度持续增加，引起的以全球变暖为主要特征的气候变化，威胁着人类生存环境和社会经济的可持续发展，近几年来日益成为国际社会、各国政府、科学家和公众强烈关注的重大环境问题。为减缓全球气候变化，保护人类生存环境，1992年通过了《联合国气候变化框架公约》(UNFCCC)。1997 年通过并于 2005 年生效的具有历史意义的《京都议定书》，为工业化国家规定了具有法律约束力的第一承诺期（2008~2012 年）温室气体减限排指标。2015 年 12 月通过的《巴黎协定》，190 余个国家就将全球平均气温升幅控制在 2℃之内，并努力将气温升幅限制在1.5℃之内，达成一致。2016 年 11 月 4 日《巴黎协定》提前生效，显示出各国政府应对气候变化的积极态度和坚定决心，是全世界为积极应对气候变化而采取的最强有力的联合行动。

随着经济学原理在环境管理领域的广泛应用，市场机制在保护环境中的作用越来越受到政策制定者的重视。适当的市场机制可以刺激环保技术的开发、创新和应用，从而以更经济、有效的方式解决复杂的环境问题。随着应对全球气候变化以及温室气体减排意识的增强，以及相关国际气候协定的签订和生效，温室气体排放贸易应运而生。《京都议定书》第 6 条确定的联合履约 (JI)，第 12 条确定的清洁发展机制（CDM），就是应用市场手段来协助温室气体减排并推动可持续发展的灵活机制。温室气体排放贸易市场相继建立。由于交易的对象以 CO_2 减排量为主，交易的单位以 CO_2 当量计，因此人们习惯地将温室气体排放贸易称为"碳贸易"，将温室气体排放贸易市场简称"碳市场"。

国际市场分为三类：一是跨国区域型，如欧盟碳排放交易市场是建立最早、规模最大、运行时间最长的碳排放交易市场；二是国家型，如新西兰碳排放交易市场（2008 年启动）、瑞士碳排放交易市场（2013 年启动）；三是小区域型（一国内），如美国的加利福尼亚州、加拿大的魁北克省、中国自愿减排交易的试点省市碳排放交易市场。

根据与国际履约义务的相关性，即是否受《京都议定书》辖定，可分为京都市场和非京都市场。其中，京都市场主要由国际排放交易机制（IET）、清洁发展机制（CDM）和联合履约（JI）市场组成，非京都市场则不基于《京都议定书》相关规则，包括企业自愿行为的碳交易市场和一些零散市场等。

按管理和交易的模式，碳贸易可划分为基于项目的碳贸易和基于配额的碳贸易。基于项目的碳贸易，是指通过项目合作，对项目产生的减排量或碳信用进行交易，即交易的标的为减排量或碳信用。CDM 和 JI 均是基于项目的碳贸易。

基于配额的碳贸易，减排量或碳信用买方所购买的排放配额，是在总量控制与贸易体系下由管理者确定和分配的，即由管理者设置一个排放量的上限，受该体系管辖的每个企业将从管理者那里分配到相应数量的"配额"（在《京都议定书》下称为"分配数量单位"，AAU），每个配额等于 1t CO_2 当量。如果某企业的温室气体排放量低于该配额，则剩余的配额（代表温室气体的排放权）可以通过有偿转让给那些超排的企业，以获取利润。反之，如果某企业的温室气体排放量高于该配额，则必须到市场上购买相应的配额，否则将会被处以重罚。基于配额的碳贸易的交易标的为"配额"。《京都议定书》下的欧盟排放贸易体系（EU ETS）就是属于这种类型。中国自愿减排交易包括基于项目的交易和基于配额的交易。

碳贸易的交易主体为控排企业、减排项目企业、金融机构等。①控排企业获取当年的配额后，若实际产生的碳排放量小于配额量，则多余的配额可以出售给其他控排企业；②减排项目企业即碳信用的出售方，可以将核算、核证后的碳信用卖给控排企业；③金融机构等可参与期货等衍生品的买卖，利用价格的波动赚取投资收益。

按碳交易的目的或终端用途，碳市场可分为"强制碳市场"和"自愿碳市场"。"强制碳市场"是指其交易的减排量可用于协助完成具有法律约束力的国际、地区或行业温室气体减限排协定，如《京都议定书》下的 CDM、JI，欧盟排放贸易体系、美国东部 10 个州的区域温室气体法案（RGGI）、新南威尔士温室气体减排计划（NSW GGAS）下，以及中国的《碳排放权交易管理条例》下的碳贸易。

"自愿碳市场"，顾名思义，是指不受强制性国际、地区或行业履约规则限制的碳市场。主要是企业之间的碳贸易，一般不需要相关国家政府的认可，减排指标不能用于履约目的，多被用于体现企业的社会责任、消除碳足迹或碳中和等方面，或为建立强制碳市场前期准备的需要，或以赢利为目的的碳贸易。

2. 中国温室气体自愿减排交易

2009 年 11 月，国务院常务会议决定，2020 年，单位 GDP 碳排放强度要在

2005 年的基础上降低 40%～45%。从那以后，通过碳交易等市场机制推进节能减排，已经成为国家的政策基调。2011 年 3 月，"十二五"规划中明确提出中国将推进低碳试点项目并逐步建立碳排放交易市场。2011 年 11 月，国家发展和改革委员会发布《关于开展碳排放权交易试点工作的通知》，批准北京、天津、上海、重庆、广东、深圳和湖北 7 省（直辖市）开展碳排放权交易试点工作。2012 年 6 月，国家发展和改革委员会正式发布《温室气体自愿交易管理暂行办法》，以此保障自愿减排交易活动的有序开展。自 2013 年开始，国家发展和改革委员会先后备案了北京、上海、深圳、天津、重庆、广东、湖北、四川和福建共 9 家碳排放权交易机构；备案了 12 家审定与核证机构。2017 年 12 月 19 日，国家发展和改革委员会宣布，以发电行业为突破口，全国碳排放交易体系正式启动。2018 年发布了《全国碳排放权交易管理条例》，以期为全国碳交易奠定法律基础。截至 2019 年底，纳入 7 个试点碳市场的排放企业和单位共有 2900 多家。

2016 年 3 月，《国民经济和社会发展第十三个五年规划纲要》要求，有效控制电力、钢铁、建材、化工等重点行业碳排放，推进工业、能源、建筑、交通等重点领域低碳发展。支持优化开发区域率先实现碳排放达到峰值。推动建设全国统一的碳排放交易市场，实行重点单位碳排放报告、核查、核证和配额管理制度。健全统计核算、评价考核和责任追究制度，完善碳排放标准体系。

2016 年 10 月，国务院印发的《"十三五"控制温室气体排放工作方案》提出，到 2020 年，单位国内生产总值二氧化碳排放比 2015 年下降 18%，碳排放总量得到有效控制。全国碳排放权交易市场启动运行，应对气候变化法律法规和标准体系初步建立，统计核算、评价考核和责任追究制度得到健全。

在全国碳排放权交易制度建立方面，出台《全国碳排放权交易管理条例》及有关实施细则，各地区、各部门根据职能分工制定有关配套管理办法，完善碳排放权交易法规体系。建立碳排放权交易市场国家和地方两级管理体制，将有关工作责任落实到地市级人民政府。制定覆盖石化、化工、建材、钢铁、有色、造纸、电力和航空 8 个工业行业中年能耗 1 万 t 标准煤以上企业的碳排放权总量设定与配额分配方案，实施碳排放配额管控制度。对重点汽车生产企业实行基于新能源汽车生产责任的碳排放配额管理。

在现有碳排放权交易试点交易机构和温室气体自愿减排交易机构基础上，推动区域性碳排放权交易体系向全国碳排放权交易市场顺利过渡，建立碳排放配额市场调节和抵消机制，逐步健全交易规则，增加交易品种，探索多元化交易模式，完善企业上线交易条件，启动全国碳排放权交易市场。根据国家主管部门的部署，我国的碳交易市场的建立和运行分阶段逐步建立和完善（图 7-5）。

图 7-5　中国碳交易市场建设路线图

《全国碳排放权交易管理条例》中规定 7 种温室气体：二氧化碳（CO_2）、甲烷（CH_4）、氧化亚氮（N_2O）、氢氟碳化物（HFCs）、全氟碳化（PFCs）、六氟化硫（SF_6）和三氟化氮（NF_3）。温室气体贸易以每吨 CO_2 当量（tCO_2e）为计算单位，即将非 CO_2 温室气体根据全球增温潜势，转化为 CO_2 当量的量。

中国温室气体自愿减排交易体系属总量控制与排放贸易体系。各省（自治区、直辖市）主管部门根据配额分配方案，为域内碳排放配额管控企业分配配额。这里的配额，是政府分配给控排企业在指定时期内的碳排放额度，是碳排放权的凭证和载体，是经当地发改委核定，企业取得的一定时期内"合法"排放温室气体的总量。1 个配额代表持有的控排企业被允许向大气中排放 1t CO_2 当量温室气体的权利，碳配额的分配和履约具有一定的强制性。企业的年排放量不得超过发放的配额量，如果管控企业实际排放量超过分配的配额量，则企业面临高额罚款。企业也可以从碳市场去购买配额（配额交易）或通过核证减排量来完成履约。同理，如果管控企业实际排放量低于分配的配额量，则企业可以在碳市场上出售低于配额的那部分（图 7-6、图 7-7）。

中国核证自愿减排量（CCER），是指国务院碳交易主管部门（国家发展和改革委员会）依据相关规定备案，并在国家注册登记系统中登记的温室气体自愿减排量。所谓自愿减排，是指企业、个人以对自然、环境以及人类社会负责任的态度，出于自身意愿或商业因素所开展的各种减排活动。CCER 申报和备案流程如图 7-8 所示。

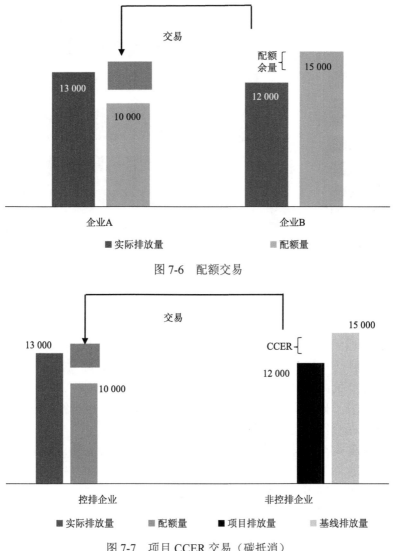

图 7-6 配额交易

图 7-7 项目 CCER 交易（碳抵消）

3. 林业碳汇交易

森林作为陆地生态系统的主体，为全球数以亿计的家庭提供最基本的产品和服务，气候变化对森林的影响将直接对人类生存和生态安全产生影响。另外，森林生态系统以其巨大的生物量和土壤储存着大量碳，是陆地上最大的碳储存库。树木通过光合作用，从大气中吸收 CO_2，将 CO_2 转化为碳水化合物储存在森林生物量中，因此森林生长是大气 CO_2 最重要的碳吸收汇。

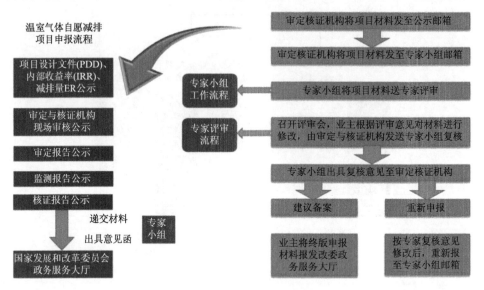

图 7-8　CCER 申报和备案流程

　　无论在《京都议定书》下各国的总量控制和排放贸易体系，如欧盟排放贸易体系，还是中国的自愿减排，林业都未纳入总量控制体系下。但是，在《京都议定书》清洁发展机制（CDM）下，造林再造林项目产生的碳汇（核证减排量，CER）可用于抵消承诺的减限排指标。在中国自愿减排体系下，造林、竹子造林、森林经营、竹林经营、矿区生态修复等产生的碳汇，经过核证也可用于控排企业的履约。林业碳汇是我国碳交易的主要标的之一。

　　CDM 涉及 4 个造林再造林方法学，即造林再造林方法学、退化红树林湿地造林再造林方法学、小规模造林再造林方法学和小规模湿地造林再造林方法学。一些自愿碳标准也采用 CDM 的方法学，同时开发了一些 CDM 没有涵盖的方法学，如 VCS 的延长森林轮伐期、避免沼泽森林的采伐、提高森林生长量、避免毁林和森林退化、通过林火管理避免森林退化等。

　　中国自愿减排已备案了 5 个与林业有关的方法学，分别是碳汇造林项目方法学、竹子造林碳汇项目方法学、森林经营碳汇项目方法学、竹林经营碳汇项目方法学和小规模非煤矿区生态修复方法学。备案的 12 家审定和核证机构中，6 家具有审定和核证林业项目的资质，分别是中国质量认证中心（CQC）、广州赛宝认证中心服务有限公司（CEPREI）、中环联合（北京）认证中心有限公司（CEC）、北京中创碳投科技有限公司、中国农业科学院（CAAS）和中国林业科学研究院林业科技信息研究所（RIFPI）。

　　中国温室气体自愿减排交易林业碳汇项目分为造林（包括竹子造林）和森林经营（包括竹林经营）。无论是造林还是森林经营项目，都要求纳入项目的地块权属清晰，项目地块边界清楚，且项目活动开始于 2013 年 1 月 1 日以后。

二、林业碳汇市场现状

1. 全球碳市场概况

国际上的碳交易分为强制市场和自愿市场。最早的碳交易可追溯到 1988 年，但直到 2005 年《京都议定书》生效，均属自愿碳交易，且交易量很小，发展缓慢。2006 年开始，碳交易市场得到了迅速的发展和扩张，成为全球贸易中的新亮点。截至 2019 年 4 月 1 日，全球共有 20 个碳交易体系[覆盖 28 个区域、国家和省（州）]已投入运行，覆盖了全球温室气体排放总量的 8%左右，与十年前相比总额翻了一番。覆盖区域的 GDP 占全球的 37%。随着美国弗吉尼亚州和新泽西州加入区域温室气体倡议，中国、墨西哥碳交易体系的全面建立，碳市场所覆盖的排放总量将增加近 70%。另外，6 个国家（地区）正计划未来几年启动碳交易体系。12个不同级别的政府开始考虑建立碳市场，作为其气候政策的重要组成部分，其中包括俄罗斯、巴西、智利、印度尼西亚、泰国和越南等（ICAP，2019；World Bank，2019）。

2015～2016 年，全球排放贸易体系（ETS）和碳税价值约 500 亿美元，价格范围为每吨 CO_2 当量 1～131 美元，其中 3/4 在每吨 CO_2 当量 10 美元以下（World Bank and Ecofysand Vivid Economics，2016）。

在《巴黎协定》下各国向联合国提交的自主减排贡献（INDCs）的国家和地区覆盖了全球 98%的人口和 96%的温室气体排放量，其中 100 余个国家提交的INDCs 涉及排放贸易、碳税或其他市场机制，包括中国、印度、巴西（World Bank，2019）。碳交易是实现《巴黎协定》目标的重要工具之一。但即使实现了这些目标，到 2030 年的全球排放量仍将达到 550 亿 t CO_2 当量，远高于实现《巴黎协定》2.0℃升温幅度的 400 亿 t CO_2 当量，全球升温幅度将达到 2.7℃（UNFCCC，2006）。据研究，为实现升温幅度不超过 2℃的目标，仅在能源领域 2016～2050 年期间就需投资 9 万亿美元（IEA，2016）。因此，未来全球减排幅度仍将加大，碳市场将发挥更大的作用。研究表明，要实现低于 2.0℃升温幅度的目标，2030 年的碳市场价格估计达到每吨 CO_2 当量 80～120 美元（IPCC，2014；IEA，2015）。

针对《京都议定书》CDM 机制下的 CER，自 2005 年《京都议定书》生效，CER 签发量快速增长，2012 年达到高峰，以后随着第一承诺期的结束，迅速下降。CER 的价格从 2007 年的 30 多欧元，下降到 2008～2011 年的 15～20 欧元，2012年以后不到 1 欧元。

国际自愿碳市场在 2006 年以前有一定规模，最早的自愿碳交易可追溯到 1988年，但发展缓慢（约 1000 万 t CO_2 当量）。自 2006 年以来，自愿碳市场得到迅速发展。与京都市场相比，自愿碳市场的量要小得多，累计交易量 3.3 亿 t CO_2 当量，是京都市场的 1/8。但是，自愿碳市场无论是交易量还是交易价格波动都小得多。

交易量在 2012 年达到峰值，随后呈缓慢降低趋势，碳价格则在 2008 年最高，随后缓慢下降（图 7-9）。

早期的自愿碳市场以提高能源利用效率、可更新能源、甲烷和 LULUCF 项目占较大的市场份额。特别是在 2004 年以前，以 LULUCF 项目为主，但随后呈下降趋势，取而代之的是水电、垃圾填埋和风电等项目类型占较大份额。

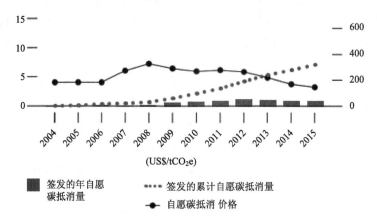

图 7-9　自愿碳抵消市场动态（World Bank and Ecofysand Vivid Economics, 2016）

2. 中国碳市场现状

中国是 CDM 项目的积极参与者。截至 2016 年 11 月 30 日，中国在 CDM 执行理事会注册的全部 CDM 项目 3807 个，占全球（7751 个）的 49.1%；已获得 CER 签发的项目 1526 个，占全球（3006 个）的 50.8%；签发的 CER 数量约 7 亿 t，占全球（17.7 亿 t）的 39.5%。中国的 CDM 项目主要以新能源和可再生能源项目为主，占 83.35%；其次为节能和提高能效项目、甲烷回收利用项目，分别占 6.72% 和 6.23%。

随着 2013 年以来中国自愿减排交易试点的开展，2017 年全国碳市场的启动，以及国际碳市场的萎靡，中国 CDM 项目注册数量呈降低趋势，2015 年 4 月 21 日以来没有新的来自中国的 CDM 项目注册。相当数量的已经注册以及获得国家发展和改革委员会批准函的 CDM 项目，均转向申请国内的 CCER 项目。

因此，目前中国的碳市场以国内自愿减排交易市场为主。自 2013 年 3 月 27 日首个 CCER 项目"内蒙古巴彦淖尔乌兰伊力更 300 兆瓦风电项目"备案以来，截至 2016 年 12 月 31 日，公示的中国自愿减排交易项目达 2742 个，其中备案 861 个，预计年减排量超过 1 亿 t，减排量备案 242 个。备案的项目以风电最多，其次为水电、避免甲烷排放和光伏，分别占 37%、18%、13% 和 12% 左右。按项目来源分，采用经国家发展和改革委员会备案的方法学开发的自愿减排项目占 50%，获得国家发展和改革委员会 CDM 项目批准函且在 CDM 注册前产生减排量的项目占 43%，获得国家发展和改革委员会 CDM 项目批准函但未在 CDM 理事会注册的项目占 7%左右。

3. 林业碳汇市场现状

CDM 造林再造林项目是京都市场唯一的林业碳汇项目类型。随着 2005 年《京都议定书》的生效，2005 年由中国开发的全球第一个 CDM 造林再造林方法学获得批准，2006 年 11 月 10 日全球第一个 CDM 造林再造林项目"中国广西珠江流域治理再造林项目"注册成功，CDM 造林再造林项目逐渐开展起来。特别是自 2009 年以来，注册项目数快速增加，2013 年以后减少。自 2015 年 11 月 26 日以来，没有新的 CDM 造林再造林项目注册。CDM 造林再造林项目年均减排量的变化趋势与项目数类似(图 7-10)。目前共成功注册 67 个造林再造林项目，占 0.85%；涉及 24 个发展中国家，预计年均减排量 223 万余吨。到目前为止，29 个造林再造林项目获得签发，签发量 1683 万 tCO_2e。

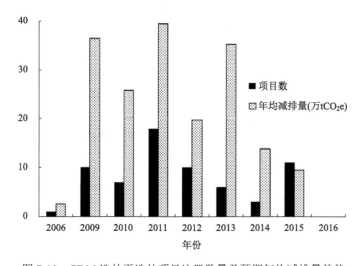

图 7-10　CDM 造林再造林项目注册数量及预期年均减排量趋势

土地利用变化和林业碳汇项目是早期国际自愿碳市场的主角，特别是在 2005 年《京都议定书》生效前。早在 20 世纪 90 年代初，国际上就开始实施森林减排增汇项目。这些早期阶段相继实施的森林减排增汇项目，更多的是从环境保护和可持续发展出发，对减排增汇则多是探索性质，因此，其碳汇量或减排量的计算也无任何标准可循，均是各项目按自己的方法进行计量。

2008 年以前，自愿碳市场林业项目主要以造林项目为主，2007 年以后森林经营以及减少毁林和森林退化（REDD）迅速增加。2016 年以来虽然自愿市场交易量创新低，但农林业自愿项目签发量和交易量占比连创新高，2016～2018 年交易量占自愿碳市场的百分比从 22% 增加到 56%，其中造林再造林和 REDD 项目分别从 3% 和 16% 提高到 9% 和 34%。2018 年交易量达 5070 万 t，交易额达 1.72 亿美元，占总交易额的 58%（Donofrio et al.，2019）。

同时为使自愿碳交易更规范，各种自愿碳标准相继被开发，其中与林业有关的自愿碳标准有如下几个。CCX：造林再造林、森林经营；VCS-AFOLU：造林再造林和植被恢复（ARR）、森林经营以及减少毁林和森林退化（REDD）、湿地恢复；固碳标准（CFS）：可持续经营下的造林，黄金标准（GS）-林业；气候、社区和生物多样性标准（CCB）：造林、森林经营；Plan Vivo：混农用林业，美国碳注册标准（ACRS）-林业，气候行动碳标准（CAR）-林业、城市林业；熊猫标准（PS-AFOLU）：造林、森林经营、减少毁林和森林退化。

所有自愿碳标准下的项目均要求第三方的认证，以 VCS、CAR、黄金标准的注册和交易量较大，2015 年的交易量分别达 1760 万 t CO_2 当量、930 万 t CO_2 当量和 880 万 t CO_2 当量，分别占自愿碳市场的 37.2%、19.6% 和 18.5%，每吨 CO_2 当量的平均价格分别为 3.2 美元、2.6 美元和 4.3 美元。大部分 VCS 林业项目除了 VCS 认证外，还同时采用 CCB 认证，以增加其社区和生物多样性协同效益，其价格也相对较高。例如，2015 年 VCS+CCB 交易量达 570 万 t CO_2 当量，占 12.1%，其平均价格为每吨 CO_2 当量 4.8 美元，远高于 VCS 的平均价格（Hamrick，2016）。

截至 2017 年 1 月，CCER 林业项目备案 15 项，其中 13 个项目为碳汇造林项目，2 个为森林经营项目。另外，在公示及审定阶段的项目近 100 项，只有 2 个项目，即"广东长隆碳汇造林项目"和"塞罕坝机械林场造林碳汇项目"获得减排量签发，签发的年均减排量分别为 1302t CO_2 当量和 18 275t CO_2 当量。

三、蒙树和林格尔碳汇造林项目案例

为促进退化土地恢复，控制水土流失，增加生物多样性保护，改善社区生活，蒙树生态建设集团有限公司建设实施了"内蒙古盛乐国际生态示范区项目"。该项目位于内蒙古和林格尔县境内，建设规模近 3 万亩。在非政府组织、政府、企业、社区多方参与下，蒙树生态建设集团有限公司创立了"生态修复保障经济发展，经济发展支撑生态修复"的可持续生态修复模式，采取了沟壑治理、种植乔木、抚育灌木、恢复草地、合理放牧、封育监测等关键技术措施，使植被严重退化的黄土丘陵项目区，成功实现了生态恢复目标。

同时，蒙树生态建设集团有限公司把"内蒙古盛乐国际生态示范区项目"作为清洁发展机制（CDM）林业碳汇项目，开展并完成了调查与设计、施工与管理、审核与认证、注册与交易等一系列工作。该项目于 2011 年 7 月开始项目实施活动，于 2012 年获得国家发展和改革委员会核准，2013 年在《联合国气候变化框架公约》（UNFCCC）清洁发展机制（CDM）成功注册，并于 2013 年获得气候、社区和生物多样性联盟（CCBA）的 CCB 标准气候适应金牌认证。该项目经中国清洁

发展机制项目主管机构核准，与迪士尼公司成功进行了碳汇交易。

1. 项目概述

内蒙古盛乐国际生态示范区 CDM 造林再造林项目位于黄土高原北缘，内蒙古中部呼和浩特市以南的和林格尔县，年均降水量在 400mm 左右，属于生态系统类型较为复杂的森林与草原、农业与牧业交错带。长期以来受到严重的干旱、荒漠化、水土流失和风沙等自然灾害的危害。项目区自 20 世纪 50 年代以来一直为无林地。同时，项目区位于 2010 年环境保护部印发的《中国生物多样性保护战略与行动计划》的两个生物多样性保护优先区（即西鄂尔多斯-贺兰山-阴山区优先区和太行山优先区）之间的廊道上，在生物多样性保护中具有重要意义。

为促进退化土地恢复，控制水土流失和荒漠化，增强生物多样性保护，改善社区生计，本 CDM 造林再造林项目活动从 2012 年开始，在和林格尔县的 4 个乡镇 13 个村的退化土地上营造了 2190.71hm² 的乔、灌混交林。预计在 30 年的计入期内产生 215 837t CO_2 当量的长期核证减排量，年均 7195t CO_2 当量。所有树种均为本土物种，没有外来入侵种或转基因物种。同时，本项目按照气候、社区和生物多样性联盟（CCBA）开发的项目设计标准（CCB 标准）实施，并开展了相关标准的认证。

项目实施主体是蒙树生态建设集团有限公司。蒙树生态建设集团有限公司和当地社区都一致认为，本造林项目有助于可持续发展，体现在缓解当地社区贫困，并起到环境保护的作用（如生物多样性保护、水土保持和荒漠化控制）。通过对本造林项目进行 CCB 标准认证，可以保证项目不仅对缓解气候变化作出贡献，还可为社区发展和环境保护作出贡献，并有助于增强当地社区和生物多样性对气候变化的适应性。

在本造林项目计入期内，当地农户和社区提供了土地，蒙树生态建设集团有限公司负责筹资、造林（包括整地、种苗、造林、除草等）、技术支持、项目准备（撰写项目设计文件 PDD、审定、注册、核查等）和资金管理。项目实施主体、农户/社区和当地政府签订了三方协议，明确各方的权利和义务。项目计入期结束后全部林木归社区和农户所有。

2. 项目位置与规模

本 CDM 造林再造林项目位于内蒙古自治区和林格尔县的 4 个乡镇 13 个行政村，总面积 2190.71hm²。

3. 项目调查与设计

按照《联合国气候变化框架公约》（UNFCCC）清洁发展机制（CDM）规定的造林再造林方法学（AR-ACM0001/05.2.0 版），蒙树生态建设集团有限公司对项目地进行基线调查、土地合格性评价，并编制了中英文版本的项目设计文件（PDD）。

（1）环境条件

气候：项目区所在地和林格尔县位于内蒙古自治区中部，中纬度中温带半干旱大陆性季风气候区，属暖温型典型草原气候类型，主要受西西伯利亚寒流及东南沿海季风的影响，热量资源较充足，年降水量少且集中，蒸发量大，寒暑变化明显，尤其冬春干燥多风，气候寒冷。年平均气温 5.6℃，极端最低气温−34.5℃，极端最高气温 37.5℃。无霜期平均 118 天。年均日照时数 2941.8h，≥10℃年积温2769℃。年均降水量 417.5mm，降水的实际变率大，最高年达 702mm，最少年只有 202mm。各季降水量差距很大，主要集中在 7～9 月，占全年降水量的 64.5%。年均蒸发量 1811.6mm。干旱、暴雨、冰雹、风沙等自然灾害发生频繁。大旱年份的概率为 5%～27%，干旱年份的概率为 50%，正常降水年份的概率仅占 18%，其余为降水偏多年份或多雨年份；年均≥25mm 降水日数 3.1 天，一小时最大降水量达 36.6mm，日最大降水量 84.7mm。黄土丘陵区往往因暴雨、多雨成灾。风沙灾害频繁，年平均大风日数 14 天，最多达 38 天，主要出现在 3～5 月，这不仅助长春旱，而且造成土壤风蚀沙化。冰雹几乎年年发生，全年冰雹日数一般 3.3 天，最多达 8 天。

水文：本项目区属黄河流域，主要有浑河和黑河两大水系，较大河流 11 条。除浑河、宝贝河、茶坊河、古力半基河常年有基流外，其余皆为季节流。浑河为黄河一级支流，境内河长 75km。全县各河流总长度 217.5km，境内河川径流均以降水补给为主，地下水补给甚微。由于降水分配不均，易受侵蚀的黄土土质和植被稀少，持水能力弱，夏季暴雨常形成洪涝和严重的水土流失。项目区无积水和湿地。

土壤：项目区地处黄土丘陵区，土壤为栗钙土、灰褐土、黄绵土、风沙土和少量粗骨土，均属矿质土壤，黄土母质。项目区土层厚度大多在 80cm 以上。项目区土壤肥力较低。栗钙土有机质平均含量为 0.65%，全氮平均含量为 0.064%，土壤质地大多为沙壤、轻壤。风沙土土壤肥力更低。灰褐土有机质平均含量 1.17%，全氮平均含量 0.08%。土壤中全磷含量比较低，大部分磷被土壤所固定，不能被植物吸收利用，所以速效磷的含量普遍很低，土壤缺磷影响植物生长。土壤 pH为 8～8.5。项目区土壤为多年未利用的荒地。

生态系统：受东南海洋季风的一定影响，形成了兼有亚洲中部区系、华北区系及蒙古草原成分的山地植被垂直分布和暖温型草原相交错的复杂植被类型。

项目区为 50 年以上的荒山荒地，植被以草本植物针茅、百里香、蒿类为主，部分地块有少量柠条、沙棘等灌丛。项目地无散生树木。由于长期水土流失、风沙和荒漠化，项目区处于退化状态。项目区东部及南部蛮汉山余脉山区垂直地带性明显，山麓地带和山地下部分布着本氏针茅草原、大面积百里香群落及白莲蒿半灌木群落。山地中部以绣线菊、黄刺玫（*Rosa xanthina*）、柄扁桃（*Prunus pedunculata*）等山地灌丛为主。山地上部发育着并不十分茂密的森林，局部以少量油松林片段为特征，兼有杜松（*Juniperus rigida*）、白桦和山杨。海拔 1700m 以上的山地顶部有以绣线菊为建群种的山地杂类草原。

项目区中部及北部平原及南部丘陵区，位于阴山以南的黄土丘陵区，是半干旱的典型草原类型，因此暖温型草原的特征明显，本氏针茅草原是这里最有代表性的地带性植被类型，但由于垦种历史悠久，天然本氏针茅保存不多，百里香灌丛侵入，形成次生群落，群落的组成主要有本氏针茅、糙隐子草、冰草、达乌里胡枝子、冷蒿、变蒿、阿尔泰狗娃花等。丘陵坡地还保存了虎榛子灌丛、沙棘灌丛和荩蒿群落。

项目区西部、中南部和西南部为大青山山前平原，为土默川平原的北缘，农业开发程度较高，地下水位高，薹草草甸、芨芨草盐碱化草甸、马蔺盐碱化草甸均有发育，由于长期人类活动的影响，垦种历史悠久，自然植被多已消失。

（2）珍稀和濒危物种及其栖息地状况

项目区地处内蒙古中部阴山山脉大青山南麓及其余脉蛮汉山西缘，为蒙古高原和黄土高原的接合部，复杂的地形地貌和气候带的交错使得该区域的生境类型呈现山地森林灌丛与暖温带草原交错存在。同时该区域又位于 2010 年环境保护部印发的《中国生物多样性保护战略与行动计划》确定的 32 个中国陆地生物多样性保护优先区"西鄂尔多斯—贺兰山—阴山区"和"太行山区"两个生物多样性保护优先区之间重要的廊道地带。

本项目所在区域有 2 个自然保护区，即南天门自然保护区和白二爷沙坝自然保护区，在项目区北边约 50km 处，有大青山国家级自然保护区，在东北部是二龙石台国家级森林公园。本项目造林的 21 个地块、2190.71hm² 土地，全部位于连接自然保护区和森林公园之间的廊道地带。据初步统计，有国家二级保护植物3 种；国家一级保护动物有 1 种，二级保护动物有 12 种（表 7-3、表 7-4）。

表 7-3　项目所在地区国家主要保护植物名录

植物种名	特有种	保护级别	IUCN 红皮书	中国濒危物种 红皮书
蒙古扁桃 *Prunus mongolica* Maxim		II		VU A2c
青海云杉 *Picea crassifolia*				NT/VU A2c
白扦 *Picea meyeri*				NT/VU A2c
杜松 *Juniperus rigida*				NT/VU A2c
列当 *Orobanche coerulescens*				NT/VU A2c
野大豆 *Glycine soja*		II		
发菜 *Nostoc commune* var. *flagelliforme*		II		

注：Ⅰ. 国家一级保护植物；Ⅱ. 国家二级保护植物；VU. 易危；NT. 接近受危。

表7-4　项目所在地区主要保护动物名录

动物种名	特有种	保护级别	IUCN 红皮书	中国濒危物种 红皮书
秃鹫 *Aegypius monachus*		II	LR/nt	V
雀鹰 *Accipiter nisus*		II		
大鵟 *Buteo hemilasius*		II		
金雕 *Aquila chrysaetos*		I		V
红隼 *Falco tinnunculus*		II		
燕隼 *Falco subbuteo*		II		
猎隼 *Falco cherrug*		II	VU	V
*游隼 *Falco peregrinus*		II		R
鹏鸮 *Bubo bubo*		II		R
长耳鸮 *Asio otus*		II		
纵纹腹小鸮 *Athene noctua*		II		
*小天鹅 *Cygnus columbianus*		II		V
石貂 *Martes foina*		II		V

注：I. 国家一级保护动物；II. 国家二级保护动物；VU. 易危；LR/nt. 低危/接近受危。
R. 稀有；V. 易危。

基线调查表明，项目地块内没有国家保护动植物或 IUCN 列出的濒危物种。项目地块内生物多样性较低。

（3）土地合格性评价

中国政府对森林的定义如下。最小面积：$0.067hm^2$；最小树冠盖度：20%；最低树高：2m。因此，中国政府对森林的定义符合《联合国气候变化框架公约》（UNFCCC）的定义，可用于《京都议定书》之目的。

本项目的土地合格性采用 CDM 执行理事会批准的"造林再造林项目活动土地合格性确定程序"来证明。通过以下方式证明，本项目开始时造林地为无林地：实地调查表明，本项目地为退化、低生产力的荒山荒地，一些地块用于放牧，当前主要为草本或灌木覆盖。当前的木本植被覆盖不满足中国政府规定的森林定义标准；在没有人为干预的情况下，项目造林地不属于能达到中国政府规定的森林定义标准的天然幼林或未成林造林地；至少自 1989 年以来，本项目土地不属于由于采伐等人为原因或火灾、病虫害等间接自然原因引起的暂时的无林地；放牧和缺乏种源等原因阻碍了天然植被的更新，无法达到中国政府定义的森林定义标准。2004 年的卫星影像解译显示，本项目的地块没有森林覆盖。通过以下方式证明，本项目为合格的 CDM 造林再造林活动：通过对当地农户有关土地利用/覆盖的历史以及影响土地利用/覆盖变化的重要活动的访谈，表明本造林再造林项目地至少从 20 世纪 50 年代至今就一直为无林地。1987 年的卫星影像解译结果证明，1990

年以前这些土地就是无林地。说明：相关图件已提供给 DOE 进行地块合格性的核实。

4. 项目审批与注册

1）审批。清洁发展机制项目在《联合国气候变化框架公约》（UNFCCC）清洁发展机制（CDM）注册前，必须经过项目所在国家审核批准。2012 年，蒙树生态建设集团有限公司根据《清洁发展机制项目运行管理办法（修订）》规定，将"内蒙古盛乐国际生态示范区"项目作为清洁发展机制项目，报请国家发展和改革委员会核准。经国家清洁发展机制项目审核理事会审核，国家发展和改革委员会于 2012 年 11 月 22 日，向蒙树生态建设集团有限公司做出《关于同意内蒙古盛乐国际生态示范区林业碳汇项目清洁发展机制项目的批复》（发改气候〔2012〕3702号），确认该项目符合《清洁发展机制项目运行管理办法（修订）》规定的许可条件，符合我国实现可持续发展的战略目标，同意列为清洁发展机制项目。同时，授权蒙树生态建设集团有限公司作为中方的实施机构开展项目活动。并且，同意蒙树生态建设集团有限公司将该项目产生的温室气体减排量全部转入中国国家账户，待确定减排量购买方，并经国家清洁发展机制项目主管机构核准后，从中国国家账户中转出。

2）验证。清洁发展机制项目在《联合国气候变化框架公约》（UNFCCC）清洁发展机制（CDM）注册前，需要经过具有资格的第三方评估机构，对项目及其设计文件（PDD）进行全面评估验证。第三方评估机构主要是验证该项目是否符合《联合国气候变化框架公约》和东道国的相关标准，以确认该项目设计是否合理可行，并符合有关规定和标准。受中国绿色碳汇基金会委托，第三方评估机构 JACO CDM., LTD 承担了该项目的评估验证任务。该评估机构在对项目设计、基线和监测方法等文件进行审查、与项目利益相关者进行访谈的基础上，对审查评估中发现的问题，提出了解决建议和意见，并于 2013 年 1 月 16 日出具了最终的评估验证报告。该验证报告认为，修订版项目设计文件（PDD）中描述的项目（2013年 1 月 11 日，第 02 版），符合 UNFCCC 对清洁发展机制和东道国标准的所有相关要求，并正确应用了清洁发展机制（CDM）方法学 AR-ACM0001/05.2.0 版规定的基准线和监测方法，该机构提请清洁发展机制（CDM）对"内蒙古盛乐国际生态示范区"项目进行登记。

3）注册。在编制完成项目设计文件（PDD）的基础上，经过国家发展和改革委员会核准授权，并取得第三方评估机构评估验证后，2013 年 1 月 17 日，由该评估机构将该项目向《联合国气候变化框架公约》（UNFCCC）清洁发展机制（CDM）递交了注册申请表，并获得成功注册，项目注册号为 9525。

5. 项目认证与交易

在第三方评估机构 JACO CDM., LTD 评估验证的基础上，蒙树生态建设集团有限公司又将该项目有关资料提交气候、社区和生物多样性联盟（CCBA），经 CCBA 按照 CCB 标准审核认证，内蒙古盛乐国际生态示范区 CDM 林业碳汇项目于 2013 年 2 月 1 日获得金牌级认证。该项目与迪士尼公司成功进行了碳汇交易，交易金额达 200 万美元。

第三节　可持续管理

生态屏障功能的衰退是由其生态系统的生态服务功能减弱造成的。造成生态系统服务功能减弱的原因除了其自身生态系统的脆弱性和气候变化的影响外，更重要的是社区不合理的土地利用模式，过垦、过牧、滥樵等造成土地沙漠化、水土流失严重；此外社区的文化水平、意识形态还较为传统，这给新技术的应用、新模式的推广都带来不便，所以在生态修复后可持续管理模式的推广和应用及社区工作将决定生态修复成果是否可以持续地发挥其生态服务功能。从另一方向分析，修复后的土地其土地生产力肯定比以前增长很多，与周边没有进行修复的土地相比，其生产力也是大大地提升，社区对其进行利用的欲望也就会大大增加，如果依然是传统的利用模式，二次退化将无法避免；而如果不允许社区进行利用则有可能造成社区矛盾甚至冲突。因此修复后的土地关键不是是否继续进行利用，而是如何进行利用的问题。可以给社区带来直接经济效益的可持续管理模式及社区技能培训与环境教育将是生态修复后重要的工作。

一、林地可持续经营管理

为了更好地保护生态环境，保护林地和植树造林，国家和地方制定了许多政策，如三北防护林工程、天保工程、京津风沙源工程等。但是造林以后林地少有管护，特别是一些小型的林地几乎没有管护，即使有管护的大型林场也大多是国家和地方投入经费，百姓也是想方设法地在法律允许的情况下从林地获取有限的利益。

为此，发展林下经济将是比较好的策略，通过再利用丰富的林下资源，开展科学的经济管理，使生态修复后的土地可以变成社区赚钱的工具，促进社区自觉维护林地的安全，达到以林养牧、以牧护林的目的。

林下养殖利用林下天然青饲料、草籽和昆虫等资源优势，以放牧为主，辅以补饲的方式发展养殖。这种放养方式隔离条件好，疾病发生少，成活率高；修复地的林地发挥其调节气候、净化环境等生态服务功能，可以为鸡群提供良好的生活生长空间，在生长发育和防疫方面都比较理想；林下散养鸡投入成本相对较低、技术要求不高、收益快。在散养中，鸡要从自然中获得部分青饲料和蛋白质饲料，既可以降低饲料成本，又可以增加鸡的运动量。由于饲养环境的优越，饲养时间相对较长，光照充足，对于肉鸡来讲，鸡毛色泽鲜艳、光滑，外表美观漂亮，肉质结实细嫩，风味独特，味道鲜美，品质较一般鸡的品质高；对于蛋鸡，所产鸡蛋的蛋黄呈自然的黄红色，蛋清黏稠挂着性好，熟鸡蛋口感非常好。林下散养鸡的养殖过程符合有机绿色养殖食品的要求，可以在特定的市场取得比较高的经济价值。

林下散养鸡对林地实施种养立体开发，可以减少林地害虫，抑制牧草生长，控制枯草存量，降低林地火灾风险；鸡粪还林，培肥土壤；同时还可以实现以林养牧、以牧护林的目的，实现修复地的可持续管理与利用。

由于林下养鸡的技术要求不是非常高，投入不大，所以比较适合在农村进行推广，特别是公司加农户的形式。由公司负责产品的销售和技术的指导，这样既可以保证农户养鸡的成活率，又可以使农户获得比较高的经济效益；农户进行生产，使自己的经济效益增加的同时也减少公司运作的成本。

农户从修复地中获益，可以缓和修复地与社区农户之间的矛盾，减弱保护地再次受到破坏的压力，同时林地作为赚钱的工具，农户会自觉地维护林地的安全，特别是防火安全。

以下是根据林下养鸡实践总结出的一些经验。

1）场地选择：养殖场区应选择在地势高燥、背风向阳、环境安静、水源充足卫生、排水和供电方便的地方，且有适宜放养的林带、果园、草场、荒山荒坡或其他经济林地，满足卫生防疫要求。地面为砂壤土或壤土比较好。场区距离干线公路、村镇居民集中居住点、生活饮用水源地 500m 以上，与其他畜禽养殖场及屠宰场距离 1km 以上，周围 3km 内无污染源。在修复地或者保护地则要着重注意尽量避免在重要的生态功能区、水源涵养地、水土保持区等。对于防止土地沙漠化区域则要注意放养密度及轮牧频率。

养殖场地不仅仅提供养殖所需的场地还要进行鸡舍、饲料房甚至养殖人员休息场所等工程建设，所以也要充分评估这些建设对生态产出的影响。原则上基础建设都要避开重要的生态功能区。

2）养殖分区：按传统的养殖模式，林下养殖一般是按生产区、隔离区、管理区划分，生产区又分为育雏区和放养区。但是在修复区或者保护区其条件没有传统的养殖区条件好，另外，由于要更加注重生态，所以在充分利用生态的同时尽量减少人的干扰。因此有几点特殊要求：①生产区中不设立育雏区，设立育雏区主要为了节约养殖成本，自己进行育雏，但是育雏的过程中基本都是人工添加饲料，对于天然饲料的利用非常少；而且育雏人员投入比较大，养殖密度也非常高，非常容易对周边环境产生不利影响，所以在修复地或保护区内的林下养殖不设立育雏区，育雏工作交由专业的育雏企业进行，在养殖区直接放养 7 周龄以上的鸡苗；②不设隔离区，传统养殖设置隔离区主要是为了防止传染病的流行，而在修复地或者保护区内的养殖场本身干扰就比较少,环境条件显著优于其他养殖场地,不利于病菌的传染,此外养殖的林下鸡运动量相对比较大,健康状况也相对比较好,染病的概率很低,隔离区存在的意义不大,所以不必设立专门的隔离区,在养殖区的主要出入口撒上石灰等消毒即可;③尽量缩减管理区,管理区主要是人的活动区域,在修复地或者保护区人的活动越少对生态来讲可能越好,其次林下养殖更多的是自由放养,人参与的主要活动可能就是补饲、轮牧、收群放群,补饲频率一天只有一两次,比传统少一半以上;轮牧可能一周或几周一次,整体来讲人的活动比较少,也允许减少人的活动。

3)鸡舍的搭建方式:①固定式鸡舍,固定式鸡舍要求防暑保温,背风向阳,光照充足,布列均匀,便于卫生防疫,面积按每平方米养12只鸡修建,内设栖息架,舍内及周围放置足够的喂料和饮水设备,使用料槽和水槽时,每只鸡的料位为10cm,水位为5cm;也可按照每30只鸡配置1个直径30cm的料桶,每50只鸡配置1个直径20cm的饮水器。固定鸡舍的材料以彩钢比较好,价格比较高,但是使用寿命比较长,保温效果也比较好,也便于施工。中间的栖息架要尽量架设上,一方面可以提高鸡舍的容量,另一方面让鸡离地面有一定的距离,保持干燥,远离粪便,减少疾病的发生。栖息架的材料就地选择即可,尽量选择干燥、耐用的材料。②移动式(简易)鸡舍,移动式鸡舍要求能挡风,不漏雨,不积水即可,材料、形式和规格因地制宜,不拘一格,但需避风、向阳、防水、地势较高,面积按每平方米养12只鸡搭建,每个鸡舍的大小以容纳成年鸡100~150只为宜,多点设棚,内设栖息架,鸡舍周围放置足够的喂料和饮水设备,其配置情况与固定式鸡舍相同。

4)品种选择:以选育的地方鸡或以地方鸡开发的杂交鸡为宜。这类鸡既保持了土种鸡肉蛋产品风味好的优点,生产水平较一般土种鸡高,又较引进的良种鸡抗病力强、生长快,克服了土种鸡优质不高产和引进品种高产不优质的矛盾。常见的地方品种有:芦花鸡、北京油鸡、莱芜黑鸡、麻鸡、固始鸡、三黄鸡等,不同地区有不同的适宜散养鸡的品种,根据本地实际情况及需求进行养殖。

5)围栏的架设:围栏可能根据情况来定,就地取材,但是网眼要小一些,防止一些天敌的进入,围栏高度不低于1.5m;围栏也要结实一些,防止像狐狸这样的天敌破坏进入,还有獾子等破坏,围网的底部与土接触的部分一定要深入,深入地面至少20cm,防止天敌在下面打洞进入,失去其防御效果;围栏支杆要牢固地深入地下,土质比较紧实的区域深入地下50cm以上,如果土质比较疏松则要用水泥混凝土固定。围栏的下层可以围上一圈高40~50cm的遮阴网,其主要作用是可以防止黄鼠狼等进入,遮阴网比较密集,容易挂住黄鼠狼、狐狸等的爪子,让其不易进入和逃脱,时间久了给它们以震撼的作用,使其不敢靠近。

6)放养:放养前的准备如下所述。①对放养地点进行检查,查看围栏是否有漏洞,如有漏洞应及时进行修补,减少鼠害、蛇等天敌的侵袭造成鸡的损失,在放养地搭建固定式鸡舍或安置移动式鸡舍，以便鸡群在雨天和夜晚歇息。在放养前，灭一次鼠。②对拟放养的鸡群进行筛选，淘汰病弱、残肢的个体。同时准备饲槽、饲料和饮水器。③雏鸡在育雏期即进行调教训练，育雏期在投料时以口哨声或敲击声进行适应性训练。放养开始时强化调教训练，在放养初期，饲养员边吹哨或敲盆边抛撒饲料，让鸡跟随采食；傍晚，再采用相同的方法，进行归巢训练，使鸡产生条件反射形成习惯性行为，通过适应性锻炼，让鸡群适应环境，放养时间根据鸡对放养环境的适应情况逐渐延长。放养时间：①野外散养鸡的鸡龄不能少于 4 周龄，鸡太小了损失率非常大，一是自我生存能力差，二是一些非天敌的动物都可能伤害到它们，如喜鹊、乌鸦等，所以在外散养的话都要用比较大的鸡苗，一般用 6 周龄以上的，价格比较高，但是损失率低；②放养时室外平均温度不得低于 15℃，选择在连续的晴天进行放养，避开阴雨天。

7）放养密度：放养应坚持"宜稀不宜密"的原则。根据林地、果园、草场、农田等不同饲养环境条件，其放养的适宜规模和密度也有所不同。各种类型的放养场地均应采用全进全出制，一般一年饲养 2 批次肉鸡，根据土壤畜禽粪尿（氮元素）承载能力及生态平衡，不同放养场地养殖参考密度如下所述。①阔叶林：承载能力为 2010 只/（hm²·a），每年饲养 2 批，密度为每批不超过 1005 只/hm²。②针叶林：承载能力为 900 只/（hm²·a），每年饲养 2 批，密度为每批不超过 450 只/hm²。③竹林：承载能力为 1950 只/（hm²·a），每年饲养 2 批，密度为每批不超过 975 只/hm²。④草地：承载能力为 750 只/（hm²·a），每年饲养 2 批，密度为每批不超过 375 只/hm²。⑤山坡、灌木丛：承载能力为 1200 只/（hm²·a），每年饲养 2 批，密度为每批不超过 600 只/hm²。

8）分群饲养：饲养的时候公鸡、母鸡一定要分开饲养。公鸡争斗性较强，饲料效率高，竞食能力强，体重增加快；而母鸡沉积脂肪能力强，饲料效率差，体重增加慢。公母分群饲养，各自在适当的日龄上市，有利于提高成活率与群体整齐度。可以在母鸡群中饲养小比例的公鸡，一般比例在 20～30∶1，但是绝对不可以在公鸡群中饲养母鸡。

9）诱蛋室的建立：捡鸡蛋是散养鸡中比较难办的事，经验是在林下布置产蛋室，也称为诱蛋室，一个房子分好多小室，母鸡可以在其中产蛋，开始的时候鸡并不认识诱蛋室，可以先用一些像鸡蛋样子的东西在诱蛋室内作为引蛋，如白色乒乓球，慢慢地鸡就会自觉地到里面产蛋了。

10）轮牧：林下散养鸡尽量进行轮牧，特别是有坡度的地块，鸡的破坏力还是比较强的，如果长时间待在一个地方，该区域地表的草可能全部被吃光，地表没有覆盖物非常容易产生水土流失，所以尽量地进行轮牧给林下的草以休养生息的机会，同时也可以更多地为鸡提供天然饲料；另外，轮牧也可以让鸡远离自己的粪便等，减少疫病发生的概率；轮牧划区一般方圆不超过 100m，鸡属于群居性的动物，喜欢在一起进食，其一般的活动距离在 100m 左右，超过 100m 鸡的活动频率明显降低，公鸡比母鸡的活动范围稍大些。轮牧的时机根据草地的监测来看，一般发现有少量裸地的时候就要转场。

11）天敌的防御：鸡的天敌主要有狐狸、黄鼠狼、獾子、鹰等，而在山上喜鹊、乌鸦、小型隼也可能对鸡，特别是小鸡苗造成危害。针对以上天敌制定如下防御方式：①架设小孔网围栏，埋入地下超过20cm，防御狐狸、黄鼠狼、獾子等；②大鸡苗入场，抵御喜鹊、乌鸦、小型隼的袭击；③鸡舍内架有横栏，让鸡进行蹲架，每晚都将鸡围拢到鸡舍内；④在鸡场内混养十几只大鹅，对小型天敌，大鹅可以防御赶走，对于比较大的天敌，其比较大的叫声亦可吓走天敌，或者警示饲养者；⑤根据情况放养一两只狗巡护。

12）饲料配比与补饲方式：放养的最佳时期为5月中旬至10月底，此期间林地杂草丛生，虫、蚁等昆虫繁衍旺盛，鸡群可采食到充足的生态饲料。放牧时间视季节、气候而定。通常夏天上午9时至下午5时前为放牧时间。按"早半饱、晚适量"的原则确定补饲量，即上午放牧前不宜喂饱，放牧时鸡只通过觅食小草、蚁、蚯蚓、昆虫等补充。夏季晚上，可在林地悬挂一些诱虫灯，以吸引更多的昆虫让鸡群捕食。在放养期间，要注意每天收听天气预报，密切注意天气变化。遇到天气突变应及时将鸡群赶回鸡舍，防止鸡受寒发病。为使鸡群定时归巢和方便补料，应配合训练口令，如吹口哨、敲料桶等进行归牧调教。林下养鸡主要利用林下的草资源，但是也需要补饲，要合理搭配，因为林下主要还是草，补饲粗饲料主要是玉米，可以是玉米粒，也可以是玉米面调和的，其他的像秕谷、碎麦粒等都可以，但是一定要注意搭配一些精饲料补充些鱼粉、骨粉，黄土地还要补充一些小石子。

13）疾病的预防：疾病的防御比较简单，因为在林下，散养鸡得病概率是非常小的，再则进行轮牧一定程度也减少了鸡发病的概率，但是在鸡苗进入养殖区以前一些必要的防疫一定要做好。

14）养殖周期：一般不建议冬天养殖，那样需要比较大的鸡舍投入，其产蛋率和肉增长率都比较少。一般建议4月底开始养殖，到11月基本出栏了，如果条件允许可以适当地留些蛋鸡。除了养鸡，养鹅也是一个比较好的选择。鹅的生存力比鸡更强些，其天敌也较少，对于成鹅来讲，黄鼠狼、狐狸等不是其天敌了；鹅对幼林地杂草的消除能力也比鸡要强得多，鹅会更多地采食青草，减少幼林地冬春季节枯草存量；再则鹅对土地的破坏较鸡来讲轻许多，其脚为蹼，不会揭动土壤，大大减少养殖场地可能出现的水土流失的状况。林下养鹅对水的需求比较大，所以林下养鹅要有非常充足的水源供给；鹅的消费与鸡相比也比较窄，其市场容量不是非常大，要进行林下养鹅之前首先要确定好相应的市场。

二、灌木林地的利用

灌木在生态修复中起到非常重要的作用，其防风固沙能力强大，根系发达，减少水土流失作用明显；同时其抗逆性也非常强，耐旱、耐寒、耐盐碱，生存力很强，除了补充灌木林地发挥生态服务功能外，其自身单独也具有非常重要的生态价值。而且前期国家在植树造林过程中也种植了大量的灌木林，像柠条、杨柴、沙棘等，它们虽然有重要的生态价值，但是其利用价值非常低，以前灌木主要用作薪柴和饲料。但是现在随着生活水平的提高，薪柴已经慢慢地被玉米秸秆及煤炭所取代，灌木采集较麻烦而逐渐被放弃；收获回来作饲料也较麻烦，大部分是直接放羊了，不论是何种利用方式其利用价值都非常低。于是部分农牧户便设法将其土地性质转变成耕地，实现其直接的经济价值，但是其生态价值被严重破坏了。为了扩大灌木的直接经济价值，政府、科研机构、企业等也进行了相关的研究与实践，但是现在还没有一个较好的模式应用。项目地也曾经利用柠条进行生物炭及炭基肥的探索与实践。

生物炭是生物质（秸秆、枯枝落叶等）在缺少氧气条件下裂解形成的含碳物质。生物炭作为当前国际、国内专家的研究热点，主要原因集中在：它能补充土壤的有机物含量，有效保存水分和养料，减少农业对碳密集肥料的需求，同时提高土壤的肥力；它可以降低大气中的二氧化碳的含量；它以农作物和其他生物质废弃物作为主要来源。

国际生物炭的研究起源于21世纪初科学家们对巴西亚马孙流域的考古，科学家们发现具有深厚黑色土层的土壤要比周围没有黑色土层的土壤肥沃，进一步研究发现黑色土层中的主要物质是生物炭，它主要来自于生物质刀耕火种、烧烤和森林火灾。许多地方的生物炭已保存在土壤中达2500年以上。研究得到，生物炭主要成分是碳，其次是氧，含有少量氮、磷、钾和微量元素。生物质制成生物炭的比例随温度升高而降低，碱性随温度升高而增加。碱性主要来自于生物质裂解过程中形成的氧化物，如氧化钾、氧化钙、氧化镁等。这些氧化物遇水后形成氢氧化物而使生物炭呈碱性。生物炭以芳环结构为主，这决定了生物炭具有较难分解的特性。从国际研究成果分析，生物炭在下列方面的功能已得到共识。①生物炭具有固碳减排的功能。土壤碳固存（carbon sequestration）被IPCC认为是目前经济可行和环境友好的减缓大气CO_2浓度升高的方法。陆地碳库中土壤有机碳库为1550Pg，是陆地植被碳库（560Pg）的3倍和大气碳库（780Pg）的2倍。土壤碳库减少或增加1%，大气中CO_2浓度将增加或减少7ppm[①]。生产生物炭并把它保存于土壤中，已经被认为是一种有效地减少CO_2排放量的方式。生物炭非常稳定，有资料表明其可能可以保存千年之久，因此生物炭可以有效地减少CO_2的排放量约50%，生物炭作为有机肥使用，还可以减少N_2O的排放量。②生物炭可以起到改良土壤的作用。生物炭可以增加土壤的氮含量，减少土壤营养成分和化学元素的流失，增加土壤的水土保持能力，增加阳离子的交换作用等。生物质制成

---

① 1ppm=1×10^{-6}，下同。

生物炭还田其分解速度远远小于秸秆直接还田的分解速度。我们的研究结果表明，生物炭还田 CH_4 排放量远远低于秸秆直接还田产生的 CH_4 排放量，说明生物质制成生物炭还田可增加生物炭在土壤中的留存率，能减少 CH_4 排放，也就能增加土壤碳储量，减少甲烷排放。③生物炭可以作为有机肥使用。有效地减少化肥的使用量，减少因使用化肥而带来的土壤板结、环境污染等问题。烧制生物炭以柠条老枝更好，也就是冬春季节进行柠条的收割生产生物炭更合适，既避开了柠条的主要生长期，也不影响其生态功能的发挥。同其他农业废弃物的生物炭相比，柠条生物炭的炭含量相对较低，为 52.5%，但其挥发性物质和灰分元素含量均较高，分别为 34.7% 和 14.1%，生物炭的 pH 随着炭化温度的升高而升高，在炭化温度 500℃时，pH 为 8.0。采用氮吸附法对其孔结构进行表征，结果表明，BET 比表面积为 $264m^2/g$，总孔容为 $0.283cm^3/g$，其中介孔率较大，表明柠条生物炭的吸附性能要高于大多数生物质材料生产的生物炭。利用柠条生物炭与有机肥混合作为炭基肥施用到农田中也起到了非常好的增产效果，不论是大田或是温室，庄稼或是蔬菜，增产效果较传统模式提高皆在 20% 以上。这主要是因为生物炭具有疏松多孔的特点，对水肥具有缓释效果，特别是在干旱半干旱区的旱田，其节水的效果明显。而且生物炭的施用是一次性投入，长久发挥效果，因为其理化性质稳定，在土壤中上百年都不发生改变。除此之外，其固碳作用也非常明显，因为其的稳定性，碳可以固定在土壤中上百年之久。

虽然利用柠条生产生物炭对环境来讲是一条非常好的途径，但是经过成本核算发现，其收集成本比较高，如果有新的机会可以降低灌木的收集成本，生产生物炭依然是一条较好途径。另外，除了生物炭还可以从提高灌木平茬下来枝条的附加值着手探索灌木林地的可持续管理。例如，利用灌木平茬枝条进行食用菌培养基的生产，宁夏大学、内蒙古农牧科学院、山西省农科院等科研人员利用柠条枝条生产木耳、白灵菇、杏鲍菇等试验已经成功，1 斤食用菌的价格在 5 元以上，柠条的附加值被大大提升。这些都是灌木林地可持续利用可能的途径，需要进一步地探索与实践。生物质颗粒加工逐渐变得流行。由于燃煤对城市的污染较大，一些小的锅炉使用受到限制，生物质颗粒由于其具有热值较高、燃烧无硫、灰分少等优点逐渐被接受。但是常规的软木及秸秆等由于其燃值较低，不太适合进行生物质颗粒的生产，相对较好的硬木资源缺乏。柠条具有较高燃值，且资源丰富，特别是在北方干旱半干旱地区，其开发潜力较大。

三、放牧地草地整体管理

内蒙古生态屏障很大部分处于生态脆弱区，也是北方农牧交错带，在此区域放牧活动是当地牧民的一项重要的生产方式和经济来源。但是由于气候变化和社区过牧、一家一户的分散放牧等不合理的放牧方式使草地退化比较严重，草地生产力大幅下降。针对过牧等问题地方政府也曾采取禁牧措施，但是长时间禁牧使草地和林间草地积累了大量枯草，每到冬春季节，防火压力非常大；从生态学角度来讲现在的草地大多缺乏食草动物的干扰，长时间的禁牧对草地生态系统并非都是正向的。所以对于生态屏障区域的草地关键不是是否放牧的问题，而是如何放牧的问题。

现在社区放牧存在的主要问题有如下几个。①片面追求存栏率：在牧民传统的意识里，羊只数量越多代表着财富越多，所以牧户尽量地扩大其存栏率，以追求更大的效益。但是过高的存栏率，使草地无法满足羊只需求，要么牧户到更远的地方放牧，要么买饲料进行补饲，大大提高了其养殖成本。牧户所养殖的羊只都作为普通的羊只进行售卖，羊只个体与产肉率与非牧区的羊只有很大差距，单纯从普通肉羊产品牧区无法与非牧区竞争。②就近放牧：传统的习惯都是就近进行放牧，羊只和羊倌消耗都少，这样造成距离羊圈近的地方草地严重退化，没有草可供羊只啃食，此时才会去更远的地方放牧，最终近处的草地在短时间内难以恢复，稍远处的草地在此压力下也会很快退化，造成恶性循环。③放牧缺乏统一规划：在农牧交错带上的草地大多是集体土地，但是羊只却是一家一户自己的羊只，大家都去想办法利用共同的土地而没有多少牧户会考虑管理草地，各牧户之间基本都是约定俗成在集体土地片区放牧，一旦某处草地的生产力高了，必然会吸引诸多牧户来进行放牧，但不会有牧户去维护草地，更没有统一的放牧管理安排。④盲目扩大规模：现在养殖户都比较富裕，发现机会便会盲目地扩大自己的养殖规模。例如，在2013年前后，羊肉价格大幅提高，某些养殖户便大幅度地购进羊只，扩大群量；甚至是贷款来扩大养殖规模，更有甚者一些城里打工的年轻人也买进大量羊只雇佣羊倌进行放牧，根本没有考虑草地的承载力问题，如此使得草地遭到严重破坏，羊只价格好的时候还会买饲料进行补饲，但是很快羊只价格下跌，羊只卖不出去，再进行补饲的话利润空间更少，甚至是负数，所以就会有更多更大频率的放牧活动在草地上，致使草地进一步退化。

针对以上问题进行了整体管理放牧的实践：所谓整体放牧管理就是将社区所有的草地、羊只、牧户作为整体，通过监测确定草地的生产力与承载力来制定合理的放牧计划与补饲方案，在尽量不损害牧户利益的同时实现草地的恢复。

主要实施过程如下。①组织社区牧户：因为农牧交错带的牧户所放牧的土地基本都属于集体土地，放牧地也是牧户共有的资源，要对其进行利用，须获得牧户们的同意；另外，整体管理放牧需要对所有的草地资源进行有秩序的管理，如果其中某些牧户不参与也可以随意地进入放牧地，如此放牧实施方案非常难以准确执行，所以必须尽量地组织所有的放牧户参与到整体的放牧管理中。在牧区很多草场已经承包到户，但是一两户牧户的草场还是难以满足牲畜的轮牧，可以组织多个牧户联合起来进行放牧活动。②确定羊只数量与结构：将每一户放牧的羊只数量、年龄结构、生产情况、是否有病等调查清楚，如此才能确定羊的饲草料需求量，才能根据草地生产力制定相应的放牧与补饲管理计划。③进行草地监测，确定草地生产力：首先根据不同的地形、地貌、草地的建群种、远近距离等将不同的草地划成不同的区块，然后对不同区块的草地进行草地生产力的测定，依据测定数据来制定每一块草地可以承载的羊只数量与放牧时间，为放牧计划的制定提供重要依据。④确定羊倌：羊倌非常重要，因为他是放牧活动的实际执行者，是放牧计划是否得以执行的决定因素。所选择的羊倌一定要有放牧经验，如此才能很好地管理羊只。羊倌也要非常熟悉放牧地的实地情况，以便更好地安排放牧实施方案。⑤制定放牧实施计划：根据草地监测的数据与羊只的数量与结构，并参考以前的草地产量经验值制定放牧计划。

放牧计划的制定有一项重要的内容就是确定开牧时间，因为春季是草萌发开始返青的季节，如果过早地进行放牧，对草地的影响非常大，严重影响牧草后期的生长；对于羊只来讲，草太小，看着到处都是青青的，但是可采食的却非常少，致使牲畜"跑青"，走的路很多，但是采食的草却很少，满足不了需求，得不偿失。举例如表 7-5 所示。

表 7-5　2016 年 5 月放牧计划

样地	面积/hm²	可利用牧草量/kg	载畜能力/羊日	羊只数	可放牧天数
1	9.2	639	320		2
2	3.5	257	129	西群 129	1
3	27.0	2294	1147		9
4	25.2	3360	1680		7
5	16.6	875	437	东群 235	2
6	13.5	659	330		1

注：羊采食量按 2kg/d 干草计。

根据测定产草量和羊只消耗量，确定了某一样地的放牧天数，如果不足，则要进行补饲。根据前期测定的数据和参考经验值可以计算出可放牧天数，据此制定实际放牧天数（表 7-6）。

表 7-6　6～11 月放牧计划

样地	面积/hm²	可利用牧草量/kg	载畜能力/羊日	羊只数	可放牧天数	计划放牧天数
			6 月放牧计划			
1	9.2	1 241	620		3	3
2	3.5	499	250	东群 235	1	1
3	27	4 453	2 227		9	9
6	13.5	6 522	3 261		3	3
4	25.2	1 699	849	西群 129	25	23
5	16.6	1 280	640		7	7

续表

样地	面积/hm²	可利用牧草量/kg	载畜能力/羊日	羊只数	可放牧天数	计划放牧天数
			7 月放牧计划			
1	9.2	2 069	1 035		4	4
2	3.5	833	416	东群 235	2	2
3	27	7 428	3 714		16	16
6	13.5	10 879	5 440		5	5
4	25.2	2 833	1 417	西群 129	42	22
5	16.6	2 134	1 067		11	9
			8 月放牧计划			
1	9.2	2 496	1 248		5	5
2	3.5	1 003	502	东群 235	2	2
3	27	8 960	4 480		19	19
6	13.5	13 125	6 563		5	5
4	25.2	3 417	1 709	西群 129	51	21
5	16.6	2 574	1 287		13	10
			9 月放牧计划			
1	9.2	2 406	1 203		5	5
2	3.5	968	484	东群 235	2	2
3	27	8 638	4 319		18	18
6	13.5	12 651	6 325		5	5
4	25.2	3 295	1 647	西群 129	49	22
5	16.6	2 482	1 241		12	8
			10 月放牧计划			
1	9.2	1 887	944		4	4
2	3.5	759	380	东群 235	2	2
3	27	6 774	3 387		14	14
6	13.5	9 921	4 961		4	4
4	25.2	2 584	1 292	西群 129	38	25
5	16.6	1 946	973		10	5

注：羊采食量按 2kg/d 干草计。

从 10 月或者 11 月开始，牧草已经完全没有再生，此时放牧地的放牧时间可延长到牧草被吃到 10cm 左右的留茬高度，大约放牧 15 天后结束放牧。此后草地牧草从营养价值上来讲已不能满足家畜的营养需要，可在此期间进行精料补饲，以利家畜在冬季、春季的出栏、怀孕和产羔。以上的放牧管理计划是根据现有的数据制定的粗略的方案，在实际的放牧过程中还要根据气候、降水量、草地状况的变化情况来进行适时的调整。①制定放牧监督机制：整个放牧管理方案的成败最重要的是计划的执行，如果没有严格的放牧管理监督机制，一方面无法评价放牧计划的实施情况，另一方面也无法对放牧计划进行及时合理的调整。项目在实践过程中首先与羊倌确定严格的执行率与酬资关系，如果羊倌无故不按计划执行放牧一次会被警告，两次会被扣除一次的酬资，如果三次则要加倍扣除。另外，每个群的头羊都安装上了 GPS 定位装置，可以从终端了解每一天羊群的行走路线与方案执行情况。这些都是一些手段，主要目的是严格地按计划执行放牧实施方案。②制定休牧补饲方案：休牧补饲是整体放牧管理中的重要内容，与传统的游牧不同，现在的草地已经无法进行冬夏牧草的区分了，而对于现有的草地来讲不是全年的过牧，更多的是季节性过牧。夏季草资源有剩余，而冬春天然草地严重缺乏。为了获得更好的经济效益，合理地安排夏秋季放牧及冬春季补饲将是增收又不破坏草地的最好方式。秋后的草地还可以进行一段时间的放牧，而且秋收以后在农牧交错区有大量的耕地已经完成了秋收，其中也会有较多的草和秸秆资源可以利用。另外，农牧交错带有大量收获后作物的秸秆、灌木林地的柠条等灌木可以通过加工配比成羊只草料；最后重要的是农牧耦合，在农牧交错带大部分牧户有耕地收获，可以根据养殖需求进行适当的饲料种植安排；在牧区冬春季节则需要安排从农区调取饲料。总之，所有的放牧计划不是一成不变的，都需要根据实际情况进行适时的调整与安排。

第四节　社　区　发　展

前文提及，由于社区不合理地利用造成土地退化，所以必须注重社区居民角色的转变，在进行可持续发展模式推广，满足社区生产、生活需求的前提下，逐步使社区居民变成生态的维护者。这一角色的转变，在项目的实践过程中总结出以下几点经验。

1. 注重社区短期利益

现在社会、经济形势发展都非常快，变化也非常大，对于社区更是一样。社区不会太多地去考虑三年或者五年后生态变好了会带来怎样的效益，每年投入年底会获得什么的收益是社区最看重的问题，所以在设计社区项目时认真考虑长远的目标，但是必须要有短期成效的呈现，要让社区看到、享受到短期的利益，可能会少，但是一定要体现。

2. 避免现金发放

在项目推广过程中肯定要应用一些杠杆来撬动某些活动的执行，经济杠杆也是最有效的，但是在应用经济杠杆时尽量减少现金的发放，因为现金作为流通货币可应用的范围非常的广，在监督项目的执行过程中很难监督社区资金的使用情况，而且现金太普遍了，无法区分是项目资金还是社区自己的资金，可控性非常弱。长期如此有可能被社区视为赚钱的一种工具。根据项目实施的经验，实物发放，特别是定向性强、不可取代性强的补助应用效果更好，而且补助也可以目标非常明确地指向放牧管理的应用。例如，在整体放牧管理中给社区以羊只饲料作为补助，每个牧户有多少只羊是固定的，从休牧到开牧时间是固定的，在此期间每只羊的饲料消耗量也是固定的，如此定向的补助，社区实实在在地可以获得收益。

3. 与有威望优秀的农牧户合作示范

示范在社区中的作用非常大，一个成功的示范会在社区中很快地传播开来，同样，如果一个示范产生负面效应也会很快在社区扩散。所以进行示范必须要保证其一定成功，一方面切合当地实际情况的示范是必需的；另一方面，一定要选择社区优秀的，愿意尝试新事物，并且可以严格按照示范规程来执行的农牧户来开展合作，保证示范的成功。同时示范户也要具有一定的威望，这对后期示范的推广将起很大作用，因为他的威望社区农牧户才会相信他，才愿意进行新事物的尝试。

4. 通过技能培训、环境教育等提高社区意识

授人以鱼不如授人以渔，新的生产模式必然有新的技术手段在其中，推广者只是在短时间内负责项目的技术指导，社区生产的主体也必然是社区居民本身，在推广新模式的同时就要考虑到将来的退出模式，技能培训是其中一项重要的内容。在生产过程中推广者将新的技术在社区直接进行培训，在项目执行前进行集体培训、项目实施过程中在田间地头随时指导，碰到问题了现场解决，如此可以提高社区自身的技术水平，也会在社区中逐渐确立自身的威信，让社区的居民更加相信我们，愿意参与到新事物的尝试中去。在此过程中就可以将环境教育融入其中，一般来讲社区对环境的认知度是比较低的，如果单纯进行环境教育社区不会感兴趣，没有参与的积极性，只有在实际生产中遇到和环境相关的问题需求时推广者再进行解释，社区才会意识到生产与生态之间的关系。社区并不是没有生态保护的意识，他们也非常清楚良好的生态环境能够产生更多的生产效益，只是他们理不清生产与生态之间的关系。

5. 争取社区的中立派合作

在面对新事物的时候有些人愿意尝试，有些人反对，还有大部分人观望。根据经验这三种人的比例一般是 3：3：4，在进行示范以后一定要抓住 30%愿意尝试的人群，让其参与到新事物中，并让其在新的模式下获得收益；处于观望的 40%人群看到尝试者获得收益以后必然有所心动，参与的意愿会大大增强，但是每个社区总会有一些捣乱分子，他们会抵制新模式，甚至会拉拢观望者一起抵制。在此情况下收益最能说明问题，一定要让观望者看到收益，在收益面前其他都变成

次要的了，这部分居民自然而然地加入到新的生产模式中了，争取这部分人群以后就已经有近 70% 的人群加入到新模式生产中，其他的 30% 中的部分在利益的吸引下会参与到其中，慢慢地就会都接受新模式。

6. 进行机制与模式的创新

想要实现社区对生态修复的认可，必须将生态修复的成果与社区经济利益相关联。只有让居民感觉到生态好了可以为其带来直接的经济效益的时候，他们才会关注生态，并愿意为生态作出自己的贡献。由于不同区域其文化亦不相同，所以需要结合本区域的文化与传统，引入或创造出适合本区域的模式与机制，以便于实现其可复制、可推广，影响更多的社区。

7. 实现社区的自我管理

对于社区来讲，外部的力量是无法调和内部的矛盾的，归根结底仍需要社区内部自身来协调解决矛盾。而对于社区之间的管理也尽量依靠社区的村党支部委员会和村民自治委员会，或者有威望的农牧民去进行协调，他们更明白如何去沟通，什么方式是最好的方式。而且最终实现社区的自我管理的目标，不论是政府人员、科研人员，还是公益组织、公司都不可能长时间去管理社区，只有实现其内部的自我管理才能实现新技术模式的推广应用。

总之，生态屏障的作用减退主要的人的问题，其实并不缺少生态修复与可持续的生产模式，最缺的是如何将这些技术模式推广，并为广大的、曾经的破坏者所接受，如何发动社区的力量来维护大家共同的生态屏障，这是生态屏障建设与可持续管理的重点和难点。

参 考 文 献

李建华. 2008. 碳汇林的交易机制、监测及成本价格研究[D]. 南京: 南京林业大学博士学位论文.

Donofrio S, Maguire P, Merry W, et al. 2019. Financing Emissions Reductions for the Future: State of the Voluntary Carbon Markets 2019. Washington DC: Forest Trends, December 2019.

Hamrick K. 2016. State of the Voluntary Carbon Markets 2016. A report by Forest Trends' Ecosystem Marketplace, May 2016. www.ecosystemmarketplace.com.

ICAP. 2019. Emissions Trading Worldwide: Status Report 2019. Berlin: ICAP.

IEA. 2015. World Energy Outlook, 2015.

IEA. 2016. Energy Technology Perspective 2016: Executive Summary, May 30, 2016.

IPCC. 2000. Land use, land-use change, and forestry. A special report of IPCC. Cambridge University Press.

IPCC. 2014. Climate Change 2014: Mitigation of Climate Change, November 27, 2014.

UNFCCC. 2006. Synthesis Report on the Aggregate Effect of the Intended Nationally Determined

Contributions: An Update, May 2, 2016.

World Bank, Ecofysand Vivid Economics. 2016. State and Trends of Carbon Pricing 2016. World Bank, Washington, DC.

World Bank. 2019. State and Trends of Carbon Pricing. June 2019, World Bank, Washington, DC.

第八章 生态屏障建设效果评估

长期以来，由于过度放牧、不适当地开垦和耕作、森林过度采伐以及水资源的不合理利用等原因，致使内蒙古的资源与环境在开发工程中遭到严重破坏，生态环境的承载能力越来越低，突出的生态环境问题也越来越多，生态环境恶化的趋势明显加剧（张自学，2000），主要表现有如下几个。①土地退化问题严重。由于土地资源自身构成和所处自然环境限制以及开发利用不合理造成土地盐渍化、水土流失、荒漠化现象非常严重，已成为全区生态环境恶化的核心问题。②草原生态退化问题严重。目前草场退化非常严重，放牧半径 0.5km 范围内几乎成为裸地，放牧半径 2.5km 内的草原植被中牲畜不喜食的杂草类或有毒有害草占据优势。现在，全区不同程度的退化草场已达 2500 多万公顷，占可利用草场的 39.37%。③森林生态问题严重。"重采轻育""集中过伐"，迹地更新和中幼林抚育速度慢。森林火灾、森林病虫鼠害得不到有效控制，造成原始森林面积锐减，林区植被遭到破坏，引发了许多环境问题，导致洪水泛滥、水土流失，失去阻滞风沙危害的生态屏障作用，威胁内蒙古甚至整个中国的生态环境，影响我国经济的可持续发展。④农田生态问题严重。内蒙古人均耕地面积远远高于全国水平，但是贫瘠土壤的比例很高。目前，全区有 840 万 hm^2 农田，其中 2/3 是中低产田，并且大多数是坡耕地。长期以来，农田生态环境质量也呈下降趋势。⑤矿产资源开发引起的生态问题严重。截至 1996 年，内蒙古已建成国有矿山 569 个，乡镇集体矿山 3907 个，个体矿山 2298 个。在矿业经济迅速发展的同时，也给生态环境造成很大的压力。矿山用地中近91%的占地面积受到破坏，小型矿山企业对土地和矿山生态破坏更为严重。⑥野生动植物资源濒临危机。内蒙古具有森林、草原、湖泊、沙漠等不同类型，是许多野生动植物生长繁衍的地方，有的地区是珍贵稀缺动植物的生息地。但是，由于人类的活动对生态环境破坏严重，致使很多野生植物面临生存危机。⑦水资源短缺，水体质量恶化。近年来，由于经济的发展，水资源需求量大，水资源供需矛盾越来越突出。特别是京包铁路以北地区人畜饮水极为困难，大范围的地下水下降，导致地面沉降日趋严重。水体恶化是内蒙古水资源又一个非常严重的问题。内蒙古水污染源主要是工业废水排放、生活污水排放及农药、化肥使用等，污染的结果造成水体含盐量增加，消耗水生生物所需的溶解氧，水体高营养化，破坏水生生态平衡。

第一节 生态系统生态屏障建设效果

内蒙古地处祖国北疆，幅员辽阔，东西狭长，地跨"三北"（东北、华北、西北），构建生态屏障的自然条件优越。经过大量专家长期调研及示范研究，形成了符合内蒙古生态特征的生态屏障构想，在东起大兴安岭东麓、西至内蒙古阿拉善盟的广阔区域内,随着生态条件的改变,建立包括天然保护林工程建设、草原保护、水土流失沙化与风蚀治理、退耕还林还草、沙漠化控制在内的类型多样的生态工程,从而形成一道地跨"三北"、横贯内蒙古全境的绿色生态屏障。

随着大量专家的调查研究及试点工程项目的实施,逐步形成了内蒙古生态屏障工程的建设思路:围绕建设中国北方绿色生态屏障总体目标,从夯实基础、推进可持续发展、实现环境绿化战略高度出发,坚持突出重点、梯度实施、防治结合、注重实效的基本原则,以区域建设战略重点为核心轴、八类生态建设区为外延面、十大重点生态工程为依托点(魏松,2006),轴面结合、工程支撑,以优先重点建设的核心轴为突破口,向外分期逐步扩大生态建设区域范围,保证内蒙古生态屏障工程最终全方位覆盖全区,从而构建成中国北方东西 2400km 长的绿色生态屏障。其中核心轴为:六大内蒙古生态屏障工程建设战略重点,大兴安岭森林保护区;科尔沁草原沙地主体区;浑善达克草原沙地极脆弱区;阴山北麓风蚀沙化农牧交错区;黄河中上游(内蒙古区段)风水侵蚀区;阿拉善盟三洲两带封育治理区。内蒙古六大生态屏障工程建设战略重点是内蒙古生态环境最脆弱和最具有特殊生态保护功能的区域,空间上东西延伸分布,构成内蒙古绿色生态屏障优先重点建设的核心轴,这对整个生态屏障建设最终全方位覆盖全区将起到积极的带动作用。其中外延面为:内蒙古八类生态屏障工程重点生态建设区,以保护天然林资源为主的大兴安岭林区;以保护草甸草原为主的呼伦贝尔沙地;以保护和治理典型草原退化、沙化,恢复草原生态为主的科尔沁沙地;以治理半荒漠草原退化、沙化,增加草原植被为主的浑善达克沙地;以治理风蚀、水蚀,防止荒漠化为主的阴山南北麓地区;以治理水土流失,减少入黄泥沙量为主的黄河中上游地区;以保护现有旱生植被、控制荒漠化为主的阿拉善地区;环保重点治理区。八类生态建设区是根据自然气候条件、地理条件、地表植被条件和保护治理模式划分的,基本上涵盖了内蒙古从东到西不同的生态类型区和旗县行政区,具有全覆盖性质。这对于从整体上建立全区性的生态屏障系统,促进内蒙古经济社会可持续发展具有长远的战略意义。其中依托点为:内蒙古生态屏障工程重点建设工程,以减少采伐,保护天然林资源为重点的天然林资源保护工程;以合理规划利用天然草场为主的天然草场保护工程;以坡耕地退耕,退化、沙化草场退牧,还林还草为重点的退耕还林(草)工程(于合军,2005);以重点旗县为建设单位的生态综合治理工程;以治理京津周边地区沙源为重点的防沙、治沙工程;以防护林体系建设为重点的生态防护林工程;以治理河流流域水土流失为重点的水土保持工程;以城镇、流域环境保护为重点的环保工程;以环境综合整治、土地复垦为重点的工程破坏区恢复工程;以自然保护区管护为重点的自然保护区工程。内蒙古生态屏障工程重点建设工程是根据国家现行投资重点项目和利用外资项目在内蒙古的建设分布而提出的,它们是绿色生态屏障建设的重要支持依托条件。

一、森林生态系统生态屏障建设

1. 内蒙古森林资源及生态建设效果概述

内蒙古是我国林业大区，是我国北方的重要生态屏障，生态区位十分重要。全区有林地面积 0.44 亿 hm^2，其中森林面积 0.24 亿 hm^2，除大兴安岭原始林区外，还有 11 处次生林区以及各地经过长期建设形成的人工林区，森林资源总量位居全国前列，森林覆盖率已达 20%。据 2008 年森林资源连续清查，全区林地面积 4417 万 hm^2，占自治区总面积的 37.15%；森林总面积达到了 2378 万 hm^2，占林地面积的 53.84%。全区活立木总蓄积 136 073.62 万 m^3，其中乔木林蓄积 117 720.51 万 m^3，占活立木总蓄积的 86.51%。全区林地面积中，各林地类型及占用面积如图 8-1 所示，全区各类型活立木蓄积量及占活立木蓄积量的百分比如图 8-2 所示，全区森林类型面积分布及蓄积量统计见表 8-1。

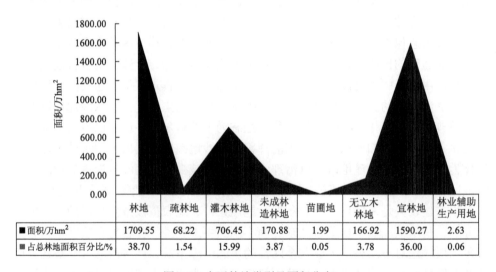

	林地	疏林地	灌木林地	未成林造林地	苗圃地	无立木林地	宜林地	林业辅助生产用地
■ 面积/万hm^2	1709.55	68.22	706.45	170.88	1.99	166.92	1590.27	2.63
■ 占总林地面积百分比/%	38.70	1.54	15.99	3.87	0.05	3.78	36.00	0.06

图 8-1　全区林地类型及面积分布

表 8-1　全区森林类型面积分布及蓄积量统计

森林类型	面积/万 hm^2	占全区森林面积百分比/%	蓄积量/万 m^3	占全区森林蓄积量的百分比/%
防护林	1 714.63	72.1	72 537.86	61.62
特用林	217.15	9.13	14 285.24	12.13
用材林	426.55	17.93	30 987.41	26.25
经济林	19.88	0.84	—	—

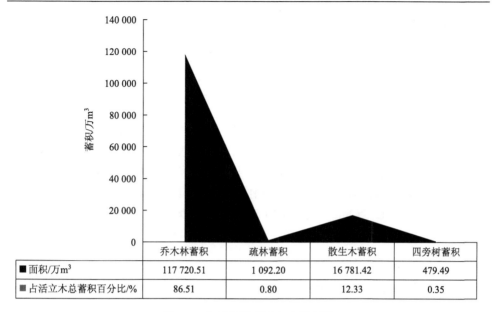

	乔木林蓄积	疏林蓄积	散生木蓄积	四旁树蓄积
■面积/万m³	117 720.51	1 092.20	16 781.42	479.49
■占活立木总蓄积百分比/%	86.51	0.80	12.33	0.35

图 8-2 全区各类型活立木蓄积量

林区主要包括天然林和人工林地，天然林与人工林地的面积、蓄积量及主要分布见表 8-2。

表 8-2 全区林地特征及分布范围表

林地类型		面积 /万 hm²	蓄积量 /万 m³	主要乔木、灌木种类	分布范围
天然林	林地	1 404.12	110 146.56	主要有落叶松、樟子松、油松、云杉、侧柏、白桦、山杨、黑桦、蒙古栎、椴树、榆树、山杏等	内蒙古大兴安岭原始林区和大兴安岭南部山地、罕山、克什克腾等 11 片次生林区
	疏林地	50.32	959.54		
	灌木林地	544.80	—		
	未成林封育地	8.51	—		
人工林	林地	305.43	7 573.95	主要有杨树、柳树、榆树、落叶松、樟子松、云杉、柠条、山杏、沙柳、沙棘等	—
	疏林地	17.90	132.66		
	灌木林地	161.65	—		
	未成林造林地	162.37	—		

在国家林业生态建设专项资金支持下，内蒙古每年完成林业生态建设任务超过 67 万 hm²，约占全国林业建设总任务的十分之一。"十一五"期间，内蒙古自治区共完成林业生态建设面积 335.11 万 hm²。截至"十二五"末，内蒙古森林面积已达 0.25 亿 hm²，森林覆盖率 21.5%。与 2008 年比，森林面积净增 122.11 万 hm²，森林覆盖率提高 1.03 个百分点。在"十三五"期间，内蒙古自治区每年要完成林业生态建设面积 67 万 hm²，加快建设生态文明，筑牢祖国北方重要生态屏

障，并继续深入实施京津风沙源治理、天然林保护、三北防护林工程建设、退耕还林等国家林业重点工程和重大生态修复工程，加大荒漠化和沙化土地综合治理力度，抓好重点区域绿化。

2. 大兴安岭森林保护区森林生态建设效果评估

"十二五"期间，内蒙古大兴安岭国有林区生态林业建设成效显著，强化"一体两翼"森林资源管理体系，完善森林资源管理制度，严厉打击毁林开垦和侵占破坏林地等违法犯罪行为，实现了森林面积和森林蓄积双增长、森林覆盖率和森林质量双提高的生态建设目标，为国家作出了重大贡献。"十二五"期末，林区有林地面积增加 10.12 万 hm^2，达到 813.51 万 hm^2；森林面积增加 9.49 万 hm^2，达到 826.85 万 hm^2；森林覆盖率由 76.55%增加到 77.44%，增加了 0.89 个百分点；活立木蓄积增加 8900 万 m^3；有林地公顷蓄积增加 $11.7m^3/hm^2$。

二、草地生态系统生态屏障建设

1. 内蒙古草地资源及生态建设效果概述

内蒙古属于典型大陆性中温带季风气候，地处祖国北疆，是首都的北大门和西伯利亚寒流入侵并影响我国的要冲，也是我国主要的风沙源区。地理区位的重要性，决定着它必然是我国生态安全战略中重要的生态屏障区。内蒙古草原面积辽阔，草地资源丰富，不仅是畜牧业赖以生存和发展的物质基础，也是广大牧民的立命之本（张建成和吕淑兰，2006）。草原的兴衰直接关系到内蒙古自治区的经济是否发展和政治是否稳定。内蒙古草原是欧亚大陆草原的重要组成部分，总面积为 8666.7 万 hm^2，占全区土地总面积的 73.5%，占全国草原面积（3.92 亿 hm^2）的 22.1%，其中可利用草原面积 6817.99 万 hm^2，占草原总面积的 78.7%，是我国五大草原之首。据内蒙古第 3 次草地资源普查结果，全区优质高产草地占 0.5%，优质中产草地占 11.2%，优质低产草地占 32.0%；中质高产草地占 3.4%，中质中产草地占 11.4%，中质低产草地占 18.3%；低质高产草地占 2.9%，低质中产草地占 4.3%，低质低产草地占 16.3%。其等级结构为：草甸草原以中质中产型和优质中产型草地为主，典型草原以优质低产型和优质中产型为主，荒漠草原以优质低产型草地为主，草原化荒漠以中质低产型为主，荒漠类以低质低产型为主。山地草甸类和低平地草甸类均以中质中产型和中质高产型为主，沼泽类草地的质量低劣而产量较高，以低质高产型为主。

根据不同的降水量内蒙古自治区对草地资源的利用与草业的开发采取不同的措施。对全区降水量不足 200mm 的生态脆弱带地区，采取以保护与自然恢复型为主的措施。对降水量 200～350mm 的旗县采取以合理利用、科学管理为主的措施，逐步使划区轮牧、季节性休牧制度化。对降水量 350mm 以上的地区，在适宜的区域采取建立高效人工草地的草地农业措施。

2. 科尔沁草原沙地主体区草原生态建设效果评估

从 20 世纪 80 年代初开始，通辽市委、市政府带领全市各族人民以防沙治沙为核心，依托国家重点生态建设工程，连续组织实施了"5820"、"双百万亩"、"323"、收缩转移等一系列生态建设工程，在工程建设中，坚持"两结合、两为主"（即乔灌草结合，以灌草为主；造封飞结合，以封飞为主）的治理方针，采取治沙造林草、封沙育林草、飞播造林草、围封禁牧、搬迁转移等综合治理措施，改善生态环境、遏制沙化土地蔓延。全市 134 万 hm² 沙地得到有效保护和治理，森林面积增加到了 156.78 万 hm²，森林覆盖率由 1978 年的 8.9%提高到 2014 年的 31.6%，科尔沁沙地治理取得了一定成效。在多年的治沙过程中，学者们总结出了"两行一带"、生物经济圈、沙地林网、近自然林、植物再生沙障等 12 种建设模式和机械钻孔造林、容器苗雨季造林、半地下畦田造林等 10 种抗旱造林系列技术。

2014～2020 年，利用 7 年时间，实施科尔沁沙地"双千万亩"综合治理工程，即 67 万 hm² 林业生态治理工程和 67 万 hm² 草原生态治理工程。完成人工造林 26.8 万 hm²、封沙育林 26.8 万 hm²、飞播造林 9.38 万 hm²、封禁保护区建设 4.02 万 hm²、退化沙化草牧场治理 46.9 万 hm²、饲草料基地建设 20.1 万 hm²。另外，完成湿地保护 13.4 万 hm²；按照产业布局科学用沙 3.28 万 hm²，重点开发沙漠旅游、工矿用沙等。

"双千万亩"工程中，67 万 hm² 草原生态治理工程包括退化沙化草牧场治理和饲草料基地建设。其中，退化沙化草牧场治理是在退化沙化草牧场采取围封禁牧、改良草场、人工种草、优质饲草料基地建设，在雨季进行飞播灌木籽和草籽，增加林草盖度，完成退化沙化草牧场治理 46.9 万 hm²（李向峰，2014）。草原恢复植被后，可季节性禁牧、划区轮牧，逐步放开治理区草牧场。重点在扎鲁特旗乌力吉木仁苏木、道老杜苏木、格日朝鲁苏木、巴雅尔吐胡硕镇，科左中旗珠日河牧场、科左后旗努古斯台镇、查金台牧场、甘旗卡镇、朝鲁吐镇等地区和周边地区，完成退化沙化草牧场治理 26.8 万 hm²，其他地区完成 20.1 万 hm²。其中，饲草料基地建设是在扎鲁特旗格日朝鲁苏木、巴雅尔吐胡硕镇、乌力吉木仁河以南地区和科左中旗新开河以北 304 国道两侧，科左后旗甘旗卡镇、朝鲁吐镇、开鲁县东沼、库伦旗库伦镇、额勒顺镇、茫汗苏木、奈曼旗义隆永镇、八仙筒镇周边完成优质饲草料基地建设 13.4 万 hm²，其他地区完成 6.7 万 hm²。全市共建设以紫花苜蓿为主的优质饲草料基地 20.1 万 hm²。

三、荒漠生态系统生态屏障建设

1. 内蒙古荒漠生态系统及生态建设效果概述

在内蒙古从东到西的主要沙漠（地）包括：科尔沁沙地、浑善达克沙地、毛乌素沙地、乌兰布和沙漠、腾格里沙漠和巴丹吉林沙漠。

2. 浑善达克沙地极脆弱区荒漠生态建设效果评估

浑善达克沙地总面积 7.09 万 km^2（锡林郭勒盟境内面积 5.8 万 km^2）。浑善达克沙地中沙漠化土地 3.05 万 km^2，占沙地面积的 43%；潜在沙漠化土地 1.42 万 km^2，占 20%；非沙漠化土地 2.62 万 km^2，占 37%。

20 世纪 70 年代至 21 世纪初，浑善达克沙地沙漠化加剧，沙漠化土地由 2.57 万 km^2 扩展到 3.05 万 km^2，流动沙丘由 20 世纪 60 年代的 172km^2 扩展到 2970km^2，平均每年扩展 70km^2。由于沙地生态系统一度严重受损，生态防护功能明显减弱，浮尘、扬沙和沙尘暴天气频发，2000 年沙尘暴日数达到 26 天，恶劣的生态环境不仅制约着区域经济社会可持续发展，而且直接影响京津地区的生态安全。

2000~2015 年，锡林郭勒盟依托京津风沙源治理工程，采取封、飞、造、退、移、转等多种措施，加大综合治理力度。全盟累计完成京津风沙源治理工程任务 256.14 万 hm^2。其中，营林造林 124.43 万 hm^2（退耕还林 17.79 万 hm^2），草地治理 119.98 万 hm^2，小流域治理 11.73 万 hm^2。完成暖棚建设 221 万 m^2，机械 28 862 台套，水源工程 11 114 处，节水灌溉 9404 处，禁牧舍饲 236.18 万 hm^2，实施生态移民 49 283 人。

四、湿地生态系统生态屏障建设

1. 内蒙古湿地生态系统及生态建设效果概述

内蒙古自治区 2000 年开始实施野生动植物保护及自然保护区建设工程。2006~2010 年，中央预算内累计工程投资自然保护区建设工程 1.2 亿元。其中，16 处国家级自然保护区实施基础建设工程项目，中央预算内投资 9758 万元。7 处自然保护区实施湿地保护与恢复工程建设项目，中央预算内投资 7478 万元。

2. 乌梁素海湖泊湿地生态建设效果评估

乌梁素海位于内蒙古自治区西部巴彦淖尔市乌拉特前旗境内，是由黄河改道形成的河迹湖，目前湖面面积 293km^2，是地球同纬度最大的自然湿地。乌梁素海不仅蕴含着丰富的水生植物和鸟类等资源，渔业和旅游业也发达，在我国北方地区承担着重要的生态屏障作用，还是确保黄河内蒙古段枯水期不断流的重要水源补给库，也是黄河凌汛期以及当地暴雨洪水的滞洪库。

多年来，由于气候变化及人类的不合理利用等诸多因素，导致乌梁素海污染十分严重。巴彦淖尔市紧紧围绕"生态补水、探源减污、修复治理、持续发展"的综合治理思路，全面加快乌梁素海综合治理与保护，湖区水质明显好转。主要进行了以下工作。

注重保护区建设。乌梁素海保护区管理机构成立后，编制完成了保护区建设总体规划，分类开展、分步实施国家重点生态工程建设项目，提升基础设施建设水平，改善湿地生态和野生动物生存环境。2001 年以来，先后在保护区组织实施了生态保护示范和湿地保护两期国家湿地保护示范工程建设项目，以及年度湿地生态补助资金建设项目和生态定位站建设项目，累计投入资金 2700 余万元，先后建立了管理站 1 处、管护点 6 处，水文监测、鸟类习性监测设施初具规模，观鸟台、瞭望塔、远程视频监控、管护码头、疫病防控、科研试验设施齐全。同时，实施了水生植物收割清理 69km²，芦苇蔓延通道控制 26km，输水、退水通道疏浚 18km，防护林带建设 35km、124.62hm²，围栏建设 52km 等工程建设，同时，保护区管理局工作人员通过开展巡护、监测、宣教等工作，为保护湿地和发挥湿地功能奠定了坚实基础。

加强污染治理。2009 年以来，巴彦淖尔市先后投资近 20 亿元，在上游旗县建设了 3 处工业园区污水处理厂及中水回用工程、2 个再生水供水工程、7 个城镇污水处理厂，有效地遏制了点源污染。巴彦淖尔市投入 0.9 亿元，实施了乌梁素海网格水道工程，挖掘网格水道 53 条，共计 120km，有效改善了整个湖区的水流条件和湖水富营养状态，改善了内源污染状况。近年来，全市加快建设和打造北疆绿色农畜产品生产加工基地，大力倡导和发展无公害、绿色、有机农畜产品生产加工业，推广长效缓释复合肥和高效、低毒、低残留的农药以及测土配方施肥、农作物病虫害绿色防控等技术，使得面源污染得到初步控制。

着重生态补水。从 2003 年开始，巴彦淖尔市政府水利部门统筹利用黄河凌汛水、灌溉间隙水，对乌梁素海进行连续性的生态补水。特别是 2012 年以来，为了提升补水能力，在自治区水利厅的支持下，投入 1.3 亿元，对通往乌梁素海的渠道和入口进行疏通改造，增强了泄洪能力。同时，加固加高乌梁素海部分围堰，使蓄水能力达到 5 亿 m³。2005 年以来，已累计实施生态补水 10.9 亿 m³，对乌梁素海水体进行了不间断地置换，为改善乌梁素海水质发挥了重要作用。

增强开发利用。一是与河南宿鸭湖生态养殖股份有限公司合作，发展规模化水产养殖业，同时推动了生物治理工程建设，主要通过投放食草鱼类、消除水草、转移氮磷，目前养殖面积扩大到 0.536 万 hm²，共消除水草 40 万 t，转移氮磷 900 多吨。二是重点围绕坝头地区进行旅游规划布局，打造旅游集镇，拉动当地餐饮、娱乐、住宿和零售业的发展，为职工群众创造更多的就业机会，不仅提高了当地的旅游收入，而且有效提升了乌梁素海"塞外明珠"的品牌知名度。三是推进芦苇合理化利用，引进内蒙古"振森"年产 24 万 m³ 农作物秸秆代木无甲醛中高密度纤维板项目，投产后年消化芦苇 15 万 t。该项目运行后，可彻底解决乌梁素海芦苇销路问题，实现职工脱贫致富的同时，还可减少湖区有机物积累，延缓沼泽化进程。

提高湿地保护意识。近年来，乌梁素海受到国内外各界人士的广泛关注，国家和地方政府逐年加大保护力度，巴彦淖尔市已把乌梁素海综合治理工作提上重要议事日程，把湿地生态系统保护作为国家生态安全体系的重要组成部分和经济社会可持续发展的重要基础。巴彦淖尔市沿着"打造生态宜居城市"的主脉络，重点做好"水、绿、文化"三大主题，在这种背景下，巴彦淖尔市湿地主管部门充分利用"世界湿地日"和"爱鸟周"等时机，积极组织社会各界及广大青少年，开展多种多样的湿地保护科普宣传教育活动，并取得了一定的社会效果，已经初步形成保护湿地和保护生态环境的良好氛围。

内蒙古农业大学河湖湿地水环境研究团队分析了 2005～2014 年近十年间乌梁素海湖泊水质的变化特征。结果显示：2005～2014 年，乌梁素海 DO、COD、Cr、TN、TP 和 F 浓度存在显著的年际变化。DO 浓度大幅增加，COD、Cr、TN 和 F 浓度均有不同程度的下降，但 TP 浓度并无明显下降。采用灰色模式识别模型对 2005～2014 年乌梁素海水质进行评价，水质灰色识别模式综合指数表明：乌梁素海水体环境正向良性方向发展，2012 年是乌梁素海水质变化的拐点，2012 年之前，乌梁素海水质没有明显变化；2012 年之后，水质得到明显改善。TP 污染治理应作为现阶段乌梁素海水体污染治理的主要方面，为彻底改善乌梁素海水体质量，不仅要继续加强外源污染的削减，更要重视内源污染的治理。在外源污染治理方面：控源减污，降低工厂污水及生活废水的排放量，减少灌区农药与磷肥的使用量，提高有机肥的利用效率。在内源污染治理方面：通过环保疏浚和芦苇、沉水植物的收割，最大限度地减少内源污染。同时继续进行生态补水工程，逐步恢复其水体自净能力，实现乌梁素海水环境的可持续发展。

第二节　重点区域生态屏障建设效果

生态功能区划是根据区域生态系统格局、生态环境敏感性与生态系统服务功能空间分异规律，将区域划分成不同生态功能的地区。《全国生态功能区划》是以全国生态调查评估为基础，综合分析确定不同地域单元的主导生态功能，制定全国生态功能分区方案。全国生态功能区划是实施区域生态分区管理、构建国家和区域生态安全格局的基础，为全国生态保护与建设规划、维护区域生态安全、促进社会经济可持续发展与生态文明建设提供科学依据。

一、筑牢北疆生态防线

2015 年 1 月，为全面贯彻落实习近平总书记考察我区重要讲话精神和《内蒙古自治区党委贯彻落实〈中共中央关于全面深化改革若干重大问题的决定〉的意见》，我区颁布了《内蒙古自治区人民政府关于自治区主体功能区规划的实施意见》。实施主体功能区战略，推进主体功能区建设，是党中央、国务院作出的重大战略决策，是深入贯彻落实科学发展观的重大战略举措。深入推进《内蒙古自治区主体功能区规划》的实施，有利于实施差别化的区域政策，促进各类主体功能区科学发展，缩小不同主体功能区间基本公共服务和人民生活水平的差距；有利于发挥不同区域主体功能，提高资源空间配置效率，保护生态环境，促进发展方式转变；有利于引导人口分布、经济布局与资源环境承载能力相适应，形成人口、经济、资源环境合理布局的国土空间开发格局。

2012 年，内蒙古出台了《内蒙古自治区主体功能区规划》，明确了各类主体功能区范围、功能定位、发展方向和管制要求。2015 年 1 月，自治区政府又出台了《内蒙古自治区人民政府关于自治区主体功能区规划的实施意见》，进一步明确了不同主体功能区差别化的产业、财政、投资、土地、环保、水资源、人口等政策。

按照国家、自治区主体功能区划的要求和地形、地貌划分，结合生态环境建设特点，内蒙古构建了以"两线七区"为主体的生态综合治理建设布局。

"两线"：大兴安岭生态防线加强天然林保护，禁止非保护性采伐，植树造林，涵养水源，保护野生动物，在保护生态的基础上积极发展林草产业。阴山北麓生态防线积极退耕、退牧还草，治理土地沙化、盐碱化。

"七区"：呼伦贝尔草原沙地防治区、乌珠穆沁典型草原保护区以退牧还草、退耕还草、划区轮牧、禁止开垦、樵采和超载放牧等为重点，防治草场退化沙化。科尔沁沙地防治区、浑善达克沙地防治区以恢复沙地草场生态环境为重点，严格实施以草定畜，增强防风固沙功能。毛乌素-库布齐沙漠化防治区、阿拉善沙漠化防治区，加强综合治理，保护恢复天然植被，防止沙丘活化和沙漠化面积扩大。黄土高原丘陵沟壑水土流失防治区重点加强水土流失和土地沙化、盐碱化治理。

内蒙古自治区始终高度重视生态建设和环境保护，特别是国家实施西部大开发以来，内蒙古自治区生态建设取得了积极进展。全面启动了营造青山、碧水、蓝天、绿地工程。加大了环保投入的力度，强化了环保监察工作，使环境保护工作开始有序地向前发展。污染防治取得明显成效，生态环境实现了"整体遏制，局部好转"的重大转变。一是投入 30 多亿元，在大兴安岭林区和 29 个旗县实施了天然林资源保护工程。二是在 11 个旗县进行了退耕还林还草试点，已退耕 6.7 万 hm^2，荒山荒地造林种草 33.5 多万公顷。三是在 31 个旗县启动了京津风沙源治理工程，投入 9 亿多元，已完成 73.7 万 hm^2 治理任务。四是在 29 个旗县开展了生态环境综合治理工程，共完成治理面积 33.5 多万公顷。五是在 13 个旗县进行了天然草原保护与建设工程试点。六是在黄河、辽河、嫩江内蒙古流域全面开展了水土保持工程，共完成治理面积 14 万 hm^2。七是进一步加大三北防护林工程建设投入，新营造防护林 28.8 万 hm^2。

　　全区第七次森林资源清查结果显示，全区林地面积 4400 万 hm²，森林面积 2487 万 hm²，均居全国第一位；森林覆盖率 21.0%，活立木总蓄积量 14.84 亿 m³，森林蓄积 13.45 亿 m³，均居全国第五位；天然乔木林面积 1393 万 hm²，居全国第二位；人工乔木林面积 316 万 hm²，居全国第八位；灌木林面积 793 万 hm²，居全国第二位。森林覆盖率由"九五"期末的 13.8% 提高到 2015 年的 21%。"十一五"期间，全区荒漠化土地面积减少了 46.67 万 hm²，沙化土地面积减少了 12.53 万 hm²，实现持续"双减少"。1600 万 hm² 风沙危害面积和 1000 万 hm² 水土流失面积得到了初步治理，467 万 hm² 农田、1000 万 hm² 基本草牧场得到林网的保护。至 2015 年，荒漠化和沙化土地面积与 2009 年相比分别减少 41.67 万 hm² 和 34.34 万 hm²；建立自然保护区 182 处（其中国家级 29 处、自治区级 60 处），有森林生态系统、湿地生态系统、草原生态系统、荒漠生态系统、地质遗迹等类型，总面积 1270.17 万 hm²，占全区面积的 11.68%。生态示范区 36 个，总面积 3937 万 hm²，占全区面积的 33%。开展生态乡镇和生态功能区创建工作，自然生态环境在不断改善和恢复。农村牧区"十个全覆盖"工程的实施，推进了农村牧区生态文明建设，农村牧区的人居环境在逐渐改善。全区工业主要污染物的去除量，以及固废综合利用量、处置量持续增加，工业固体废物排放量有所减少。各项污染指标：工业二氧化硫、烟尘工业粉尘都呈下降势态。至"十二五"末，化学需氧量排放量 83.56 万 t，比 2014 年下降 1.42%，比 2010 年下降 9.30%；氨氮排放量 4.69 万 t，比 2014 年下降 4.81%，比 2010 年下降 13.78%；二氧化硫排放量 123.10 万 t，比 2014 年下降 6.20%，比 2010 年下降 11.91%；氮氧化物排放量 1113.89 万 t，比 2014 年下降 9.49%，比 2010 年下降 13.33%。至"十二五"末时，全区环境监测结果显示，全区 12 个地级政府所在地城市全年空气质量达标天数比例 80.9%；河流水质总体评价为轻度污染，湖泊水质为 V 类至劣 V 类，水库水质为 Ⅲ~V 类；地市级集中式饮用水水源地取水水质达标率 89.9%，旗县级 75.1%；生态环境质量指数（EIN）45.4，等级为一般。实现了环境质量的持续改善，使内蒙古呈现出蓝天、白云和绿草的景象。从显示的生态质量指数来看，内蒙古自治区逐渐走上了绿色与发展共赢的道路，实现了经济发展与生态环保的共赢，但是生态环境建设的路是漫长而艰巨的，这不仅仅依靠政府的政策措施，也需要公众的参与和监督，更需要全社会的共同努力。

二、以"新型城镇化"为契机全力推进绿色宜美城市建设

　　改革开放 30 多年来，我国城镇化进程明显加快，城镇人口从 1978 年的 1.7 亿人增加到 2013 年的 7.3 亿人，城镇化率达到 53.73%，与世界平均水平大体相当。内蒙古的城镇化率更是走在全国前列，2015 年，内蒙古自治区的城镇化率为 60.3%，高出全国 4.2 个百分点。然而，部分城镇为片面追求规模扩张而牺牲生态环境的现象较为突出，雾霾天气等重度空气污染环境问题时有发生。如何在新型

城镇化建设中将生态文明理念融入其中，并实现与生态环境的协调发展，是亟待解决的重大问题。

党的二十大报告指出，中国式现代化是人与自然和谐共生的现代化，明确了我国新时代生态文明建设的战略任务，总基调是推动绿色发展，促进人与自然和谐共生。中央城镇化工作会议要求，根据资源环境承载能力构建科学合理的城镇化布局。既提出"城镇建设要体现尊重自然、顺应自然、天人合一的理念，依托现有山水脉络等独特风光，让城市融入大自然，让居民'望得见山、看得见水、记得住乡愁'"；也明确"要注意保留村庄原始风貌，慎砍树、不填湖、少拆房，尽可能在原有村庄形态上改善居民生活条件"。内蒙古自治区结合中央精神，立足"绿色"视角，从环保意识、生态污染、产业结构、生产方式、生活方式、消费模式和体制制度等方面，分析了城镇化进程中的生态环境问题，有针对性地提出路径探究：以"心"育绿，以"优"促绿，以"康"养绿，以"制"治绿，以"合"共绿，收到了良好效果。

1. 城镇化水平逐年稳步提高

2014 年，内蒙古常住人口 2504.81 万人。其中，居住在城镇的人口为 1490.61 万人，比 2013 年增加 24.26 万人；居住在农村牧区的人口为 1014.20 万人，比 2013 年减少 17.06 万人。2014 年，内蒙古城镇化率达 59.5%，比 2013 年又提高 0.8 个百分点。如图 8-3 所示，我区城镇化水平逐年稳步提高。

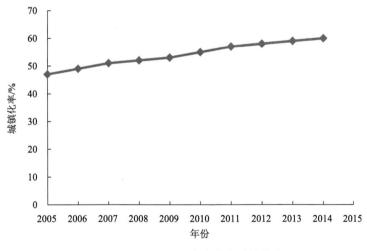

图 8-3　2005～2014 年内蒙古城镇化率

2. 城镇化率 10 年间在全国排名前移一位

内蒙古城镇化水平逐年稳步提高，城镇化率在全国 31 个省（自治区、直辖市）

中的位次也由 2005 年的第 11 位上升至 2014 年的第 10 位，10 年来城镇化率一直高于全国平均水平，但随着全国平均城镇化水平增幅趋缓（图 8-4），全区城镇化率增幅也呈现出趋缓态势。

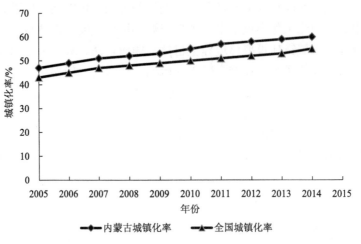

图 8-4　2005～2014 年内蒙古与全国城镇化率对比

3. 城镇居民生活水平不断提高

城镇化水平的提高带动城镇居民收入、消费双增长，生活水平明显改善。2014 年全区城镇居民人均可支配收入 28 350 元，比 2013 年增长 9.0%，是农村牧区居民人均可支配收入的 2.8 倍；2014 年全区城镇居民人均消费支出 20 885 元，比 2013 年增长 8.5%，是农村居民人均消费支出的 2.1 倍。

4. 产城融合作为核心动力

部分二线、三线城市"鬼城"频现，很大程度源于支撑产业的虚无或城市功能的单一。2014 年，内蒙古自治区提出，要推动"产业和城镇融合发展"。在推进新型生态城镇化建设的过程中，把产城融合、产城互动放在重中之重，实现"以产兴城、以城促产、产城相融"的发展格局。在新型城镇化的建设过程中，加强基础配套设施建设，如超市、电影院、公交车站、医院等配套设施的建设，提升产业园区的集聚能力，坚持新型城镇化建设与产业园区开发建设相衔接，将产业园区建设规划纳入新型城镇化建设规划，通过促进产业向园区集中、园区向城镇集中，实现产城互动。

5. 地域文化作为重要标识

文化是城市建设发展的灵魂，是凝聚人、吸引人的重要载体，是彰显城市软实力和独特魅力的传播媒介。在融入现代创新元素的同时，加强城镇历史文化和民族文化的保护，把城镇内部的森林、河流、湿地等各种自然要素和自然景观，以及生物多样性与城镇历史文化结合起来，发展有历史记忆、地域特色、民族特征的生态城镇。

6. 节约资源作为约束性目标

全区城市在加快推进经济持续发展、推进城镇化进程中更加注重环境建设，坚持开发和节约并举，不断提升环境发展质量，增强城市扩容提质能力。大力推广绿色、低碳、循环经济和清洁生产，提高技术创新能力，加大对高耗能、高污染、高排放企业技术改造，逐步淘汰落后产能，有效推进节能减排。加强公共服务设施建设，推进教育、医疗保健、信息服务等领域创新，引导绿色、环保、健康消费，提升环境发展质量。加强环境综合治理，积极推进生态保护建设和城市城区环境建设，排污减污能力显著提高，空气质量趋于好转，环境承载和发展能力逐步提升。

7. 环境保护作为政策"红线"

2013 年 10 月，我区颁布了《内蒙古自治区环境保护"十二五"规划》，对加强环境保护工作作出了硬性要求。近年来，在推进新型生态城镇化建设的过程中，始终把环境保护放在主要位置，优化能源消费结构，减少煤炭的消费比重，加强生态保护。大力推进化学需氧量和氨氮减排，对发酵、稀土、造纸、化工及相关行业实行化学需氧量和氨氮排放总量控制。切实加强重金属污染防治。对重点防控的重金属污染地区、行业和企业进行集中治理。全面推进重点领域污染防治。继续推进四大重点流域水污染防治，落实目标责任制，完善考核机制，确保规划项目顺利实施。严格执行环境影响评价制度。强化环境影响评价参与综合决策的作用，凡依法应当进行环境影响评价的重点流域、区域开发和行业发展规划以及建设项目，必须严格履行环境影响评价程序。加快推进农村牧区环境保护。深入实施"以奖促治"和"以奖代补"政策，结合新农村、新牧区建设，多渠道筹集资金，开展村庄生活垃圾、生活污水、畜禽养殖和废弃工业场地污染治理，加强农村牧区饮用水水源地保护。加大生态保护力度。进一步完善自治区环境功能区划，按照保护优先、开发有序的原则，对不同区域分类实行优化开发、限制开发和禁止开发。对国家确定的我区 8 个重要生态功能区，划定生态红线，严把建设项目准入关。严格核材料、化品、危险废弃物环境管理。加强对核燃料、放射性物品生产、运输、储存等环节的安全管理和辐射防护，建立健全放射性污染源远程监测监督体系，强化放射源、射线装置、高压输变电、移动通信工程、广播电视及卫星台站工程等辐射环境管理。有效防范环境风险和妥善处置突发环境事件。切实加强环境风险管理和应急救援体系建设，完善以预防为主的环境风险管理制度，实行环境应急的分级、动态、全过程管理。积极发展环保产业。加大政策扶持力度，鼓励多渠道建立环保产业发展基金，拓宽环保产业发展融资渠道，大力培育节能环保企业。进一步加强环境法制建设和执法监管。抓紧制定自治区《饮用水水源污染防治管理办法》《危险废物管理办法》《环境监理管理办法》等地方性环境保护法规规章，积极开展环境政策研究，为环境保护提供更加完备的法制和政策保障。

第三节　重点工程生态屏障建设效果

内蒙古横跨"三北"、毗邻 8 省（自治区），是我国北方面积最大、种类最全的生态功能区，生态状况不仅关系全区各族群众生存发展，也关系东北、华北、西北乃至全国的生态安全。内蒙古自治区始终高度重视生态建设和环境保护，特别是国家实施西部大开发战略以来，相继实施了天然林资源保护、退耕还林、退牧还草、京津风沙源治理、重点地区速生丰产用材林基地建设工程等一批生态建设重点工程，加快产业转型升级步伐，推动淘汰落后产能，实施了一大批节能环保重大工程，生态环境实现"整体恶化趋缓，治理区明显好转"，资源节约型、环境友好型社会建设成效明显。

一、退耕还林工程建设效果

自 2000 年开始，内蒙古自治区开始推行退耕还林工程。为加强和规范退耕还林工程有序进行，巩固退耕还林成果，改善全区生态环境，依据国务院颁布的《退耕还林条例》，2007 年 1 月，自治区人民政府印发了《关于退耕还林工程管理办法的通知》，结合我区实际对退耕还林工作作出了具体部署，有力推动了退耕还林工作的推进进程。

退耕还林迈出较大步伐，生态状况实现了由"整体恶化"向"整体遏制、局部好转"的重大转变。内蒙古自治区自 2000 年开始实施退耕还林、2003 年开始实施退牧还草以来，在各级政府的高度重视和积极推动下，各项生态建设重点工程进展顺利，取得了显著成效。截至 2004 年底，已累计完成退耕还林 198.86 万 hm^2，加上其他生态建设工程的协同推进，使全区水土流失和土地沙化扩展速度整体得到有效遏制，局部生态环境明显好转。全国第六次森林资源清查（1999～2003 年）结果显示，内蒙古自治区森林覆盖率达到 17.7%，比第五次森林资源清查（1994～1998 年）时的 13.8% 提高了 3.9 个百分点。风蚀沙化状况得到遏制，林草覆盖度由过去的 15% 提高到 70% 以上；沙漠化扩展速率也由 1994～1999 年的 0.87% 下降到 2005 年的 0.25%，属于国际认可的正常波动范围，处在一个相对稳定的状态。水土流失面积不断减少，强度不断减轻，同时水源涵养能力提高，部分多年干枯无水的河流，出现了常年流水的喜人景象。

农牧民从退耕还林钱粮补助政策中得到实惠，直接增加了收入。据测算，实施退耕还林以来，内蒙古自治区每亩退耕地平均增收 100 元左右，每个退耕农牧户平均增收 700 多元。

生态环境建设推动了农牧区生产生活方式转变，社会效益初步显现。通过退耕还林使农民土地利用结构发生了较大变化，劣质的农用地逐步转变为林地、牧业用地，剩余基本农田实行精耕细作。

内蒙古自治区不仅把实施好退耕还林作为改善当地生态环境的根本性措施，还将其作为加快发展绿色产业的契机，积极培育生态建设后续产业发展，吸引和壮大龙头企业，努力实现生态效益与经济效益的"双赢"。例如，鄂尔多斯市着眼于形成完整的林沙产业链条，依托退耕还林、退牧还草所形成的丰富林草资源，引导和鼓励企业进入林沙产业加工领域，加快林草资源转化利用。全市已培育和吸引林沙产业、饲草料加工企业 30 家，年生产人造板 17 万 m^3、饲草料 50 万 t 等，年产值达到 6.9 亿元，年创利税 1.4 亿元。再如，亿利资源集团是以沙地生态资源为载体的中蒙药和染料化工生产加工企业，开创了"生态资源产业化和资本化"的生态经济模式。还有以沙棘果实深度综合开发利用为主的宇航人高技术产业公司，产品销往东南亚、美国、日本等 20 多个国家和地区，给种植沙棘的农牧民带来显著经济效益。

退耕还林工作要切实落实"五结合"配套保障措施，即把退耕还林与基本农田建设、后续产业开发、农村能源建设、生态移民和封山禁牧舍饲结合起来，努力解决好农民的吃饭、烧柴、增收等当前生计和长远发展问题。特别是要采取有效措施，积极培育和发展壮大生态建设后续产业，走出一条生产发展、生活富裕、生态良好的文明和谐发展之路。

二、天然林资源保护工程建设效果

1998 年，国家林业局先后编制了《长江上游、黄河上中游地区天然林资源保护工程实施方案》和《东北、内蒙古等重点国有林区天然林资源保护工程实施方案》。经过两年的试点，2000 年 10 月，国家正式启动了天然林资源保护工程，简称天保工程。内蒙古是国家 7 个天保工程重点省份之一，2001 年 7 月，内蒙古自治区人民政府办公厅印发《内蒙古自治区天然林资源保护工程管理办法（试行）》（内政办发〔2001〕26 号），在全区范围内启动了天保工程一期。

内蒙古天保工程一期已使项目区森林面积增加了 309.27 万 hm^2，约占全国增加量的 30%；森林蓄积增加了 1.75 亿 m^3，约占全国增加量的 24%；森林覆盖率增长了 7.56%。

2011 年，内蒙古天保工程二期开始启动，为期 10 年。内蒙古天保工程二期实施范围仍为内蒙古森工集团、岭南八局和黄河中上游 3 个天保工程区，涉及 9 个盟市 75 个旗县，初步测算中央财政对内蒙古投资达 360 多亿元，是一期工程的 3 倍多，约占全国天保工程二期总投资的 14.7%。在天保工程二期实施过程中，内蒙古森工集团和岭南八局将进一步调减木材产量，在"十二五"期间由上一期定产后年均 243.2 万 m^3 分 3 年调减到每年 122.6 万 m^3，下调幅度 49.6%；黄河中上游地区继续停止天然林商品性采伐。预计到 2023 年，内蒙古天保工程区管护森林面积将增加到 0.21 亿 hm^2，建设公益林总面积 130.65 万 hm^2，增加森林蓄积 7000 万 m^3。

林业资源保护工程不仅改善了内蒙古的生态环境，促进了内蒙古的资源开发和区域经济发展，也为内蒙古带来了深远的社会效益，增强了人们的生态意识、环境意识，为内蒙古生态建设与经济发展全局奠定了良好的基础。

2004 年森林资源连续清查结果显示，自治区森林面积已达到 0.21 亿 hm^2，其中仅人工林保存面积就达到 576.2 万 hm^2，林木蓄积 12.9 亿 m^3。森林面积比 1998 年增加 0.03 亿 hm^2，蓄积量比 1998 年增加了 1.2 亿 m^3。进入 21 世纪以来我国沙尘暴次数逐年减少，且强度和影响范围也在减小，这与自治区生态状况的改善密切相关。国家组织的第三次荒漠化和沙漠化监测、国家林业重点生态工程社会经济效益监测、内蒙古土地荒漠化动态评估专家组调研结果显示，自治区荒漠化土地比 1999 年减少 160.8 万 hm^2；沙化土地比 1999 年减少 48.9 万 hm^2，首次实现"双减少"。沙漠内部相对稳定，沙地向内收缩，沙地林草盖度普遍提高。科尔沁沙地面积 2004 年比 1999 年减少了 29.4 万 hm^2，植物群落逐步发生正向演替，稳定的沙地生态系统逐渐形成。毛乌素沙地植被盖度达到 60% 以上。浑善达克沙地大部分区域生态系统得到了恢复，流沙面积逐步减少，南缘已建成一条长 420km、宽 1~10km 的防护林体系，有效阻隔了沙地向外扩张。从自治区来看，一些地方已初步形成了乔灌草、带网片相结合的区域性防护林体系，近 402 万 hm^2 农田、536 多万公顷基本草牧场受到林网保护，0.16 亿 hm^2 风沙危害面积和 0.1 亿 hm^2 水土流失面积得到初步治理，自治区生态状况得到了明显改善。初步实现了"整体遏制，局部好转"的局面，即自治区生态状况整体恶化的趋势初步得到控制，重点工程区的生态状况明显好转。

通过大规模的生态建设与保护，一是促进了农村牧区经济结构调整。通过大力种树种草，开发绿色食品，培育绿色产业，发展特色经济，使以种植业为主的农业生产向种植业、林果业、舍饲畜牧业以及第二、第三产业过渡，由单一粮食经营向粮、林、经、饲多元化经营转变，由数量扩张向质量效益转变，实现了生态改善与经济发展"双赢"。二是增加了农牧民收入。通过实施重点工程，农牧民在享受林业直补政策的同时，发展林果业、林草业、林沙产业，有效地增加了收入。三是壮大了林业产业。各地积极调整产业结构，着力提升产业层次，林产工业规模不断扩大，木材综合加工利用率明显提高。灌木原料林、灌木饲料林、经济林规模不断扩大，种苗、花卉、森林食品、药材培植、野生动物驯养繁殖和森林旅游业、沙产业迅速发展，成为一些地区新的经济增长点。生态建设与产业发展良性互动的机制逐步形成。现在自治区已形成年生产木材 300 多万 m^3，人造板

80 多万立方米，生产果品 30 多万 t，生产中药材 10 万 t，采集林内食用菌菜 2 万多吨，生产柞蚕茧 1.19 万 t，花卉 1 亿多株，生产编织用条 8.5 万 t，生产木本饲料 44 万 t 的生产能力。林业产业产值快速增长，到 2013 年，自治区林业产业总产值达到 280.15 亿元。

社会效益不断提高：一是改善了农牧业生产条件，增强了农牧业综合生产能力，保障了农牧业稳产增产；二是拓宽了农牧民就业渠道，开辟了农牧民增收途径；三是普及了生态文化知识，提高了广大群众的生态意识，促进生态文明观念在全社会逐步树立；四是调动起社会各界建设林业的积极性，为巩固边疆安定、维护民族团结作出了重要贡献。

三、三北防护林体系建设工程建设效果

三北防护林工程是指在中国"三北"（西北、华北和东北）地区建设的大型人工林业生态工程。中国政府为改善生态环境，于 1979 年决定把这项工程列为国家经济建设的重要项目。工程规划期限为 70 年，分七期工程进行。三北防护林体系东起黑龙江宾县，西至新疆的乌孜别里山口，北抵北部边境，南沿海河、永定河、汾河、渭河、洮河下游、喀喇昆仑山，包括新疆、青海、甘肃、宁夏、内蒙古、陕西、山西、河北、辽宁、吉林、黑龙江、北京、天津 13 个省（自治区、直辖市）的 559 个县（旗、区、市），总面积 406.9 万 km^2，占我国陆地面积的 42.4%。1979～2050 年，分三个阶段、七期工程进行，规划造林 0.36 亿 hm^2。到 2050 年，"三北"地区的森林覆盖率将由 1977 年的 5.05% 提高到 15.95%。

内蒙古地处祖国北疆，横跨东北、华北、西北，是黄河、辽河、嫩江等河流的上中游或源头，也是国家三北防护林体系建设的重点地区之一。为认真贯彻落实《国务院办公厅关于进一步推进三北防护林体系建设的意见》（国办发〔2009〕52 号），切实加强我区三北防护林工程建设，推动生态状况的不断改善，内蒙古自治区人民政府出台了《关于进一步加强三北防护林工程建设的意见》，有力推进和强化了我区三北防护林的建设进程。

内蒙古三北防护林工程建设过程中形成了鲜明的自身特色：一是优化了三北防护林工程建设布局。根据我区三北防护林工程分期规划和林业重点工程总体布局，统筹安排三北防护林工程建设，实行分类指导，分区治理，整体推进。在沙地类型区，以治理沙化土地为重点，采取人工造林、飞播造林、封沙育林等人工治理措施，增加林草植被，建设乔、灌、草相结合的防风固沙防护林体系；在荒漠类型区，以保护原生植被为重点，采取建立沙化土地封禁保护区和人工治理相结合的措施，恢复和扩大林草植被，建设沙漠锁边防风固沙林体系和以沙生灌木为主的荒漠绿洲防护林体系；在丘陵山区，以小流域治理为重点，采取营造水源涵养林和水土保持林等措施，增强蓄水保土功能，建设生态经济型防护林体系；在平原农区，以平原绿化和农田防护林建设为重点，发展防护用材兼用林、工业

原料林和经济林，建设、改造、提高相结合，建设带、网、片相结合的高效农业防护林体系。

二是突出三北防护林工程建设重点。按照突出重点，整体推进的原则，集中抓好科尔沁沙地、毛乌素沙地、呼伦贝尔沙地、乌兰布和沙漠东缘的防沙治沙工作。加强黄河流域、辽河流域、嫩江流域等重点地区的水土流失治理。加强河套平原、土默川平原等平原地区的农田防护林建设。强化阴山—狼山北麓风蚀沙化区、阿拉善高原风沙源的治理措施，依法划定封禁保护区，遏制风沙危害。

三是加强森林经营。各级人民政府要将森林经营作为提高三北防护林工程建设质量、增强森林生态功能的一项重要措施来抓，科学编制森林经营规划和实施方案，大力开展中幼林抚育和低质、低效林改造，实现森林资源的可持续经营。对质量效益低下的林分，通过抚育间伐、平茬复壮等措施，优化林分结构，促进林分的稳定性和生物多样性，提高林地生产力、森林质量和效益，实现森林生态系统功能最大化。

30 年来，我区三北防护林工程建设取得了喜人的成就。当前，内蒙古森林面积居全国第一位，蓄积居全国第五位。从分布上看，全区有大兴安岭原始林区，有 11 片较大的次生林区（大兴安岭岭南、宝格达山、迪彦庙、罕山、克什克腾、茅荆坝、大青山、蛮汉山、乌拉山、贺兰山、额济纳），还有经过长期建设形成的大面积人工林区。现有林业用地 0.4 亿 hm^2，占总土地面积的 34.46%，森林面积 0.2 亿 hm^2，宜林地 0.16 亿 hm^2，林木蓄积 12.9 亿 m^3，森林覆盖率 17.57%。有陆生野生动物 712 种，野生植物 2718 种。有河流、湖泊、沼泽三大类 13 种类型湿地，面积 426.66 万 hm^2，占全国湿地面积的 11%，占全区总面积的 3.59%，湿地面积居全国第三位。林业系统建立和管理的自然保护区共有 125 处（包括森林、湿地、荒漠、野生动物、野生植物 5 种类型），总面积 0.09 亿 hm^2，占国土面积的 8%，其中，国家级自然保护区 16 处，面积 227.8 多万公顷。

四、重点地区速生丰产用材林基地建设工程建设效果

2002 年 7 月，国家计委以计农经〔2002〕1037 号文批复了《重点地区速生丰产用材林基地建设工程规划》；同年 8 月 1 日，国家林业局在北戴河召开了工程启动会，宣布速丰林基地建设工程正式开始实施。整个工程建设期为 2001～2015 年，分两个阶段，共三期实施。第一期 2001～2005 年，重点建设以南方为重点的工业原料林产业带，建设面积 469 万 hm^2；第二期 2006～2010 年，建设面积达到 920 万 hm^2；第三期 2011～2015 年，共建成速丰林 1333 万 hm^2，完成南北方速生丰产用材林绿色产业带建设。

五、退牧还草工程建设效果

长期以来，由于受自然和人为等多方面因素的影响，我区草原生态保护和恢

复面临着非常严峻的形势。"退牧还草"工程是继"退耕还林"工程之后，我区在生态建设方面出台的又一重大战略举措，对保护和改善草地生态环境，促进草原畜牧业可持续发展具有十分重大的意义。

2002 年，国家启动内蒙古天然草原退牧还草工程，共实施 8 期。涉及呼伦贝尔市、兴安盟、通辽市、鄂尔多斯市、巴彦淖尔市、阿拉善盟、呼和浩特市等盟市的 35 个旗县市。国家累计下达计划任务围栏面积 1269.33 万 hm²，其中禁牧围栏 515.47 万 hm²，休牧围栏 711.2 万 hm²，划区轮牧 42.67 万 hm²，补播草场面积 260.87 万 hm²。项目建设总投资 396 710 万元，其中，中央财政资金 290 950 万元，地方配套 105 760 万元。国家累计应下拨饲料粮补贴折资 257 375.25 万元。为了保证退牧还草工程的顺利实施，内蒙古自治区相继出台了一系列的方针政策，如《内蒙古自治区退牧还草工程管理办法》(试行)、《内蒙古自治区生态环境建设重点项目管理办法》(试行)、《内蒙古自治区退牧还草工程验收方案》、《内蒙古自治区阶段性禁牧、划区轮牧补偿实施管理办法》等以及相关的技术规程和规范文件。这些政策和管理办法的出台，为退牧还草工程的顺利实施提供了政策保障和技术依据。

自治区草原监督管理局的《2011 年退牧还草工程生态效益监测报告》发布了 2011 年监测结果，截至 2011 年底，内蒙古共实施退牧还草工程面积达 0.17 亿 hm²，占草原总面积的 22.7%，其中禁牧 727 万 hm²，休牧 867.5 万 hm²，轮牧 40.87 万 hm²，补播 72.83 万 hm²。

随着退牧还草工程的实施，内蒙古天然草原得到了休养生息的机会，工程实施区的草原生态环境发生了明显的变化。2011 年工程区与非工程区相比，每亩植被盖度、高度和干草产量分别高出 11.76 个百分点、8.88cm 和 24.14kg。2011 年与前 4 年均值相比，工程区内每亩植被盖度、干草产量分别提高了 2.83 个百分点、1.44kg，植被高度降低了 1.29cm。2014 年工程区与非工程区相比，植被盖度高出了 3.78～14.67 个百分点，达到 54.72%，高度高出 2.33～14.50cm，达到 28.29cm，干草产量高出 12.08～46.44kg/亩，达到 87.06kg/亩。在内蒙古西部灌木草场工程区植被盖度、草本及矮小灌木高度、灌丛高度和干草产量分别高出非工程区 5.49 个百分点、3.01cm、9.76cm 和 8.13kg/亩，分别达到 34.73%、11.23cm、63.62cm 和 32.15kg/亩。近半数天然草原已接近 20 世纪 80 年代中期最高水平。

六、京津风沙源治理工程建设效果

京津风沙源一期工程区经过十多年的建设，植被明显恢复，生态恶化的趋势基本得到有效控制，原有植被得到有效保护和恢复，林草植被覆盖率显著提高，随着生态环境的不断好转，农牧业条件逐步改善，促进了农村牧区经济结构调整，促进了农牧业产业化发展，促进了地区经济的增长，增加了农牧民收入，加快了群众脱贫致富步伐，经济社会可持续发展能力不断提高，取得了显著的生态、经济和社会效益。京津风沙源治理一期工程国家累计下达自治区中央基本建设投资97.2亿元，累计完成退耕还林建设任务1 167 133hm²（配套荒山荒地造林625 133.3hm²），人工造林554 140hm²，飞播造林334 826.7hm²，封山育林1 110 300hm²，种苗基地建设3860hm²；人工种草169 513.3hm²，飞播牧草76 293.33hm²，围栏封育1 744 204hm²，基本草场建设58 400hm²，草种基地7140hm²，棚圈建设500.4万m²，饲料加工机械59 906台（套），禁牧舍饲4 286 667hm²。小流域治理578 140hm²；水源工程29 091处，节水灌溉工程26 082处。生态移民完成104 603人。

林草植被盖度增加，生态防护体系初步形成。经过十多年的建设，京津风沙源治理工程区阴山北麓农牧交错带长300km、宽50km的生态屏障，浑善达克沙地南缘长400km、宽10km的锁边防护林体系和沙地北缘长445km的防护带基本建成。专业部门监测显示，工程区草原植被总盖度由37.7%增加到近50.03%，平均增长12～15个百分点，天然草场亩产草量（干草）由40.3kg/亩增加到44kg/亩，平均增长3.7kg/亩；森林覆盖率由工程实施前的6.9%增加到11.4%。通过工程建设，自治区由最初的沙源加强区变为减弱区，绿色生态屏障功能日益显现。

通过生态建设实现了三个转变，即由自由放牧向"三牧"和舍饲半舍饲圈养转变，砍伐开荒向退耕还林还草转变，广种薄收向精耕细作转变。其中农区依托京津风沙源治理工程累计实施退耕还林46.9万hm²，通过精耕细作粮食产量由退耕前的80亿斤增加到114亿斤，农民收入得到增加；牧区通过实施"三牧"和人工种草、棚圈建设以及草原补奖政策等措施，牧民收入基本稳定，牧区抗灾能力得到加强。

生态意识增强，生态文明建设成果初步显现。工程实施以来，生态建设、生态安全、生态文明成为全社会的共识。农牧民对生态保护与建设的态度由消极被动向积极参与转变。

在工程带动下，自治区农牧业生产稳步上新台阶，已具备年产200亿kg粮食、230万t肉类，900万t牛奶、45万t禽蛋的生产能力。项目区农牧民的收入渠道拓宽，并有明显增长，2011年项目区农牧民人均纯收入达到近6500元，比2000年增长了近4000元。

2013年国家印发《京津风沙源治理二期工程规划（2013—2022年）》，同时启动了二期工程建设，自治区实施范围扩大至70个旗县区，规划10年安排自治区中央基本建设投资196亿元，约占全国投资的49%，治理面积0.09亿hm²，占全国总规划治理面积的68%。2013年二期工程实施三年来，国家共安排自治区中央基本建设投资28.2亿元、工程建设任务89.07万hm²，其中2015年安排自治区中央基本建设投资10.2亿元、工程建设任务34.87万hm²。

总之，内蒙古京津风沙源工程实施后，生态、社会、经济效益比较明显，不仅能有效缓解京津地区风沙天气的发生，而且对项目区及周边地区生态环境的进一步改善具有巨大的意义，随着工程的推进，内蒙古生态建设取得了不凡的成绩，但仍然面临着严峻形势，内蒙古自治区大部分地区处于干旱和半干旱地区，自然条件恶劣，生态建设的难度越来越大，森林生态系统整体功能仍然非常脆弱，所以，进一步加大京津风沙源工程的力度，巩固工程成果，坚持生态优先，建设和保护好内蒙古的生态环境，保持边疆长治久安具有重要意义。

七、水土保持工程建设效果

针对区域内水土流失状况，自治区人民政府从 1956 年开始有组织、有计划地开展了水土流失治理工作。2001 年，内蒙古自治区人民政府印发了《内蒙古自治区水土保持生态建设项目管理办法》（试行），2011 年，国家发展和改革委员会、水利部联合印发了《关于水土保持工程建设管理办法》，要求按照因地制宜、突出重点、集中连片、规模治理、强化管护的原则，区分轻重缓急，统筹安排好有关水土保持工程的实施。为了预防和治理水土流失，保护和合理开发利用水土资源，改善生态环境，促进生态文明建设，保障经济社会可持续发展，2015 年，内蒙古自治区十二届人大常委会十七次会议通过了《内蒙古自治区水土保持条例》。随着全党全社会对水土保持工作的逐渐重视，在水利部等部门的大力支持下，在各级政府的重视和领导下，自治区水土保持事业快速发展，水土保持综合治理的内涵日渐丰富，水土保持生态建设步入了全新的发展阶段，取得了较大的成果。

1. 缓洪减沙效益显著

经过治理的小流域都从山顶到沟底对位配置植物措施和工程措施，形成层层设防、节节拦蓄的综合防护体系，水土流失得到有效控制。经测算，皇甫川地区的 64 条小流域拦蓄径流总量比治理前提高了 9.2 倍，拦截泥沙量比治理前提高了 7.1 倍；年均侵蚀量由 2455.2 万 t 减少到 688.17 万 t，减沙效益为 71.9%。特别是坡面工程与沟道工程优化配置的川掌沟流域，目前年均拦沙量占年均侵蚀量的 91%，有效地减少了入黄泥沙。

2. 生态环境明显改善

通过综合治理，重点治理区林草面积占宜林宜草面积的 87%，水利条件改善，植被覆盖度由治理前的 13% 提高到 72.5%；水、旱、风沙灾害明显减少。例如，皇甫川一期重点治理的川掌沟流域，治理前旱、洪、雹灾频繁，每年汛期有 60 多公顷耕地被洪水淹没或冲走，治理后不但保护了原有的河川耕地，同时为新造优质土地提供了可靠保障。1983～1997 年全流域仅治理沟道新增利用土地，人均达 0.13hm²；流域内多年不见的白天鹅，目前又相继重归故里，开始繁衍后代；通过综合治理，促进了生物的多样性。

3. 农牧业综合生产能力增强

通过 15 年的治理，重点治理区基本农田累计达到 4574hm²，人均耕地 0.193hm²，比治理前增加 0.175hm²。治理区约 35% 的坡耕地改造为梯田，沟坝地和水平梯田已成为全流域粮食生产基地，同时为退耕还林还草奠定了坚实基础。生产条件的显著改善，有效地减轻了资源环境的压力，增强了区域经济实力。治理区农耕地比治理前压缩了 21.75%，而粮食总产却增长了 3.38 倍，土地利用率比治理前提高了 60%，土地产出率比治理前提高了 1.74 倍。特别是川掌沟流域淤成的 267hm² 坝地成为旱涝保收的稳产田，每年增产粮食 120 万 kg。由于坝地的增加，促进了退耕还林还草。据统计，到 1999 年坡耕地减少 71%，下山农户由治理前的 35 户增加到 550 户，目前该流域已初步形成了林草上山，粮果和农户下川的新格局。

内蒙古自治区还把建设基本农田作为提高农牧业综合生产能力，实现可持续发展的重要措施来抓，通过建设使人均耕地增加 0.167hm²。十几年来，无论是大旱年，还是洪涝年，农牧业生产稳步上升，人均产粮达到 2490kg，比治理前增加了 4.5 倍。治理区土地利用率由治理前的 19% 提高到现在的 81.3%。土地利用结构发生了明显的变化，现在农地为 4.06%、林地为 45.3%、牧地为 30.7%。特别是内蒙古纳林河流域，在乱石滩上引水拉沙造出了 400hm² 平展的高效农田，既种水稻，又作玉米制种田，这不仅使当地变为塞上江南，而且发展了县乡经济，原居住在山坡上的农户都搬到山区，所有坡地都退耕还林还草。

治理区还培育了大量资源，如在半流动沙丘区，大力培育开发沙芥资源，在缓坡川滩地推广种植水地甘草，并发展麻黄。在大力种草和封育基础上，畜牧业相应发展，牲畜头数为治理前的 2.3 倍，出栏率达 40%，商品率达 85% 以上，从而推动当地经济发展。

4. 农牧业生产和区域经济全面发展

全区范围内重点治理区总产值比治理前增长了 5.2 倍，农民人均收入增长了 8 倍，粮食总产增长了 3.38 倍，粮食单产增长了 4.33 倍，人均产粮达 886kg，增长了 3.2 倍。粮食生产的稳定增长，带动了畜牧业的快速发展，与 1982 年相比，羊存栏数增长了 1.1 倍，生猪存栏数增长 1.55 倍，流域内已基本建成粮、油、牧、果、药、菜等多个商品生产基地。

5. 扶贫攻坚大见成效

水土保持重点治理区把治理与开发融为一体，大力发展小流域经济，突出开发名、优、特、新的经济林果和优良牧草，使治理区人均收入大幅度提高。1997 年底，水土保持重点治理区人均收入达到 2475 元，是治理前的 6 倍。

从经济指标和生活水平来说，已全部稳定解决温饱问题。治理区农牧户中，温饱型为20%，小康型为60%，富裕型为20%。

6. 生态环境建设和两个文明建设同步发展

重点治理区经过连续的综合治理，改善了生态环境。最具代表性的无定河流域重点治理区累计营造水保林面积 478.6km^2，保存率 80%，种草保存面积105.6km^2，植被覆盖度由治理前的 14.6%上升到1997年底的 69.7%，林草面积增长了328%。年产薪材 1310.7 万 kg，年提供饲草 1000 万 kg。各项治理措施年蓄水 1585 万 m^3，保土 324 万 t，年均土壤侵蚀模数由治理前的 6400t/km^2 下降到1306 t/km^2；治理区内沙丘移动速度由治理前的每年5~7m 下降到每年 1.6~2.3m，沙丘高度每年降低 0.23m，流沙基本得到固定，从而结束了沙进的历史。

八、野生动植物保护及自然保护区建设工程建设效果

为进一步加大野生动植物及其栖息地的保护和管理力度，提高全民野生动植物保护意识，加大对野生动植物保护及自然保护区建设的投入，促进其持续、稳定、健康发展，并在全国生态环境和国民经济建设中发挥更大的作用。1999 年 10 月，国家林业局组织有关部门和专家对今后 50 年的全国野生动植物及自然保护区建设进行了全面规划和工程建设安排。2001 年 6 月，由国家林业局组织编制的《全国野生动植物保护及自然保护区建设工程总体规划》得到国家计委的正式批准，这标志着中国野生动植物保护和自然保护区建设新纪元的开始。

内蒙古各类植物 2351 种，其中野生植物 2167 种，引种栽培的有 184 种。这些植物分属于 133 科 720 属，被列为第一批国家保护的珍稀野生植物的有 24 种。野生植物按经济用途可分为十几类。纤维植物有樟子松、落叶松、大叶草、芦苇、红柳等 70 多种。中草药有人参、天麻、麻黄、肉苁蓉、柴胡、甘草等 500 多种。榛子、山杏、金莲花、松籽等几十种植物的种子是榨油的好原料。酿造的重要原料有越桔、笃斯、悬钩子、山樱桃等。几十种食用植物中尤以猴头、口蘑和发菜最负盛名。内蒙古兽类分属于 24 科，有 114 种，占全国兽类 450 种的 25.3%。兽类中具有产业价值的 50 余种，珍贵稀有动物 10 余种。鸟类分属于 51 科，有 365 种，占全国鸟类的 31%。被列入国家一类、二类、三类保护的兽类和鸟类共有 49 种。蒙古野驴和野骆驼属于世界上最珍贵的兽类，驯鹿是内蒙古特有的动物，还有百灵鸟是自治区区鸟。全区有啮齿动物 54 种，约占全国种数的 1/3，多属害兽。

为有效加强对野生动物资源的管理，1991 年 12 月 24 日，内蒙古自治区第七届人民代表大会常务委员会第 24 次会议通过了《内蒙古自治区实施〈中华人民共和国野生动物保护法〉办法》，对内蒙古野生动物的保护范围、管护措施、法律责任等作出了明确规定。1997 年，自治区政府又制定了《内蒙古自治区陆生野生动物驯养繁殖管理办法》，在积极保护和合理开发利用野生动物资源方面构建起了更

加完整的法律保障屏障。

2009 年 3 月 1 日,《内蒙古自治区草原野生植物采集收购管理办法》正式实施。这个办法的出台,对于加强自治区野生植物资源的保护和合理利用,对规范草原野生植物采集、收购,有效遏制滥采滥挖和非法收购草原野生植物的行为具有非常重要的现实意义。

1998 年,内蒙古自治人民政府颁布了《内蒙古自治区自然保护区实施办法》,为加强动植物资源保护,依法划定特殊区域构建自然保护区。到目前为止,内蒙古共有内蒙古大青山保护区等国家级自然保护区 25 个,哈素海湿地自然保护区等自治区级自然保护区 62 个。这些保护区的建立,对有效保护野生动植物资源具有非常重要的作用。

西部大开发以来,内蒙古自治区实施了野生动植物保护及自然保护区建设、湿地保护与恢复工程,初步形成了布局较为合理、类型较为齐全、功能较为完备的保护区网络,有效地保护了全区 85% 的陆地生态系统类型、85% 的野生动物种群和 65% 的野生植物群落,以及遗鸥、马鹿、四合木、沙地云杉等濒危珍贵野生动植物。林业系统建立自然保护区 143 处,其中国家级 17 处,居全国第五位。全区有 426.66 万 hm^2 湿地,居全国第三位。建立国家级湿地保护区 9 处、自治区级湿地保护区 16 处,其中有国际重要湿地 2 处,天然湿地缩减趋势得到遏制。

参 考 文 献

李向峰. 2014. 通辽实施科尔沁沙地"双千万亩"综合治理工程[J]. 国土绿化, (11): 51.

魏松. 2006. 内蒙古实施"退牧还草"工程的实效与问题研究[D]. 呼和浩特: 内蒙古农业大学硕士学位论文.

于合军. 2005. 关于内蒙古自治区退耕还林、退牧还草实施情况的调研报告[J]. 中国经贸导刊, (10): 22-23.

张建成, 吕淑兰. 2006. 对天然林资源保护工程成本收益进行量化分析的一种尝试——以内蒙古重点国有林区为例[C]. 第四届中国林业经济论坛论文集: 359-364.

张自学. 2000. 内蒙古生态环境状况及生态环境受破坏原因[J]. 环境与发展, (2): 30-33.

第九章　建议及展望

内蒙古地处祖国正北方，区位独特、资源丰富、生态类型多样，是我国北方地区的"水塔"和"林网"，是"三北"地区乃至全国的"碳汇库""挡沙墙"和重要的生物多样性保护地。筑牢我国北方重要生态安全屏障，是内蒙古的战略定位，是内蒙古必须自觉担负的重大责任。习近平总书记对内蒙古工作的重要讲话，每次都突出强调内蒙古生态环境保护建设的重要性，确立了把内蒙古建成我国北方重要的生态安全屏障的战略定位。2014 年 1 月，习近平总书记在考察内蒙古时指出，内蒙古的生态状况如何，不仅关系内蒙古各族群众生存和发展，也关系华北、东北、西北乃至全国的生态安全，要努力把内蒙古建成我国北方重要的生态安全屏障。2018 年 3 月，在全国"两会"期间习近平总书记参加内蒙古代表团审议时的重要讲话中指出，把内蒙古建成我国北方重要的生态安全屏障，这是立足全国发展大局确立的战略定位，也是内蒙古必须自觉担负起的重大责任。2019 年 3 月，在全国"两会"期间习近平总书记参加内蒙古代表团审议时的重要讲话中指出，构筑我国北方重要生态安全屏障，把祖国北疆这道风景线建设得更加亮丽，必须以更大的决心、付出更为艰巨的努力。2019 年 7 月，习近平总书记在考察内蒙古重要讲话中指出，要坚持生态优先、绿色发展，筑牢我国北方重要生态安全屏障。因此，保护好内蒙古生态环境，建设国家北方重要生态安全屏障，筑牢祖国万里绿色长城，是立足全国发展大局确立的战略定位，关乎中华民族永续发展。

一、存在问题

从 20 世纪 70 年代末开始，特别是 90 年代后期以来，国家和内蒙古自治区政府陆续实施了一系列的生态环境建设工程，累计投入资金达 1562 余亿元，这些工程取得了明显的效果。森林覆盖率稳步提高，荒漠生态系统面积维持稳定，区域风沙天气明显减少；草原区牧民保护草原的意识逐步提高，持续超载的势头得到有效控制；流域治理水土流失效果比较明显，入黄河泥沙大量减少。但水资源相对紧缺，地下水超采严重；草原、湿地、耕地生态退化的状况与系统质量较差的基本面仍未得到彻底改变。草原生态系统植被快速退化的趋势基本得到遏制，但质量较差的基本面仍未彻底改变。草原生态系统是内蒙古面积最大、最重要的生态系统，遏制草原继续退化，不断提升草地生态系统功能，是北方生态屏障建设的核心内容和第一要务。荒漠生态系统是生态系统中最难以治理并达到预期成效的脆弱系统。内蒙古境内沙地、沙漠及戈壁、裸地等累计近 30 万 km²，占国土面积的 27.03%，是我国荒漠化和沙化土地最为集中、危害最为严重的地区。湿地生态系统面积衰减减缓，湖泊数量减少，水质整体偏差；气候变化导致了湿地面积的缩减，工农业污染导致湿地水质变差，加剧了湿地生态功能退化。农田生态系统面临着耕地总面积增加，农药化肥污染严重的严峻形势。内蒙古生态系统总体质量不高，内蒙古国土空间占比 84%的水域湿地、草原、荒漠、农田等生态系统本底脆弱、生态状况堪忧。当前内蒙古生态系统面临着退化和生态功能降低的严重威胁，不同生态系统存在着保护建设的一系列重要难题，亟须通过北方生态安全屏障建设的重大工程，历经长期的努力来解决。

二、建议

1. 要保持坚定战略定力

保持坚定战略定力，就是要处理好保护生态环境和发展经济的关系。一是经济必须发展，前提是不能以生态环境破坏为代价，否则不仅会前功尽弃，也会为以后的科学发展埋下重大的隐患。二是领导干部要讲政治，思想认识到位，责任落实零差距。三是要保持加强生态环境保护建设的定力，必须持之以恒。习近平总书记给我们划了生态保护红线，任何人不容触碰。生态战略定力问题是习近平总书记首次提出，由此可见习近平总书记想要根治生态环境问题的坚强决心。

2. 要探索以生态优先

习近平总书记多次强调要坚定不移走生态优先、绿色发展之路，把筑牢我国北方重要生态安全屏障放在优先位置、战略位置、底线位置和导向位置。经济要发展，生态环境问题必须解决。发展经济不能以生态破坏、环境污染为代价，生态环境保护也不会舍弃经济发展。生态优先、绿色发展就要建设现代能源经济体系。一是继续发挥水资源优势。继续保护好京津冀地区的主要水源地。继续保护好内蒙古大兴安岭林区及周边地区生态，因为这里是东北淡水资源的重要水源涵养区，也是"东北粮仓"保障之一。没有内蒙古东部生态环境的改善，就没有东北的生态安全。二是发挥森林和草原涵养水源的作用，要继续加大林草建设。内蒙古森林面积居全国第一位，森林覆盖率 22.1%。草原是地带性植被的主体，也是境内最大的生态系统，2016 年以来内蒙古草原平均植被盖度连续 3 年稳定在44%。三是防风固沙功能继续做强。内蒙古荒漠化土地面积为 60.92 万 km^2，沙化土地面积为 40.78 万 km^2，沙漠、沙地植被年防风固沙量 16 亿 t，年滞尘量 710万 t。内蒙古防风固沙生态功能区占全国的 3/10，面积为 48 万 km^2，占全国防风固沙生态功能区总面积的 24%。内蒙古生态系统防风固沙率为 53%左右，2014年第五次荒漠化监测数据与 2009 年监测数据比，沙尘天气减少了 20.3%，对北京地区的影响减少 63%。四是继续固碳。内蒙古生态系统固碳服务功能对全国、全球碳循环均具有重要意义。五是建立湿地保护体系和生物多样性保护地。六是继续加大粮食生产和供应，让中国的饭碗牢牢掌握在我们自己的手中。七是对煤和稀土产业进行深加工，增加产业附加值。八是大力发展循环经济、清洁能源产业，发挥全民光伏与生态治理的协同作用。

3. 要加大生态系统保护力度

尊重自然、顺应自然、保护自然，是我们必须坚持的自然观和历史观。坚持保护优先、自然恢复为主的方针，这是自然资源工作必须始终遵循的基本原则。一要突出草原、森林保护这个重点。围绕"绿水青山就是金山银山"的理念，坚持山、水、林、田、湖、草是生命共同体的原则，要遵循生态系统内在机制和规律。深入推进三北防护林工程建设、天然林保护、京津风沙源治理、退耕还林还草，开展大规模绿化。探索草原经营体制改革，统筹协调人草畜、责权利，出台相关的法律和规章。狠抓封育、飞播种草、草田轮作等牧草良种繁育及其他基础工程，开展人工种草，落实草原补奖政策等。二要整体保护，系统修复，完善制度坚持源头治理。要健全源头防控机制，全面落实主体功能区规划，严格环境准入红线，推进战略和环评落地，推动"多规合一"体系建立。源头治理，规划先行，淘汰落后和过剩产能，优化产业结构布局，促进企业升级改造。建立资源环境承载力监测预警机制，加大区域联防联治工作力度。三要重点震慑加大处罚力度，提升监测监察执法水平，形成完善的自然资源保护链。

4. 要打好污染防治攻坚战

污染防治攻坚战必须坚持以人民为中心、以人民的利益为导向，坚决打赢蓝天、碧水、净土保卫战，对内蒙古的发展具有根本性、长远性的影响。要坚持以问题为导向，抓好落实。一是有效推进大气环境质量改善。调整优化产业结构，推进产业绿色发展。加快调整能源结构，构建高效能源体系。积极调整运输结构，发展绿色交通体系。解决重点区域大气污染治理，加强重污染天气的应急和预警。分区分类推进空气质量改善，加强细颗粒物污染综合治理，持续加大大气污染减排力度。推进重点行业挥发性有机物（volafile organic compounds, VOC）排放控制。深入推进扬尘污染综合防治，强化城市低空面源污染治理，加强大气污染防治科技支撑。二是要提高全区水质。加强水源地标准化建设，保障饮用水环境安全。推进重点流域水质改善，全面建立四级河长体系，抓好呼伦湖、乌梁素海、岱海等重点河湖的综合治理和生态修复。实施农业节水、工业节水、生态补水、河道疏浚工程。整治城市黑臭水体。有效推进污水减排，抓好重点行业污染减排、清洁化改造、农业源污染减排三件事，推进工业水污染防治。三是彻底解决土壤污染问题。控肥控药控膜，继续落实"提、精、调、改、增"等综合措施；查明农用地土壤污染的面积、分布；开展涉重金属行业企业排查和铅锌铜采选集中区域整治等。

总之，我们要深入学习习近平总书记的重要讲话精神，结合内蒙古生态文明实际，总结经验，补齐短板，学思践悟。现在这一代人过去为了经济发展，欠了不少账，按照习近平总书记的新发展理念要求，欠账抓紧还，新账老账抓紧还，新账不再欠。生态文明建设功在当代利在千秋，这一代人要敢负责、敢担当，要当好生态文明建设的主力军，这不仅是我们的政治责任，更是为子孙后代积德行善。

三、展望

通过我区生态系统服务功能作用分析和生态环境亟须改善的现状，建立以提升内蒙古生态系统服务功能、保障内蒙古生态安全为战略目标，以"生态优先、绿色发展"为理念的"一带三屏两区"的内蒙古生态安全屏障格局。

"一带"即沿着内蒙古边界（境）构建万里绿色长城带，建立沿边 5～30km 的"自然区"。

"三屏"指的是大兴安岭山脉、阴山山脉和贺兰山三个生态屏障区。大兴安岭生态屏障区是我区重要的水源涵养区和天然林分布区，原始林区森林覆盖率 77.2%，次生林区森林覆盖率 48.3%（王玉华等，2019），处于我国东北森林屏障带。阴山生态屏障区以阴山山地为主，分布有山地阔叶林、山地灌丛和山地草原，直接承受和阻挡西伯利亚寒流、蒙古高原风沙对土默川平原、华北平原及首都北京的侵袭。贺兰山生态屏障区以贺兰山山地森林为主。贺兰山既是西部重要的自然地理分界线和重要的水源涵养林区，也是阻挡腾格里沙漠东侵和西伯利亚寒流侵袭的天然生态屏障，其生态环境直接影响黄河、银川平原、河套平原，并波及西北、华北及其他地区（苏航，2019）。

"两区"指草原区和荒漠区。草原区包括呼伦贝尔草原、锡林郭勒草原、阴山北部草原区、鄂尔多斯草原区，其中包含了五大沙地防治区（呼伦贝尔沙地、科尔沁沙地、乌珠穆沁沙地、浑善达克沙地和毛乌素沙地）和黄土高原水土保持区。荒漠区是指阴山北部荒漠区、阿拉善荒漠区和西鄂尔多斯荒漠区，其中包含了五大沙漠防治区（库布齐沙漠、乌兰布和沙漠、巴音温都尔沙漠、腾格里沙漠和巴丹吉林沙漠）。

参 考 文 献

王玉华, 高学磊, 白力军, 等. 2019. 内蒙古北方生态安全屏障建设研究[J]. 环境与发展, 31(9): 202-205.

苏航. 2019. 内蒙古依托资源优势筑牢北方生态安全屏障[J]. 北方经济, (7): 78-80.

彩　图

蒙树和林格尔苗木基地

蒙树创新中心

蒙树林木种质资源圃

蒙树1号杨

蒙树2号杨

盛乐项目建设前后对比照

内蒙古盛乐国际生态示范区沟壑治理项目

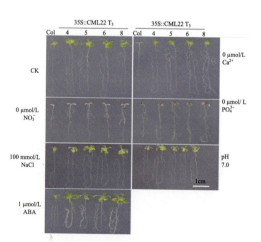

内蒙古盛乐国际生态示范区林业碳汇项目

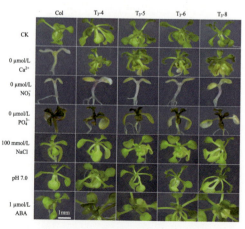

合理放牧

含有樟子松 *CML22* 的转基因拟南芥在不同培养
条件下的根长表型（图 6-6）

含有樟子松 *CML22* 的转基因拟南芥在不同培养
条件下叶表型（图 6-7）